최신 재료역학

이 범 성 · 유 택 인 공저

東 明 社

제2판 머리말

재료역학은 구조물의 부재에 작용하는 힘을 해석하기 위한 학문으로 기계는 물론이고 자동차, 조선, 항공기 등과 같은 구조물 설계에 활용되고 있다.

따라서 이 분야의 서적은 무수히 많지만 본서는 그 동안의 강의 경험을 토대로 하여 재료역학의 핵심내용을 보다 쉽게 이해하고, 기억될 수 있도록 하는 데 주력하여 다음과 같이 편성하였다.

1. 각 절의 서두에 먼저 요점을 정리하여 설명하고, 후에 그 내용을 상세히 설명함으로서 독자로 하여금 먼저 그에 대한 논지를 파악한 다음 그 이해의 깊이를 더해 갈 수 있도록 구성하였다.

2. 각 절의 말미에 각 식에 관련된 간단한 예제를 들어 식에 대한 이해의 증진과 함께 응용력을 기를 수 있도록 하였다.

또한 최근에는 국제단위계(SI)의 사용을 권장하고 있으므로, 이의 추세에 따라 특별한 경우를 제외하고는 SI단위계를 이용하였다.

이 책의 초판은 2001년 12월에 발간되었는데 당시 나름대로 신중을 기하여 편찬하였다고는 하나 짧은 시간으로 하여금 기술법 등에 있어 미비한 점이 발견되어 재판을 발행하게 되었으며, 추후에도 혹시 미비한 점이 있을 수 있으므로 독자 여러분의 조언을 바라며, 계속 미비한 부분을 보완 개정하는 데 노력하고자 한다.

끝으로 이 책이 출판되기까지 후원해 주신 출판사 동명사의 최국주 사장님을 비롯한 관계자 여러분에게 감사를 드린다.

2003. 2.

著者 識

차 례

제1장 개 요

제2장 인장, 압축 및 전단

제3장 조합응력

제4장 평면도형의 성질

제5장 비틀림

제6장 보의 전단과 굽힘

제7장 보에서의 응력

제8장 보의 처짐

제9장 부정정보

제10장 균일강도의 보

제11장 기 둥

제1장 개 요

1.1 재료역학의 의의

기계(機械)나 항공기, 건축물, 교량 등의 구조물(構造物)들은 많은 부재가 서로 조합(相互組合)되어 외부로부터의 힘에 저항하도록 되어 있다. 재료역학은 이들 구조물이 파괴되거나 붕괴되지 않도록 하기 위하여 각 부재에 작용하는 힘을 분석하기 위한 학문이다.

1.2 응력(應力, stress)

물체에 힘이 작용하면 그 물체 내부에는 이 힘에 저항하여 버티는 내력(耐力)이 생기는데, 이와 같은 내력을 단위면적당(單位面積當) 작용하는 힘의 크기로 나타낸 것을 응력(stress)이라고 한다. 즉 응력이란 단위면적당(면적이 1일 때) 작용하는 힘의 크기로 미터계 공학단위로는 kgf/mm^2가 사용되고 있으며, 인치 파운드 단위로는 lb/in^2 또는 psi가 사용되고 있고, 국제단위계(SI단위계)에서는 N/m^2, 또는 Pa이 사용되고 있다.

이와 같이 단위계는 시대 및 나라에 따라 여러 가지로 달리 사용되고 있기 때문에 상당히 불편하고 혼란을 초래할 소지가 있다. 따라서 ISO(국제표준화기구)에서는 국제단위계를 제정하여 모든 국가에 이의 사용을 권장하고 있다.

따라서 본서에서는 국제적인 추세에 따르기 위하여 특별히 필요한 경우를 제외하고는 SI단위를 기준으로 하여 기술하기로 한다.

참고로 파스칼(Pa)은 매우 작은 양의 단위이므로 킬로(k), 메가(M), 기가(G) 등의 접두어를 사용하여 표시하는데 그 크기는 다음과 같다.

$$1\ \mathrm{Pa} = 1\mathrm{N/m^2}$$
$$1\ \mathrm{kPa} = 10^3\ \mathrm{Pa} = 10^3\ \mathrm{N/m^2}$$
$$1\ \mathrm{MPa} = 10^6\ \mathrm{Pa} = 10^6\ \mathrm{N/m^2}$$
$$1\ \mathrm{GPa} = 10^9\ \mathrm{Pa} = 10^9\ \mathrm{N/m^2}$$

1.3 수직응력(垂直應力, normal stress)

물체의 단면에 수직방향으로 작용하는 단위면적당의 내력을 **수직응력**(normal stress)이라 하는데, 단면적 A인 재료에 그림과 같이 단면에 수직방향으로 하중 P가 작용할 때의 수직응력 σ(sigma라고 읽는다)는 다음과 같이 된다.

$$\text{수직응력}\ \sigma = \frac{P}{A}$$

이 수직응력은 다시 그림 1·1 (a)와 같이 인장하중에 의해 생기는 응력을 **인장응력**(tensile stress), 그림 1·1 (b)와 같이 압축하중에 의해 생기는 응력을 **압축응력**(compressive stress)이라 부르며, 인장의 경우 +, 압축의 경우 −의 부호를 붙여 구

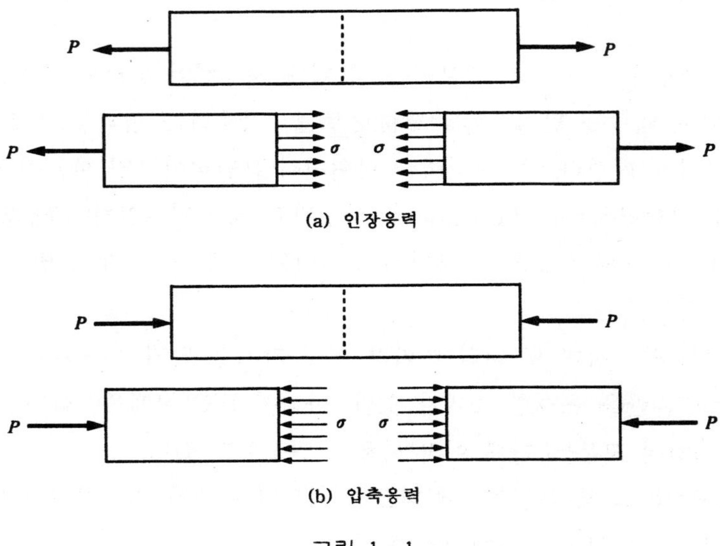

(a) 인장응력

(b) 압축응력

그림 1·1

분한다.

예제 1

지름이 5cm되는 연강봉의 단면적에 수직방향으로 8kN의 인장하중이 작용할 때 발생하는 응력의 크기는 얼마인가?

[풀이] 연강봉의 단면적

$$A=\pi\frac{d^2}{4}=\pi\frac{0.05^2}{4}\fallingdotseq 0.002\,\mathrm{m}^2$$

이므로, 연강봉의 단면에 작용하는 수직응력

$$\sigma=\frac{P}{A}=\frac{8,000}{0.002}=4,000,000\,\mathrm{N/m^2}=4\,\mathrm{MN/m^2}=4\,\mathrm{MPa}$$

예제 2

그림 1·2와 같이 벽에 못을 박고 강선을 사용하여 액자를 걸어 매달았다. 액자의 무게가 5N이고, 강선의 지름이 0.4mm일 때 강선단면에 작용하는 응력의 크기는 얼마인가?

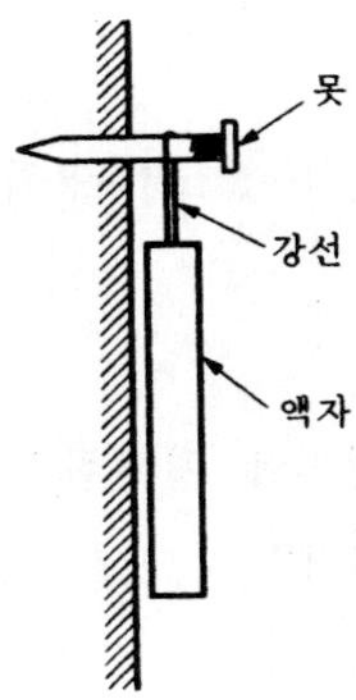

그림 1·2

[풀이] 강선의 단면적

$$A=\pi\frac{d^2}{4}=\pi\frac{0.4^2}{4}\fallingdotseq 0.126\,\mathrm{mm}^2$$

이므로 강선의 단면에 작용하는 수직응력

$$\sigma = \frac{P}{2A} = \frac{5}{2\times 0.126} = 19.84\,\text{N/mm}^2 = 19.84\,\text{MN/m}^2 = 19.84\,\text{MPa}$$

1.4 전단응력

물체의 단면에 평행하게 작용하는 힘을 전단력(剪斷力,shearing force)이라 하고, 이와 같은 전단력에 의하여 단면에 나란하게 작용하는 단위면적당의 내력을 **전단응력**(剪斷應力, shearing stress)이라고 한다. 즉 그림과 같이 단면적 A에 나란하게 하중 P가 작용할 때 전단응력 τ(tau라고 읽는다)는 다음 식으로 표시된다.

$$\text{전단응력}\ \tau = \frac{P}{A}$$

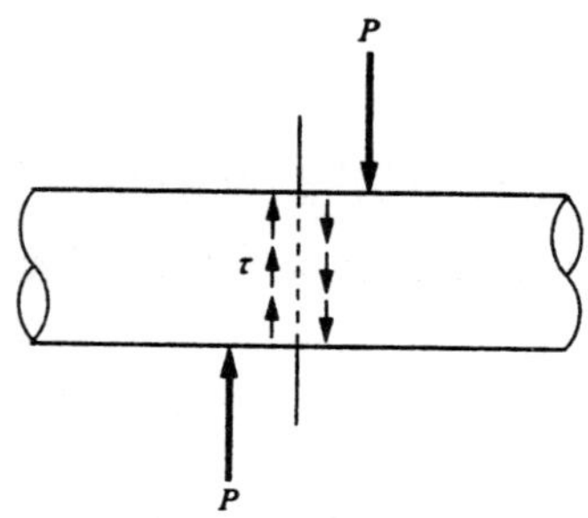

그림 1·3 전단응력의 발생

예제 1

지름이 5 cm되는 연강봉의 단면적에 평행한 방향으로 8 kN의 하중이 작용할 때 발생하는 전단응력의 크기는 얼마인가?

[풀이] 연강봉의 단면적

$$A = \pi\frac{d^2}{4} = \pi\frac{0.05^2}{4} \fallingdotseq 0.002\,\text{m}^2$$

이므로, 연강봉의 단면에 작용하는 전단응력

$$\tau = \frac{P}{A} = \frac{8,000}{0.002} = 4,000,000\,\text{N/m}^2 = 4\,\text{MN/m}^2$$

1.5.4 체적변형률

물체가 외력을 받아 체적이 변화했을 경우, 변화되기 전의 체적에 대한 변화된 체적의 비를 **체적변형률**(**體積變形率**, bulk strain)이라 한다.

즉 그림 1·6과 같이 체적 V인 정육면체 요소가 힘을 받아 그 체적이 ΔV만큼 변화하였을 때, 변화된 체적 ΔV를 원래의 체적 V로 나누어 준 것을 체적변형률이라 하며 체적변형률 ε_V는 다음 식과 같이 된다.

$$\varepsilon_V = \frac{\Delta V}{V}$$

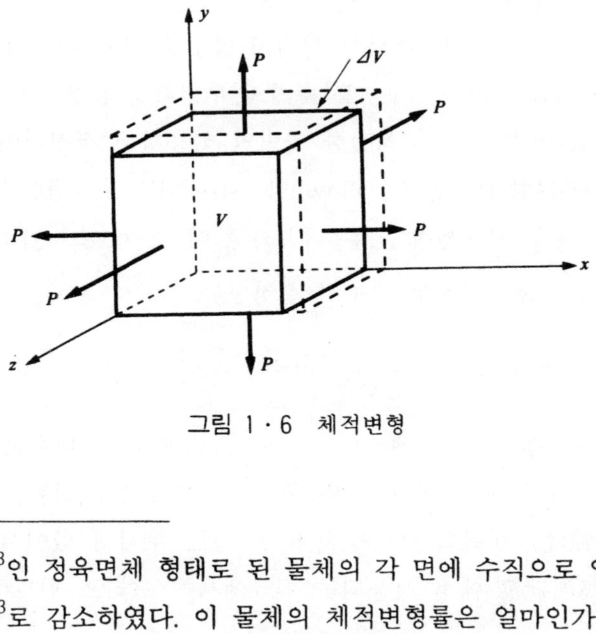

그림 1·6 체적변형

예제 1

체적 1,200 mm^{3}인 정육면체 형태로 된 물체의 각 면에 수직으로 압축력이 작용하여 체적이 1,196 mm^{3}로 감소하였다. 이 물체의 체적변형률은 얼마인가?

[풀이] 체적변형률 $\varepsilon_V = \frac{\Delta V}{V} = \frac{1,196 - 1,200}{1,200} = \frac{-4}{1,200} \fallingdotseq -0.003$

예제 2

체적 1,500 mm^{3}인 강구를 물 속에 집어넣고 물 속에서의 체적을 측정해 보니, 수압이 작용하여 체적이 1,495 mm^{3}로 감소하였다. 이때 강구의 체적변형률은 얼마인가?

[풀이] 체적변형률 $\varepsilon_V = \frac{\Delta V}{V} = \frac{1,495 - 1,500}{1,500} = \frac{-5}{1,500} \fallingdotseq -0.003$

1.6 허용응력과 안전계수

건축 구조물이나 기계구조물 등은 어떤 형태로든 외력을 받아 이에 저항하도록 되어 있다. 따라서 이러한 구조물 등의 설계자(設計者)는 재료가 외력에 의하여 파괴되지도 않고, 영구변형도 생기지 않도록 구조물을 설계하여야 한다. 이와 같이 구조물을 이루는 재료가 외력에 의하여 파괴되거나 영구변형이 생기지 않도록 하기 위해서는, 재료에 발생하는 응력이 재료의 극한강도 또는 탄성한도보다 작게 하여야 한다는 것은 자명한 사실이다. 그런데 인장강도 또는 탄성한도에 정확히 맞추어 구조물을 설계하면 예상치 못한 과도한 하중이 작용하거나, 응력해석의 부정확성, 구조물 제작의 부정확성 등에 의하여 파괴 또는 영구변형이 생길 수 있다.

따라서 재료가 파괴 또는 영구변형이 생기지 않도록 하기 위해서는 예상치 못한 과도한 하중, 응력해석의 부정확성, 구조물 제작의 부정확성 등을 고려하여, 재료의 극한강도 또는 탄성한도 이내의 어느 적절한 응력의 허용치를 결정하여 사용하지 않으면 안 되는데 이를 허용응력(許容應力, allowable stress)또는 사용응력(使用應力, working stress)이라고 한다. 허용응력 σ_a는 다음과 같이 그 재료의 기준강도 σ_b를 안전계수(安全係數, safety factor) S로 나누어 결정한다.

$$\text{허용응력 } \sigma_a = \frac{\text{재료의 기준강도}}{\text{안전계수}} = \frac{\sigma_b}{S}$$

여기서 기준강도(基準強度)는 재료와 그 사용목적에 따라 다른데, 일반적으로 연성재료(延性材料, ductile materials)는 항복점, 취성재료(脆性材料, brittle materials)는 극한강도(極限強度), 반복하중(反復荷重)을 받는 부재에 있어서는 피로한도(疲勞限度), 고온상태(高溫狀態)에서 사용되는 재료에서는 크리프 한도(creep limit) 등을 기준강도로 잡는다.

안전계수는 재료의 강도에 대한 안전을 확보하기 위한 값으로 보통 1보다 큰 값을 사용하는데, 재료의 종류와 하중을 받는 형태에 따라 달라진다. 언윈(W. C. Unwinn)은 재료 및 하중을 고려하여 표 1·1과 같은 안전계수의 값을 제시하였다.

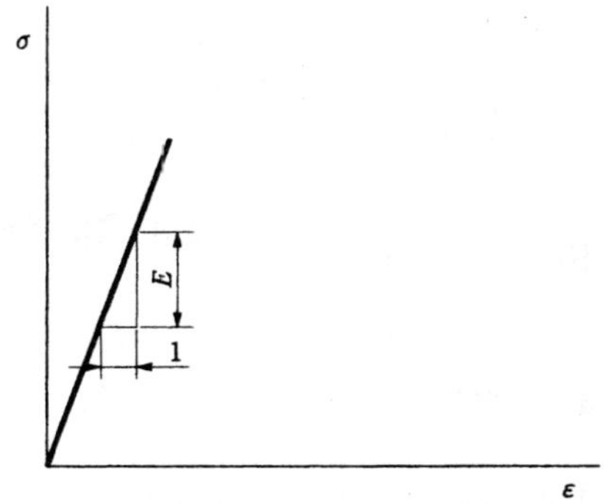

그림 1 · 10 탄성한도 내에서의 수직응력과 변형률선도

이 식을 훅의 법칙(Hooke's law)이라 하고 이를 말로 표현하면 "재료의 탄성한계 내에서 응력과 변형률은 비례한다"라고 할 수 있다. 이 식을 그래프로 나타내면 그림 1 · 10과 같다.

예제 1

지름 $d=50$ mm, 길이 $l=3.5$ m인 연강봉에 $P=1{,}500$ N의 인장하중이 작용할 때 연강봉의 늘어난 양은? 단, 연강봉의 종탄성계수 $E=2.1\times10^5$ MPa이다.

[풀이] 연강봉의 길이 변형량

$$\delta=\frac{Pl}{AE}=\frac{Pl}{\frac{\pi d^2}{4}E}=\frac{4Pl}{\pi d^2 E}$$

$$=\frac{4\times1{,}500\times3.5}{\pi\times0.05^2\times2.1\times10^{11}}\fallingdotseq 0.000013\,\mathrm{m}=0.013\,\mathrm{mm}$$

예제 2

그림 1 · 2와 같이 벽에 못을 박고 강선을 사용하여 액자를 걸어 매달았다. 액자의 무게가 5 N이고, 강선의 지름이 0.4 mm, 강선의 길이 $l=20$ cm, 종탄성계수 $E=2.1\times10^5$ MPa이라고 하면 강선의 길이변형량은 얼마인가?

[풀이] 강선의 지름 $d=0.4\,\mathrm{mm}=4\times10^{-4}\mathrm{m}$, 길이 $l=20\,\mathrm{cm}=0.2\,\mathrm{m}$이고, 액자의 무게 $P=5$ N이므로 강선의 길이변형량

$$\delta=\frac{Pl}{AE}=\frac{P\frac{l}{2}}{2\times\frac{\pi d^2}{4}E}=\frac{Pl}{\pi d^2 E}$$

$$=\frac{5\times 0.2}{\pi\times(4\times 10^{-4})^2\times 2.1\times 10^{11}}\fallingdotseq 9.4\times 10^{-6}\,\mathrm{m}=0.009\,\mathrm{mm}$$

1.8.2 전단응력에서의 훅의 법칙

재료에 전단응력이 작용하면 그림 1·11과 같이 "재료의 탄성한계 내에서 전단응력과 전단변형률은 비례한다".

즉 전단응력을 τ, 전단변형률을 γ라 하면

$$\tau=G\gamma$$

의 관계가 성립하는데 이 관계를 전단응력상태에서의 훅의 법칙이라고 한다.

식에서 G는 비례상수로 재질에 따라 일정한 값을 가지며, 이를 전단탄성계수(modulus of rigidity) 또는 횡탄성계수(modulus of lateral elasticity)라고 한다.

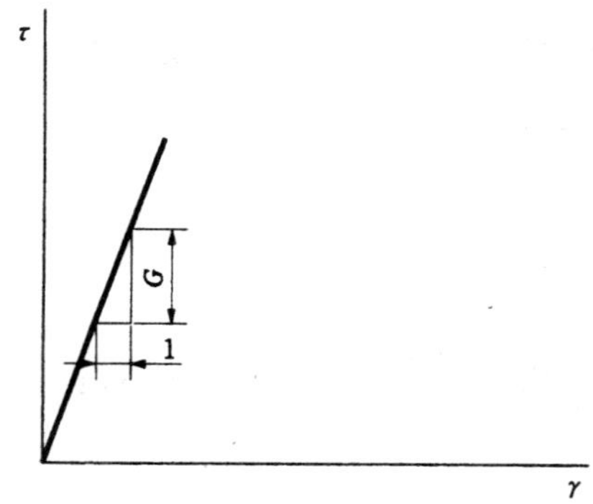

그림 1·11 탄성한도 내에서의 전단응력과 변형률선도

예제 1

지름 $d=50$ mm의 단면에 나란하게 $P=2{,}000$ N의 전단하중이 작용하여 0.0006 rad의 전단변형률이 발생하였다. 이 재료의 전단탄성계수는?

[풀이] 전단응력

$$\tau = \frac{P}{A} = \frac{P}{\frac{\pi d^2}{4}} = \frac{4P}{\pi d^2} = \frac{4 \times 2,000}{\pi \times 0.05^2} = 1,018,592\,\mathrm{N/m^2} \fallingdotseq 1.02\,\mathrm{Mpa}$$

이므로 전단탄성계수

$$G = \frac{\tau}{\gamma} = \frac{1.02}{0.0006} = 1,700\,\mathrm{MPa}$$

예제 2

그림 1·2와 같이 벽에 못을 박고 강선을 사용하여 액자를 걸어 매달았다. 액자의 무게는 5 N이고, 못 단면의 지름은 2 mm이다. 이때 못에 0.0005 rad의 전단변형률이 발생하였다면 이 못의 전단탄성계수는 얼마인가?

[풀이] 못 단면의 지름이 2 mm이므로 못의 단면적

$$A = \pi \frac{d^2}{4} = \pi \frac{2^2}{4} \fallingdotseq 3.142\,\mathrm{mm}^2$$

이고, 못의 단면에 작용하는 전단응력

$$\tau = \frac{P}{A} = \frac{5}{3.142} = 1.591\,\mathrm{N/mm^2} = 1.591\,\mathrm{MN/m^2} = 1.591\,\mathrm{MPa}$$

이므로 전단 탄성계수

$$G = \frac{\tau}{\gamma} = \frac{1.591}{0.0005} = 3,182\,\mathrm{MPa}$$

1.9 탄성계수 사이의 관계

1.9.1 푸아송비

물체가 길이 방향으로 인장력(軸引張力)을 받으면 길이방향의 치수는 늘어나고 이와 수직방향으로의 치수는 줄어든다.

예를 들어 고무줄을 길이방향으로 잡아당겨 늘리면 이와 수직방향의 단면치수는 줄어들게 되는 것을 볼 수 있다. 이와 반대로 길이방향으로 압축력(壓縮力)을 가하면 길이방향으로는 줄어들지만 이와 수직방향의 단면치수는 늘어난다.

이와 같이 한 방향의 길이가 변화하면 그와 수직방향의 단면치수에도 변화가 생기는

데 이와 같은 변화는 재료에 따라 일정하다. 즉 재료의 탄성한계 내에서 그 재료의 종변형률에 대한 횡변형률의 비는 일정한 값을 갖는데 이와 같은 비율을 푸아송비(Poisson's ratio)라 한다. 종변형률을 ε, 횡변형률을 ε'이라고 하면 푸아송비 ν는 다음 식으로 정의된다.

$$\text{푸아송비}: \nu = \frac{\varepsilon'}{\varepsilon}$$

이 푸아송비라는 명칭은 프랑스의 수학 및 물리학자인 푸아송(S. D. Poisson, 1781 ~1840)이 "탄성체에 있어서 종방향의 인장변형률과 횡방향의 수축변형률의 비가 일정하다"라는 사실을 밝혀낸 데에서 유래한다.

푸아송비는 금속의 경우 $\nu=0.25\sim0.35$, 고무의 경우 $\nu=0.5$, 콘크리트의 경우 $\nu=0.1$ 정도의 값을 가지고 있다.

또한 푸아송비의 역수를 푸아송수(Poisson's number)라 하며 다음 식으로 된다.

$$\text{푸아송수}: m = \frac{1}{\nu} = \frac{\varepsilon}{\varepsilon'}$$

예제 1

어떤 판재를 인장시험하여 인장방향의 변형률과 이와 수직방향의 변형률을 측정하였더니 인장방향의 변형률은 0.0015이었고, 이와 수직방향의 변형률은 0.0004이었다. 이 재료의 푸아송비와 푸아송수는?

[풀이] 푸아송비 $\nu = \frac{\varepsilon'}{\varepsilon} = \frac{0.0004}{0.0015} \fallingdotseq 0.27$

푸아송수 $m = \frac{1}{\nu} = \frac{\varepsilon}{\varepsilon'} = \frac{0.0015}{0.0004} = 3.75$

1.9.2 탄성계수 사이의 관계

종탄성계수 E, 전단탄성계수 G, 체적탄성계수 K 사이에는 서로 일정한 관계가 있는데 그것을 정리하면 다음과 같다.

1) 종탄성계수 E와 전단탄성계수 G 사이의 관계

$$G = \frac{E}{2(1+\nu)} \tag{1}$$

식에서 ν는 푸아송비이다.

2) 종탄성계수 E와 체적탄성계수 K 사이의 관계

$$K=\frac{E}{3(1-2\nu)} \tag{2}$$

3) 종탄성계수 E, 전단탄성계수 G, 체적탄성계수 K 사이의 관계

$$K=\frac{GE}{9G-3E} \tag{3}$$

이상의 관계식으로부터 재료의 E, G, K 중 한 가지를 알면 나머지 다른 탄성계수를 구할 수 있다. 탄성계수 중에서 E 및 G는 실험을 통하여 비교적 간단히 구할 수 있으나 K는 실험을 통하여 직접 구하는 것이 대단히 어려우므로 일반적으로 위의 공식을 사용하여 구한다.

예를 들어 인장시험을 통하여 종탄성계수 E와 푸아송비 ν를 구할 수 있으며, 이것을 식(1)에 대입하면 전단탄성계수 G를 구할 수 있고, 식 (2)에 대입하면 체적탄성계수 K를 얻을 수 있게 되는 것이다.

예제 1

연강을 인장시험하여 종탄성계수 $E=210\,\text{GPa}$과, 푸아송비 $\nu=0.33$을 얻었다. 이 재료의 전단탄성계수와 체적탄성계수를 구하라.

[풀이] 전단탄성계수 $G=\dfrac{E}{2(1+\nu)}=\dfrac{210}{2(1+0.33)}\approx 79\,\text{GPa}$

체적탄성계수 $K=\dfrac{E}{3(1-2\nu)}=\dfrac{210}{3(1-2\times 0.33)}\approx 206\,\text{GPa}$

1.10 응력집중

그림 1·12와 같이 중앙에 원형상의 구멍이 있는 폭 b, 두께 t인 판의 길이방향으로 인장하중 P가 작용할 경우, 구멍의 중심을 통과하는 단면에 발생되는 응력분포를 살펴보면 원형구멍의 가장자리에 있는 점 m과 n에서 가장 큰 응력이 발생하고, 점 m과 n으로부터 멀어질수록 차차 응력이 감소하는 것을 볼 수 있다. 이와 같이 단면의 모양이 급변하는 부분에 국부적으로 응력이 크게 발생되는 현상을 응력집중(應力集中 : stress concentration)현상이라고 한다.

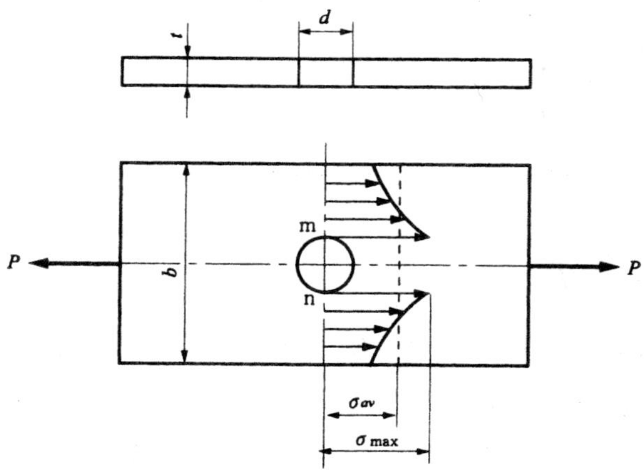

그림 1·12 구멍 주위에 발생하는 응력분포

응력집중현상은 부재에 구멍(hole)가공, 노치(notch)가공 등으로 인하여 단면형상이 급격히 변화하는 부분에서 발생한다. 외력을 받는 재료에서 파단이 일어나기 시작하는 곳은 대부분 이와 같이 응력집중이 생기는 곳이기 때문에 재료를 설계할 때 응력집중 현상을 고려하지 않으면 안 된다.

그림 1·12에서 점 m과 n에서 일어나는 응력을 최대응력(最大應力)이라 하고 $\sigma_{\max}$으로 표시한다. 또한 응력집중현상을 무시하고 원형구멍의 중심을 지나는 단면에 응력이 균일하게 분포하여 작용하는 것으로 가정하여 계산한 응력을 **평균응력(平均應力, average stress)**이라 하며, 평균응력 σ_{av}는 다음 식과 같이 된다.

$$\sigma_{av} = \frac{\text{하중}}{\text{단면적}} = \frac{P}{(b-d)t}$$

여기서 평균응력 σ_{av}에 대한 최대응력 $\sigma_{\max}$의 비를 **형상계수(形狀係數, geometrical factor)** 또는 **응력집중계수(應力集中係數, stress concentration factor)** K라 하며 다음 식과 같다.

$$K = \frac{\sigma_{\max}}{\sigma_{av}}$$

응력집중계수의 값은 노치형상과 하중의 종류에 따라 결정되며 부재의 크기나 재질과는 관계가 없다.

그림 1·13은 원형구멍이 난 평판에 인장력이 작용할 때 평판의 폭에 대한 구멍지

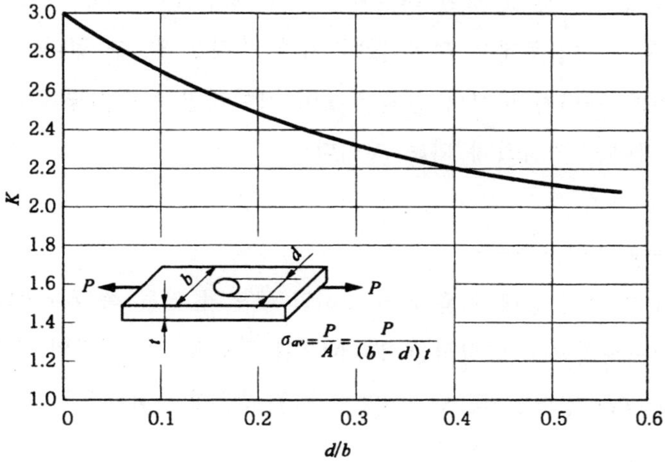

그림 1 · 13 원형구멍 붙이 평판에서의 구멍지름 d와 응력집중계수 K와의 관계선도

름비인 $\frac{d}{b}$에 대한 응력집중계수 K의 변화를 나타낸다. 그림에서 평판의 폭 b가 일정하다고 할 때 구멍지름 d가 커질수록 응력집중계수 K는 감소하는 것을 볼 수 있다.

그림 1 · 14는 단붙이 원통의 축방향으로 인장력이 작용할 때 소단지름에 대한 단부 반지름비인 $\frac{r}{d}$에 대한 응력집중계수 K의 변화를 나타낸다. 그림에서 보는 바와 같이 소단지름 d가 일정하다고 할 때 단부반지름 r이 커질수록 응력집중계수 K는

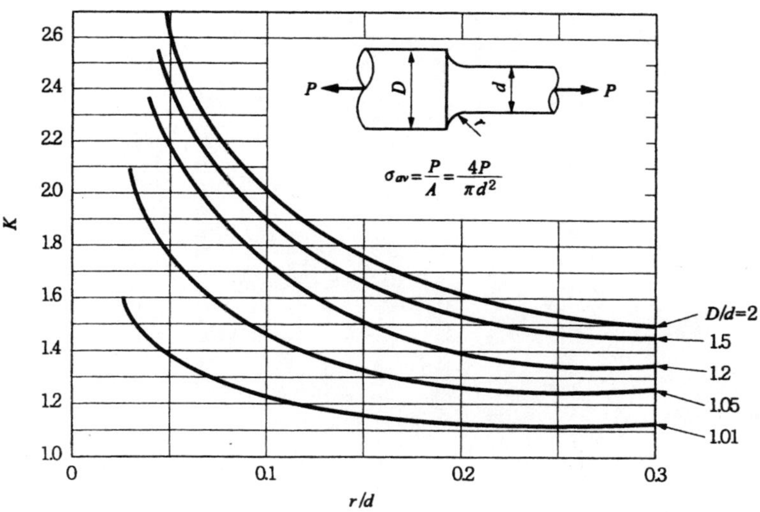

그림 1 · 14 단붙이 원통에서 모서리 반지름 r와 응력집중계수 K와의 관계선도

감소한다는 것을 알 수 있다. 또한 그림에서 소단지름 d에 대한 대단지름 D의 비인 D/d가 커질수록 응력집중계수 K의 값이 커지는 것을 알 수 있다.

따라서 지름차가 크던가 노치의 반지름 r이 작아지면 응력집중계수는 커지게 되기 때문에 재료의 내력은 저하하게 되는 것이다.

예제 1

그림 1·12와 같이 중앙에 지름 $d=3$ cm인 구멍이 있는 폭 $b=30$ cm, 두께 $t=5$ cm인 판재의 길이방향으로 인장하중 200 MN이 작용할 때, 구멍의 중심을 지나는 단면에서의 최대응력은 얼마인가? 단, 이때의 응력집중계수 $K=2.7$이다.

[풀이] 평균응력 $\sigma_{av}=\dfrac{P}{(b-d)t}=\dfrac{200}{(0.3-0.03)\times 0.05}$

$$\approx 14,815\,\text{MN/m}^2=14,815\,\text{MPa}$$

따라서 최대응력 $\sigma_{\max}=K\sigma_{av}=2.7\times 14,815=40,000.5\,\text{MPa}$

• 연습문제 •

1. 천정에 고정된 지름 5 mm의 강봉의 축방향으로 700 N의 하중이 매달려 있다. 봉의 단면에 작용하는 수직응력을 구하라. 단, 자중의 영향은 무시한다.

2. 프레스를 이용하여 전단강도 $\tau_u = 200\ \mathrm{MN/m^2}$, 두께 $t = 3$ mm인 강판에 지름 $d =$ 7 mm의 구멍을 뚫고자 한다. 펀치에 가해줘야 하는 힘을 구하라.

3. 그림 1 · 15와 같은 축에 어떤 외력 P가 작용하여 단면 ①의 부분에 생긴 수직응력이 $\sigma = 150$ kPa이었다. 단면 ②에 발생하는 응력을 구하라.

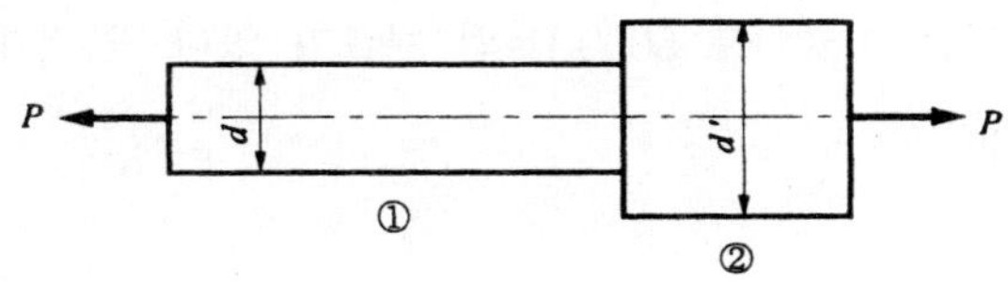

그림 1 · 15

4. 천정에 고정된 지름 8 mm이고, 길이 2 m인 강봉의 축방향으로 500 kN의 하중이 매달려 있다. 봉의 단면에 작용하는 수직응력과 강봉의 변형량을 구하라. 단, 봉의 종탄성계수 $E = 200$ GPa이고, 봉의 자중은 무시한다.

5. 길이 20 cm, 단면적 5 cm×8 cm인 정사각형 단면을 가진 강봉의 길이방향으로 5 N의 인장력이 작용하여 0.001 cm 늘어났다고 했을 때 이 재료의 종탄성계수를 구하라.

6. 지름 30 mm의 환봉의 단면에 나란하게 25 kN의 전단하중을 받아 0.002 rad의 전단변형률이 생겼다고 하면 이 재료의 전단탄성계수는?

7. 다음 그림 1 · 16과 같이 두 개의 원형단면으로 이루어진 강봉의 양단에서 축방향으로 인장하중 $P = 200$ kN이 작용할 때 전 신장량을 구하라. 단, 재료의 종탄성계수 $E = 200$ GPa이다.

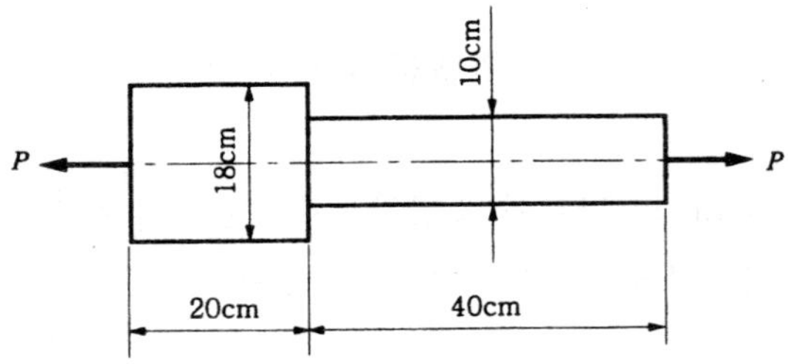

그림 1 · 16

8. 지름 20 cm의 환봉에 축방향으로 인장력을 작용시켰더니 지름이 0.005 cm 감소하였다. 재료의 종탄성계수는 200 GPa이고, 푸아송비 $\nu=0.3$이라 할 때 인장력은 얼마나 가하였겠는가?

9. 반복하중을 받고 있는 피로한도 500 kPa의 재료가 있다. 안전계수를 7이라 하면 이 재료의 허용응력은?

10. 폭 10 cm, 두께 $t=3$ cm인 판의 중앙에 지름 $d=2$ cm의 구멍이 뚫려 있다. 이 판에 인장하중 $P=700$ kN이 작용할 때 구멍 주변의 응력집중으로 인한 최대응력을 구하라. 단, 응력집중계수 $K=2.4$이다.

11. 종탄성계수 $E=200$ GPa, 횡탄성계수 $G=80$ GPa인 재료의 푸아송비와 체적탄성계수를 구하라.

12. 그림 1 · 17과 같은 리벳이음에서 리벳의 지름 $d=5$ mm, 하중 $P=30$ kN이 작용할 때 리벳의 단면에 발생하는 전단응력을 구하라.

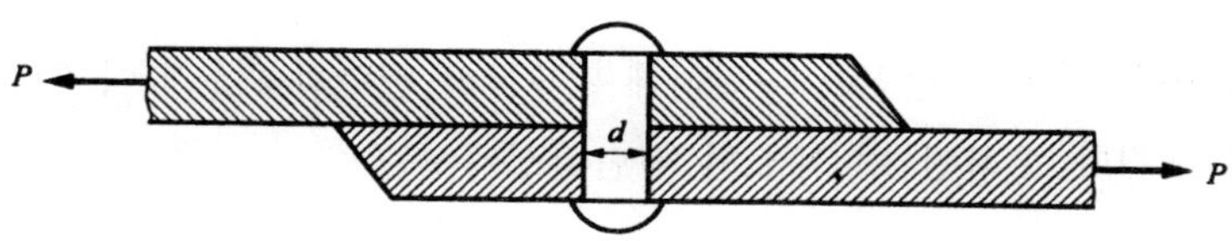

그림 1 · 17

제2장 인장, 압축 및 전단

2.1 정정 구조물과 부정정 구조물

평형방정식만으로도 구조물에 작용하는 미지의 반력(反力)을 결정할 수 있는 구조물을 정정 구조물(**靜定 構造物**, statically determinate structure)이라 하고, 평형방정식만으로는 구조물에 작용하는 미지의 반력을 결정할 수 없는 구조물을 부정정 구조물(**不靜定 構造物**, statically indeterminate structure)이라고 한다.

그림 2·1 (a)와 같이 일단이 고정된 봉에 힘 P를 가했을 때 바닥에 작용하는 미지의 반력 R는 힘의 평형방정식

$$\Sigma F = R - P = 0$$

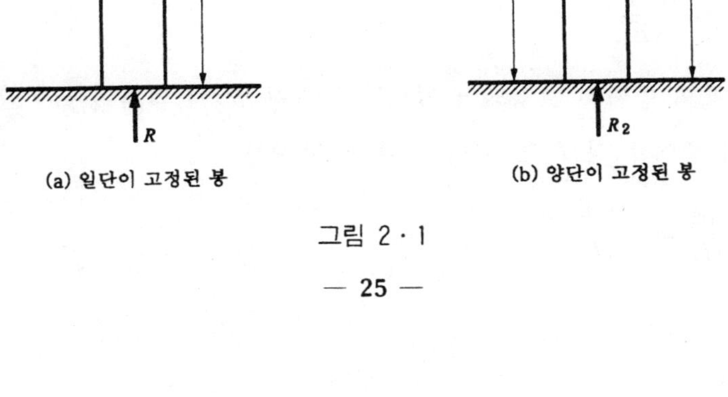

(a) 일단이 고정된 봉 (b) 양단이 고정된 봉

그림 2·1

로부터

$$R = P$$

가 됨을 알 수 있다.

그런데 그림 2·1(b)와 같이 양단이 고정된 봉의 양단에서 각각 a, b만큼 떨어진 단면 mn에 축하중 P가 작용하는 경우를 생각해 보자. 하중 P에 의한 양단에서의 반력을 R_1과 R_2라 하면 힘의 평형방정식으로부터

$$\sum F = R_1 + R_2 - P = 0$$

가 되어

$$R_1 + R_2 = P \tag{1}$$

의 식을 얻을 수 있는데, 여기서 R_1과 R_2의 값이 각각 얼마가 되는지는 알 수 없다.

따라서 R_1과 R_2에 대한 각각의 값을 구하기 위해서는 R_1과 R_2에 대한 또 하나의 식이 필요하게 되는데, 이와 같이 평형방정식만으로 미지의 반력을 결정할 수 없는 구조물을 부정정 구조물이라고 한다.

이와 같은 부정정 구조물은 평형방정식 외에 구조물의 변형을 고려한 변형조건식을 추가시켜 해석한다.

즉, 앞의 예에서 미지의 반력 R_1에 의하여 하중 P가 작용하는 단면의 윗부분은 늘어나게 되고, 미지의 반력 R_2에 의하여 하중 P가 작용하는 단면 아랫부분은 줄어들게 되는데 이들은 서로 같아야 한다는 조건으로부터 다음과 같이 구한다.

반력 R_1에 의하여 늘어난 양 δ_1은 훅의 법칙으로부터

$$\delta_1 = \frac{R_1 a}{AE} \tag{2}$$

가 되고, 반력 R_2에 의하여 줄어든 양 δ_2는 훅의 법칙으로부터

$$\delta_2 = \frac{R_2 a}{AE} \tag{3}$$

가 되는데, 구조물의 양단은 고정되어 있으므로 반력 R_1에 의하여 늘어난 양 δ_1과 반력 R_2에 의하여 줄어든 양 δ_2는 같아야 한다. 따라서

$$\frac{R_1 a}{AE} = \frac{R_2 b}{AE}$$

가 성립하며 이로부터 다음 식을 얻을 수 있다.

$$\frac{R_1}{R_2} = \frac{b}{a} \tag{4}$$

식 (1)과 식 (4)를 연립방정식으로 하여 풀면 다음과 같은 반력의 크기를 구할 수 있다.

$$R_1 = \frac{Pb}{a+b} = \frac{Pb}{l}, \qquad R_2 = \frac{Pa}{a+b} = \frac{Pa}{l}$$

따라서 하중 P가 작용하는 단면 mn을 경계로 하여 윗부분과 아랫부분의 응력은 서로 달라지며, 이때 각각의 응력을 구하면 다음과 같이 된다.

$$\sigma_1 = \frac{R_1}{A} = \frac{Pb}{Al}, \qquad \sigma_2 = \frac{R_2}{A} = \frac{Pa}{Al}$$

【참고】 평형방정식

물체가 외력을 받고도 이동운동하지 않는다면 이 물체에 작용하는 외력 F의 총합이 0이 되어야 하는데 이것을 식으로 표시하면 다음과 같다.

$$\Sigma F = F_1 + F_2 + F_3 + \cdots\cdots + F_n = 0$$

이를 힘의 **평형방정식**(또는 **평형조건식**)이라 한다.

또한 물체가 외력을 받아 이동운동하지 않더라도 회전하지 않기 위해서는 물체에 작용하는 모멘트 M의 총합은 0이어야 한다. 따라서 다음 식이 성립하는데 이를 **모멘트의 평형방정식**이라고 한다.

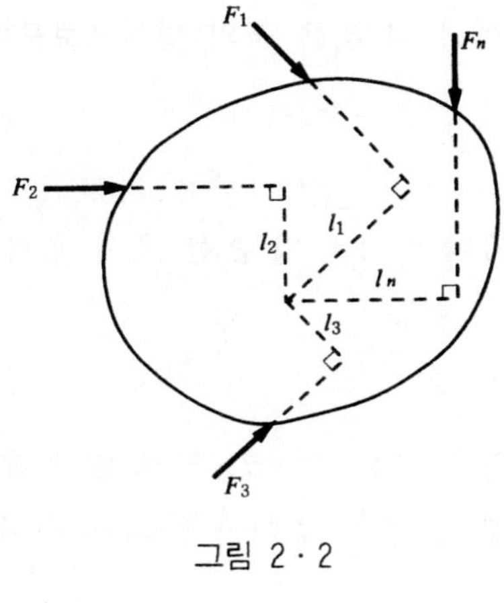

그림 2 · 2

$$\Sigma M = F_1 l_1 + F_2 l_2 + F_3 l_3 + \cdots\cdots + F_n l_n = 0$$

따라서 외력을 받고 있으면서도 움직이지 않고 회전하지도 않는 구조물에서의 평형 방정식은 다음과 같다.

$$\Sigma F = 0$$

$$\Sigma M = 0$$

이 식을 정역학적 평형방정식 또는 정역학적 평형조건식이라고 한다.

예제 1

그림 2·3과 같은 부정정 구조물에서 $P=400\,\text{kN}$, $a=20\,\text{cm}$, $b=80\,\text{cm}$, 단면의 지름 $d=50\,\text{cm}$이다. 이 부재가 받는 최대응력은?

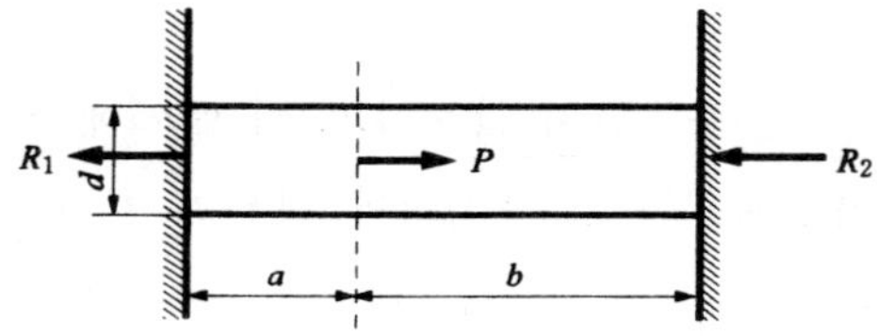

그림 2·3

[풀이] 힘의 평형방정식을 적용하면 다음과 같이 된다.

$$\Sigma F = (-R_1) + (-R_2) + P = 0$$

$$R_1 + R_2 = P \tag{1}$$

반력 R_1에 의하여 늘어난 양 δ_1은 훅의 법칙으로부터

$$\delta_1 = \frac{R_1 a}{AE} \tag{2}$$

가 되고, 반력 R_2에 의하여 줄어든 양 δ_2는 훅의 법칙으로부터

$$\delta_2 = \frac{R_2 a}{AE} \tag{3}$$

가 되는데, 구조물의 양단은 고정되어 있으므로 반력 R_1에 의하여 늘어난 양 δ_1과 반력 R_2에 의하여 줄어든 양 δ_2는 같아야 한다. 따라서 다음과 같은 식을 얻을 수

있다.

$$\frac{R_1 a}{AE} = \frac{R_2 b}{AE}$$

$$\frac{R_1}{R_2} = \frac{b}{a} \tag{4}$$

식 (1)과 식 (4)로부터 반력 R_1, R_2의 크기를 구하면 다음과 같다.

$$R_1 = \frac{Pb}{a+b} = \frac{Pb}{l} = \frac{400\times 80}{100} = 320\text{ kN}$$

$$R_2 = \frac{Pa}{a+b} = \frac{Pa}{l} = \frac{400\times 20}{100} = 80\text{ kN}$$

따라서 최대하중이 작용하는 단면은 길이 a부분의 단면이고, 단면적

$$A = \frac{\pi d^2}{4} = \frac{\pi\times 50^2}{4} \approx 1,963\text{ cm}^2 = 0.1963\text{ m}^2$$

이므로 최대응력 σ는 다음과 같이 된다.

$$\sigma = \frac{320}{0.1963} \approx 1,630\text{ kN/m}^2 = 1,630\text{ kPa}$$

예제 2

양단이 고정된 봉의 중간지점에서 그 길이방향으로 힘 $P=400$ kN을 가하였다. 이때 봉의 단면적 $A=8\text{ cm}^2$이고, 길이 $l=100$ cm이며, 봉재료의 종탄성계수 $E=200$ GPa이다. 봉의 단면에 작용하는 응력을 구하라.

[풀이] 고정단에서 받는 반력

$$R_1 = R_2 = \frac{Pb}{l} = \frac{400\times\frac{l}{2}}{l} = 200\text{ kN}$$

이므로 봉의 단면에 발생하는 응력은 다음과 같다.

$$\sigma_1 = \sigma_2 = \frac{R_1}{A} = \frac{200}{8\times 10^{-4}} = 250,000\text{ kN/m}^2 = 250\text{ MPa}$$

2.2 봉의 자중(自重)에 의한 응력과 변형률

2.2.1 균일단면봉에서의 자중에 의한 응력과 변형률

그림 2·4와 같이 천정에 거꾸로 매달린 봉에 인장력 또는 압축력이 작용할 때 재료 자체의 무게가 외력에 비하여 아주 작으면 자중은 무시할 수 있다. 그러나 봉이 굵고 길어지면 자중의 영향을 무시할 수 없게 되므로 다음과 같이 응력계산에 자중의 영향을 고려하여야 한다.

우선 그림 2·4에서 보는 바와 같이 비중량 γ, 단면적 A인 봉이 천정에 매달린 채 외력 P가 작용한다고 하자. 봉의 끝단으로부터 임의의 거리 x만큼 떨어진 단면에서의 응력 σ는 봉의 자중 $W=\gamma Ax$이므로 다음 식과 같이 된다.

$$\sigma=\frac{P+\gamma Ax}{A}=\frac{P}{A}+\gamma x \tag{1}$$

여기서 응력 σ가 최대가 되는 것은 x가 l이 될 때이므로 최대응력 $\sigma_{\max}$의 값은 다음과 같다.

$$\sigma_{\max}=\frac{P}{A}+\gamma l \tag{2}$$

다음에 봉의 자중을 고려한 봉의 신장량(伸張量)은 다음과 같이 구한다. 봉의 끝단으로부터 거리 x만큼 떨어진 단면에서부터 미소길이 dx를 취하고 이 부분의 길이 변형량을 $d\delta$라 하면, 길이 변형률 $\varepsilon=d\delta/dx$이므로 이 단면에서의 응력 σ는 훅의 법칙

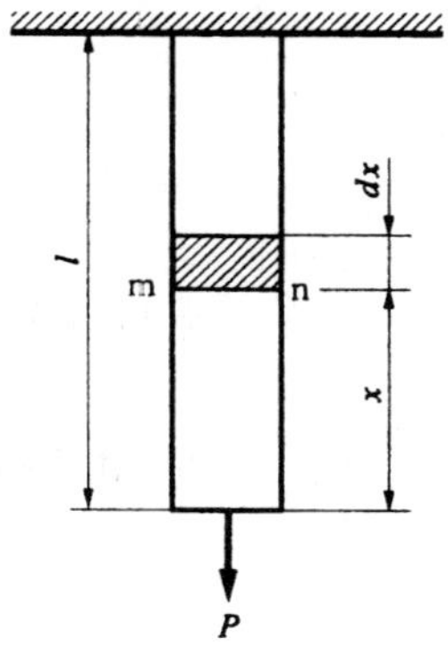

그림 2·4 천정에 거꾸로 매달린 균일단면봉

으로부터 다음과 같이 된다.

$$\sigma = E\varepsilon = E\frac{d\delta}{dx} \tag{3}$$

식 (1)에서와 같이 이곳에서의 응력 $\sigma = \frac{P}{A} + \gamma x$ 이므로 이를 식 (3)에 대입하면 변형량 $d\delta$는 다음과 같이 된다.

$$d\delta = \frac{\sigma}{E}dx = \frac{P + A\gamma x}{AE}dx \tag{4}$$

따라서 봉 전체 길이의 변형량 δ는 이 식을 다음과 같이 0에서 l까지 적분하여 구할 수 있다.

$$\delta = \int d\delta = \int_0^l \frac{P + A\gamma x}{AE}dx = \frac{l}{AE}\left(P + \frac{1}{2}A\gamma l\right) \tag{5}$$

예제 1

천정에 거꾸로 매달린 봉의 하단에 $P = 19.6\,\text{kN}$의 하중이 작용하고 있다. 봉의 길이가 10 m이고, 단면적 $A = 2.2\,\text{cm}^2$일 때 봉에 생기는 전신장량을 구하라. 단, 봉재료의 비중량 $\gamma = 0.077\,\text{N/cm}^3$, 종탄성계수 $E = 196{,}000\,\text{MPa}$이다.

[풀이] 우선 단위를 일치시키기 위하여 힘은 N, 길이는 cm로 환산하여 계산한다.
전신장량

$$\delta = \frac{l}{AE}\left(P + \frac{1}{2}A\gamma l\right)$$
$$= \frac{1{,}000}{2.2 \times 1.96 \times 10^7}\left(19.6 \times 10^3 + \frac{1}{2} \times 2.2 \times 0.077 \times 1{,}000\right) = 0.456\,\text{cm}$$

2.2.2 균일강도 봉

봉에 인장력 또는 압축력이 작용하고 자중을 무시하지 못할 경우, 각 횡단면에 발생하는 수직응력의 크기를 모두 균일하게 하기 위해서는 그림 2·5와 같이 위치에 따라 단면적을 변화시켜야 한다. 이때 이와 같은 형상의 봉을 균일강도의 봉(bar of uniform stress)이라고 한다.

여기서는 이와 같은 균일강도 봉의 형상을 결정해 보기로 한다.

그림 2·5(a)와 같이 천정에 거꾸로 매달린 봉에 하중 P가 작용하는 경우 자유단

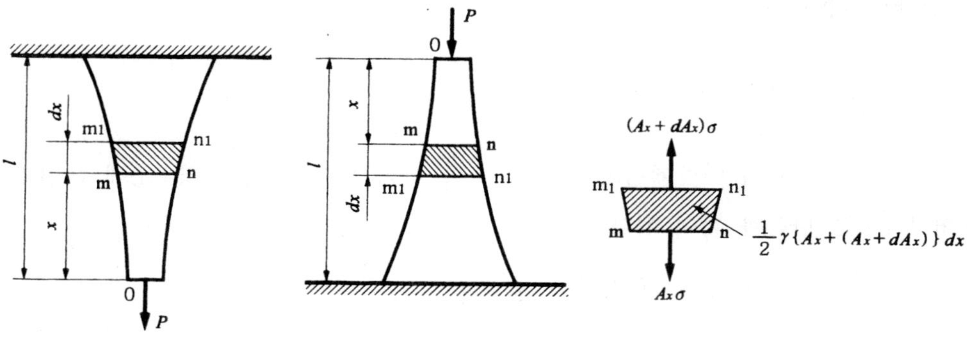

(a) (b) (c)

그림 2·5 균일강도의 봉

의 단면적을 A_0, 자유단으로부터 임의의 거리 x만큼 떨어진 단면 mn의 단면적을 A_x, 단면 m_1n_1의 단면적을 $A_x + dA_x$, 단위체적당 중량을 γ라 했을 때, 모든 단면에 균일한 응력 σ가 작용한다고 하면 단면 mn에 작용하는 힘은 σA_x가 되고, 단면 m_1n_1에 작용하는 힘은 σA_x에 미소길이 dx에 해당하는 부분의 중량 $\gamma A_x dx$를 합한 것이 된다. 따라서 단면 m_1n_1에서는 다음과 같은 식이 성립한다.

$$\sigma(A_x + dA_x) = \sigma A_x + \gamma A_x dx \tag{1}$$

$$\sigma dA_x = \gamma A_x dx$$

$$\frac{dA_x}{A_x} = \frac{\gamma}{\sigma} dx \tag{2}$$

이 식의 양변에 각각 적분을 취하고 계산하면 다음과 같이 된다.

$$\int \frac{dA_x}{A_x} = \int \frac{\gamma}{\sigma} dx$$

$$\ln A_x = (\gamma/\sigma)x + C_1$$

$$A_x = e^{\left(\frac{\gamma}{\sigma}\right)x + C_1}$$

$$A_x = e^{\left(\frac{\gamma}{\sigma}\right)x} \times e^{C_1}$$

여기서 $e^{C_1} = C$로 놓으면 다음과 같이 된다.

$$A_x = Ce^{\left(\frac{\gamma}{\sigma}\right)x}$$

$x=0$에서 $A_x=C=A_0$가 되므로 이 식은 다음과 같이 된다.

$$A_x=A_0 e^{\left(\frac{\gamma}{\sigma}\right)x} \tag{3}$$

따라서 봉의 단면은 지수함수적으로 감소하는 단면이 됨을 알 수 있다.

봉의 끝단으로부터 고정단까지의 길이를 l이라고 하면, 고정단에서의 단면적은 다음과 같다.

$$A_l=A_0 e^{\left(\frac{\gamma}{\sigma}\right)l} \tag{4}$$

이때 각 단면에 대하여 응력 σ와 변형률 ε이 일정하므로 봉의 전신장량 δ는 다음과 같이 된다.

$$\delta=\varepsilon l=\frac{\sigma}{E}l \tag{5}$$

이와 같은 식은 그림 2 · 5 (b)와 같이 지면 위에 세워진 기둥에 대해서도 성립한다.

예제 1

높이 30 m인 콘크리트 교각의 상단에 2.94×10^3 kN의 압축력이 작용한다. 이 교각의 각 단면에 0.98 MPa의 응력이 균일하게 작용하도록 하고자 할 때 이 교각의 상하단 면적을 구하라. 단 콘크리트의 비중량 $\gamma=29.4\ \text{kN/m}^3$이다.

[풀이] 우선 길이의 단위는 m, 힘의 단위는 N으로 환산하여 계산한다.

교각 상단(上端)의 면적

$$A_0=\frac{P}{\sigma_a}=\frac{2.94\times10^6}{980,000}=3\ \text{m}^2$$

이다. 따라서 교각하단의 면적은 다음과 같다.

$$A_l=A_0 e^{\left(\frac{\gamma}{\sigma}\right)l}=3\times e^{\left(\frac{29,400}{980,000}\right)\times30}=7.38\ \text{m}^2$$

2.3 열응력

물체의 온도가 높아지면 그 체적은 팽창하고, 온도가 낮아지면 수축하게 된다. 이때 온도의 변화에 따라 물체가 팽창 또는 수축하지 못하도록 구속시키면, 그 물체의 내부에는 응력이 발생하게 된다. 이와 같이 온도변화로 인하여 발생하는 응력을 **열응력**(熱応力, thermal stress)이라 한다.

지금 그림 2·6(a)와 같이 한쪽 끝이 고정된 길이 l인 막대의 온도가 ΔT만큼 올라가면 이 막대의 길이 변형량 δ는 다음과 같이 된다.

$$\delta = l\alpha\Delta T \tag{1}$$

식에서 α는 재료에 따라 일정한 정수를 가지는 것으로 **열팽창계수**(coefficient of thermal expansion) 또는 **선팽창계수**라 한다.

그런데 그림 2·6(b)와 같이 양단이 고정된 길이 l인 막대의 경우에는 온도가 ΔT 만큼 올라가도 δ만큼의 길이변형을 일으키지 못하므로, 그림 2·6(c)와 같이 어떠한 축방향의 힘 P가 작용하여 길이 δ만큼 압축변형을 준 것과 같은 효과를 갖는다. 따라서 축방향의 탄성변형량 δ는 단면적을 A, 종탄성계수를 E라고 할 때 훅의 법칙에

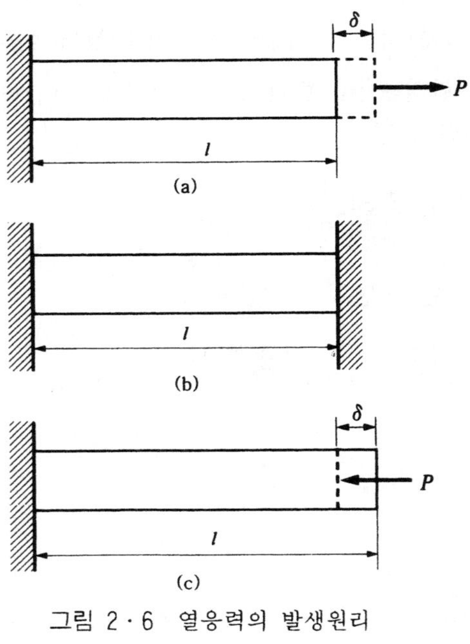

그림 2·6 열응력의 발생원리

의해

$$\delta = \frac{Pl}{AE} \tag{2}$$

이므로 다음과 같은 관계식을 얻을 수 있다.

$$\frac{Pl}{AE} = l\alpha \Delta T \tag{3}$$

이로부터 축방향 하중 P는 다음과 같이 된다.

$$P = AE\alpha \Delta T \tag{4}$$

따라서 수직응력 σ는 다음과 같이 된다.

$$\sigma = \frac{P}{A} = E\alpha \Delta T \tag{5}$$

이 응력 σ를 열응력(thermal stress)이라고 한다.

또한 변형률 ε은 다음과 같이 된다.

$$\varepsilon = \frac{\delta}{l} = \frac{l\alpha \Delta T}{l} = \alpha \Delta T \tag{6}$$

여기서 알 수 있는 바와 같이 양단이 고정된 재료의 온도가 올라가면 압축응력이 생기고 온도가 내려가면 인장응력이 발생하며, 열응력과 변형률은 재료의 길이와 단면적에 무관하다.

표 2·1은 각종재료의 열팽창계수이다.

표 2·1 각종 재료의 열팽창계수

재 료 명	열팽창계수 α	재 료 명	열팽창계수 α
아 연	29.7×10^{-4}	듀랄루민	22.6×10^{-4}
납	29.3×10^{-4}	황 동	18.4×10^{-4}
주 석	27.0×10^{-4}	포 금	18.3×10^{-4}
알루미늄	23.9×10^{-4}	순 철	11.7×10^{-4}
구 리	16.5×10^{-4}	연강(C<0.2%)	11.2×10^{-4}
니 켈	13.3×10^{-4}	연강(0.4<C<0.5%)	10.7×10^{-4}
백 금	8.9×10^{-4}	유 리	9.0×10^{-4}
텅 스 텐	4.3×10^{-4}	도 자 기	3.0×10^{-4}

예제 1

지름 $d=5\,\text{cm}$, 길이 $l=10\,\text{m}$의 연강봉의 온도가 30℃만큼 상승하였다. 이 연강봉의 길이 변형량을 구하라. 단, 연강재의 열팽창계수 $\alpha=11.2\times10^{-4}$이다.

[풀이] 길이 변형량 $\delta=l\alpha\varDelta T=10{,}000\times11.2\times10^{-4}\times30=336\,\text{mm}$

예제 2

양단이 고정된 지름 $d=5\,\text{cm}$, 길이 $l=10\,\text{m}$인 연강봉의 온도가 30℃ 상승하였다. 이 연강봉의 단면에 발생하는 응력을 구하라. 단, 연강재의 종탄성계수 $E=205{,}800$ MPa, 열팽창계수 $\alpha=11.2\times10^{-4}$이다.

[풀이] 열응력 $\sigma=E\alpha\varDelta T=205{,}800\times11.2\times10^{-4}\times30=6{,}915\,\text{MPa}$

2.4 탄성변형 에너지

2.4.1 수직응력에 의한 탄성변형 에너지

스프링을 잡아당기면 스프링이 변형되면서 스프링 속에 에너지를 저장하는 바와 같이 탄성재료가 변형될 때 그 재료 속에 저장되는 에너지를 탄성변형 에너지(resilience energy)라고 한다.

그림 2·7(a)에서와 같이 종탄성계수 E, 단면적 A, 길이 l인 봉에 힘 P를 0으로부터 점차적으로 증가시켜 P가 되었을 때 그 길이가 δ만큼 변형되었다고 하면, 봉의 길이가 δ만큼 변화하는 동안 봉에 작용한 평균 힘은 $\frac{0+P}{2}=\frac{P}{2}$가 되므로 하중 P가 봉에 한 일 W은 다음과 같다.

$$W=\text{힘}\times\text{거리}=\frac{P}{2}\cdot\delta=\frac{1}{2}P\delta$$

이 일이 봉의 길이를 탄성변형시키는 데 모두 소요되었다고 하면 탄성변형 에너지 U는 다음과 같이 된다.

$$U=W=\frac{1}{2}P\delta=\frac{1}{2}P\cdot\frac{Pl}{AE}=\frac{P^2l}{2AE}$$

봉의 체적 $V=Al$이므로 단위체적당의 탄성변형 에너지 u는 다음과 같이 된다.

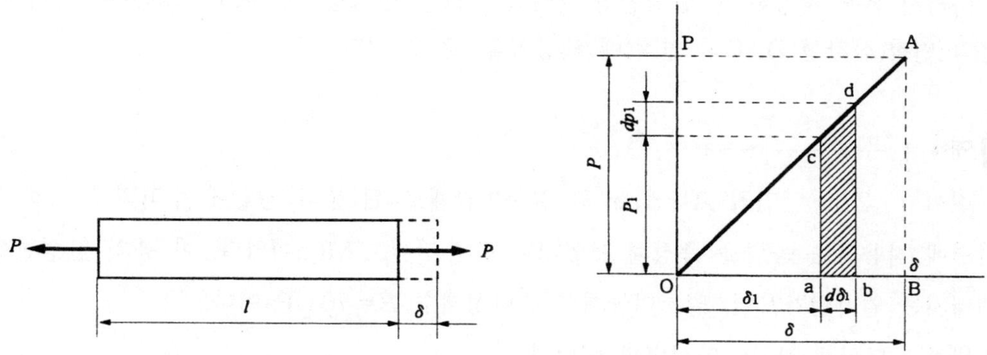

(a) 수직하중을 받고 있는 봉 (b) 수직하중 P – 변형량 δ 선도

그림 2·7 수직응력에 의한 탄성변형 에너지

$$u = \frac{U}{V} = \frac{\frac{P^2 l}{2AE}}{Al} = \frac{\sigma^2}{2E}$$

따라서 전체적에 대한 탄성변형 에너지 U는 다음과 같이 된다.

$$U = uV = \frac{\sigma^2}{2E} Al$$

【참고】 탄성변형 에너지는 그림 2·7(b)에서와 같은 하중(P)-변형량(δ)선도에서도 구할 수 있다. 즉 임의의 하중 P_1에 대응되는 변위를 δ_1이라 하자. 하중이 P_1으로부터 dP_1만큼 증가하면 길이 변형량도 $d\delta_1$만큼 증가한다. 따라서 이때 한 일은 $P_1 d\delta_1$이 되므로, 하중 P가 탄성봉의 전길이 변화에 한 일 W는 다음 식으로 된다.

$$W = \int_0^{\delta} P_1 \, d\delta_1$$

이 식은 삼각형의 비례법칙으로부터 $P_1 = \frac{P}{\delta} \cdot \delta_1$이므로 다음과 같이 된다.

$$W = \int_0^{\delta} \frac{P}{\delta} \delta_1 \, d\delta_1 = \frac{1}{2} P\delta$$

가 된다. 이때 이 일이 모두 봉의 탄성변형 에너지로서 저장된다고 하면 탄성변형 에너지 U는 다음과 같이 된다.

$$U = W = \frac{1}{2} P\delta$$

따라서 봉에 저장된 총 탄성변형 에너지는 하중-변형량 선도에서 그래프의 아래 부분의 면적(삼각형 OAB의 면적)에 해당됨을 알 수 있다.

예제 1

길이 $l=2\,\text{m}$, 단면적 $A=5\,\text{cm}^2$인 알루미늄재로 된 봉의 양단에 수직력을 가하고, 단면에 작용하는 응력을 측정해 보았더니 응력 $\sigma=32\,\text{MPa}$이었다. 이 봉의 탄성변형 에너지는 얼마인가? 단, 알루미늄재의 종탄성계수 $E=70\,\text{GPa}$이다.

〔풀이〕 단위체적당의 탄성변형 에너지

$$u=\frac{\sigma^2}{2E}=\frac{32^2}{2\times 70,000}=7.3\times 10^{-3}\,\text{MN}\cdot\text{m/m}^3$$
$$=7.3\times 10^3\,\text{N}\cdot\text{m/m}^3$$

이므로 전체적에 대한 탄성변형 에너지

$$U=uV=7.3\times 10^3\times 2\times 5\times 10^{-4}=7.3\,\text{N}\cdot\text{m}$$

2.4.2 전단응력에 의한 탄성변형 에너지

그림 2·8(a)에서와 같이 전단탄성계수 G, 각 면의 면적 A인 정육면체 요소에서 힘 P를 0으로부터 점차적으로 증가시켜 힘이 P가 되었을 때 δ만큼의 전단변형량이 생겼다고 하면, δ만큼의 전단변형이 생기는 동안 요소에 작용한 평균 힘은 다음과

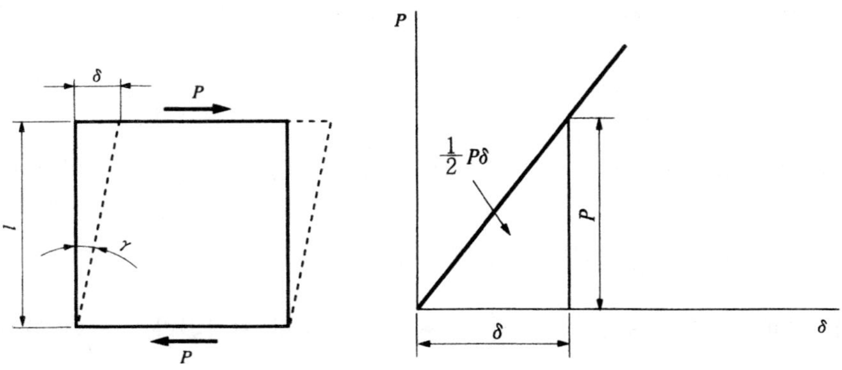

(a) 전단하중을 받고 있는 직사각형 요소

(b) 전단하중 - 변형량 선도

그림 2·8 전단응력에 의한 탄성변형 에너지

같다.

$$\frac{0+P}{2}=\frac{P}{2}$$

이때 하중 P가 요소에 한 일 W는 다음과 같이 된다.

$$W=\text{힘}\times\text{거리}=\frac{P}{2}\cdot\delta=\frac{1}{2}P\delta$$

이와 같은 일이 요소를 탄성변형시키는 데 모두 소요되었다고 하면 훅의 법칙에서 전단변형량 $\delta=\dfrac{Pl}{AG}$이므로 탄성변형 에너지 U_s는 다음 식과 같이 된다.

$$U_s=W=\frac{1}{2}P\delta=\frac{1}{2}P\cdot\frac{Pl}{AG}=\frac{P^2l}{2AG}$$

봉의 체적 $V=Al$이므로 이것을 단위체적당의 탄성변형 에너지의 식으로 나타내면 단위체적당의 탄성변형 에너지 u_s는 다음 식과 같이 된다.

$$u_s=\frac{U_s}{V}=\frac{\dfrac{P^2l}{2AG}}{Al}=\frac{\tau^2}{2G}$$

따라서 전체적에 대한 탄성변형 에너지 U_s는 다음과 같이 된다.

$$U_s=u_sV=\frac{\tau^2}{2E}Al$$

예제 1

길이 $l=2$ m, 단면적 $A=5\text{ cm}^2$인 알루미늄재로 된 봉에서, 길이방향으로 서로 3 mm만큼 떨어진 거리에서 단면에 나란하게 $P=2\times10^{-2}$ MN의 전단하중을 가하였다. 이 봉에 저장된 탄성변형 에너지는 얼마인가? 단, 알루미늄재의 횡탄성계수 $G=20$ GPa이다.

[풀이] 단면에 작용하는 전단응력

$$\tau=\frac{P}{A}=\frac{2\times10^{-2}}{5\times10^{-4}}=40\text{ MN/m}^2$$

이므로 단위체적당의 탄성변형 에너지 u는 다음과 같다.

$$u=\frac{\tau^2}{2G}=\frac{40^2}{2\times20,000}=0.04\text{ MN}\cdot\text{m/m}^3$$

따라서 전체적에 대한 탄성변형 에너지 U는 다음과 같이 된다.

$$U = uV = 0.04 \times (5 \times 10^{-4}) \times (3 \times 10^{-3}) = 6 \times 10^{-8}\,\mathrm{MN \cdot m}$$

2.5 충격에 의한 응력

그림 2·9와 같이 수직으로 매달려 있는 길이 l, 단면적 A, 종탄성계수 E인 플랜지 붙이 봉을 생각해 보자. 이 봉의 플랜지로부터 h만큼 떨어진 높이에서 무게 W인 추가 수직으로 떨어지면, 추가 플랜지(flange)에 충돌하는 순간 봉은 δ만큼 늘어날 것이다.

이때 추의 위치에너지 변화는 $W(h+\delta)$이며, 이 위치에너지가 봉의 탄성변형 에너지 $U = \dfrac{\sigma^2}{2E}Al$로 저장되었다고 할 수 있으므로 다음 식이 성립한다.

$$W(h+\delta) = \frac{\sigma^2}{2E}Al$$

따라서 σ는 봉이 δ만큼 변형되었을 때 봉 단면에 작용하는 인장응력으로 다음과 같이 된다.

$$\sigma = \sqrt{\frac{2EW(h+\delta)}{Al}} \tag{1}$$

그런데 훅의 법칙에서 $\delta = \dfrac{\sigma l}{E}$이므로 식 (1)은 다음과 같이 된다.

$$\sigma = \sqrt{\frac{2EW(h+\sigma l/E)}{Al}}$$

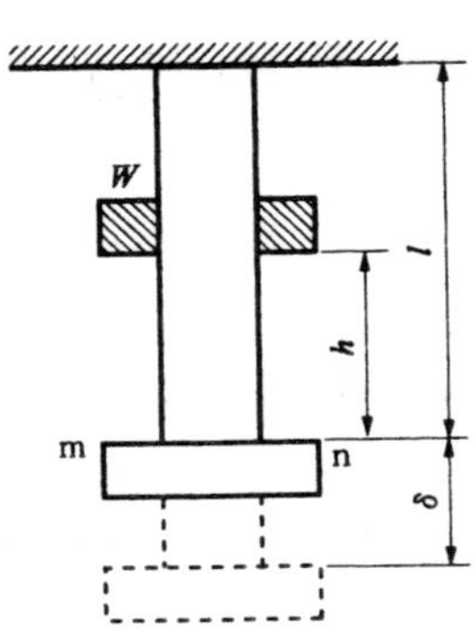

그림 2·9 수직으로 매달린 플랜지 붙이 봉

이 식을 다시 σ에 대하여 정리하면 다음과 같이 된다.

$$Al\sigma^2 - 2Wl\sigma - 2EWh = 0$$

이 식으로부터 σ를 구하면 다음과 같이 된다.

$$\sigma = \frac{W}{A}\left(1 + \sqrt{1 + \frac{2AEh}{Wl}}\right) \tag{2}$$

이 식은 다시 정적인 상태에서의 응력 $\sigma_{st} = \frac{W}{A}$ 와 정적인 상태에서의 변형량 $\delta_{st} = \frac{Wl}{AE}$ 로 고쳐쓰면 다음과 같이 된다.

$$\sigma = \sigma_{st}\left(1 + \sqrt{1 + \frac{2h}{\delta_{st}}}\right) \tag{3}$$

이때의 응력 σ를 충격에 의한 응력이라고 한다.

또한, 이때 봉에 생기는 최대 변형량 δ는 훅의 법칙으로부터 다음과 같이 구할 수 있다.

$$\delta = \frac{\sigma l}{E} = \frac{\sigma_{st} l}{E}\left(1 + \sqrt{1 + \frac{2h}{\delta_{st}}}\right)$$

$$= \delta_{st}\left(1 + \sqrt{1 + \frac{2h}{\delta_{st}}}\right) = \delta_{st} + \sqrt{\delta_{st}^2 + 2h\delta_{st}} \tag{4}$$

여기에서의 변형량 δ를 충격에 의한 변형량이라고 한다.

이때 만약 추 W가 플랜지에 아주 근접한 상태에서 떨어진다고 하면 $h \approx 0$이므로, 식 (3)과 (4)에서

$$\sigma = 2\,\sigma_{st}$$

$$\delta = 2\,\delta_{st}$$

가 되므로, 충격에 의한 응력 σ와 충격에 의한 변형량 δ는 각각 정적(靜的)인 상태에서의 응력 σ_{st}와 정적인 상태하에서의 변형량 δ_{st}의 2배가 됨을 알 수 있다.

예제 1

그림 2·9와 같이 그 끝단에 플랜지가 달린 지름 20 mm, 길이가 3 m인 강봉에 하중 100 N의 추가 2 m의 높이에서 떨어질 때 충격에 의한 응력과 변형량을 구하라. 단, 강봉의 종탄성계수 $E = 200$ GPa이다.

〔풀이〕 단면적

$$A = \frac{\pi d^2}{4} = \frac{\pi \times 0.02^2}{4} = \pi \times 10^{-4}\,\mathrm{m}^2$$

이므로 정적인 상태에서의 응력 σ_{st}는 다음과 같이 된다.

$$\sigma_{st} = \frac{P}{A} = \frac{100}{\pi \times 10^{-4}} = 3.183 \times 10^5\,\mathrm{N/m^2}$$

또한 정적인 상태에서의 변형량 δ_{st}는 다음과 같이 된다.

$$\delta_{st} = \frac{Wl}{AE} = \frac{100 \times 3}{(\pi \times 10^{-4}) \times (200 \times 10^9)} = 0.477 \times 10^{-5}\,\mathrm{m}$$

따라서 충격에 의한 응력

$$\begin{aligned}\sigma &= \sigma_{st}\left(1 + \sqrt{1 + \frac{2h}{\delta_{st}}}\right)\\ &= (3.183 \times 10^5) \times \left(1 + \sqrt{1 + \frac{2 \times 2}{0.477 \times 10^{-5}}}\right)\\ &= (3.183 \times 10^5) \times 916.7 = 2,918 \times 10^5\,\mathrm{N/m^2} = 0.29\,\mathrm{GPa}\end{aligned}$$

충격에 의한 변형량

$$\begin{aligned}\delta &= \delta_{st}\left(1 + \sqrt{1 + \frac{2h}{\delta_{st}}}\right)\\ &= (0.477 \times 10^{-5}) \times \left(1 + \sqrt{1 + \frac{2 \times 2}{0.477 \times 10^{-5}}}\right)\\ &= (0.477 \times 10^{-5}) \times 916.7\\ &= 4.4 \times 10^{-3}\,\mathrm{m}\end{aligned}$$

2.6 내압용기에 작용하는 응력

그림 2·10과 같이 내압 p를 받고 있는 안지름 d, 두께 t인 원통형상의 용기에서 내압에 의해 용기에 작용하는 응력은, 용기의 축방향 살 두께부에 작용하는 축 응력 σ_x와 용기의 원주방향 살 두께부에 작용하는 원주 응력 σ_y로 구분하여 생각할 수 있다.

여기서는 이들에 대하여 구해보기로 한다.

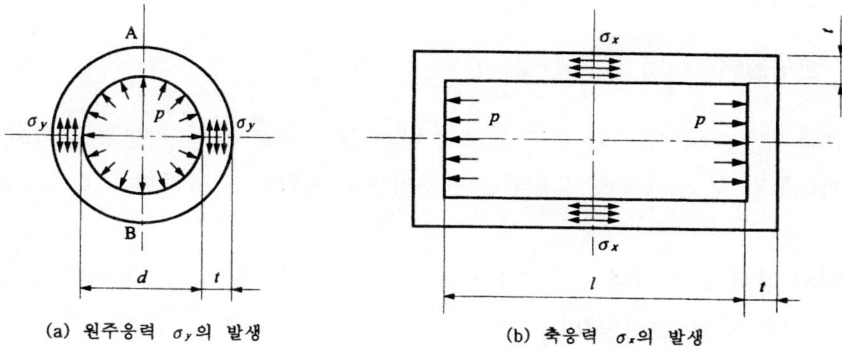

그림 2 · 10 내압용기에 작용하는 응력

2.6.1 축응력

용기를 축방향(A-B 단면)으로 자르고 용기의 내부에 작용하는 압력과 용기의 살 두께부에 작용하는 수직응력을 도시하면 그림 2 · 10 (b)와 같다.

이때 용기 내의 압력 p에 의해서 축방향으로 작용하는 힘 P_1은 다음과 같이 된다.

$$P_1 = \text{압력} \times \text{용기 내의 단면적} = p\frac{\pi d^2}{4}$$

또한 용기의 축방향 살 두께부에 작용하는 응력 σ_x는 두께가 얇은 경우(두께가 내경의 $\frac{1}{20}$ 이하)에는 단면에 균일하게 분포하는 것으로 볼 수 있으므로, 살 두께부에 작용하는 힘 F_1을 구하면 다음과 같이 된다.

$$F_1 = \text{응력} \times \text{살 두께부 단면적} = \sigma_x \times \pi dt$$

따라서 축방향으로 작용하는 힘 P_1과 살 두께부에 작용하는 힘 F_1은 서로 평형을 이루고 있어야 하므로 다음과 같은 식이 성립한다.

$$p\frac{\pi d^2}{4} = \sigma_x \times \pi dt$$

이 식으로부터 다음과 같이 응력 σ_x를 구할 수 있다.

$$\sigma_x = \frac{pd}{4t} \tag{1}$$

이 응력을 축응력(axial stress)이라고 한다.

2.6.2 원주응력

내압 p를 받고 있는 안지름 d, 두께 t인 얇은 살 두께를 가진 원통형 용기의 내면에서의 압력분포와 살 두께부에 작용하는 원주방향의 응력을 도시하면 그림 2 · 10 (a)와 같다.

용기 내의 압력 p에 의해서 용기를 둘로 분리시키려는 힘 P_2는 용기의 길이를 l이라고 하면 다음 식과 같이 된다.

$$P_2 = \text{압력} \times \text{용기 내의 투영면적} = pdl$$

또한 용기의 살 두께부에 작용하는 응력을 σ_y라 하고, 살 두께부에 작용하는 힘 F_2를 구하면 다음과 같이 된다.

$$F_2 = \text{응력} \times \text{살 두께부 단면적} = \sigma_y \times 2tl$$

따라서 압력에 의하여 축방향으로 작용하는 힘 P_2와 살 두께부에 작용하는 힘 F_2는 서로 평형을 이루고 있으므로 다음과 같은 식이 성립한다.

$$P_2 = F_2$$

$$pdl = 2\sigma_y tl$$

이 식으로부터 응력 σ_y를 구하면 다음과 같다.

$$\sigma_y = \frac{pd}{2t} \tag{2}$$

이와 같이 용기의 원주방향으로 생기는 응력을 **원주응력**(circumferential stress) 또는 **후프응력**(hoop stress)이라고 한다.

식 (1)과 (2)에서 보는 바와 같이 원주응력은 축방향응력의 두 배가 된다는 것을 알 수 있다.

예제 1

길이 $l = 3\,\text{m}$, 안지름 $d = 2\,\text{m}$, 두께 $t = 3\,\text{mm}$인 원통형 탱크에 압력 $p = 2{,}800\,\text{kPa}$인 가스가 채워져 있다. 이 탱크의 철판 두께부에 작용하는 최대응력은?

〔풀이〕 최대응력은 원주응력에 해당하므로 원주응력을 구하면 된다.

$$최대응력\ \sigma_{max}=\frac{pd}{2t}=\frac{2,800\times2}{2\times(3\times10^{-3})}=933,333\,\text{kPa}$$

예제 2

바깥지름 $d=20\,\text{cm}$이고, 살 두께 $t=1\,\text{mm}$인 고무공에 압력 $p=3\,\text{kPa}$인 공기가 채워져 있다. 이 공의 고무재의 단면에 작용하는 응력은?

[풀이] 공의 고무재의 단면에 작용하는 응력은 본문에서의 축응력과 같은 응력이므로 축응력을 구하면 된다.

$$응력\ \sigma=\frac{pd}{4t}=\frac{3\times0.2}{4\times(1\times10^{-3})}=150\,\text{kPa}$$

• 연습문제 •

1. 양단이 고정된 길이 800 mm, 단면적 40 mm^2인 봉이 있다. 봉의 좌측 고정단으로부터 200 mm 되는 지점에서 우측방향으로 하중 $P=10$ kN이 작용할 때 이 봉의 단면에 작용하는 최대응력을 구하라.

2. 천정에 매달린 길이 3 m, 지름 500 mm인 강봉의 축방향으로 700 N의 하중이 매달려 있다. 봉의 자중을 고려하여 봉의 단면에 작용하는 최대 수직응력을 구하라. 단, 봉재료의 종탄성계수 $E=200$ GPa이고, 비중량 $\gamma=7.85\ g_f/cm^3$이다.

3. 재료의 온도가 40℃일 때 그 길이를 측정하였더니 10.0012 m이었는데, 재료의 온도가 30℃일 때 재료의 길이가 10 m이었다. 이 재료의 열팽창계수를 구하라.

4. 길이 2 m의 금속봉의 양단을 고정하고 가열하여 금속봉의 온도를 40℃ 상승시켰다. 이 금속의 열팽창계수 $\alpha=11.5\times10^{\ 6}$ m/℃, 종탄성계수 $E=200$ GPa일 때 발생하는 열응력은?

5. 길이가 2 m, 지름이 10 cm인 연강봉이 인장하중을 받아 0.5 mm 늘어났다. 이 봉에 축적된 탄성에너지는 얼마인가? 단, 연강봉의 종탄성계수 $E=200$ GPa이다.

6. 인장강도 400 MPa의 연강판으로 지름 60 cm에 2 MPa의 내압을 받는 원통형의 보일러를 만드는 데 필요한 연강판의 두께는? 단, 안전율을 5로 한다.

7. 한쪽 끝단은 천정에 고정되어 있고 다른 한쪽 끝단에 플랜지가 붙어 있는 지름 4 cm, 길이 1 m의 강봉에, 무게 50N의 추를 끼우고 플랜지로부터 40 cm의 높이에서 떨어뜨렸을 경우 강봉에 발생하는 응력과 변형량을 구하라(단, 강봉의 종탄성계수 $E=200$ GPa이다).

8. 한쪽 끝단이 천정에 고정되어 있는 길이 10 m, 지름 $d=2$ mm인 강선의 끝에 무게

$W=40$ N의 추가 매달려 있다. 추를 $h=5$ m 높이까지 들어올렸다가 자유낙하시켰을 때 강선에 발생되는 응력을 구하라. 단, 강선의 종탄성계수 $E=200$ GPa이다.

9. 안지름 $d=80$ mm, 길이 500 mm, 벽 두께 $t=1.5$ mm인 원통형 관이 내압 3,000 kPa를 받고 있다. 관 벽이 받는 최대응력은 ?

10. 탄성계수 $E=200$ GPa인 균일 단면봉에 스트레인 게이지를 접착하여 인장시험하였더니 변형률 $\varepsilon=10^{-5}$이었다. 이 재료가 흡수한 단위체적당 탄성변형 에너지는 얼마인가?

제3장 조합응력

지금까지는 하중방향에 대하여 수직인 단면과 평행인 단면에 작용하는 응력에 대한 문제를 다루었다. 그러나 응력은 하중방향에 대하여 수직 또는 평행인 단면뿐만 아니라 어떤 임의의 경사면상에도 작용할 수 있다. 따라서 여기서는 하중방향에 대하여 임의의 경사면상에 작용하는 응력에 대한 문제를 다루고자 한다.

3.1 이론식에 의한 조합응력의 해석

3.1.1 평면응력 상태에 있는 요소의 경사면상에 작용하는 응력

그림 3・1(a)와 같이 정사각형 형태의 얇은 요소에 서로 직각방향으로 수직응력 σ_x와 σ_y가 작용하는 동시에 각각의 변에 나란한 방향으로 전단응력 τ_{xy}가 작용하는

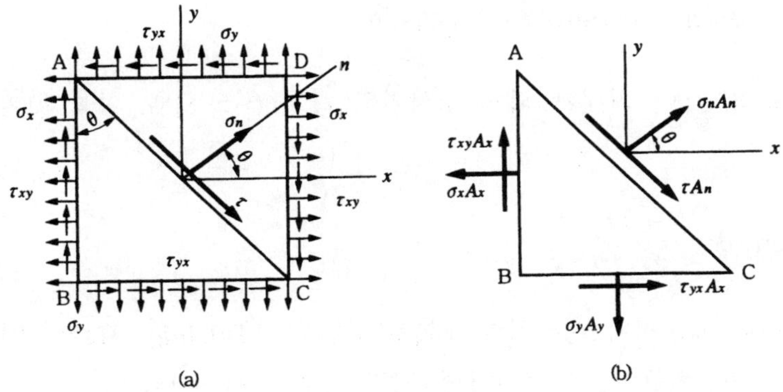

그림 3・1

응력상태를 평면응력(平面応力, plane stress) 상태라고 하는데, 이와 같은 평면응력 상태에 있는 재료내부의 경사면상에 작용하는 응력을 구해보기로 한다.

그림에서 x축에 수직인 면은 x면, y축에 수직인 면은 y면이라 하고, x축과 각도 θ를 이루는 경사면은 n면이라 하는데(x축과 경사면에 대한 수직선이 이루는 각이 θ가 됨), 전단응력의 경우 전단응력의 첨자 중 첫 첨자는 전단응력이 작용하는 면을, 둘째 첨자는 전단응력이 작용하는 방향을 표시한다. 즉 τ_{xy}는 요소의 x면상에서 전단응력이 y방향으로 작용하는 것을, τ_{yx}는 y면상에서 x방향으로 작용하는 것을 표시한다.

전단응력의 부호는 시계방향을 +, 시계 반대방향을 −로 한다.

또한 두 직교단면 위에 작용하는 전단응력은 서로 크기가 같고 방향이 반대가 되는데, 이와 같이 서로 직각을 이루는 두 단면에 작용하는 응력을 서로 공액응력(共軛應力, compliance stress)이라고 한다.

즉, 전단응력 τ_{xy}와 τ_{yx}는 서로 공액응력으로 크기가 같고 방향이 반대이다.

그림 3·1 (a)와 같이 정사각형 형태의 얇은 요소에 서로 직각방향으로 수직응력 σ_x, σ_y와 전단응력 τ_{xy}, τ_{yx}가 작용하는 평면응력 상태에 있을 때, x면에 대하여 각 θ만큼 경사진 경사단면(n면)에 작용하는 응력은 다음 식과 같이 된다.

수직응력

$$\sigma_n = \frac{1}{2}(\sigma_x + \sigma_y) + \frac{1}{2}(\sigma_x - \sigma_y)\cos 2\theta - \tau_{xy}\sin 2\theta \tag{1}$$

전단응력

$$\tau = \frac{1}{2}(\sigma_x - \sigma_y)\sin 2\theta + \tau_{xy}\cos 2\theta \tag{2}$$

여기서 수직응력 σ_n이 최대가 되는 경사면의 각도 θ는 다음 식을 만족하는 θ의 값이 된다.

$$\tan 2\theta = \frac{-2\tau_{xy}}{\sigma_x - \sigma_y} \tag{3}$$

또한 수직응력의 최대치와 최소치를 주응력(主応力, Principal stress) 이라고 하는데 최대치를 σ_1, 최소치를 σ_2로 표시하며, 각각 다음 식과 같다.

$$\sigma_1 = \frac{1}{2}(\sigma_x + \sigma_y) + \frac{1}{2}\sqrt{(\sigma_x - \sigma_y)^2 + 4\tau_{xy}^2} \quad (4)$$

$$\sigma_2 = \frac{1}{2}(\sigma_x + \sigma_y) - \frac{1}{2}\sqrt{(\sigma_x - \sigma_y)^2 + 4\tau_{xy}^2} \quad (5)$$

또한 전단응력 τ가 최대가 되는 경사면의 각도 θ는 다음 식을 만족하는 θ의 값이 된다.

$$\tan 2\theta = \frac{(\sigma_x - \sigma_y)}{2\tau_{xy}} \quad (6)$$

전단응력의 최대치 $\tau_{\max}$과 최소치 $\tau_{\min}$은 다음 식과 같이 된다.

$$\tau_{\max} = +\frac{1}{2}\sqrt{(\sigma_x - \sigma_y)^2 + 4\tau_{xy}^2} \quad (7)$$

$$\tau_{\min} = -\frac{1}{2}\sqrt{(\sigma_x - \sigma_y)^2 + 4\tau_{xy}^2} \quad (8)$$

따라서 최대, 최소 전단응력은 주응력과 다음과 같은 관계가 성립한다.

$$\tau_{\max} = \frac{1}{2}(\sigma_1 - \sigma_2)$$

$$\tau_{\min} = -\frac{1}{2}(\sigma_1 - \sigma_2)$$

▸▸ 식의 유도 및 해설

경사면 AC에 작용하는 응력을 구하기 위하여 그림 3·1 (b)와 같이 삼각형 ABC로 분리하고, AB, BC 및 AC의 면적을 각각 A_x, A_y, A_n이라 한다.

또한 경사면에 작용하는 응력을 경사면에 대하여 수직인 수직응력 σ_n과 경사면에 평행인 전단응력 τ로 구분하고, 우선 경사면에 수직방향인 n축 방향에 대하여 힘의 평형조건식($\sum F = 0$)을 적용하면 다음 식과 같이 된다.

$$\sum F = \sigma_n A_n - \sigma_x A_x \cos\theta - \sigma_y A_y \sin\theta + \tau_{xy} A_x \sin\theta + \tau_{yx} A_y \cos\theta = 0$$

$$\sigma_n A_n = \sigma_x A_x \cos\theta + \sigma_y A_y \sin\theta - \tau_{xy} A_x \sin\theta - \tau_{yx} A_y \cos\theta$$

이 식에

$$A_x = A_n \cos\theta, \qquad A_y = A_n \sin\theta$$

의 관계를 대입하면 다음과 같이 된다.

$$\sigma_n A_n = \sigma_x(A_n \cos\theta)\cos\theta + \sigma_y(A_n \sin\theta)\sin\theta - \tau_{xy}(A_n\cos\theta)\sin\theta$$
$$- \tau_{yx}(A_n \sin\theta)\cos\theta$$
$$= \sigma_x A_n \cos^2\theta + \sigma_y A_n \sin^2\theta - 2\tau_{xy} A_n \cos\theta \sin\theta$$

따라서 경사면에 작용하는 수직응력 σ_n은 다음과 같다.

$$\sigma_n = \sigma_x \cos^2\theta + \sigma_y \sin^2\theta - 2\tau_{xy} \sin\theta\cos\theta$$

또한 삼각함수의 관계식 $\cos^2\theta = 1 - \sin^2\theta$, $\sin^2\theta = \frac{1}{2}(1-\cos 2\theta)$, $\sin 2\theta = 2\sin\theta\cos\theta$들을 이용하면, 이 식은 다음과 같이 변환된다.

$$\sigma_n = \sigma_x(1-\sin^2\theta) + \sigma_y \sin^2\theta - 2\tau_{xy}\left(\frac{1}{2}\sin 2\theta\right)$$
$$= \sigma_x - \sigma_x \sin^2\theta + \sigma_y \sin^2\theta - \tau_{xy}\sin 2\theta$$
$$= \sigma_x - (\sigma_x - \sigma_y)\sin^2\theta - \tau_{xy}\sin 2\theta$$
$$= \sigma_x - (\sigma_x - \sigma_y) \times \frac{1}{2}(1-\cos 2\theta) - \tau_{xy}\sin 2\theta$$
$$= \frac{1}{2}(\sigma_x + \sigma_y) + \frac{1}{2}(\sigma_x - \sigma_y)\cos 2\theta - \tau_{xy}\sin 2\theta \qquad \text{(a)}$$

이와 같은 방법으로 경사면에 나란한 방향으로 힘의 평형방정식을 적용하면 다음과 같이 된다.

$$\Sigma F = \tau A_n - \sigma_x A_x \sin\theta + \sigma_y A_y \cos\theta - \tau_{xy} A_x \cos\theta + \tau_{yx} A_y \sin\theta = 0$$
$$\tau A_n = \sigma_x A_x \sin\theta - \sigma_y A_y \cos\theta + \tau_{xy} A_x \cos\theta - \tau_{yx} A_y \sin\theta$$
$$= \sigma_x(A_n\cos\theta)\sin\theta - \sigma_y(A_n\sin\theta)\cos\theta$$
$$+ \tau_{xy}(A_n\cos\theta)\cos\theta - \tau_{yx}(A_n\sin\theta)\sin\theta$$
$$= \sigma_x A_n \cos\theta\sin\theta - \sigma_y A_n \sin\theta\cos\theta + \tau_{xy} A_n \cos^2\theta - \tau_{yx} A_n \sin^2\theta$$
$$= \sigma_x A_n\left(\frac{1}{2}\sin 2\theta\right) - \sigma_y A_n\left(\frac{1}{2}\sin 2\theta\right) + \tau_{xy} A_n(\cos^2\theta - \sin^2\theta)$$

이 식의 양변을 A_n으로 나누어 주면 전단응력 τ는 다음과 같이 된다.

$$\tau = \frac{1}{2}\sigma_x \sin 2\theta - \frac{1}{2}\sigma_y \sin 2\theta + \tau_{xy}(\cos^2\theta - \sin^2\theta)$$
$$= \frac{1}{2}(\sigma_x - \sigma_y)\sin 2\theta + \tau_{xy}\{(1-\sin^2\theta) - \sin^2\theta\}$$

$$= \frac{1}{2}(\sigma_x - \sigma_y)\sin 2\theta + \tau_{xy}(1 - 2\sin^2\theta)$$

$$= \frac{1}{2}(\sigma_x - \sigma_y)\sin 2\theta + \tau_{xy}\left\{1 - 2\times\frac{1}{2}(1 - \cos 2\theta)\right\}$$

$$= \frac{1}{2}(\sigma_x - \sigma_y)\sin 2\theta + \tau_{xy}\cos 2\theta \qquad \text{(b)}$$

다음에 수직응력 σ_n이 최대가 되는 경사각 θ는 $\frac{d\sigma_n}{d\theta} = 0$을 만족하는 θ이므로

$$\frac{d\sigma_n}{d\theta} = \frac{1}{2}(\sigma_x - \sigma_y)(-2\sin 2\theta) - \tau_{xy}2\cos 2\theta$$

$$= -(\sigma_x - \sigma_y)\sin 2\theta - 2\tau_{xy}\cos 2\theta$$

$$= 0$$

이 되고, 따라서 이로부터 다음과 같은 식을 얻을 수 있다.

$$\frac{\sin 2\theta}{\cos 2\theta} = -\frac{2\tau_{xy}}{\sigma_x - \sigma_y}$$

$$\tan 2\theta = \frac{-2\tau_{xy}}{\sigma_x - \sigma_y} \qquad \text{(c)}$$

이 식을 만족하는 2θ의 값은 $\sin 2\theta$, $\cos 2\theta$ 모두 양의 값을 가질 때와 $\sin 2\theta$, $\cos 2\theta$ 모두 음의 값을 가질 때의 두 개이며, 이들 사이에는 180°의 차이가 있으므로 결국 θ는 서로 90°의 차를 가지는 두 개의 값을 갖는다. 이때 이 중 한 개의 값이 최대치이고 나머지 한 개가 최소치가 된다.

이와 같은 수직응력의 최대치와 최소치를 주응력(Principal stress)이라 부르고 각각 σ_1과 σ_2로 표시한다. 또한 이 주응력이 작용하는 면을 주평면(principal plane of stress)이라 부른다.

주응력을 구하기 위해서는 식 (c)의 관계를 식 (a)에 대입하여야 하는데 계산을 간단히 하기 위하여 다음과 같은 관계를 이용한다.

삼각함수의 관계식 $\sin^2 2\theta + \cos^2 2\theta = 1$에서 양변을 $\sin^2 2\theta$로 나누면

$$1 + \frac{\cos^2 2\theta}{\sin^2 2\theta} = \frac{1}{\sin^2 2\theta}$$

$$1 + \frac{1}{\tan^2 2\theta} = \frac{1}{\sin^2 2\theta}$$

$$\sin 2\theta = \sqrt{\frac{\tan^2 2\theta}{1+\tan^2 2\theta}} = \frac{\tan 2\theta}{\sqrt{1+\tan^2 2\theta}} \qquad \text{(d)}$$

가 되고, 여기에 식 (c)를 대입하면 다음과 같은 식을 얻을 수 있다.

$$\sin 2\theta = \frac{\tan 2\theta}{\sqrt{1+\tan^2 2\theta}} = \frac{-2\tau_{xy}}{\sqrt{(\sigma_x-\sigma_y)^2+4\tau_{xy}^2}} \qquad \text{(e)}$$

또한 삼각함수의 관계식 $\sin^2 2\theta + \cos^2 2\theta = 1$의 관계식에서 양변을 $\cos^2 2\theta$로 나누면 다음과 같은 식을 얻을 수 있다.

$$\frac{\sin^2 2\theta}{\cos^2 2\theta} + 1 = \frac{1}{\cos^2 2\theta}$$

$$\tan^2 2\theta + 1 = \frac{1}{\cos^2 2\theta}$$

$$\cos 2\theta = \frac{1}{\sqrt{1+\tan^2 2\theta}} \qquad \text{(f)}$$

이 식에 식 (c)를 대입하여 정리하면 다음과 같은 식을 얻을 수 있다.

$$\cos 2\theta = \frac{1}{\sqrt{1+\tan^2 2\theta}} = \frac{\sigma_x-\sigma_y}{\sqrt{(\sigma_x-\sigma_y)^2+4\tau_{xy}^2}} \qquad \text{(g)}$$

따라서 식 (e)와 식 (g)를 식 (a)에 대입하면 다음과 같이 수직응력의 최대치인 주응력 σ_1을 구할 수 있게 된다.

$$\sigma_1 = \frac{1}{2}(\sigma_x+\sigma_y) + \frac{1}{2}\sqrt{(\sigma_x-\sigma_y)^2+4\tau_{xy}^2} \qquad \text{(h)}$$

앞에서 설명한 바와 같이 식 (c)를 만족하는 경사면은 두 개로 σ_1이 작용하는 면과 90° 기울어진 경사면상에서는 최소응력인 주응력 σ_2가 발생한다.

이때에는 $\cos 2\theta$, $\sin 2\theta$ 모두가 음의 값을 가지는 경우이므로, 식 (a)에

$$\cos 2\theta = -\frac{\sigma_x-\sigma_y}{\sqrt{(\sigma_x-\sigma_y)^2+4\tau_{xy}^2}}$$

$$\sin 2\theta = \frac{2\tau_{xy}}{\sqrt{(\sigma_x-\sigma_y)^2+4\tau_{xy}^2}}$$

의 관계식을 대입하면 다음과 같이 된다.

$$\sigma_2 = \frac{1}{2}(\sigma_x + \sigma_y) - \frac{1}{2}\sqrt{(\sigma_x - \sigma_y)^2 + 4\tau_{xy}^2} \qquad \text{(i)}$$

이번에는 최대 전단응력이 작용하는 면의 각도를 구해보자. 앞의 수직응력에서와 같이 전단응력에 관한 식 (b)를 θ에 대하여 미분하면

$$\frac{d\tau}{d\theta} = (\sigma_x - \sigma_y)\cos 2\theta - 2\tau_{xy}\sin 2\theta = 0$$

가 되고, 여기서

$$\tan 2\theta = \frac{(\sigma_x - \sigma_y)}{2\tau_{xy}} \qquad \text{(j)}$$

의 조건을 얻는다. 이때 이 식을 만족하는 θ의 값도 두 개이며, 이 중 한 개가 최대값이고 나머지 한 개는 최소값이 된다.

따라서 앞에서와 같은 삼각함수 관계식 (d)와 (f)에 식 (j)를 대입하면 다음과 같이 된다.

$$\sin 2\theta = \frac{\tan 2\theta}{\sqrt{1 + \tan^2 2\theta}} = \frac{\sigma_x - \sigma_y}{\sqrt{4\tau_{xy}^2 + (\sigma_x - \sigma_y)^2}} \qquad \text{(k)}$$

$$\cos 2\theta = \frac{1}{\sqrt{1 + \tan^2 2\theta}} = \frac{2\tau_{xy}}{\sqrt{4\tau_{xy}^2 + (\sigma_x - \sigma_y)^2}} \qquad \text{(l)}$$

이들을 식 (b)에 대입하면 최대 전단응력 $\tau_{\max}$은 다음과 같이 된다.

$$\tau_{\max} = \frac{1}{2}\sqrt{(\sigma_x - \sigma_y)^2 + 4\tau_{xy}^2} \qquad \text{(m)}$$

또한 최소 전단응력은 $\sin 2\theta$, $\cos 2\theta$ 모두 음의 값을 가지는 경우이므로 식 (k)와 (l)를 다음과 같이 고쳐 식 (b)에 대입하여 구한다.

$$\sin 2\theta = -\frac{\sigma_x - \sigma_y}{\sqrt{4\tau_{xy}^2 + (\sigma_x - \sigma_y)^2}}$$

$$\cos 2\theta = \frac{-2\tau_{xy}}{\sqrt{4\tau_{xy}^2 + (\sigma_x - \sigma_y)^2}}$$

따라서 최소 전단응력 $\tau_{\min}$은 다음과 같다.

$$\tau_{\min} = -\frac{1}{2}\sqrt{(\sigma_x - \sigma_y)^2 + 4\tau_{xy}^2} \qquad \text{(n)}$$

예제 1

그림 3 · 2와 같은 평면응력 상태에 있는 정사각형 평판에서 $\sigma_x = 15\,\text{kPa}$, $\sigma_y = -5\,\text{kPa}$, $\tau_{xy} = 10\,\text{kPa}$일 때 주응력의 크기와 최대 전단응력을 구하라.

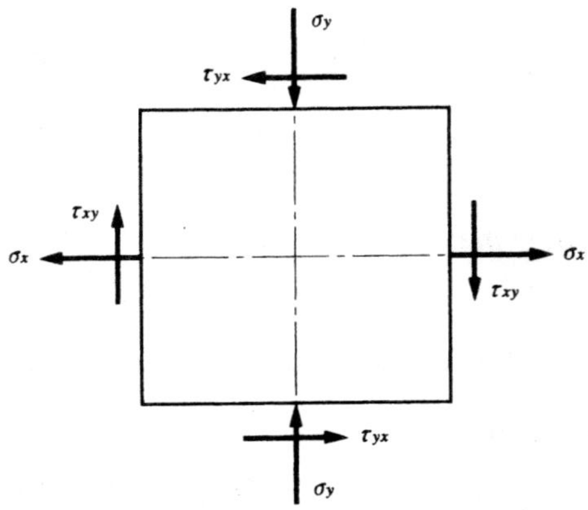

그림 3 · 2 평면응력 상태에 있는 직사각형 평판

[풀이] 주응력

$$\sigma_1 = \frac{1}{2}(\sigma_x + \sigma_y) + \frac{1}{2}\sqrt{(\sigma_x - \sigma_y)^2 + 4\tau_{xy}^2}$$
$$= \frac{1}{2}\{15 + (-5)\} + \frac{1}{2}\sqrt{\{15 - (-5)\}^2 + 4 \times 10^2}$$
$$= 19.14\,\text{kPa}$$

$$\sigma_2 = \frac{1}{2}(\sigma_x + \sigma_y) - \frac{1}{2}\sqrt{(\sigma_x - \sigma_y)^2 + 4\tau_{xy}^2}$$
$$= \frac{1}{2}\{15 + (-5)\} - \frac{1}{2}\sqrt{\{15 - (-5)\}^2 + 4 \times 10^2}$$
$$= -9.14\,\text{kPa}$$

최대 전단응력

$$\tau_{\max} = \frac{1}{2}\sqrt{(\sigma_x - \sigma_y)^2 + 4\tau_{xy}^2} = \frac{1}{2}\sqrt{\{15 - (-5)\}^2 + 4 \times 10^2}$$
$$= 14.14\,\text{kPa}$$

3.1.2 2축응력 상태에 있는 요소의 경사면상에 작용하는 응력

그림 3·3과 같이 정사각형 형태의 얇은 요소에 서로 직각방향으로 인장응력 σ_x와 σ_y가 작용하는 것과 같이 두 축방향으로 수직응력이 작용하는 응력상태를 2축응력(二軸応力, biaxial stress) 상태라고 한다.

이와 같은 2축응력 상태에 있을 때, 재료내부의 경사면상에 작용하는 응력을 구해보자.

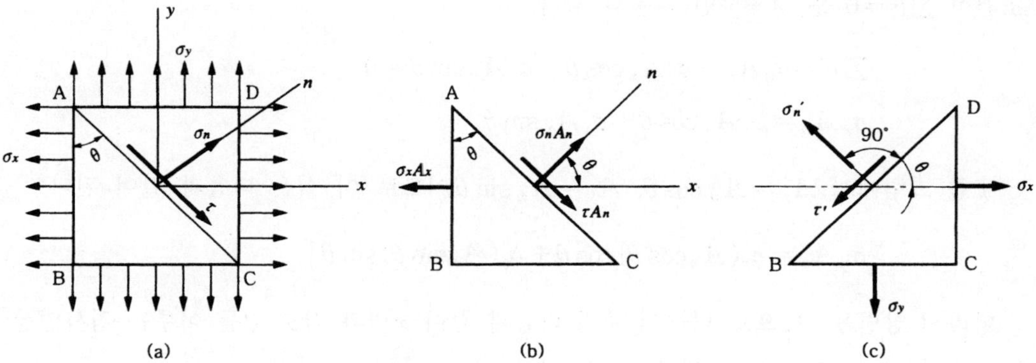

그림 3·3 2축응력 상태에 있는 직사각형 요소

2축응력 상태의 경우는 평면응력 상태에서 전단응력 τ_{xy}가 제거된 상태이므로, x축과 각도 θ를 이루는 경사면(n면)상에서의 수직응력 σ_n과 τ는 평면응력 상태에서의 경사면의 응력에 대한 식 (1)과 (2)에서 전단응력 $\tau_{xy}=0$으로 하면 된다. 따라서

수직응력

$$\sigma_n = \frac{1}{2}(\sigma_x + \sigma_y) + \frac{1}{2}(\sigma_x - \sigma_y)\cos 2\theta \quad (1)$$

전단응력

$$\tau = \frac{1}{2}(\sigma_x - \sigma_y)\sin 2\theta \quad (2)$$

가 된다.

또한 전단응력의 최대치와 최소치는 앞의 평면응력 상태에서 전단응력의 최대치와 최소치에 대한 식 (7)과 (8)에서 $\tau_{xy}=0$로 하면 다음과 같이 된다.

$$\tau_{max} = \frac{1}{2}(\sigma_x - \sigma_y)$$

$$\tau_{min} = -\frac{1}{2}(\sigma_x - \sigma_y)$$

▸▸ **식의 유도 및 해설**

경사면에 작용하는 응력을 경사면에 대하여 수직인 수직응력 σ_n과 경사면에 평행인 전단응력 τ로 구분하고, 우선 경사면에 수직방향인 n축 방향에 대하여 힘의 평형조건식($\sum F = 0$)을 적용하면 다음과 같다.

$$\sum F = \sigma_n A_n - \sigma_x A_x \cos\theta - \sigma_y A_y \sin\theta = 0$$

$$\sigma_n A_n = \sigma_x A_x \cos\theta + \sigma_y A_y \sin\theta$$

또한 그림에서 $A_x = A_n \cos\theta$, $A_y = A_n \sin\theta$이므로 이 식은 다음과 같이 된다.

$$\sigma_n A_n = \sigma_x (A_n \cos\theta)\cos\theta + \sigma_y (A_n \sin\theta)\sin\theta$$

따라서 양변을 A_n으로 나누어 주면 다음과 같이 x면과 각도 θ를 이루는 경사면상의 수직응력 σ_n에 대한 식을 얻을 수 있다.

$$\sigma_n = \sigma_x \cos^2\theta + \sigma_y \sin^2\theta \qquad \text{ⓐ}$$

또한 이 식은 삼각함수의 관계식 $\cos^2\theta = 1 - \sin^2\theta$와 $\sin^2\theta = \frac{1}{2}(1 - \cos 2\theta)$을 차례로 이용하여 다음과 같은 형태로 고칠 수 있다.

$$\begin{aligned}\sigma_n &= \sigma_x(1 - \sin^2\theta) + \sigma_y \sin^2\theta \\ &= \sigma_x - \sigma_x \sin^2\theta + \sigma_y \sin^2\theta \\ &= \sigma_x - (\sigma_x - \sigma_y)\sin^2\theta \\ &= \sigma_x - (\sigma_x - \sigma_y) \times \frac{1}{2}(1 - \cos 2\theta) \\ &= \frac{1}{2}(\sigma_x + \sigma_y) + \frac{1}{2}(\sigma_x - \sigma_y)\cos 2\theta \qquad \text{ⓑ}\end{aligned}$$

다음에 경사면에 나란한 방향으로 힘의 평형조건식을 적용하면 다음과 같이 된다.

$$\sum F = \tau A_n - \sigma_x A_x \sin\theta + \sigma_y A_y \cos\theta = 0$$

$$\tau A_n = \sigma_x A_x \sin\theta - \sigma_y A_y \cos\theta$$
$$= \sigma_x (A_n \cos\theta)\sin\theta - \sigma_y (A_n \sin\theta)\cos\theta$$

이 식의 양변을 A_n으로 나누면 전단응력 τ는 다음과 같이 된다.

$$\tau = \sigma_x \cos\theta \sin\theta - \sigma_y \sin\theta\cos\theta = (\sigma_x - \sigma_y)\sin\theta\cos\theta$$

이 식은 다시 삼각함수의 관계식 $\sin 2\theta = 2\sin\theta\cos\theta$의 관계를 이용하여 다음과 같은 형태로 바꿀 수 있다.

$$\tau = \frac{1}{2}(\sigma_x - \sigma_y)\sin 2\theta \qquad \text{ⓒ}$$

참고로 경사면 AC와 직교하는 면 BD상에 작용하는 응력, 즉 수직응력 σ_n'와 전단응력 τ'는 다음과 같이 식 ⓑ와 ⓒ의 θ에 $\theta + 90°$를 대입하여 얻을 수 있다.

$$\begin{aligned} \sigma_n' &= \frac{1}{2}(\sigma_x + \sigma_y) + \frac{1}{2}(\sigma_x - \sigma_y)\cos 2(\theta + 90) \\ &= \frac{1}{2}(\sigma_x + \sigma_y) - \frac{1}{2}(\sigma_x - \sigma_y)\cos 2\theta \end{aligned} \qquad \text{ⓓ}$$

$$\begin{aligned} \tau' &= \frac{1}{2}(\sigma_x - \sigma_y)\sin 2(\theta + 90) \\ &= -\frac{1}{2}(\sigma_x - \sigma_y)\sin 2\theta \end{aligned} \qquad \text{ⓔ}$$

식 ⓑ와 ⓓ, 식 ⓒ와 ⓔ를 각각 더하면 공액 응력 사이에 서로 다음과 같은 관계가 있음을 알 수 있다.

$$\sigma_n + \sigma_n' = \sigma_x + \sigma_y$$
$$\tau = -\tau'$$

따라서 이 식으로부터 두 개의 직교하는 평면상의 수직응력의 합은 θ에 관계없이 일정하고, 전단응력은 서로 크기가 같고 방향이 반대임을 알 수 있다.

이와 같이 서로 90° 기울어진 두 단면에 작용하는 응력을 서로 공액응력(compliance stress)이라고 하는데, 이로부터 두 개의 직교하는 평면 중 어느 한 단면의 전단응력의 크기와 부호를 알면, 나머지 단면에 작용하는 전단응력의 크기와 부호도 알 수 있게 된다.

또한 σ_n의 최대치와 최소치가 되는 θ의 값은 $\frac{d\sigma_n}{d\theta}=0$을 만족하는 θ의 값이므

로 다음과 같은 식이 성립한다.

$$\frac{d\sigma_n}{d\theta} = -(\sigma_x - \sigma_y)\sin 2\theta = 0$$

이 식으로부터 $\theta=0°$, $\theta=90°$의 단면에서 수직응력이 최대 또는 최소가 됨을 알 수 있는데, $\sigma_x > \sigma_y$일 때 수직응력의 최대치인 주응력 σ_1과 최소치인 주응력 σ_2는 식 ⓑ에 각각 $\theta=0°$, $\theta=90°$를 대입하여 다음과 같이 구할 수 있다.

$$(\sigma_n)_{\max} = \frac{\sigma_x + \sigma_y}{2} + \frac{\sigma_x - \sigma_y}{2} = \sigma_x$$

$$(\sigma_n)_{\min} = \frac{\sigma_x + \sigma_y}{2} - \frac{\sigma_x - \sigma_y}{2} = \sigma_y$$

또한 전단응력의 최대치와 최소치는 식 ⓒ에서 $\frac{d\tau}{d\theta}=0$을 만족하는 θ의 값이므로 다음과 같은 식이 성립한다.

$$\frac{d\tau}{d\theta} = (\sigma_x - \sigma_y)\cos 2\theta = 0$$

이 식으로부터 $\theta=45°$, $\theta=135°$를 얻을 수 있다. 따라서 전단응력은 $\theta=45°$ 및 $\theta=135°$의 경사면에서 최대, 최소가 되므로 그 값 $\tau_{\max}$, $\tau_{\min}$은 식 ⓒ에 $\theta=45°$와 $\theta=135°$를 대입하여 구할 수 있으며 그 결과는 다음과 같다.

$$\tau_{\max} = \frac{1}{2}(\sigma_x - \sigma_y)$$

$$\tau_{\min} = -\frac{1}{2}(\sigma_x - \sigma_y)$$

예제 1

그림 3·4와 같은 2축응력 상태에 있는 정사각형 평판에서 $\sigma_x=500$ Pa, $\sigma_y=-200$ Pa이 작용할 때 σ_x가 작용하는 면과 30° 기울어진 경사면상에서의 응력을 구하라.

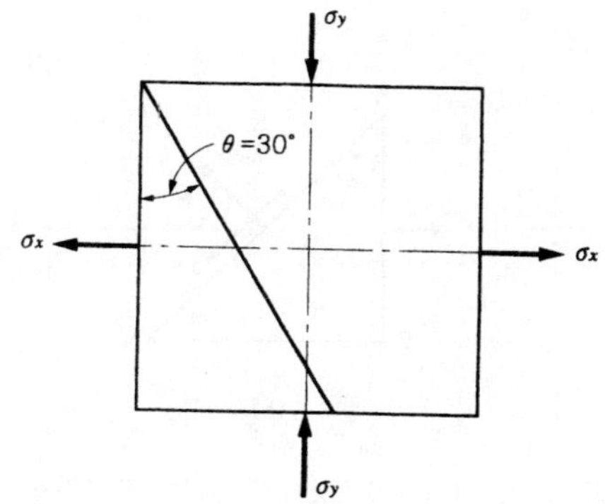

그림 3·4 2축응력 상태에 있는 정사각형 평판

[풀이] 30° 기울어진 경사면상에서의 수직응력

$$\sigma_n = \frac{1}{2}(\sigma_x + \sigma_y) + \frac{1}{2}(\sigma_x - \sigma_y)\cos 2\theta$$
$$= \frac{1}{2}\{500 + (-200)\} + \frac{1}{2}\{500 - (-200)\}\cos(2\times 30)$$
$$= 325\ \text{Pa}$$

전단응력

$$\tau = \frac{1}{2}(\sigma_x - \sigma_y)\sin 2\theta$$
$$= \frac{1}{2}\{500 - (-200)\}\sin(2\times 30)$$
$$= 303\ \text{Pa}$$

3.1.3 1축응력 상태에 있는 요소의 경사면상에 작용하는 응력

그림 3·5(a)와 같이 정사각형 형태의 얇은 요소에 한쪽 방향으로 인장응력 σ_x가 작용하는 것과 같이 단일축 방향으로 수직응력이 작용하는 응력상태를 **1축응력**(一軸應力, unidirectional stress) 상태, 또는 **단축응력**(單軸應力) **상태나 단순응력**(單純應力) 상태 등이라 하는데, 이와 같은 1축응력 상태에 있을 때 재료내부의 경사면상에 작용하는 응력을 구해보자.

이와 같은 1축응력 상태는 평면응력 상태에서의 수직응력 σ_y와 전단응력 τ_{xy}가 제거된 상태이므로 x축과 각도 θ를 이루는 경사면(n면)상에서의 수직응력 σ_n과 전단

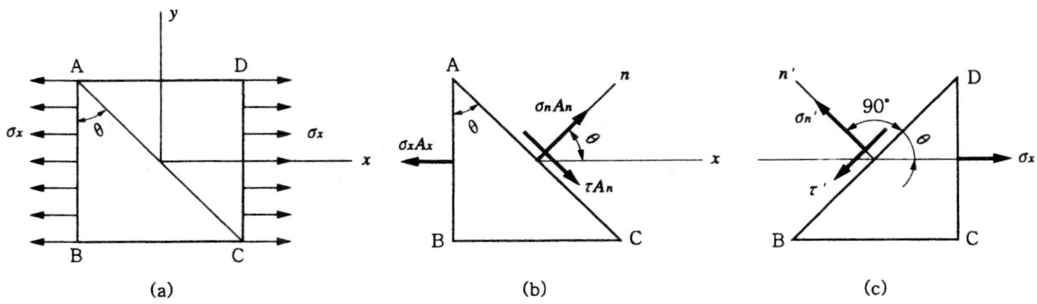

그림 3 · 5 1축응력 상태에 있는 직사각형 요소

응력 τ는 평면응력 상태에서의 경사면의 응력에 대한 식 (1)과 (2)에서 전단응력 $\sigma_y=0$, $\tau_{xy}=0$으로 하면 된다.

따라서 수직응력 σ_n과 전단응력 τ는 다음과 같이 된다.

$$\sigma_n=\frac{1}{2}\sigma_x+\frac{1}{2}\sigma_x\cos 2\theta=\frac{1}{2}\sigma_x(1+\cos 2\theta)=\sigma_x\cos^2\theta \tag{1}$$

$$\tau=\frac{1}{2}\sigma_x\sin 2\theta \tag{2}$$

또한 전단응력의 최대 및 최소치는 3.1.1의 평면응력 상태에서 전단응력의 최대치와 최소치에 대한 식 (7)과 (8)에서 수직응력 $\sigma_y=0$과 전단응력 $\tau_{xy}=0$으로 하면 되고 그 결과는 다음과 같이 된다.

$$\tau_{\max}=\frac{1}{2}\sigma_x$$

$$\tau_{\min}=-\frac{1}{2}\sigma_x$$

▸▸ 공식유도 및 해설

그림 3 · 5(a)에서 n방향으로의 힘의 평형조건식($\sum F=0$)을 적용하면 다음과 같다.

$$\sum F=\sigma_n A_n-\sigma_x A_x\cos\theta=0$$

따라서

$$\sigma_n A_n=\sigma_x A_x\cos\theta$$

$$\sigma_n = \sigma_x \frac{A_x}{A_n} \cos\theta$$

가 되고, 그림에서 $A_x = A_n \cos\theta$의 관계가 성립하므로 이 식은 다음과 같이 된다.

$$\sigma_n = \sigma_x \frac{A_n \cos\theta}{A_n} \cos\theta = \sigma_x \cos^2\theta \qquad \text{(a)}$$

또한 경사면에 나란한 방향으로 힘의 평형조건식을 적용하면 다음과 같다.

$$\Sigma F = \tau A_n - \sigma_x A_x \sin\theta = 0$$

따라서

$$\tau A_n = \sigma_x A_x \sin\theta$$

$$\tau = \sigma_x \frac{A_x}{A_n} \sin\theta$$

가 되고, 그림에서 $A_x = A_n \cos\theta$의 관계가 성립하므로 이 식은 다음과 같이 된다.

$$\tau = \sigma_x \frac{A_n \cos\theta}{A_n} \sin\theta = \sigma_x \sin\theta \cos\theta$$

여기서 삼각함수의 관계식 $\sin 2\theta = 2\sin\theta\cos\theta$를 이용하여, 다음과 같은 식을 얻을 수 있다.

$$\tau = \frac{1}{2} \sigma_x \sin 2\theta \qquad \text{(b)}$$

이와 같이 하중방향에 대하여 수직인 단면 AB에는 수직응력 하나만 작용하지만 경사단면상에는 수직응력과 전단응력이 동시에 작용하게 된다.

그러면 수직단면과 얼마만큼 기울어진 경사단면에서 수직응력과 전단응력이 최대가 되고 또한 그 크기는 얼마가 되는가를 검토해 보자.

우선 수직응력 σ_n이 최대가 되는 경사면의 각도 θ는 $\frac{d\sigma_n}{d\theta} = 0$를 만족하는 θ의 값이 되므로

$$\frac{d\sigma_n}{d\theta} = -2\sigma_x \sin\theta\cos\theta = -\sigma_x \sin 2\theta = 0$$

에서 $\theta = 0°$를 얻을 수 있다. 따라서 수직응력 σ_n이 최대가 되는 단면은 AB단면이 됨을 알 수 있으며, 수직응력의 최대치 $\sigma_{n(\max)}$는 식 (a)에 $\theta = 0$을 대입하면

$$\sigma_{n(\max)} = \sigma_x \cos^2 0 = \sigma_x \tag{c}$$

가 되므로 AB단면에 작용하는 수직응력 σ_x와 일치됨을 알 수 있다.

또한 전단응력이 최대가 되는 경사단면은 식 (b)에서 $\frac{d\tau}{d\theta}=0$를 만족하는 θ의 값을 가지는 단면이므로

$$\frac{d\tau}{d\theta} = \sigma_x \cos 2\theta = 0$$

의 관계로부터 $2\theta=90°$, 즉 $\theta=45°$를 얻을 수 있다.

이로부터 전단응력 τ가 최대가 되는 면은 $\theta=45°$를 이루는 단면이 됨을 알 수 있으며, 전단응력의 최대치 $\tau_{\max}$은 식 (b)에 $\theta=45°$를 대입하면 다음과 같이 된다.

$$\tau_{\max} = \frac{\sigma_x}{2} \sin(2\times 45) = \frac{\sigma_x}{2} \tag{d}$$

이는 하중방향에 대하여 수직인 단면에 발생하는 수직응력 σ_x의 1/2이 됨을 알 수 있다.

이와 같이 최대 전단응력은 수직응력의 1/2에 불과하지만, 인장 또는 압축강도보다 전단강도가 작은 재료에 있어서는 최대 전단응력으로 인하여 파괴되게 된다.

참고로 그림 3·5(c)에서와 같이 AC면과 90°를 이루는 BD면상의 응력을 구해보자. 우선 경사단면 BD 위에 작용하는 수직응력을 σ_n', 전단응력을 τ'로 표시하고 각각 식 (a)와 식 (b)의 각 θ 대신 $90°+\theta$를 대입하면

$$\sigma_n' = \sigma_x \cos^2(90+\theta) = \sigma_x \sin^2\theta \tag{e}$$

$$\begin{aligned} \tau' &= \frac{\sigma_x}{2} \sin 2(\theta+90) \\ &= \frac{\sigma_x}{2} \sin(2\theta+180) \\ &= -\frac{\sigma_x}{2} \sin 2\theta \end{aligned} \tag{f}$$

가 된다.

한편 식 (a)와 식 (e)를 더하면

$$\sigma_n + \sigma_{n'} = \sigma_x(\cos^2\theta + \sin^2\theta) = \sigma_x$$

가 되고, 식 (b)와 식 (f)를 더하면

$$\tau + \tau' = 0$$

즉

$$\tau = -\tau'$$

가 된다.

이로부터 일축하중을 받는 요소의 두 직교 단면 위에 작용하는 수직응력의 합은 항상 일정하며, 그 크기는 수직단면 AB 위에 작용하는 σ_x와 같음을 알 수 있다.

또한 두 직교단면 위에 작용하는 전단응력은 서로 크기가 같고 방향이 반대가 됨을 알 수 있다.

예제 1

단면적 $A = 1{,}600\ \text{mm}^2$인 균일단면봉에 그림 3·6과 같이 축인장력 $P = 300\ \text{kN}$이 작용한다, 하중이 작용하는 수직단면과 30° 기울어진 경사단면에 작용하는 응력을 구하라.

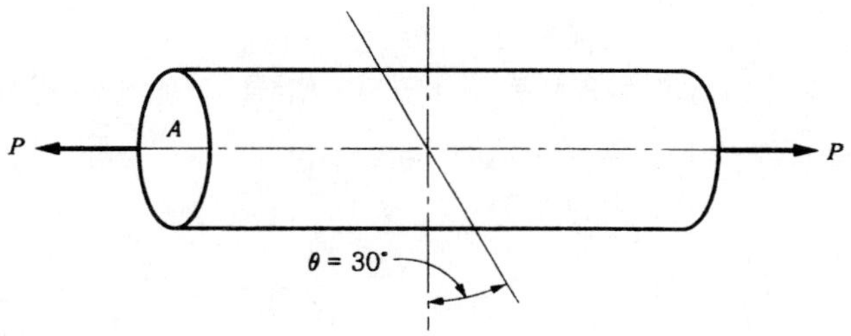

그림 3·6 축인장력을 받는 균일 단면봉

[풀이] 하중방향에 대하여 수직인 단면에 발생하는 수직응력

$$\sigma = \frac{P}{A} = \frac{300}{1,600} = 0.1875\ \text{kN/mm}^2 = 0.1875 \times 10^6\ \text{kPa}$$

이므로 경사면상에 작용하는 수직응력

$$\sigma_n = \sigma \cos^2\theta = 0.1875 \times 10^6 \times \cos^2 30° = 0.14 \times 10^6\ \text{kPa}$$

전단응력

$$\tau = \frac{\sigma}{2} \sin 2\theta = \frac{0.1875 \times 10^6}{2} \sin(2 \times 30°) = 0.08 \times 10^6\ \text{kPa}$$

3.2 모어원에 의한 조합응력의 해석

모어원(Mohr's circle)이란 임의의 경사단면에 작용하는 응력과 주응력 등을 도식적(圖式的)으로 해석하는 방법으로, 그 작도법(作圖法)은 다음과 같다.

3.2.1 모어원을 이용한 평면응력 상태에 있는 요소의 응력해석

1) 가로축을 σ, 세로축을 τ로 하는 직교좌표계를 그린다.
2) 응력을 받는 직사각형 요소의 x면(x축과 수직인 면)에 작용하는 응력(σ_x, τ_{xy})을 σ, τ좌표상에 표기한다(그림 3·7 (b)의 점 A).
3) 응력을 받는 직사각형 요소의 y면(y축과 수직인 면)에 작용하는 응력(σ_y, τ_{yx})을 σ, τ좌표상에 표기한다(그림 3·7 (b)의 점 B).
4) 앞의 두 점(A와 B)을 직선으로 연결하고, 이것을 지름으로 하는 원을 그린다[이때 이 선(A와 B)과 σ축이 만나는 점이 모어원의 중심(그림의 점 C)이 되며, 중심좌표 $OC = \dfrac{(\sigma_x + \sigma_y)}{2}$가 된다].

i) 이와 같이 그려진 모어원으로부터 x면과 θ만큼 기울어진 경사면상의 응력(수직응력 σ_n과 전단응력 τ)을 구하고자 할 경우

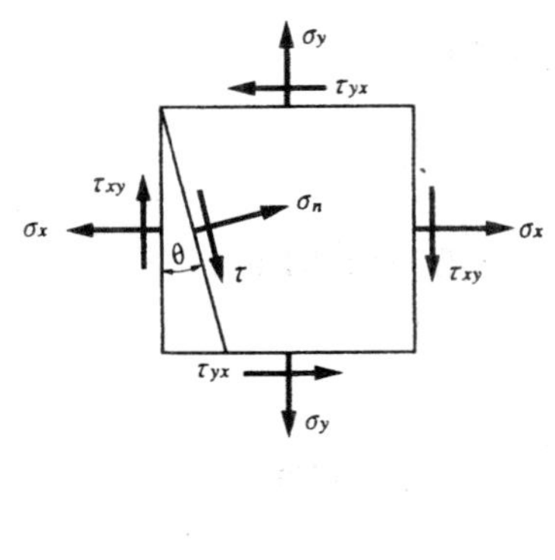

(a) 평면응력을 받는 정사각형 요소

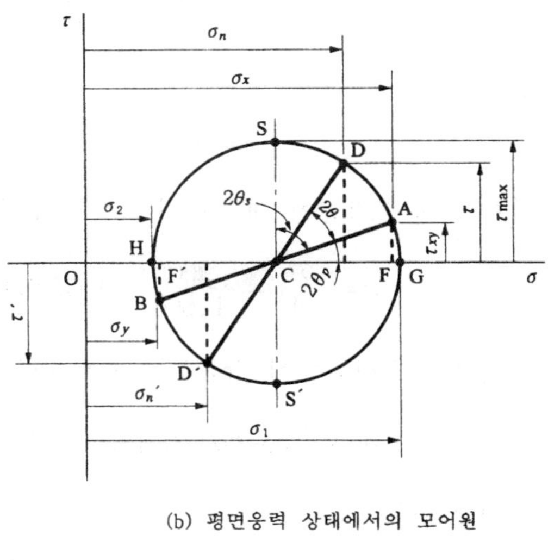

(b) 평면응력 상태에서의 모어원

그림 3·7 평면응력 상태의 요소와 모어원

a) 앞에서 모어원을 그리기 위하여 사용된 직선(점 A와 B를 연결한 선)으로부터 2θ의 각도로 중심 C를 통과하는 직선 D-D′를 그린다.

b) 여기서 점 D의 σ좌표치가 경사면상의 수직응력 σ_n이 되며 τ좌표치가 전단응력 τ가 된다.

따라서 수직응력 σ_n과 전단응력 τ는 그림에서 CD=CA이고, 삼각함수의 관계식

$$\cos(\alpha+\beta)=\cos\alpha\cdot\cos\beta-\sin\alpha\cdot\sin\beta$$
$$\sin(\alpha+\beta)=\sin\alpha\cdot\cos\beta+\cos\alpha\cdot\sin\beta$$

을 사용하면 다음과 같이 된다.

$$\begin{aligned}\sigma_n &= \mathrm{OC}+\mathrm{CD}\cos(2\theta+2\theta_p)\\ &= \mathrm{OC}+\mathrm{CA}\{\cos 2\theta\cdot\cos 2\theta_p-\sin 2\theta\cdot\sin 2\theta_p\}\\ &= \mathrm{OC}+\mathrm{CA}\cos 2\theta_p\cdot\cos 2\theta-\mathrm{CA}\sin 2\theta_p\cdot\sin 2\theta\\ &= \frac{1}{2}(\sigma_x+\sigma_y)+\mathrm{CF}\cos 2\theta-\mathrm{AF}\sin 2\theta\\ &= \frac{1}{2}(\sigma_x+\sigma_y)+\frac{1}{2}(\sigma_x-\sigma_y)\cos 2\theta-\tau_{xy}\sin 2\theta\end{aligned}$$

$$\begin{aligned}\tau &= \mathrm{CD}\sin(2\theta+2\theta_p)\\ &= \mathrm{CD}\{\sin 2\theta\cdot\cos 2\theta_p+\cos 2\theta\cdot\sin 2\theta_p\}\\ &= \mathrm{CA}\cos 2\theta_p\cdot\sin 2\theta+\mathrm{CA}\sin 2\theta_p\cdot\cos 2\theta\\ &= \mathrm{CF}\sin 2\theta+\mathrm{AF}\cos 2\theta\\ &= \frac{1}{2}(\sigma_x-\sigma_y)\sin 2\theta+\tau_{xy}\cos 2\theta\end{aligned}$$

점 D′의 좌표치는 수직응력 σ_n과 τ의 공액응력 σ_n'와 τ'가 된다.

ii) 주응력과 최대 전단응력의 결정

모어원의 원주가 σ축과 만나는 점이 주응력 σ_1, σ_2가 되며, 모어원의 원주 중에서 가장 높은 점이 전단응력의 최대치가 된다.

즉 주응력

$$\begin{aligned}\sigma_1 &= \mathrm{OG}\\ &= \mathrm{OC}+\mathrm{CG}\end{aligned}$$

$$= \mathrm{OC} + \mathrm{CA}$$
$$= \mathrm{OC} + \sqrt{\mathrm{CF}^2 + \mathrm{AF}^2}$$
$$= \frac{1}{2}(\sigma_x + \sigma_y) + \frac{1}{2}\sqrt{(\sigma_x - \sigma_y)^2 + 4\tau_{xy}^2}$$

$$\sigma_2 = \mathrm{OH}$$
$$= \mathrm{OC} - \mathrm{CH}$$
$$= \mathrm{OC} - \mathrm{CA}$$
$$= \mathrm{OC} - \sqrt{\mathrm{CF}^2 + \mathrm{AF}^2}$$
$$= \frac{1}{2}(\sigma_x + \sigma_y) - \frac{1}{2}\sqrt{(\sigma_x - \sigma_y)^2 + 4\tau_{xy}^2}$$

또한 최대 전단응력 $\tau_{\max}$는 다음과 같이 된다.

$$\tau_{\max} = \mathrm{CS} = \mathrm{CA} = \frac{1}{2}\sqrt{(\sigma_x - \sigma_y)^2 + 4\tau_{xy}^2}$$

그림에서 ∠ACG가 주응력이 작용하는 면의 각도 θ_p의 2배로

$$\tan 2\theta_p = \frac{\mathrm{AF}}{\mathrm{CF}} = \frac{\tau_{xy}}{\frac{1}{2}(\sigma_x - \sigma_y)} = \frac{2\tau_{xy}}{\sigma_x - \sigma_y}$$

가 되며, ∠ACS가 최대 전단응력이 작용하는 면의 각도 θ_s의 2배로 ∠ACS= ∠CAF이므로

$$\tan 2\theta_s = \frac{\mathrm{CF}}{\mathrm{AF}} = \frac{\frac{1}{2}(\sigma_x - \sigma_y)}{\tau_{xy}} = \frac{\sigma_x - \sigma_y}{2\,\tau_{xy}}$$

가 된다.

예제 1

그림 3·8(a)와 같이 평면응력 상태에 있는 정사각형 요소에서 $\sigma_x = 15$ Pa, $\sigma_y = 5$ Pa, $\tau_{xy} = 3$ Pa일 때 주응력의 크기와 최대 전단응력을 모어원을 사용하여 구하라.

[풀이] 모어원을 그리면 그림 3·8(b)와 같이 된다.

이 모어원으로부터 주응력과 최대 전단응력은 다음과 같이 구할 수 있다.

$$\sigma_1 = \mathrm{OG}$$

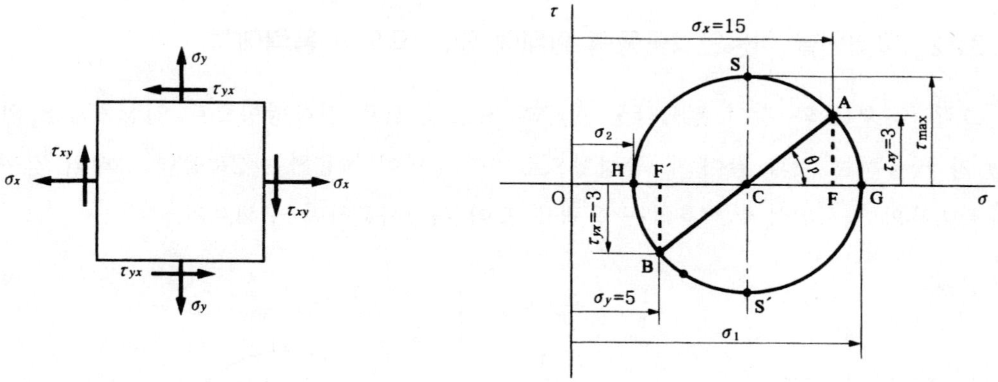

(a) 평면응력을 받는 정사각형 요소

(b) 모어원

그림 3 · 8

$$= OC + CG$$
$$= OC + CA$$
$$= OC + \sqrt{CF^2 + AF^2}$$
$$= \frac{1}{2}(15+5) + \sqrt{\left(\frac{15-5}{2}\right)^2 + 3^2}$$
$$= 15.8\,Pa$$
$$\sigma_2 = OH$$
$$= OC - CH$$
$$= OC - CA$$
$$= OC - \sqrt{CF^2 + AF^2}$$
$$= \frac{1}{2}(15+5) - \sqrt{\left(\frac{15-5}{2}\right)^2 + 3^2}$$
$$= 4.2\,Pa$$
$$\tau_{max} = CS = CA = \sqrt{\left(\frac{15-5}{2}\right)^2 + 3^2} = 5.8\,Pa$$

3.2.2 모어원을 이용한 2축응력 상태에 있는 요소의 응력해석

그림 3 · 9 (a)와 같이 정사각형 형태의 요소에 서로 직각방향으로 인장응력 σ_x와 σ_y가 작용하는 것과 같이 두 축방향으로 수직응력이 작용하는 2축응력 상태의 경우 재료내부의 경사면상에 작용하는 응력을 모어원을 사용하여 구해보자.

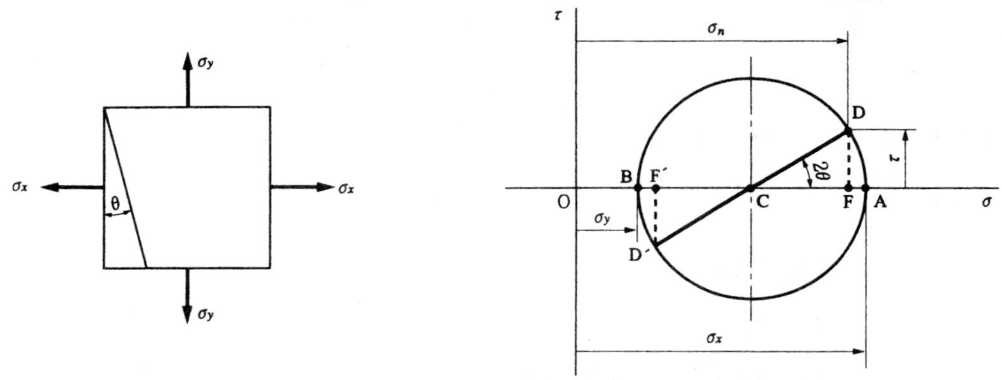

(a) 2축응력 상태에 있는 정사각형 요소 (b) 2축응력 상태의 모어원

그림 3 · 9 2축응력 상태에 있는 요소와 모어원

〔모어원의 작도법〕

1) 가로축을 σ, 세로축을 τ로 하는 직교좌표계를 그린다.
2) 응력을 받는 직사각형 요소의 x면(x축과 수직인 면)에 작용하는 응력(σ_x)을 σ-τ 좌표상에 표기한다(그림 3 · 9 (b)의 점 A).
3) 응력을 받는 직사각형 요소의 y면(y축과 수직인 면)에 작용하는 응력(σ_y)을 σ-τ 좌표상에 표기한다(그림 3 · 9 (b)의 점 B).
4) 앞의 두 점(A와 B)을 지름으로 하는 원을 그린다(이때 이 선(A와 B)의 중점이 모어원의 중심(그림 3 · 9 (b)의 점 C)이 되며 중심좌표 $OC = \dfrac{(\sigma_x + \sigma_y)}{2}$가 된다).

이와 같이 그려진 모어원으로부터 x면과 θ만큼 기울어진 경사면상의 응력(수직응력 σ_n과 전단응력 τ)을 구하고자 할 경우

a) 앞에서 모어원을 그리기 위하여 사용된 직선(점 A와 B를 연결한 선)으로부터

2θ의 각도로 중심 C를 통과하는 직선 D-D′를 그린다.

b) 여기서 점 D의 σ 좌표치가 경사면상의 수직응력 σ_n이 되며 τ 좌표치가 전단응력 τ가 된다.

$$\begin{aligned}\sigma_n &= OC + CD\cos 2\theta \\ &= OC + CA\cos 2\theta \\ &= \frac{1}{2}(\sigma_x+\sigma_y)+\frac{1}{2}(\sigma_x-\sigma_y)\cos 2\theta\end{aligned}$$

$$\begin{aligned}\tau &= CD\sin 2\theta \\ &= CA\sin 2\theta \\ &= \frac{1}{2}(\sigma_x-\sigma_y)\sin 2\theta\end{aligned}$$

예제 1

그림 3 · 10 (a)와 같이 2축응력 상태에 있는 정사각형 요소에서 $\sigma_x=400$ Pa, $\sigma_y=200$ Pa이 작용할 때 σ_x가 작용하는 면과 30° 기울어진 경사면상에서의 응력을 모어원을 사용하여 구하라.

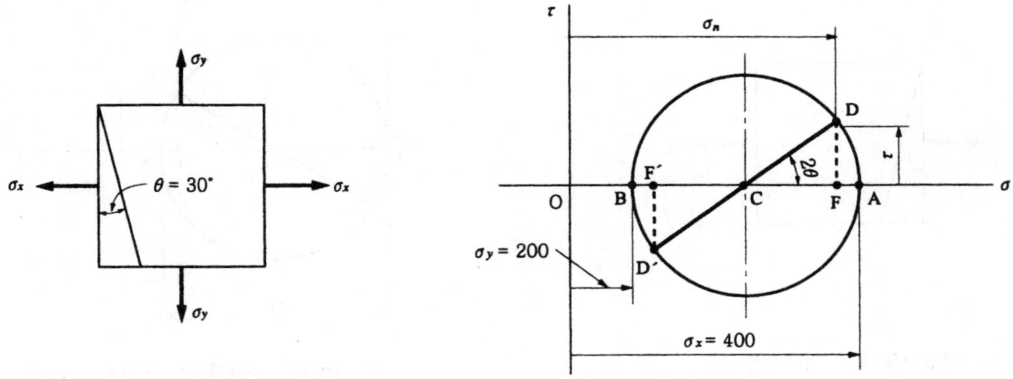

(a) 2축응력을 받는 정사각형 요소 (b) 모어원

그림 3 · 10

[풀이] 모어원을 그리면 그림 3 · 10 (b)와 같다.

모어원으로부터 수직응력

$$\sigma_n = OC + CD\cos 2\theta$$

$$= OC + CA\cos 2\theta$$

$$= \frac{1}{2}(400+200) + \frac{1}{2}(400-200)\cos(2\times 30)$$

$$= 350\ \text{Pa}$$

$$\tau = DF$$

$$= CD\sin 2\theta$$

$$= CA\sin 2\theta$$

$$= \frac{1}{2}(400-200)\sin(2\times 30)$$

$$= 87\ \text{Pa}$$

3.2.3 모어원을 이용한 1축응력 상태에 있는 요소의 응력해석

그림 3 · 11 (a)와 같이 정사각형 형태의 요소에 한쪽 방향(x 방향)으로 인장응력 σ_x가 작용하는 것과 같이, 1축방향으로 수직응력이 작용하는 1축응력 상태의 경우 재료 내부의 경사면상에 작용하는 응력을 모어원을 사용하여 구해보자.

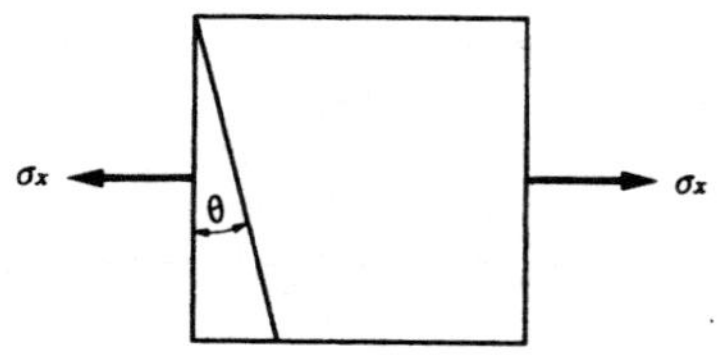

(a) 1축응력을 받는 정사각형 요소

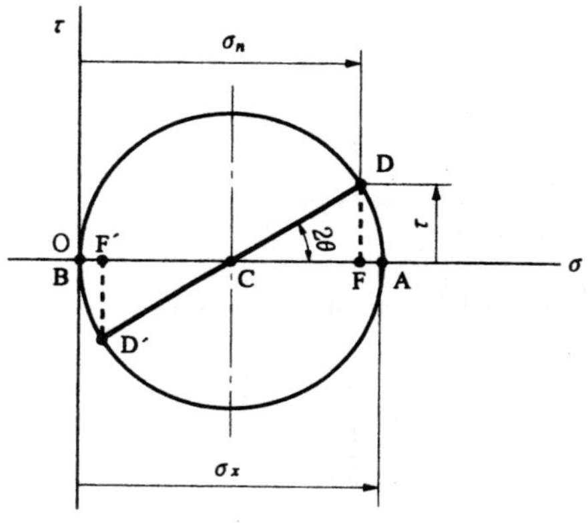

(b) 1축응력 상태에서의 모어원

그림 3 · 11　1축응력을 받는 정사각형 요소와 모어원

〔모어원의 작도법〕

1) 가로축을 σ, 세로축을 τ로 하는 직교좌표계를 그린다.

2) 응력을 받는 직사각형 요소의 x면(x축과 수직인 면)에 작용하는 응력(σ_x)을 σ-τ 좌표상에 표기한다(그림 3 · 11 (b)의 점 A).

3) 응력을 받는 직사각형 요소의 y면(y축과 수직인 면)에 작용하는 응력(σ_y)을 $\sigma-\tau$ 좌표상에 표기한다. 이때 Y면상에는 응력이 작용하지 않으므로 원점이 된다(그림 3·11 (b)의 점 B).
4) A와 B를 지름으로 하는 원을 그린다(이때 이 선(A와 B)의 중점이 모어원의 중심(그림 3·11 (b)의 점 C)이 되며, 중심좌표 $OC=\frac{\sigma_x}{2}$가 된다).

이와 같이 그려진 모어원으로부터 x면과 θ만큼 기울어진 경사면상의 응력(수직응력 σ_n과 전단응력 τ)을 구하고자 할 경우

a) 앞에서 모어원을 그리기 위하여 사용된 직선(점 A와 B를 연결한 선)으로부터 2θ의 각도로 중심 C를 통과하는 직선 D-D′를 그린다.
b) 여기서 점 D의 σ 좌표치가 경사면상의 수직응력 σ_n이 되며 τ 좌표치가 전단응력 τ가 된다.

$$\begin{aligned}\sigma_n &= OC + CD\cos 2\theta\\ &= OC + CA\cos 2\theta\\ &= \frac{1}{2}\sigma_x + \frac{1}{2}\sigma_x\cos 2\theta\end{aligned}$$

$$\begin{aligned}\tau &= CD\sin 2\theta\\ &= CA\sin 2\theta\\ &= \frac{1}{2}\sigma_x\sin 2\theta\end{aligned}$$

예제 1

그림 3·12 (a)와 같은 직사각형 요소에 $\sigma_x=50$ Pa의 응력이 작용한다. σ_x가 작용하는 면과 20° 기울어진 경사면상에서의 응력을 모어원을 사용하여 구하라.

[풀이] 이에 대한 모어원을 작도하면 다음 그림 3·12 (b)와 같이 된다.

모어원으로부터 수직응력

$$\begin{aligned}\sigma_n &= OC + CF\\ &= OC + CD\cos 2\theta\\ &= OC + CA\cos 2\theta\end{aligned}$$

$$= \frac{1}{2} \times 50 + \left(\frac{1}{2} \times 50\right)\cos(2\times 20)$$

$$= 44 \text{ Pa}$$

전단응력

$$\tau = \text{DF}$$

$$= \text{CD} \sin 2\theta$$

$$= \text{CA} \sin 2\theta$$

$$= \frac{1}{2} \times 50 \times \sin(2\times 20)$$

$$= 16 \text{ Pa}$$

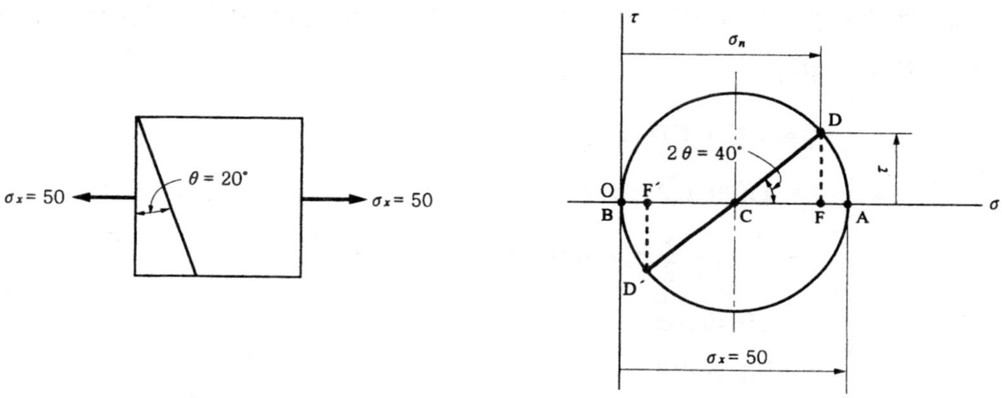

(a) 1축응력을 받는 정사각형 요소　　(b) 모어원

그림 3·12

· 연습문제 ·

1. 직사각형 요소에 $\sigma_x = 100$ MPa, $\sigma_y = 120$ MPa, $\tau_{xy} = 80$ MPa이 작용할 때 주응력과 최대 전단응력을 공식을 이용하여 구하라.

2. 직사각형 요소에 $\sigma_x = 100$ MPa, $\sigma_y = 100$ MPa, $\tau_{xy} = 100$ MPa이 작용할 때 주응력과 최대 전단응력을 공식을 이용하여 구하라.

3. 그림 3 · 13과 같이 직사각형 요소가 서로 직각방향으로 $\sigma_x = 90$ MPa, $\sigma_y = 120$ MPa인 2축응력을 받고 있다. σ_x가 작용하는 면과 시계반대 방향으로 60° 기울어진 경사단면상의 응력을 공식을 이용하여 구하라.

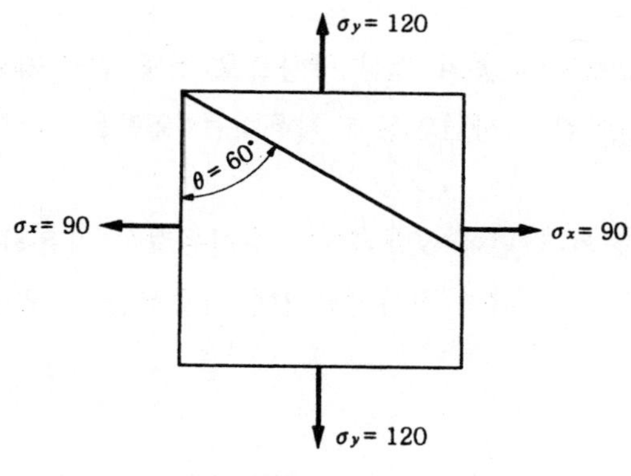

그림 3 · 13

4. 그림 3 · 14와 같이 직사각형 요소가 서로 직각방향으로 $\sigma_x = 90$ MPa, $\sigma_y = 90$ MPa인 2축응력을 받고 있다. σ_x가 작용하는 면과 시계반대 방향으로 30° 기울어진 경사단면상에 작용하는 전단응력을 공식을 이용하여 구하라.

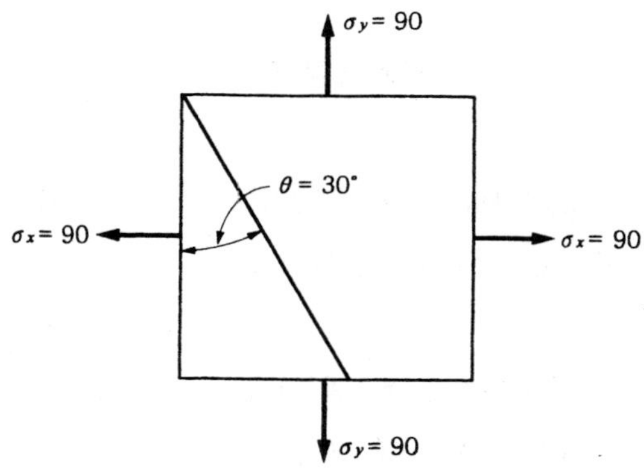

그림 3 · 14

5. 단면의 지름이 40 cm인 환봉의 축선 방향으로 하중 $P=30$ kN이 작용하고 있다. 축선방향과 15° 기울어진 경사단면상에 작용하는 응력을 공식을 이용하여 구하라.

6. 단면의 지름이 40 cm인 환봉의 축선 방향으로 하중 $P=50$ kN이 작용하고 있다.축선방향과 60° 기울어진 경사단면상에 작용하는 응력을 공식을 이용하여 구하라.

7. 인장하중을 받는 봉의 단면에 500 kPa의 수직응력이 작용하고 있다. 이 단면과 시계반대방향으로 30° 기울어진 경사단면상에 작용하는 수직응력을 공식을 이용하여 구하라.

8. 직사각형 요소에 $\sigma_x=200$ MPa, $\sigma_y=-200$ MPa, $\tau_{xy}=80$ MPa이 작용할 때 주응력과 최대 전단응력을 모어원을 이용하여 구하라.

9. 직사각형 요소에 $\sigma_x=200$ MPa, $\tau_{xy}=80$ MPa이 작용할 때 주응력과 최대 전단응력을 모어원을 이용하여 구하라.

10. 그림 3 · 15와 같이 직사각형 요소가 서로 직각방향으로 $\sigma_x=90$ MPa, $\sigma_y=120$ MPa인 2축응력을 받고 있다. σ_x가 작용하는 면과 시계반대 방향으로 30° 기울어진 경사단면상의 응력을 모어원을 이용하여 구하라.

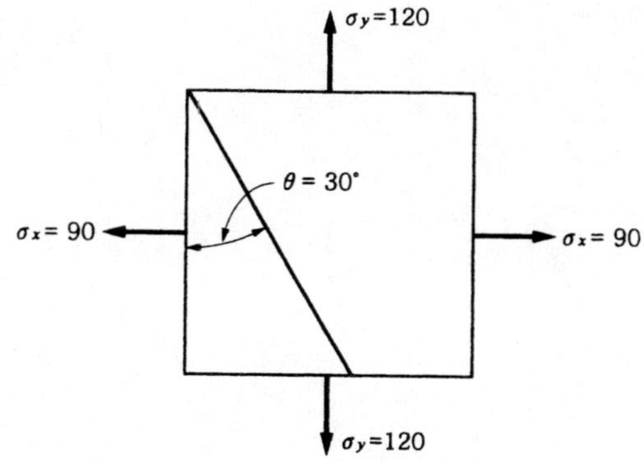

그림 3·15

11. 단면의 지름이 40 cm인 환봉의 축선 방향으로 하중 $P=50$ kN이 작용하고 있다. 축선 방향과 시계반대방향으로 30° 기울어진 경사단면상에 작용하는 응력을 모어원을 이용하여 구하라.

12. 직사각형 요소에 $\tau_{xy}=80$ MPa이 작용할 때 주응력과 최대 전단응력을 모어원을 이용하여 구하라.

제4장 평면도형의 성질

재료의 단면에 수직 또는 전단하중이 작용할 때 단면에 작용하는 응력은 그 단면적에 의하여 결정되었다. 그러나 재료에 비틀림 모멘트가 작용하거나 굽힘모멘트가 작용하면 재료내부에 발생하는 응력은 단면적으로 결정하기 어렵다. 이와 같은 경우에는 단면2차모멘트라든가 회전반지름, 단면계수 등 단면의 성질을 결정하는 새로운 용어가 필요하다. 따라서 여기서는 이와 같은 용어에 대하여 소개하고자 한다.

4.1 단면1차모멘트와 도심

도형(圖形)에서 **단면1차모멘트**(first moment of area)라 함은 도형의 면적과 그 도형으로부터 어떤 축까지의 수직거리를 곱한 것을 말하며, 이를 **면적모멘트**(geometrical moment of area)라고도 한다.

그림 4·1과 같이 임의의 면적 A인 평면도형상에 직각좌표축을 잡고, 원점으로부터 각각 x, y만큼 떨어진 곳에 미소면적 dA를 잡았을 때 미소면적 dA의 X축, Y축에 대한 단면1차모멘트 dQ_x, dQ_y는 각각 다음과 같이 된다.

$$dQ_x = ydA$$

$$dQ_y = xdA$$

따라서 전면적 A에 대한 단면1차모멘트는 다음과 같이 이 식을 적분하여 얻을 수 있다.

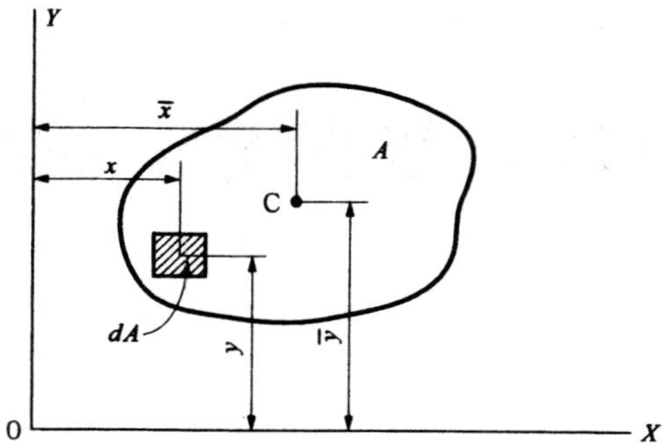

그림 4·1

$$Q_x = \int y dA$$
$$Q_y = \int x dA \qquad (1)$$

여기서 만약 도형의 중심인 도심(圖心, center of figure) C를 알고 있다고 했을 때, X축, Y축으로부터 도심까지의 거리를 각각 $\bar{x}$, $\bar{y}$라고 하면 단면1차모멘트는 다음과 같이 간단히 구할 수 있게 된다.

$$Q_x = A\bar{y}$$
$$Q_y = A\bar{x} \qquad (2)$$

따라서 식 (1)과 (2)로부터 도심까지의 거리 $\bar{x}$, $\bar{y}$는 각각 다음 식과 같이 됨을 알 수 있다.

$$\bar{x} = \frac{Q_y}{A} = \frac{\int x dA}{A}$$
$$\bar{y} = \frac{Q_x}{A} = \frac{\int y dA}{A} \qquad (3)$$

참고로 원, 사각형과 같이 대칭축을 가지는 도형의 중심은 바로 그 도형의 도심이 된다.

또한, 삼각형, 사각형, 원 등 몇 개의 기본도형이 혼합되어 이루어진 복합도형에서 도심을 구하고자 할 때에는, 그 복합도형을 기본도형으로 각각 분리하여 각각에 대한 단면1차모멘트와 면적을 구한 후, 단면1차모멘트의 합계를 그 면적의 합계로 나누어 계산하면 쉽게 구할 수 있다.

즉 복합도형에서 도심까지의 거리

$$\bar{x} = \frac{Q_y}{A} = \frac{\Sigma A_i \bar{x_i}}{\Sigma A_i} \qquad (4)$$
$$\bar{y} = \frac{Q_x}{A} = \frac{\Sigma A_i \bar{y_i}}{\Sigma A_i}$$

식에서 $i=1, 2, 3, \cdots\cdots$

예제 1

그림 4·2와 같은 직사각형 도형에서 x축으로부터 도심까지의 거리를 구하라.

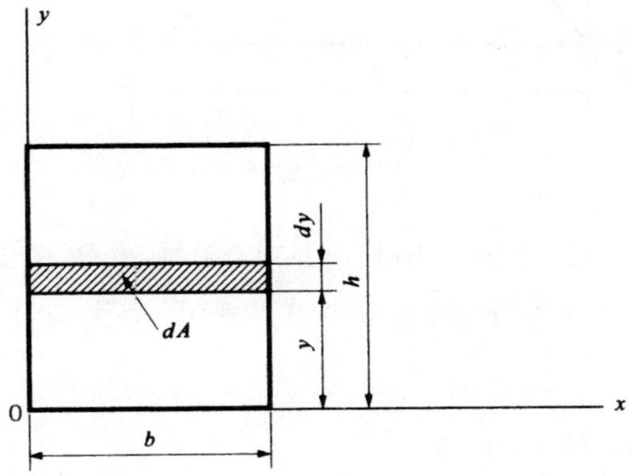

그림 4·2

[풀이] x축으로부터 임의의 거리 y에 미소길이 dy를 잡고, 이 미소길이와 폭 b로 둘러싸인 미소면적 dA를 구하면 다음과 같이 된다.

$$dA = bdy$$

따라서 식 (1)을 이용하여 x축에 대한 단면1차모멘트 Q_x를 구하면 다음과 같이 된다.

$$Q_x = \int_0^h ydA = \int_0^h ybdy = b\int_0^h ydy = b\left[\frac{y^2}{2}\right]_0^h = \frac{bh^2}{2}$$

축 x로부터 도심까지의 거리는 다음과 같다.

$$\bar{y} = \frac{Q_x}{A} = \frac{\frac{bh^2}{2}}{bh} = \frac{h}{2}$$

예제 2

그림 4 · 3과 같은 삼각형 도형에서 x축으로부터 도심까지의 거리를 구하라.

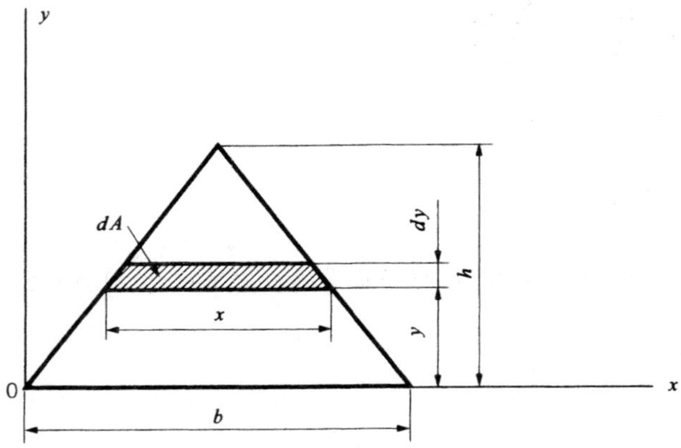

그림 4 · 3

[풀이] x축으로부터 임의의 거리 y에 미소길이 dy를 잡고, 이 미소길이 dy와 폭 x로 이루어진 미소면적 dA를 구하기 위하여, 우선 길이 x를 구하면 다음과 같이 된다.

$$x : b = (h-y) : h$$

$$x = \frac{b}{h}(h-y)$$

따라서 미소면적 dA는 다음과 같이 된다.

$$dA = xdy = \frac{b}{h}(h-y)dy$$

따라서 단면1차모멘트 Q_x는 다음과 같이 된다.

$$Q_x = \int_0^h ydA = \frac{b}{h}\int_0^h y(h-y)\,dy = \frac{b}{h}\int_0^h (hy-y^2)dy = \frac{bh^2}{6}$$

따라서 x축으로부터 도심까지의 거리 $\bar{y}$는 다음과 같다.

$$\bar{y} = \frac{Q_x}{A} = \frac{\frac{bh^2}{6}}{\frac{bh}{2}} = \frac{h}{3}$$

예제 3

다음 그림 4·4와 같이 2개의 직사각형으로 이루어진 복합 도형의 밑변 x축으로부터 도심까지의 거리를 구하라.

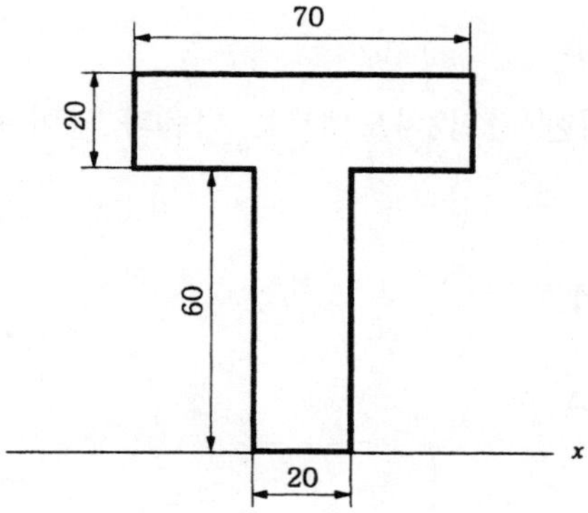

그림 4·4

[풀이] $\bar{y}=\dfrac{Q_x}{A}=\dfrac{\Sigma A_i\overline{y_i}}{\Sigma A_i}=\dfrac{60\times20\times30+20\times70\times70}{60\times20+20\times70}=51.5\,\text{mm}$

4.2 단면2차모멘트

단면2차모멘트(second moment of area)라 함은 도형의 면적과 그 도형으로부터 어떤 축까지의 수직거리의 제곱을 곱한 것으로, 이를 **관성 모멘트**(moment of inertia)라고도 한다.

즉 임의의 면적 A인 평면도형상에 그림 4·5와 같이 직각좌표축을 잡고 원점으로

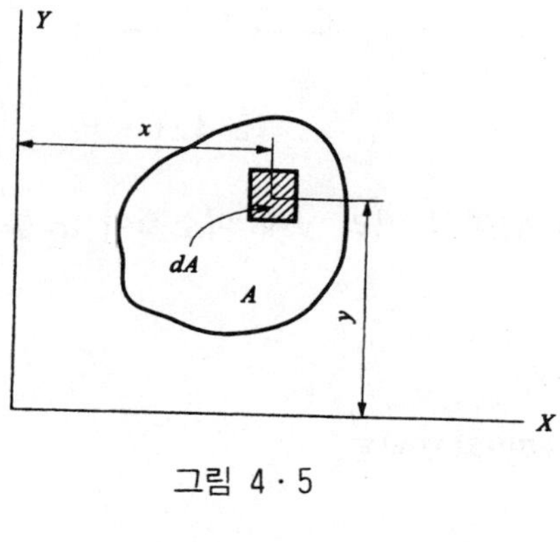

그림 4·5

부터 각각 x, y만큼 떨어진 곳에 미소면적 dA를 잡았을 때, 미소면적 dA의 X축, Y축에 대한 단면2차모멘트(관성 모멘트) dI_x, dI_y는 각각 다음 식과 같이 된다.

$$dI_x = y^2 dA$$
$$dI_y = x^2 dA \tag{1}$$

따라서 전면적 A에 대한 단면2차모멘트는 다음과 같이 이 식을 적분하여 얻을 수 있다.

$$I_x = \int y^2 dA$$
$$I_y = \int x^2 dA \tag{2}$$

예제 1

그림 4·6과 같은 직사각형 도형에서 도심 C를 통과하는 x축에 대한 단면2차모멘트를 구하라.

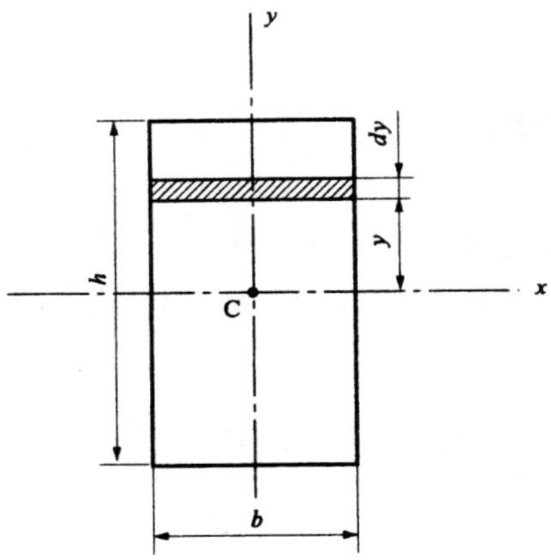

그림 4·6

[풀이] x축으로부터 임의의 거리 y에 미소길이 dy를 잡고, 이 부분의 면적 dA를 구하면

$$dA = bdy$$

가 된다. 따라서 단면2차모멘트

$$I_x = 2\int_0^{\frac{h}{2}} y^2(bdy)$$

$$= 2b\int_0^{\frac{h}{2}} y^2 dy$$

$$= \frac{bh^3}{12}$$

4.3 평행축의 정리

어떤 임의의 축에 대한 단면2차모멘트는, 도심에 대한 단면2차모멘트에 그 면적과 도심으로부터 임의의 축까지의 거리의 제곱을 곱한 값을 더하여 쉽게 구할 수 있는데, 이것을 평행축의 정리(parallel axis theorem)라고 한다.

즉, 그림 4·7에서 보는 바와 같이 면적 A인 평면도형의 도심 C를 지나는 축 X에 대한 단면2차모멘트를 I_c라 하면, 도심축으로부터 거리 d만큼 떨어진 축 X'에 대한 단면2차모멘트 I는 다음과 같이 간단한 식에 의하여 구할 수 있는데 이것을 평행축의 정리라고 한다.

$$I_{X'} = I_c + Ad^2 \tag{1}$$

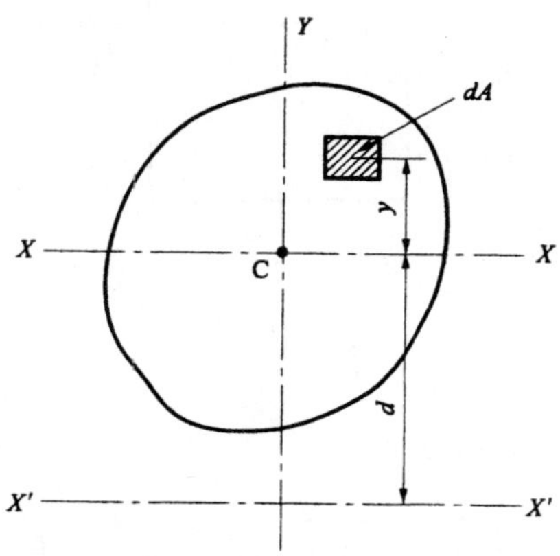

그림 4·7

▶▶ 식 (1)의 증명

그림 4·7과 같이 도심 C를 통과하는 축 X로부터 임의의 거리 y만큼 떨어진 곳에 미소면적 dA를 취하고, 도심축으로부터 거리 d만큼 떨어진 축 X'에 대한 단면2차모멘트 $I_{X'}$를 구하면 다음과 같이 된다.

$$I_{X'} = \int (y+d)^2 dA = \int (y^2 + 2yd + d^2) dA$$
$$= \int y^2 dA + 2d\int ydA + \int d^2 dA = I_c + Ad^2$$

식에서 $\int ydA$는 도심축에 대한 단면1차모멘트로 $\int ydA = 0$이 된다.

예제 1

그림 4·8과 같은 직사각형 도형에서 도심 C에 대한 단면2차모멘트 $I = \dfrac{bh^3}{12}$이다. 밑변에 대한 단면2차모멘트를 평행축의 정리를 사용하여 구하라.

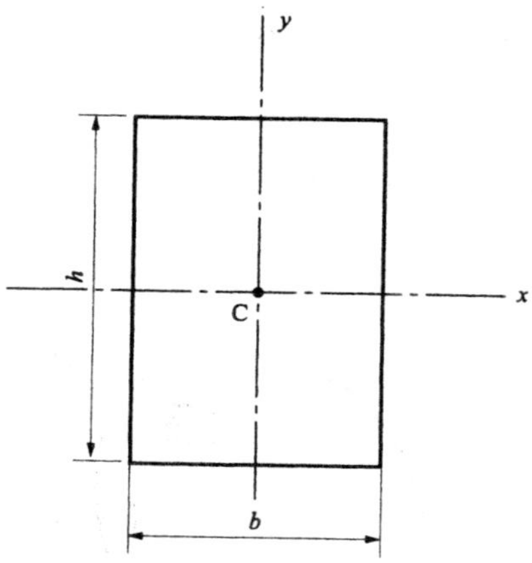

그림 4·8

[풀이] 평행축의 정리에 의하여

$$I_{X'} = I_c + Ad^2 = \frac{bh^3}{12} + bh \times \left(\frac{h}{2}\right)^2 = \frac{bh^3}{3}$$

4.4 단면의 회전반경

도형의 어느 축에 대한 단면2차모멘트는 도형의 면적과 축으로부터 그 도형의 어느 곳까지의 거리의 제곱을 곱한 것인데, 이와 같이 면적 A에 어느 거리 k의 제곱을 곱하였을 때 단면2차모멘트 I가 되는 거리 k를 회전반경(radius of gyration)이라고 한다. 즉 다음과 같은 식을 만족하는 k의 값이 회전반경이다.

$$I = k^2 A$$

따라서 회전반경 k는 다음과 같다.

$$k = \sqrt{\frac{I}{A}}$$

회전반경이란 주어진 한 축에 대한 그 면적의 단면2차모멘트를 대표할 수 있도록 전면적이 집중되었다고 생각되는 어느 점까지의 거리로, 도심과 같이 어느 특정한 점이 아니고 단지 유용(有用)한 수학적 개념에 불과하다.

예제 1

다음 그림 4·9와 같은 직사각형 도형에서 도심을 통과하는 x축에 대한 회전반경을 구하라.

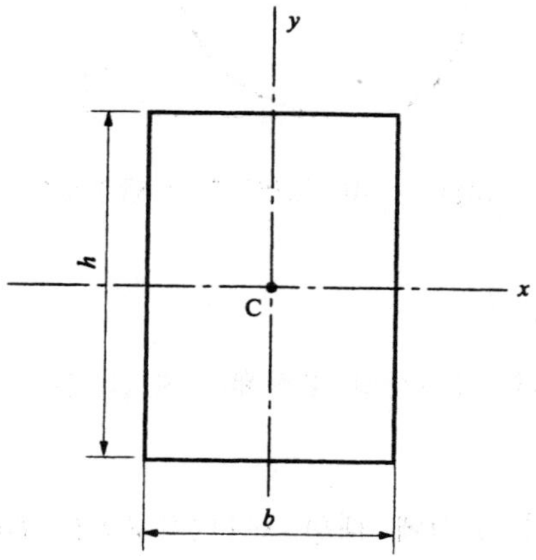

그림 4·9

[풀이] 도심 C에 단면2차모멘트 $I=\dfrac{bh^3}{12}$이고, 단면적 $A=bh$이므로

$$\text{회전반경 } k=\sqrt{\frac{I}{A}}=\sqrt{\frac{\frac{bh^3}{12}}{bh}}=\frac{h}{2\sqrt{3}}$$

4.5 단면계수

도심을 지나는 축에 대한 단면2차모멘트를 그 도형의 도심으로부터 최외단까지의 거리로 나눈 것을 단면계수(modulus of section)라 하고 Z로 표시한다. 즉 그림 4·10에서 단면계수는 다음 식과 같이 된다.

$$\begin{aligned} Z_1 &= I_x/e_1 \\ Z_2 &= I_x/e_2 \end{aligned} \qquad (1)$$

만일 도형이 도심을 지나는 축에 대하여 대칭이면 그 축에 대한 단면계수는 한 개만 존재하나, 대칭이 아닐 때는 식 (1)과 같이 두 개의 단면계수가 존재한다.

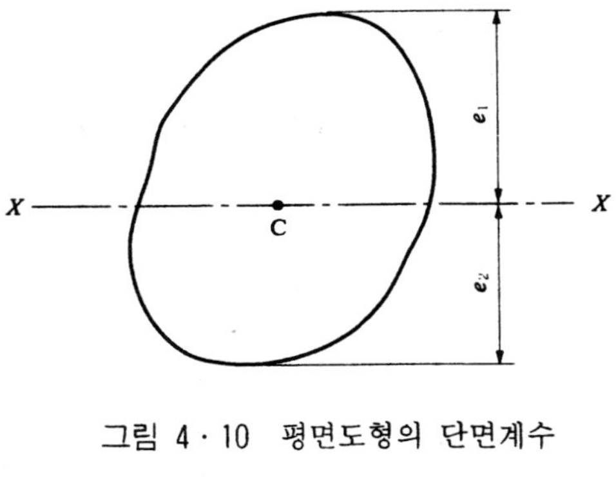

그림 4·10 평면도형의 단면계수

예제 1

다음 그림 4·11과 같은 직사각형 도형에서 도심 C를 통과하는 x축에 대한 단면계수를 구하라.

[풀이] 직사각형 도형의 도심에 대한 단면2차모멘트 $I=\dfrac{bh^3}{12}$이고, 도심으로부터 최외단까지의 거리 $e=\dfrac{h}{2}$이므로

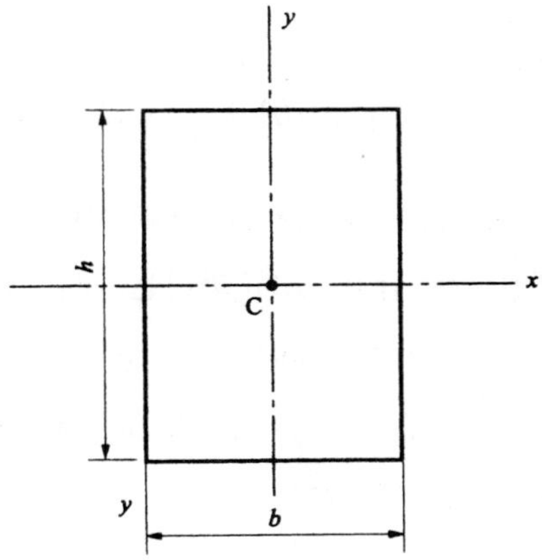

그림 4 · 11

$$\text{단면계수 } Z = \frac{I_x}{e} = \frac{\frac{bh^3}{12}}{\frac{h}{2}} = \frac{bh^2}{6}$$

4.6 극단면2차모멘트

도형 위의 한 점에 대한 단면2차모멘트를 **극단면2차모멘트**(極斷面二次모멘트, polar moment of inertia of a plane area)라고 한다.

즉 그림 4 · 12에서 점 O로부터 거리 r만큼 떨어진 곳에 미소면적 dA를 취하여, 이 미소면적의 극단면2차모멘트 dI_p를 구하면 다음과 같다.

$$dI_p = r^2 dA$$

따라서 전 면적에 대한 극단면2차모멘트는 다음과 같이 이 식을 전체의 면적에 대하여 적분하여 얻을 수 있다.

$$I_p = \int r^2 dA \qquad (1)$$

또한 그림 4 · 12에서와 같이 미소면적 dA까지의 거리 r는 직교좌표 x, y와 다음과 같은 관계가 있으므로

$$r^2 = x^2 + y^2$$

이 식을 식 (1)에 대입하면

$$I_p = \int_A (x^2 + y^2)dA = \int_A x^2 dA + \int_A y^2 dA = I_Y + I_X$$

가 되어, 극점 O에 대한 극단면2차모멘트는 그 점을 지나 서로 직교하는 X축과 Y축에 대한 두 개의 단면2차모멘트를 합한 것과 같다는 것을 알 수 있다.

원 또는 정사각형과 같이 두 직교축이 대칭인 도형의 경우에는 $I_x = I_y$ 이므로 도형의 도심에 대한 극단면2차모멘트 $I_p = 2I_x = 2I_y$ 가 되므로, 도심을 지나는 축에 대한 단면2차모멘트의 두 배가 됨을 알 수 있다.

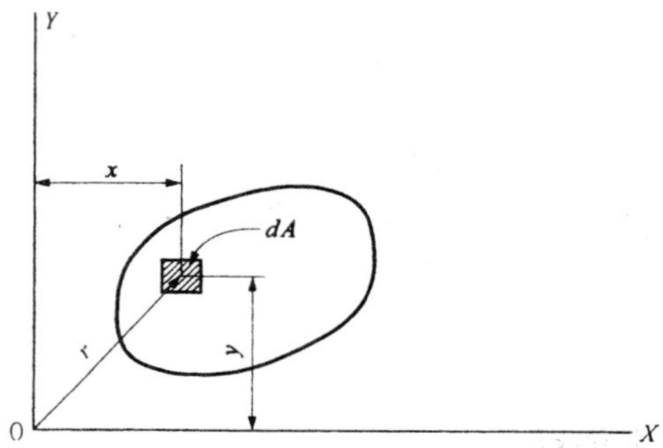

그림 4 · 12 평면도형의 극단면2차모멘트

예제 1

그림 4 · 13과 같은 지름 d인 원형도형의 중심 O에 대한 극단면2차모멘트를 구하라.

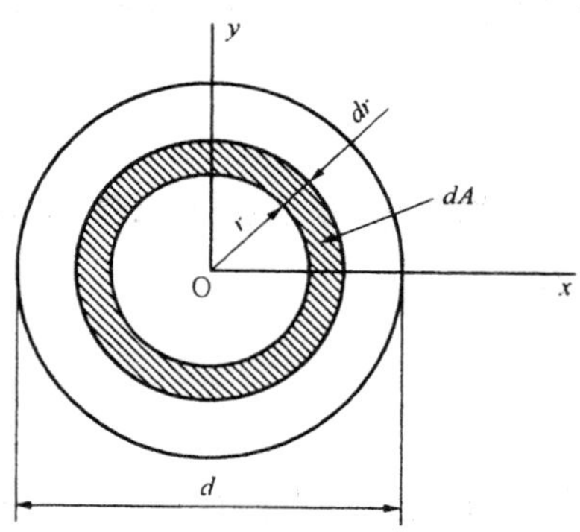

그림 4 · 13

[풀이] 그림 4·13에서와 같이 중심 O로부터 r만큼 떨어진 거리에 미소길이 dr인 원환을 취하고, 이곳의 미소면적 dA를 구하면

$$dA = 2\pi r dr$$

이므로, 이것을 극단면2차모멘트의 공식에 대입하면

$$\text{극단면2차모멘트 } I_p = \int_0^{\frac{d}{2}} r^2 dA = \int_0^{\frac{d}{2}} r^2(2\pi r dr) = 2\pi \int_0^{\frac{d}{2}} r^3 dr = \frac{\pi d^4}{32}$$

4.7 극단면계수

도형의 극단면2차모멘트를 도심으로부터 최외단까지의 거리로 나눈 것을 그 도형의 극단면계수(polar modulus of section)라 하고 Z_p로 표시한다. 그림 4·14에서 극단면계수는 다음과 같다.

$$\text{극단면계수 } Z_p = I_p / R$$

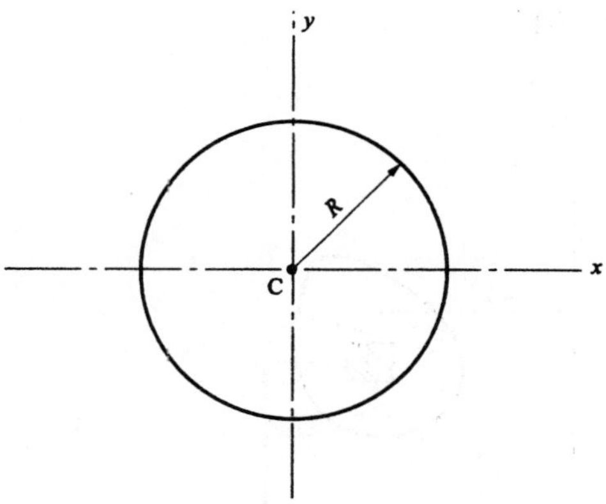

그림 4·14 극단면계수

예제 1

지름 d인 원형도형의 도심에 대한 극단면2차모멘트 $I_p = \frac{\pi d^4}{32}$이다. 극단면계수 Z_p를 구하라.

[풀이] 원형도형에서 도심으로부터 최외단까지의 거리 $R = \frac{d}{2}$이므로

$$극단면계수 \ Z_p = \frac{I_p}{R} = \frac{\frac{\pi d^4}{32}}{\frac{d}{2}} = \frac{\pi d^3}{16}$$

4.8 단면상승모멘트와 주축

도형의 면적과 그 도형으로부터 어느 두 개의 직교축까지의 수직거리를 각각 곱한 것을 단면상승모멘트 또는 관성상승모멘트(慣性相承모멘트, product of inertia)라 하고 I_{xy}로 표시한다.

그림 4·15에서 미소면적 dA의 단면상승모멘트 dI_{xy}는 다음과 같다.

$$dI_{xy} = xydA$$

도형의 전체면적 A에 대한 단면상승모멘트는 다음과 같이 이 식을 적분하여 얻을 수 있다.

$$I_{xy} = \int xy\,dA \tag{1}$$

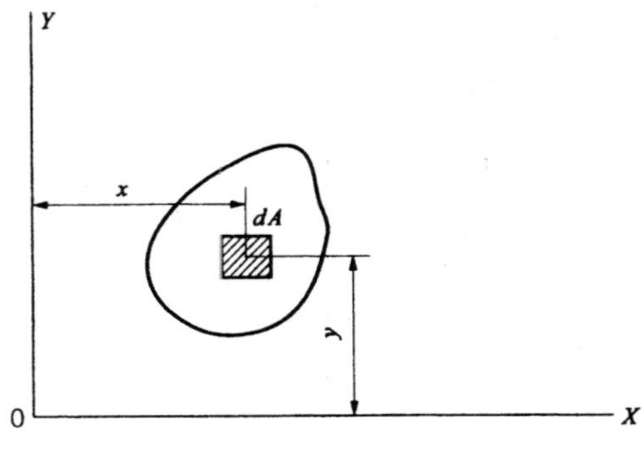

그림 4·15 평면도형의 단면상승모멘트

도형이 X, Y의 두 축 중 어느 한 축에 대해서도 대칭이 되면 그 축에 대한 단면상승모멘트는 0이 된다. 이것은 그림 4·16과 같이 Y축에 대칭인 도형을 예로 들면 임의의 미소면적 dA에 대하여 대칭위치에 미소면적 dA가 반드시 존재하여 각 요소의 단면상승모멘트는 상쇄되기 때문이다. 이를 수식으로 나타내면 다음과 같다.

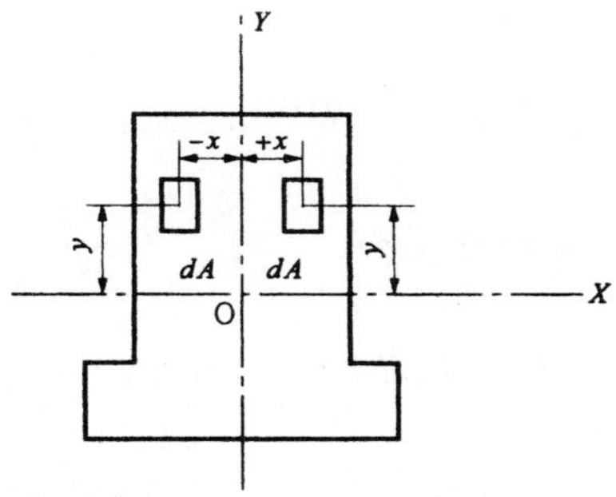

그림 4 · 16

$$I_{xy}=\int xydA+\int -xydA=\int xydA-\int xydA=0$$

이와 같이 도형의 도심을 지나고 $I_{xy}=0$이 되는 직교축을 **주축**(主軸, principal axis)이라 한다. 따라서 도형의 대칭축은 하나의 주축이 되며, 도심을 지나고 대칭축에 직각인 축도 주축이 된다.

주축은 그 축에 대한 단면2차모멘트가 최대 또는 최소가 되는 축이다.

4.9 단면상승모멘트에 있어서의 평행축의 정리

그림 4 · 17과 같은 임의의 도형에서 도심 C를 지나는 두 축 X, Y에 대한 미소면적 dA의 좌표를 x, y라 하면, 새로운 좌표축인 X', Y'에 대한 미소면적 dA의 좌표는 다음과 같이 된다.

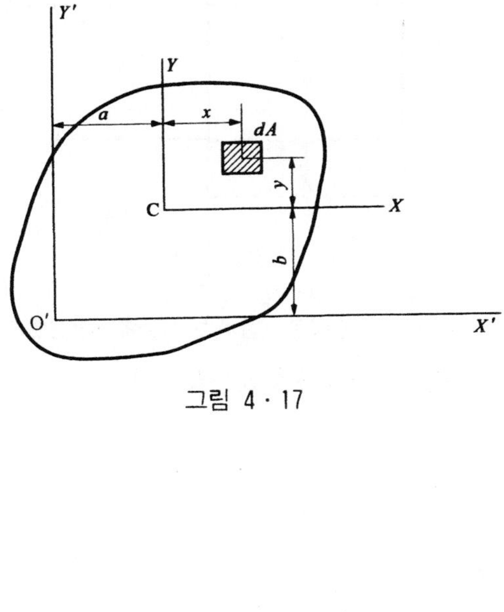

그림 4 · 17

$$x' = x + a, \qquad y' = y + b$$

따라서 새로운 좌표축 x', y'에 대한 단면상승모멘트 $I_{x'y'}$는 다음과 같이 된다.

$$I_{x'y'} = \int_A (x+a)(y+b)dA$$
$$= \int_A xydA + \int_A bxdA + \int_A aydA + \int_A abdA$$

위의 식에서 우변의 첫 항은 도심에 대한 단면상승모멘트 I_{xy}이고, 제2항과 제3항은 도심을 지나는 축에 대한 단면1차모멘트로 0이 되며 마지막 항은 면적이 된다. 따라서 이 식은 다음과 같이 단순화할 수 있다.

$$I_{x'y'} = I_{xy} + abA$$

이 식이 단면상승모멘트에 있어서의 평행축의 정리이다.

예제 1

그림 4·18과 같은 직사각형 도형에서 축 X, Y에 대한 단면상승모멘트를 구하고 주축을 결정하라. 또한 축 X', Y'에 대한 단면상승모멘트도 구하라.

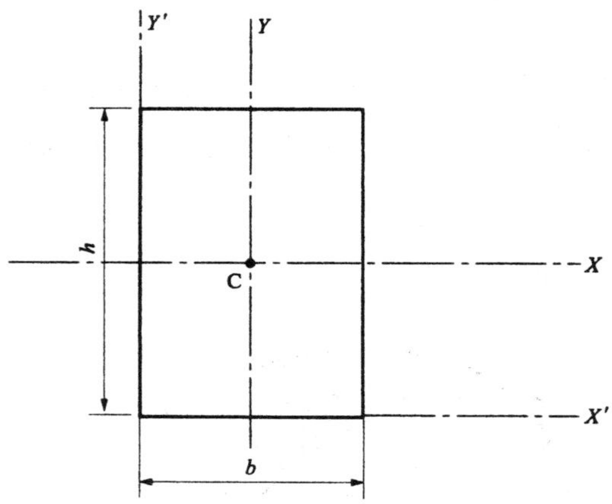

그림 4·18

〔풀이〕 우선 도심 C로부터 x, y만큼 떨어진 곳에 미소면적 dA를 잡으면 이 미소면적 $dA = dx\,dy$가 되므로 단면상승모멘트

$$I_{XY}=\int_A xy\,dA=\int_{-\frac{b}{2}}^{\frac{b}{2}}\int_{-\frac{h}{2}}^{\frac{h}{2}} xy\,dx\,dy=\int_{-\frac{b}{2}}^{\frac{b}{2}} x\,dx\times\int_{-\frac{h}{2}}^{\frac{h}{2}} y\,dy=0$$

따라서 X, Y축이 주축이 됨을 알 수 있다.

축 X', Y'에 대한 단면상승모멘트 $I_{X'Y'}$는 축 X', Y'로부터 각각 x, y만큼 떨어진 곳에 미소면적 dA를 잡으면 이 미소면적 $dA=dx\,dy$가 되므로 단면상승모멘트

$$I_{X'Y'}=\int_A xy\,dA=\int_0^b\int_0^h xy\,dx\,dy=\int_0^b x\,dx\times\int_0^h y\,dy=\frac{b^2h^2}{4}=\frac{A^2}{4}$$

또한 평행축의 정리를 사용하여 계산하면 다음과 같이 된다.

$$I_{X'Y'}=I_{XY}+abA=0+\frac{b}{2}\times\frac{h}{2}\times bh=\frac{b^2h^2}{4}$$

4.10 주축의 결정

앞에서 설명했듯이 주축이란 단면상승모멘트 $I_{xy}=0$이 되는 축으로, 그림 4·19에서 주축 X', Y'의 방향 θ는 다음 식으로 결정된다.

$$\tan 2\theta=\frac{2I_{xy}}{I_y-I_x} \tag{1}$$

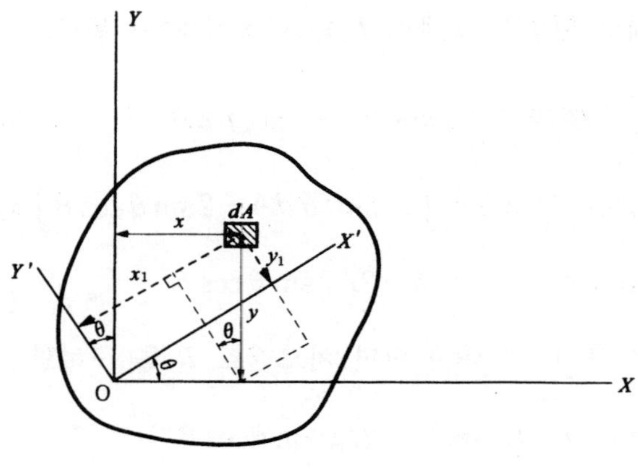

그림 4·19 주축의 결정

식에서 I_{XY}는 단면상승모멘트로 $I_{xy}=\int_A xy\,dA$, I_X는 X축에 대한 단면2차모멘트로 $I_x=\int_A y^2 dA$, I_Y는 Y축에 대한 단면2차모멘트로 $I_y=\int_A x^2\,dA$이다.

또한 대칭축은 주축이 되는데, 주축에 대한 단면2차모멘트는 그 중 하나가 최대가 되고, 다른 하나는 최소가 되어 이를 주단면2차모멘트라고 하며 다음 식으로 된다.

$$\begin{aligned} I_1 = I_{\max} &= \frac{1}{2}(I_x+I_y)+\frac{1}{2}\sqrt{(I_x-I_y)^2+4\,I_{xy}{}^2} \\ I_2 = I_{\min} &= \frac{1}{2}(I_x+I_y)-\frac{1}{2}\sqrt{(I_x-I_y)^2+4\,I_{xy}{}^2} \end{aligned} \tag{2}$$

▶▶ 식 (1)과 (2)의 유도

평면도형에서 도심을 지나는 X, Y축에 대한 단면2차모멘트 및 단면상승모멘우트는 각각 다음 식과 같음을 이미 알고 있다.

$$I_x=\int_A y^2 dA, \qquad I_y=\int_A x^2 dA \qquad ⓐ$$

$$I_{xy}=\int_A xy\,dA \qquad ⓑ$$

그림 4 · 19와 같이 축 X, Y가 점 O를 중심으로 각 θ만큼 회전한 임의의 축 X', Y'에 대한 단면2차모멘트와 단면상승모멘트를 구해보기로 하자.

이때 미소면적 dA의 새로운 좌표 x_1 및 y_1은 다음과 같이 된다.

$$x_1=x\cos\theta+y\sin\theta, \qquad y_1=y\cos\theta-x\sin\theta \qquad ⓒ$$

따라서 축 X'에 대한 단면2차모멘트 $I_{x'}$는 다음과 같이 된다.

$$\begin{aligned} I_{x'} &= \int y_1^2 dA=\int_A (y\cos\theta-x\sin\theta)^2 dA \\ &= \int y^2\cos^2\theta\,dA+\int x^2\sin^2\theta\,dA-2\sin\theta\cos\theta\int xy\,dA \qquad ⓓ \\ &= I_x\cos^2\theta+I_y\sin^2\theta-2I_{xy}\sin\theta\cos\theta \end{aligned}$$

이와 같은 방법으로 축 Y'에 대한 단면2차모멘트 $I_{y'}$를 구하면 다음과 같이 된다.

$$I_{y'}=I_x\sin^2\theta+I_y\cos^2\theta+2I_{xy}\sin\theta\cos\theta \qquad ⓔ$$

다음에 삼각함수의 가법정리

$$\cos^2\theta = \frac{1}{2}(1+\cos 2\theta), \qquad \sin^2\theta = \frac{1}{2}(1-\cos 2\theta) \tag{f}$$

와 삼각함수 관계식

$$\sin 2\theta = 2\sin\theta\cos\theta \tag{g}$$

을 이용하면 식 ⓓ와 식 ⓔ는 다음과 같이 변형시킬 수 있다.

$$I_{x'} = \frac{1}{2}(I_x + I_y) + \frac{1}{2}(I_x - I_y)\cos 2\theta - I_{xy}\sin 2\theta \tag{h}$$

$$I_{y'} = \frac{1}{2}(I_x + I_y) - \frac{1}{2}(I_x - I_y)\cos 2\theta + I_{xy}\sin 2\theta \tag{i}$$

또한 새로운 축 x', y'에 대한 단면상승모멘트 $I_{x'y'}$는 식 ⓒ를 이용하면 다음과 같이 된다.

$$\begin{aligned}
I_{x'y'} &= \int_A x_1 y_1\, dA \\
&= \int_A (x\cos\theta + y\sin\theta)(y\cos\theta - x\sin\theta)dA \\
&= \int_A y^2 \sin\theta\cos\theta dA - \int_A x^2 \sin\theta\cos\theta dA + \int_A xy(\cos^2\theta - \sin^2\theta)dA \\
&= I_x \sin\theta\cos\theta - I_y \sin\theta\cos\theta + \int_A xy(\cos^2\theta - \sin^2\theta)dA \\
&= 1/2(I_x - I_y)\sin 2\theta + I_{xy}\cos 2\theta
\end{aligned} \tag{j}$$

주축에 대한 단면상승모멘트는 0이므로 주축의 방향은 $I_{x'y'}=0$을 만족하는 θ의 값이 된다. 따라서

$$\frac{1}{2}(I_x - I_y)\sin 2\theta + I_{xy}\cos 2\theta = 0$$

$$\tan 2\theta = \frac{2I_{xy}}{I_y - I_x} \tag{k}$$

식에서 2θ의 값은 180°의 각도차를 가진 2개가 있으므로 θ의 값은 90°의 각도차를 두고 두 개가 있게 된다.

이때의 두 축을 주축(principal axis)이라고 한다.

또한 단면2차모멘트 $I_{x'}$가 최대가 되는 각 θ의 값은 다음과 같이 식 ⓗ를 각 θ에 관하여 미분한 값을 0으로 놓아 구할 수 있다.

$$\frac{dI_{x'}}{d\theta}=(I_y-I_x)\sin 2\theta-2I_{xy}\cos 2\theta=0$$

$$\tan 2\theta=\frac{2I_{xy}}{I_y-I_x} \quad ⓛ$$

따라서 식 ⓛ은 식 ⓚ와 일치되므로 주축은 그 축에 대한 단면2차모멘트를 최대 또는 최소로 하는 축이라는 것을 알 수 있다.

또한 삼각함수의 관계를 이용하여 $\sin 2\theta$, $\cos 2\theta$를 다음과 같이 각각 $\tan 2\theta$의 함수로 나타낸 다음, 식 ⓚ를 대입하면 다음 식과 같이 된다.

$$\sin 2\theta=\frac{\tan 2\theta}{\sqrt{1+\tan^2 2\theta}}=\frac{2I_{xy}}{\sqrt{(I_y-I_x)^2+4I_{xy}^2}}$$
$$\cos 2\theta=\frac{1}{\sqrt{1+\tan^2 2\theta}}=\frac{I_y-I_x}{\sqrt{(I_y-I_x)^2+4I_{xy}^2}} \quad ⓜ$$

위의 식 ⓜ을 식 ⓗ와 ⓘ에 대입하면 다음과 같은 주단면2차모멘트 I_1과 I_2를 구할 수 있다.

$$I_1=I_{\max}=\frac{1}{2}(I_x+I_y)+\frac{1}{2}\sqrt{(I_x-I_y)^2+4I_{xy}^2}$$
$$I_2=I_{\min}=\frac{1}{2}(I_x+I_y)-\frac{1}{2}\sqrt{(I_x-I_y)^2+4I_{xy}^2} \quad ⓝ$$

예제 1

다음 그림과 같은 사각형 단면에서 모서리의 점 O를 지나는 주축의 방향을 결정하라. 단, $b=20$ cm, $h=30$ cm이다.

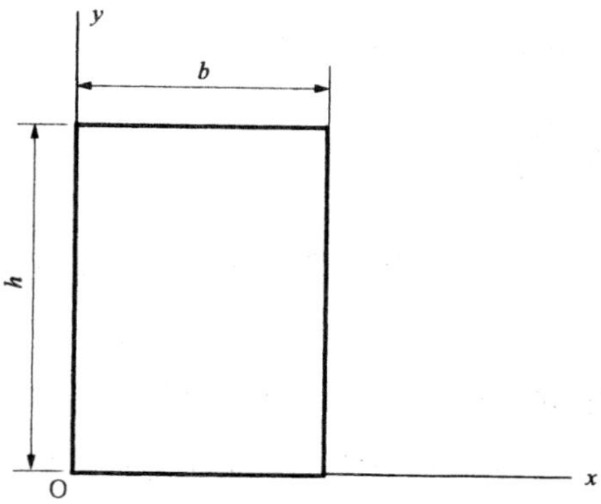

그림 4·20

[풀이]

x축에 대한 단면2차모멘트 $I_x = \dfrac{bh^3}{3} = \dfrac{20 \times 30^3}{3} = 180,000 \text{ cm}^4$

y축에 대한 단면2차모멘트 $I_y = \dfrac{hb^3}{3} = \dfrac{30 \times 20^3}{3} = 80,000 \text{ cm}^4$

x, y축에 대한 단면상승모멘트 $I_{xy} = \dfrac{b^2h^2}{4} = \dfrac{20^2 \times 30^2}{4} = 90,000 \text{ cm}^4$

따라서

$$\tan 2\theta = \frac{2I_{xy}}{I_y - I_x} = \frac{2 \times 90,000}{80,000 - 180,000} = -1.8$$

$$\theta = \frac{1}{2}\tan^{-1}(-1.8) = -30.5°$$

예제 2

그림 4·21과 같은 L형 도형에서 도심 C를 지나는 X, Y축에 대한 단면2차모멘트 $I_X = I_Y = 3,600 \text{ cm}^4$일 때, 주축 및 주단면2차모멘트를 구하라. 단, 그림에서 치수단위는 cm이다.

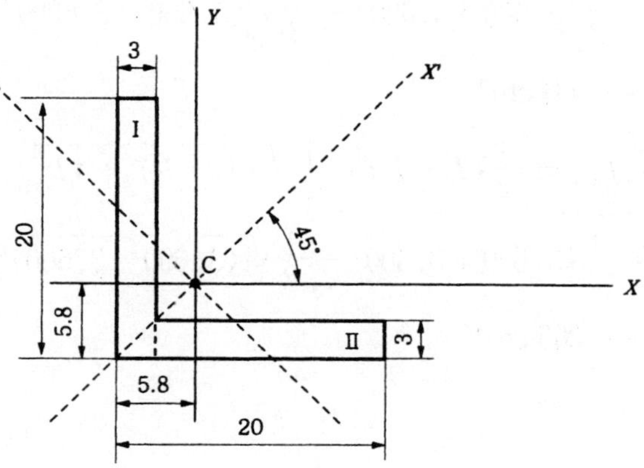

그림 4·21

[풀이] L형 도형을 직사각형 I, II로 나누고 단면상승모멘트를 구하면 다음과 같다.

$$I_{XY} = I_{XY\mathrm{I}} + I_{XY\mathrm{II}}$$

$$= \int_{A_\mathrm{I}} xy\,dA + \int_{A_\mathrm{II}} xy\,dA$$

$$= \int_{\text{I}} xy\,dx\,dy + \int_{\text{II}} xy\,dx\,dy$$

$$= \int_{\text{I}} x\,dx \cdot \int_{\text{I}} y\,dy + \int_{\text{II}} x\,dx \cdot \int_{\text{II}} y\,dy$$

$$= \int_{-5.8}^{-2.8} x\,dx \cdot \int_{-5.8}^{14.2} y\,dy + \int_{-2.8}^{14.2} x\,dx \cdot \int_{-5.8}^{-2.8} y\,dy$$

$$= -1,084 - 1250.0 = -2,334\ \text{cm}^4$$

따라서 주축의 각도 θ는 다음과 같이 구할 수 있다.

$$\tan 2\theta = \frac{2I_{xy}}{I_y - I_x} = \frac{2\times(-2,334)}{3,600-3,600} = -\infty$$

$$\theta = \frac{1}{2}\tan^{-1}(-\infty) = \frac{1}{2}\times(-90) = -45°$$

주축의 방향은 축 X, Y에 대하여 반시계방향으로 45° 기울어진 방향에 있다. 또한 주단면2차모멘트

$$I_1 = I_{\max} = \frac{1}{2}(I_x + I_y) + \frac{1}{2}\sqrt{(I_x - I_y)^2 + 4I_{xy}^2}$$

$$= \frac{1}{2}(3,600+3,600) + \frac{1}{2}\sqrt{(3,600-3,600)^2 + 4\times(-2,334)^2}$$

$$= 5,934\ \text{cm}^4$$

$$I_2 = I_{\min} = \frac{1}{2}(I_x + I_y) - \frac{1}{2}\sqrt{(I_x - I_y)^2 + 4I_{xy}^2}$$

$$= \frac{1}{2}(3,600+3,600) - \frac{1}{2}\sqrt{(3,600-3,600)^2 + 4\times(-2,334)^2}$$

$$= 1,266\ \text{cm}^4$$

• 연습문제 •

1. 그림 4 · 22와 같은 복합 도형의 밑변으로부터 도심까지의 거리를 구하라.

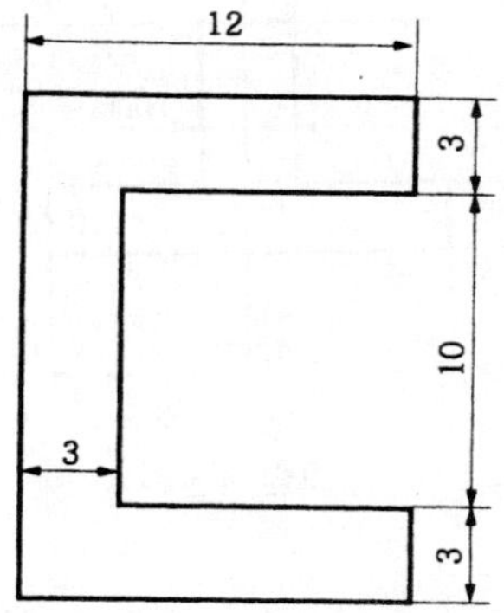

그림 4 · 22

2. 그림 4 · 23과 같은 사다리꼴 도형에서 밑변으로부터 도심까지의 거리를 구하라.

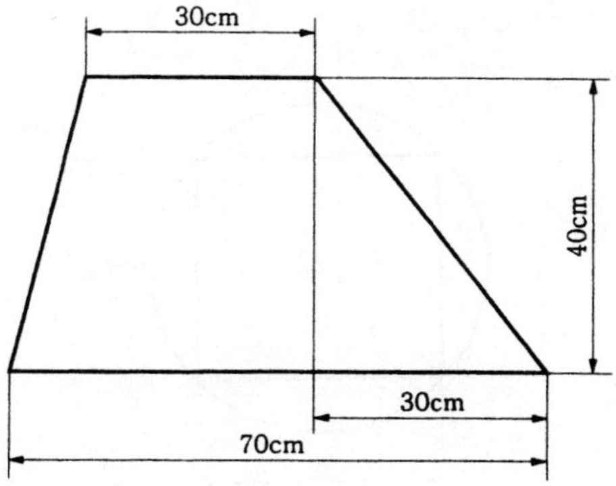

그림 4 · 23

3. 그림 4 · 24와 같은 도형의 도심을 지나는 x축에 대한 단면2차모멘트를 구하라.

4. 반지름 20 cm인 원형단면의 원주에 접하는 축에 대한 단면2차모멘트는 얼마인가?

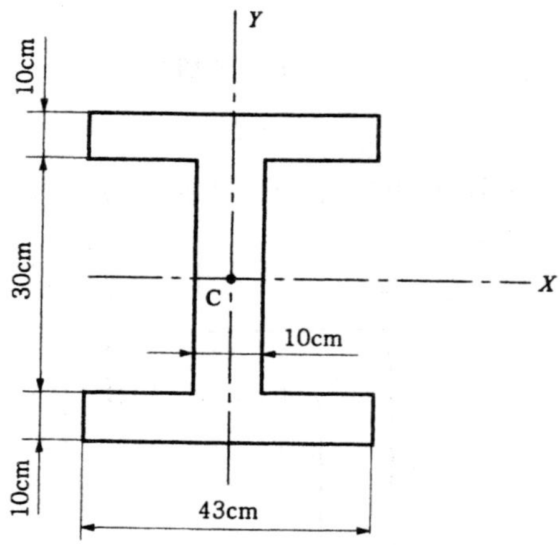

그림 4 · 24

5. 바깥지름 50 cm, 안지름 20 cm인 중공 단면의 단면계수를 구하라.

6. 그림 4 · 25와 같이 지름 d인 원형단면으로부터 직사각형 단면으로 잘라 사용하려고 한다. 이때 직사각형 단면의 단면2차모멘트를 최대로 하기 위해서는 폭(b)과 높이(h)의 비를 얼마로 하여야 하는가?

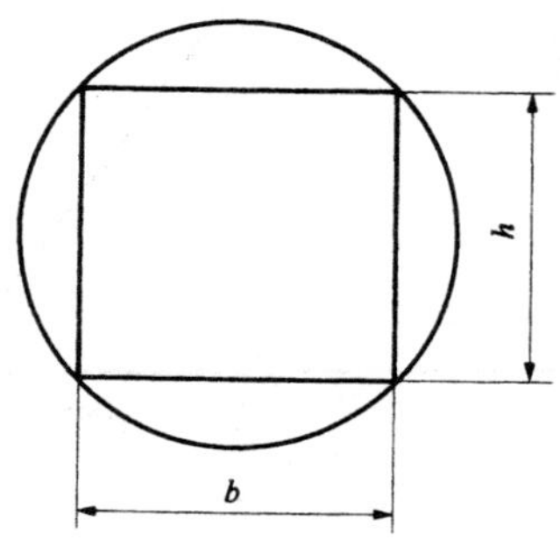

그림 4 · 25

7. 한 변의 길이가 50 cm인 정사각형 단면의 회전반경은 얼마인가?

8. 지름이 50 cm인 원형단면의 극단면2차모멘트와 극단면계수는 얼마인가?

9. 그림 4 · 26과 같은 직사각형 단면에서 두 축 X, Y에 대한 단면상승모멘트 I_{XY}를 구하라.

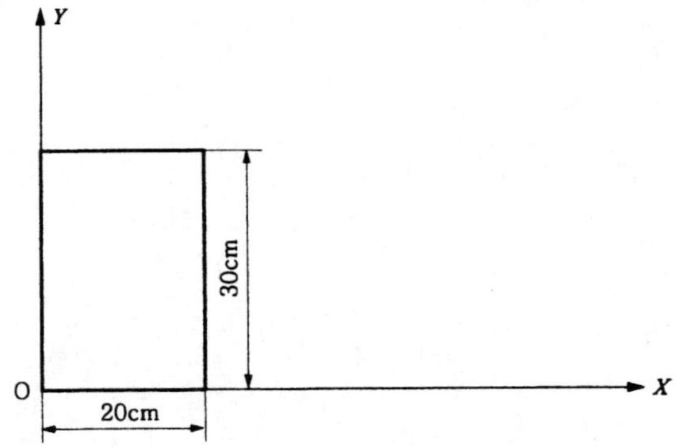

그림 4 · 26

10. 그림 4 · 27과 같은 직사각형 단면에서 한 모서리 O를 지나는 주축의 위치 각 θ를 구하라.

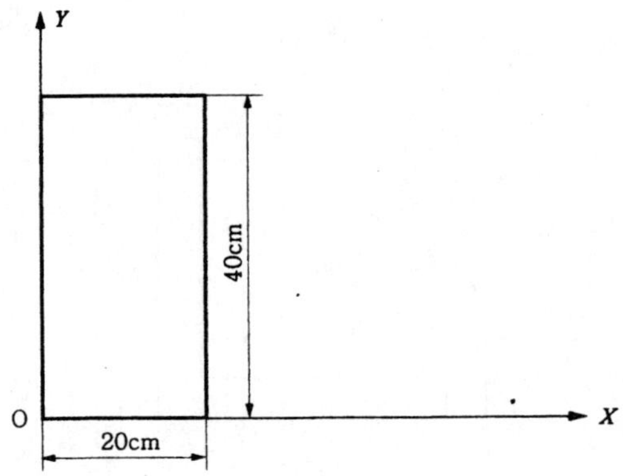

그림 4 · 27

제5장 비틀림

5.1 원형축의 비틀림

그림 5·1(a)와 같이 원형축의 한쪽 끝을 고정하고 다른 한쪽 끝단의 접선방향으로 힘 F를 가하면, 축을 비틀어지게 하는 역학적 양 $T=Fd$가 작용하게 되는데, 이 역학적 양을 **우력**(偶力, torque) 또는 **비틀림 모멘트**(torsional moment or twisting moment)라고 한다.

이와 같이 비틀림 모멘트 T를 작용시켜 원형 축을 비틀면, **탄성변형**에 의하여 그림 5·1(b)와 같이 원통 표면의 축선에 평행한 모선 ab는 ac로 이동하고 단면의 반지름 Ob는 Oc로 변위하여 $\angle bOc=\theta$를 만들게 된다.

이때의 각 θ를 비틀림각(angle of torsion)이라고 하며, 그 값은 다음 식과 같이 된다.

$$\theta=\frac{Tl}{GI_p}\,[\text{rad}] \tag{1}$$

식에서 G는 축 재료의 횡탄성계수, I_p는 축단면의 극단면2차모멘트이고, GI_p는 비틀림 변형의 정도를 나타내는 것으로 **비틀림 강성**(剛性, torsional rigidity)이라고 한다.

또한 축이 비틀림 모멘트를 받을 때 축의 단면에는 전단응력이 발생하는데, 이 전단응력은 그림 5·1(e)와 같이 단면의 중심에서 O가 되고 중심으로부터의 거리 ρ에 비례하여 커진다.

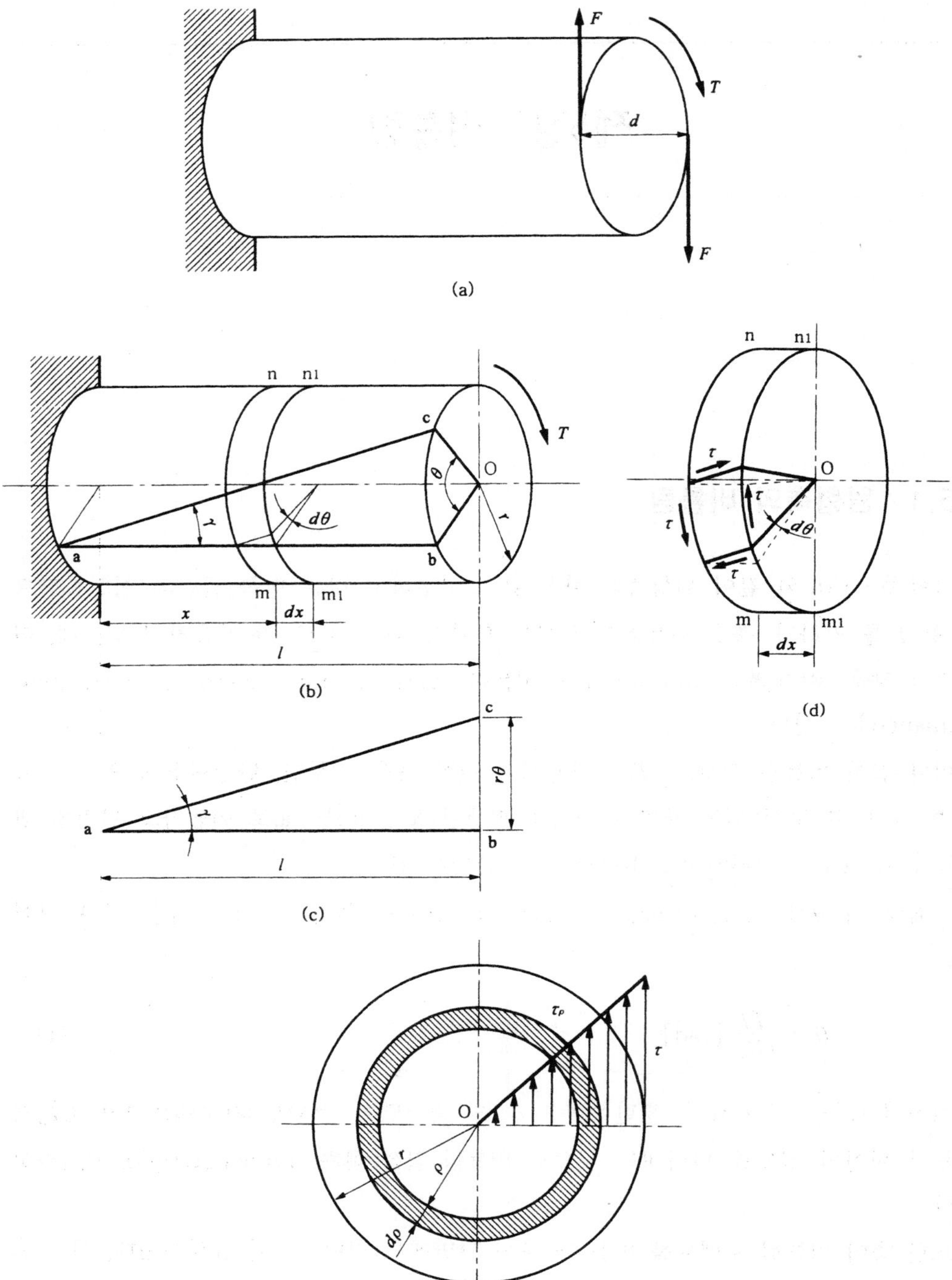

그림 5·1 원형축의 비틀림

따라서 최외단에서 전단응력이 최대가 되고 전단응력의 최대치 τ는 다음 식과 같이 된다.

$$\tau = \frac{T}{Z_p} \tag{2}$$

식에서 Z_p는 축단면의 극단면계수이다.

참고로 지름 d인 원형단면축의 극단면계수 $Z_p = \frac{\pi d^3}{16}$이고, 바깥지름 d_2, 안지름 d_1인 중공축의 극단면계수 $Z_p = \frac{\pi}{16}\left(\frac{d_2^4 - d_1^4}{d_2}\right)$이다.

▸▸ 식 (1)과 (2)의 유도

그림 5·1 (b)와 같이 반지름 r, 길이 l인 원통표면에 선분 ab를 표시하여 놓았다. 원형축의 끝단에서 원통의 접선방향으로 비틀림 모멘트 T가 작용하면, 비틀림 변형으로 인하여 원통표면에 표시된 선분 ab는 선분 ac로 이동할 것이다. 이때 선분의 변형각 $\angle \mathrm{bac} = \gamma$라 하면 다음 식과 같은 관계가 성립한다.

$$\tan\gamma = \frac{bc}{ab} = \frac{r\theta}{l}$$

탄성한계 내에서 변형될 때 γ는 대단히 작은 각이므로 $\tan\gamma \fallingdotseq \gamma$가 된다. 따라서 이 식은 다음과 같이 간단하게 쓸 수 있다.

$$\gamma = \frac{r\theta}{l}\ [\mathrm{rad}]$$

식에서 γ는 비틀림 모멘트에 의해서 길이 l인 원형축의 외주에 발생하는 전단변형률이 된다.

또한 그림 5·1 (b)와 같이 원형축의 축방향으로 임의의 위치 x에 있는 미소두께 dx의 원판을 고려해 보면, 그림 5·1 (d)와 같이 원판의 원주표면에 취한 작은 직사각형은 비틀림 모멘트에 의하여 평행사변형으로 변형된다.

이와 같이 원통 위에 취한 미소 직사각형이 평행사변형의 형태로 변형되는 것은 결과적으로 직사각형의 4변에 전단응력이 작용하기 때문이다.

이때 직사각형의 4면에 작용하는 전단응력을 τ, 원통축 재료의 횡탄성계수를 G라 하고 훅의 법칙을 적용하면 다음과 같이 된다.

$$\tau = G\gamma = G \cdot \frac{r\theta}{l}$$

다음에는 비틀림 응력 τ와 비틀림 모멘트 T의 관계를 생각해 보자.

그림 5·1 (e)와 같이 원통축 단면의 중심 O로부터 임의의 거리 ρ만큼 떨어진 곳에 폭 $d\rho$의 미소한 원환을 취하여, 이곳에 작용하는 전단응력 τ_ρ를 구하면 다음 식과 같이 된다.

$$\tau_\rho = G \cdot \frac{\rho\theta}{l}$$

식에서 보는 바와 같이 원통축 단면에 발생하는 전단응력 τ_ρ는 중심축에서 0가 되고 외주로 갈수록(ρ가 커질수록) 커진다는 것을 알 수 있다.

이때 미소 원환의 면적을 dA라 하고, 전단응력 τ_ρ에 의한 비틀림 모멘트 dT를 구하면 다음과 같이 된다.

$$dT = \tau_\rho \rho dA \quad ⓐ$$

그런데 전단응력은 그림에서와 같이 중심에서의 거리 ρ에 비례하므로 다음과 같은 관계식이 성립한다.

$$\tau_\rho = \tau \frac{\rho}{r}$$

따라서 이 식을 식 ⓐ에 대입하면 다음과 같이 된다.

$$dT = \frac{\tau}{r} \rho^2 dA$$

원통축의 전단면에 작용하는 비틀림 모멘트 T는 다음과 같이 이 식을 면적에 대하여 적분하여 얻을 수 있다.

$$T = \int \frac{\tau}{r} \rho^2 dA = \frac{\tau}{r} \int \rho^2 dA$$

여기서 $\int \rho^2 dA$는 중심 O에 대한 극단면2차모멘트 I_P이므로, 이 식은 다음과 같이 간단히 나타낼 수 있다.

$$T = \tau \frac{I_P}{r} \quad ⓑ$$

또한 $\frac{I_P}{r}$는 극단면계수 Z_P이므로 이 식은 다음과 같이 더욱 간단히 표시할 수 있게 된다.

$$T = \tau Z_p \qquad ⓒ$$

한편 비틀림 모멘트 T에 의한 비틀림각 θ는 다음과 같이 구한다.

그림 5·1(b)의 두께 dx인 원판요소에서 전단변형률 γ는 다음 식으로 된다.

$$\gamma = \frac{rd\theta}{dx}$$

또한 전단변형률 $\gamma = \frac{\tau}{G}$이고, $\tau = \frac{Tr}{I_p}$이므로 각 $d\theta$는 다음 식으로 된다.

$$d\theta = \frac{\tau}{G}\frac{dx}{r} = \frac{T}{GI_p}dx$$

따라서 전길이 l에 대한 비틀림각 θ는 다음과 같이 이 식을 0에서 l까지 적분하여 구할 수 있다.

$$\theta = \int_0^l \frac{T}{GI_p}dx$$

여기서 G와 T, I_p가 일정하다면 이 식은 다음과 같이 간단하게 된다.

$$\theta = \frac{Tl}{GI_p}\,[\text{rad}] \qquad ⓓ$$

예제 1

축 지름이 5 cm이고, 길이 3 m인 재료에 196,000 N·cm의 비틀림 모멘트가 작용할 때 축에 발생하는 비틀림각과 최대 전단응력을 구하라. 단, 재료의 횡탄성계수 G= 78.4 GPa이다.

[풀이] 비틀림각

$$\theta = \frac{Tl}{GI_p} = \frac{196,000 \times 300}{7,840,000 \times \frac{\pi \times 5^4}{32}}\,[\text{rad}] = 0.1222\,\text{rad}$$

최대 전단응력

$$\tau = \frac{T}{Z_p} = \frac{T}{\frac{\pi d^3}{16}} = \frac{16T}{\pi d^3} = \frac{16 \times 196,000}{\pi \times 5^3} = 7,986\ \mathrm{N/cm^2}$$

$$= 79.86\ \mathrm{MPa}$$

5.2 축에 의한 동력전달

비틀림 모멘트에 의하여 회전하며 동력을 전달하는 축을 **전동축(傳動軸,** power shaft)이라 하며, N rpm의 회전수로 H마력(HP : horse power)의 동력을 전달하는 전동축의 비틀림 모멘트 T는 다음 식으로 된다.

$$T = 71,620 \frac{H}{N}\ [\mathrm{kg_f \cdot cm}] \tag{1}$$

또한 식에서 H가 kW 단위일 때는 1 kW=1.36 HP이므로 다음과 같은 식으로 된다.

$$T = 97,400 \frac{H}{N}\ [\mathrm{kg_f \cdot cm}] \tag{2}$$

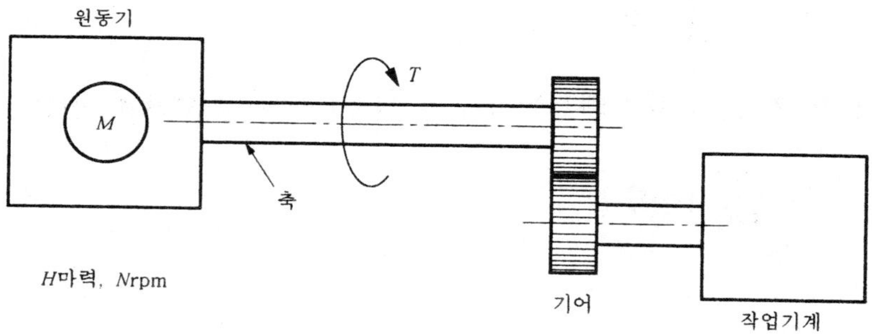

그림 5·2 축에 의한 동력전달

▸▸ **공식 (1), (2)의 유도**

동력이란 단위시간당의 일률로 그림 5·3과 같이 원통축 단면의 원주방향으로 힘 P [kg$_f$]가 작용하여 원주속도 v [m/sec]로 회전하는 축의 전달동력 H는 다음과 같다.

$$H = pv\ [\mathrm{kg_f \cdot m/s}]$$

이를 마력으로 환산하면 다음과 같이 된다.

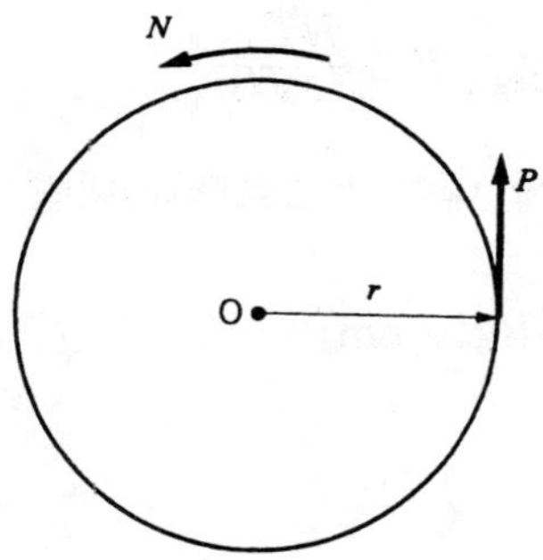

그림 5·3 원주방향으로 힘 P가 작용하는 축단면

$$H=\frac{Pv}{75}\ [\mathrm{HP}] \qquad ⓐ$$

여기서 1 [HP] = 75 [kg_f · m/sec]이다.

축의 반지름을 r [m]라 하고 축의 각속도를 ω [rad/sec]라 하면 원주속도 $v=r\omega$ [m/sec]이므로 전달동력 H는 다음과 같이 된다.

$$H=\frac{Pr\omega}{75}\ [\mathrm{HP}] \qquad ⓑ$$

또한 비틀림 모멘트 $T=Pr$ [kg_f · cm]이고, 1 m=100 cm이므로 전달동력 H는 다음과 같은 식으로 나타낼 수 있다.

$$H=\frac{T\omega}{75\times 100}\ [\mathrm{HP}] \qquad ⓒ$$

따라서 축의 1분간 회전수(Revolutions per minute)를 N [rpm]이라고 하면, 각속도 $\omega=\frac{2\pi N}{60}$ 이므로 전달동력 H는 다음과 같은 식으로 나타낼 수 있다.

$$H=\frac{2\pi NT}{75\times 100\times 60}=\frac{NT}{71,620} \qquad ⓓ$$

이를 비틀림 모멘트 T에 대한 식으로 나타내면 다음과 같이 된다.

$$T=71,620\frac{H}{N}\ [\mathrm{kg_f}\cdot \mathrm{cm}] \qquad ⓔ$$

또한 전달동력 H가 kW단위일 때에는 1 kW=102 kg_f · m/sec이므로 식 ⓓ에서 75 대신 102를 대입하면 다음과 같이 된다.

$$H=\frac{2\pi NT}{102\times100\times60}=\frac{NT}{97,400} \qquad ⓕ$$

이 식을 비틀림 모멘트 T에 대한 식으로 나타내면 다음과 같이 된다.

$$T=97,400\frac{H}{N}\ [\mathrm{kg_f}\cdot\mathrm{cm}] \qquad ⓖ$$

예제 1

지름 $d=2\,\mathrm{cm}$인 자동차 축이 500 rpm의 회전수로 22 kW의 동력을 전달한다. 이 축에 작용하는 비틀림 모멘트와 축단면에 발생하는 최대 전단응력을 구하라.

[풀이] 비틀림 모멘트

$$T=97,400\times\frac{H}{N}=97,400\times\frac{22}{500}=4285.6\,\mathrm{kg_f}\cdot\mathrm{cm}$$

최대 전단응력

$$\tau=\frac{T}{Z_p}=\frac{T}{\frac{\pi d^3}{16}}=\frac{16T}{\pi d^3}=\frac{16\times4285.6}{\pi\times2^3}=2728.3\,\mathrm{kg_f/cm^2}$$

5.3 비틀림으로 인한 탄성변형 에너지

비틀림을 받는 축은 비틀림 모멘트에 의하여 행하여진 일을 탄성에너지의 형태로 재료내부에 저장하게 되는데 이를 비틀림으로 인한 탄성변형 에너지라고 한다.

지금 길이 l, 극단면2차모멘트 I_P, 횡탄성계수 G인 원형 축이 비틀림 모멘트 T를 받아 θ만큼의 비틀림각이 생겼을 때 이 축에 저장된 탄성변형 에너지 u_t는 다음 식으로 된다.

$$u_t=\frac{T\theta}{2}=\frac{T^2l}{2GI_p} \qquad (1)$$

또한 지름 d인 원형단면축의 비틀림으로 인한 단위체적당 탄성변형 에너지를 전단응력 τ에 대한 식으로 나타내면 다음과 같은 식으로 된다.

$$u_t=\frac{\tau^2}{4G} \qquad (2)$$

또한 안지름 d_1, 바깥지름 d_2인 원형단면의 중공축(中空軸)인 경우 비틀림으로 인한 단위체적당 탄성변형 에너지를 전단응력 τ에 대한 식으로 나타내면 다음 식과 같이 된다.

$$u_t = \frac{\tau^2}{4G}\left[1+\left(\frac{d_1}{d_2}\right)^2\right] \tag{3}$$

▶▶ **공식유도**

그림 5·4(a)와 같이 지름이 d이고 길이 l인 원형축에 비틀림 모멘트 T가 작용하여 비틀림각 θ가 발생하였다고 하면, 비틀림 모멘트 T와 비틀림각 θ와의 관계는 그림 5·4(b)와 같이 직선으로 된다. 따라서 비틀림 모멘트에 의해 축 속에 저장된 탄성에너지 U_t는 △OAB의 면적으로 다음과 같다.

$$U_t = \frac{1}{2} T\theta \qquad ⓐ$$

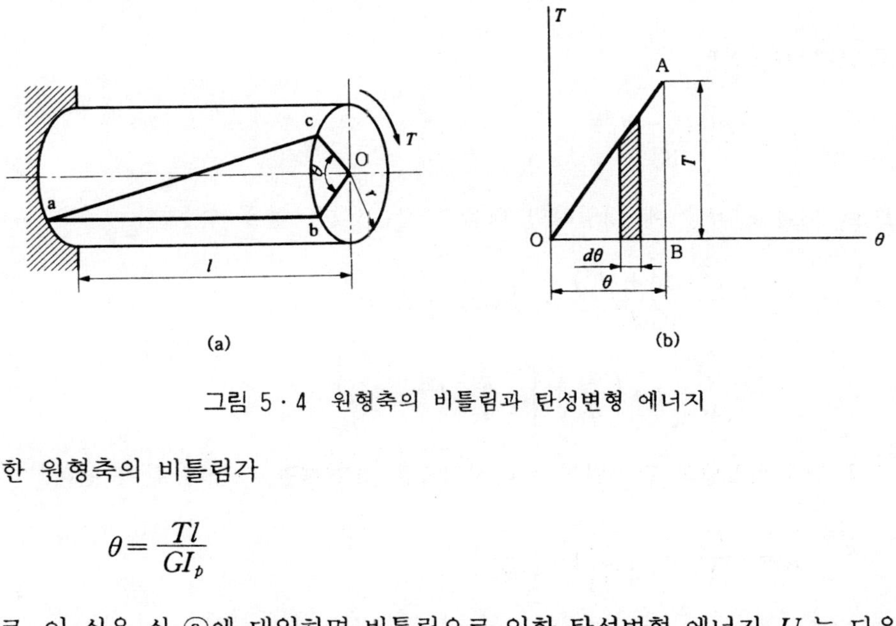

그림 5·4 원형축의 비틀림과 탄성변형 에너지

또한 원형축의 비틀림각

$$\theta = \frac{Tl}{GI_p} \qquad ⓑ$$

이므로, 이 식을 식 ⓐ에 대입하면 비틀림으로 인한 탄성변형 에너지 U_t는 다음 식과 같이 된다.

$$U_t = \frac{T^2 l}{2GI_p} \qquad ⓒ$$

따라서 지름 d인 원형단면의 경우에는, 비틀림 모멘트

$$T=\tau Z_p=\frac{\pi d^3}{16}\tau \qquad ⓓ$$

이고, 극단면2차모멘트 $I_P=\frac{\pi d^4}{32}$이므로 이들을 식 ⓒ에 대입하면 다음과 같이 된다.

$$U_t=\frac{\tau^2}{4G}\cdot\frac{\pi d^2}{4}l=\frac{\tau^2}{4G}\cdot Al \qquad ⓔ$$

식에서 A는 단면적이다.

따라서 단위체적당 탄성에너지 u_t는 다음 식과 같이 된다.

$$u_t=\frac{U_t}{Al}=\frac{\tau^2}{4G} \qquad ⓕ$$

또한 안지름 d_1, 바깥지름 d_2인 중공축(中空軸)인 경우에는, 비틀림 모멘트

$$T=\tau Z_p=\tau\frac{\pi}{16}\left(\frac{d_2^4-d_1^4}{d_2}\right) \qquad ⓖ$$

이고, 극단면2차모멘트

$$I_p=\frac{\pi(d_2^4-d_1^4)}{32} \qquad ⓗ$$

이 되므로, 이들을 식 ⓒ에 대입하면 다음과 같은 식을 얻을 수 있다.

$$\begin{aligned}U_t&=\frac{\tau^2(d_2^2+d_1^2)}{4Gd_2^2}\cdot\frac{\pi}{4}(d_2^2-d_1^2)l\\&=\frac{\tau^2}{4G}\left[1+\left(\frac{d_1}{d_2}\right)^2\right]\cdot\frac{\pi}{4}(d_2^2-d_1^2)l\end{aligned}$$

이 식을 단위체적당의 탄성변형 에너지식으로 표현하면 다음과 같이 된다.

$$u_t=\frac{U_t}{Al}=\frac{\tau^2}{4G}\left[1+\left(\frac{d_1}{d_2}\right)^2\right]$$

예제 1

지름 5 cm, 길이 3 m의 축에 비틀림 모멘트가 작용할 때, 비틀림 탄성변형 에너지를 구하라. 단, 축재료에 작용하는 전단응력은 49 MPa이고, 횡탄성계수 $G=80{,}000$

MPa이다.

[풀이] 비틀림 탄성변형 에너지

$$U_t = \frac{\tau^2}{4G} \cdot Al = \frac{\tau^2}{4G} \cdot \frac{\pi d^2}{4} \cdot l$$
$$= \frac{\pi\tau^2}{16G} \cdot d^2 l$$
$$= \frac{\pi \times (49 \times 10^6)^2}{16 \times 80,000 \times 10^6} \times (0.05)^2 \times 3$$
$$= 44.2 \text{ N} \cdot \text{m}$$

• 연습문제 •

1. 축 지름이 25 cm이고, 길이 2 m인 재료에 1.5 MN · cm의 비틀림 모멘트가 작용할 때 축에 발생하는 비틀림각과 최대 전단응력을 구하라. 단, 재료의 횡탄성계수 $G=78.4$ GPa이다.

2. 원형단면의 지름이 2배로 되면 비틀림 강도는 몇 배로 커지는가?

3. 축 지름이 30 cm이고, 길이 2 m인 재료에 비틀림각이 0.04 rad 이하가 되도록 제한시키고자 한다. 이때 비틀림 모멘트를 얼마까지 작용시킬 수 있겠는가? 단, 재료의 횡탄성계수 G는 80 GPa이다.

4. 축 지름이 40 cm이고, 길이 2 m인 재료의 전단강도 $\tau=400$ MPa이다. 이 재료를 파손시키지 않으려면 비틀림 모멘트를 얼마까지 작용시킬 수 있겠는가?

5. 출력 0.5 kW의 모터를 장착한 선풍기가 600 rpm으로 회전한다. 선풍기축의 지름이 $d=1$ cm이라 할 때 축의 단면에 작용하는 최대 전단응력을 구하라.

6. 자동차 축이 400 rpm의 회전수로 30 kW를 전달한다. 이 축 재료의 허용응력이 $\tau_a=300$ MPa이라면 이 축의 지름을 얼마로 하여야 하는가?

7. 지름 8 cm의 축이 매분 60회전할 때, 길이 1 m에 대한 비틀림각을 2° 이내로 제한하면 이 축은 몇 마력을 전달할 수 있겠는가? 단, 축 재료의 횡탄성계수 $G=$ 80,000 MPa이다.

8. 지름 10 cm, 길이 2 m의 축에 3 N · m의 비틀림 모멘트가 작용하여 비틀림각이 2°가 되었다. 비틀림 탄성변형 에너지를 구하라.

9. 출력 0.5 kW의 모터를 장착한 선풍기가 600 rpm으로 회전한다. 선풍기축의 단면이

바깥지름 $d_2=0.8\,\text{cm}$, 안지름 $d_1=0.4\,\text{cm}$인 중공축이라면, 축 단면에 발생하는 최대 전단응력은?

10. 지름 $d=5\,\text{cm}$와 동등한 비틀림 강성을 가지는 바깥지름 $d_2=10\,\text{cm}$인 중공축을 만들고 싶다. 안지름은 얼마로 하여야 하는가?

제6장 보의 전단과 굽힘

6.1 보의 지지법 및 종류

6.1.1 보

구조물을 구성하고 있는 길이가 긴 부재중에는 축선에 수직방향으로 하중이 작용하도록 지지되어 있는 것과 축선에 나란한 방향으로 하중이 작용하도록 되어 있는 두 가지 종류가 있는데, 축선에 수직방향으로 하중이 작용하도록 지지되어 있는 부재를 보(beam)라 하고, 축선에 나란한 방향으로 하중이 작용하도록 지지되어 있는 부재를 기둥(column)이라 한다.

여기에서는 축선에 수직방향으로 하중이 작용하도록 지지되어 있는 부재인 보(beam)에 대해서 공부하기로 한다.

6.1.2 보의 지지방법

보를 지지하는 지점의 형태는 그림 6 · 1에서 보는 바와 같이 세 종류가 있다.

① 가동(可動) 힌지점 : 그림 6 · 1 (a)에서 보는 바와 같이 보의 회전과 평행이동은 자유로우나 수직이동은 불가능한 지점이며 자유지점이라고도 한다. 반력은 수직반력 R_V 하나만 존재한다.

② 부동(不動) 힌지점 : 그림 6 · 1 (b)에서 보는 바와 같이 보의 회전은 자유로우나 수평이동과 수직이동이 불가능한 지점이며, 반력은 수직반력 R_V와 수평반력 R_H가 존재한다.

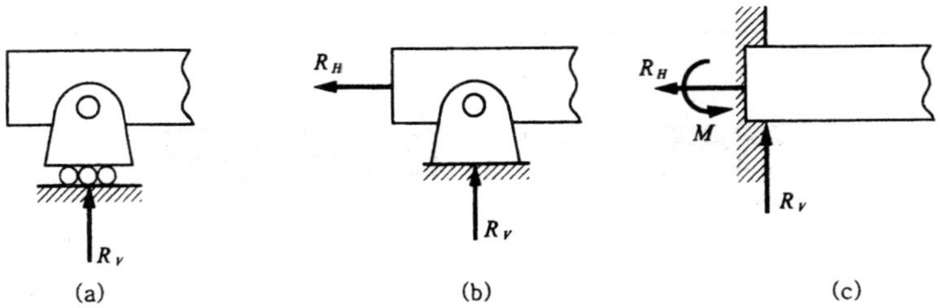

그림 6·1 보의 지점형태

③ 고정(固定)지점 : 그림 6·1(c)에서 보는 바와 같이 보의 회전, 수평 및 수직이동이 모두 불가능한 지점이며, 반력은 수직반력 R_V와 수평반력 R_H 및 굽힘모멘트 M이 존재한다.

6.1.3 보의 종류

6.1.3.1 지지방법에 따른 보의 종류

보는 그 지지방법에 따라 다음과 같이 분류한다.

[1] 단순(單純)보(simple beam)

그림 6·2(a)에서 보는 바와 같이 보의 한쪽 끝이 부동 힌지점 위에 지지되어 있고, 다른 끝이 가동 힌지점 위에 지지되어 있는 보이며, 하중에 의하여 구부러질 때 양단이 자유롭게 회전될 수 있으며, 한쪽 끝단은 수평방향으로 자유롭게 움직일 수 있도록 지지되어 있다.

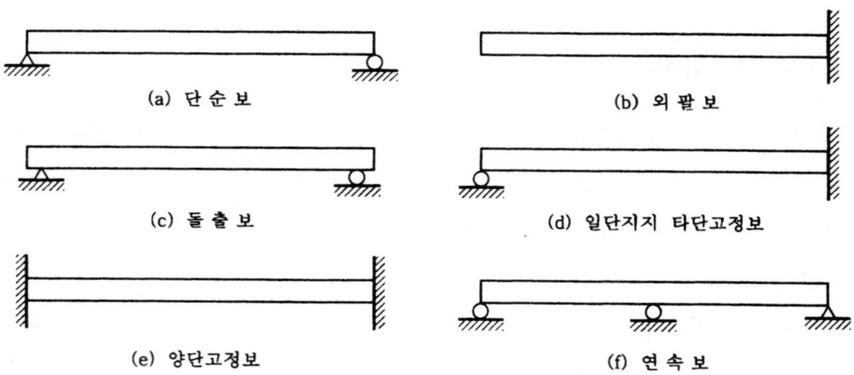

그림 6·2 지지방법에 따른 보의 종류

[2] **외팔보**(cantilever beam)

그림 6 · 2 (b)에서 보는 바와 같이 보의 일단은 고정되어 있고, 다른 한쪽 끝단은 전혀 지지되어 있지 않은 보이다.

[3] **돌출(突出)보**(overhanging beam)

그림 6 · 2 (c)에서 보는 바와 같이 단순보와 같은 형태로 지지되어 있으나, 보의 일단 또는 양단이 지점 밖으로 돌출되어 있는 보를 말하며 '내다지보'라고도 한다.

[4] **일단 지지 타단 고정보**(one end support and the other end fixed beam)

그림 6 · 2 (d)에서 보는 바와 같이 일단은 고정되어 있고, 타단은 가동 힌지점 위에 지지되어 있는 보이다.

[5] **양단 고정(兩端固定)보**(fixed beam)

그림 6 · 2 (e)에서 보는 바와 같이 양단이 고정되어 있는 보이다.

[6] **연속보**(continuous beam)

그림 6 · 2 (f)에서 보는 바와 같이 세 개 이상의 지점으로 지지되어 있는 보이다.

6.1.3.2 해석방법에 따른 보의 종류

보에 작용하는 외력(外力)에는 하중(荷重)과 반력(反力)이 있는데, 하중에 의하여 지점에서 보에 미치는 힘을 반력(反力)이라고 한다.

이들 반력을 정역학적인 평형방정식에 의하여 결정할 수 있는 보를 **정정보**(**靜定보**, statically determinate beam)라 하고, 지점에 작용하는 반력의 수가 정역학적인 평형방정식의 수보다 많아, 평형방정식만으로는 지점의 반력을 결정할 수 없는 보를 **부정정보**(**不靜定보**, statically indeterminate beam)라고 한다.

지지방법에 의한 보의 종류 중 단순보, 외팔보, 돌출보 등은 정정보에 해당하고, 고정보, 일단지지 타단 고정보, 연속보 등은 부정정보에 해당된다.

6.1.4 하중의 종류

[1] **집중하중**(集中荷重, concentrated load)

그림 6 · 3 (a)에서와 같이 어느 한 점에 집중하여 작용하는 하중을 말한다.

[2] **균일 분포하중**(均一 分布荷重, uniformly distributed load)

그림 6 · 3 (b)에서 보는 바와 같이 보의 전 길이에 걸쳐 똑같은 하중이 분포하여

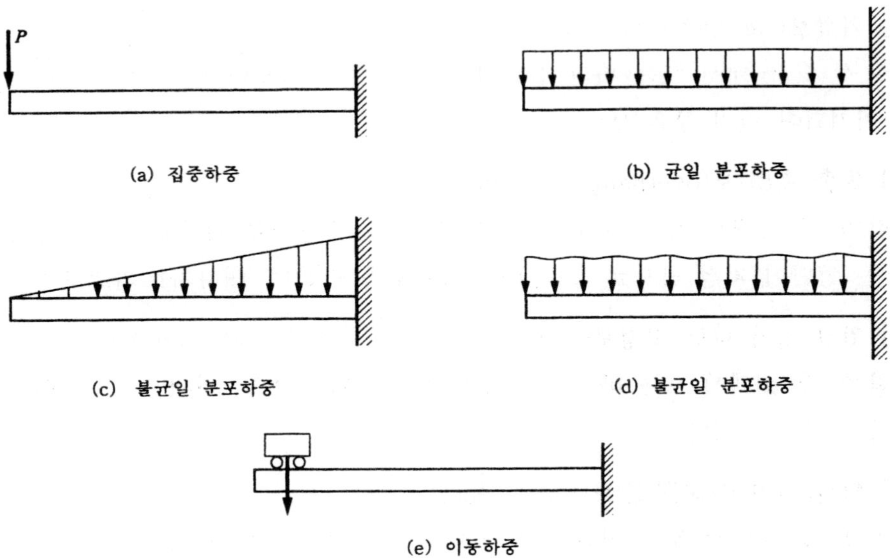

그림 6·3 하중의 종류

작용하는 하중으로 등분포하중이라고도 한다.

[3] **불균일 분포하중**(不均一分布荷重, varing load)

그림 6·3(c), (d)에서 보는 바와 같이 보의 전 길이에 걸쳐 하중이 불규칙하게 분포하여 작용하는 하중으로 부등분포하중이라고도 한다.

[4] **이동하중**(移動荷重, moving load)

그림 6·3(e)에서 보는 바와 같이 보 위에서 이동하는 하중을 말한다.

6.2 보의 전단력과 굽힘모멘트

6.2.1 평형조건

보에 하중이 작용할 때 보가 움직이지 않고 제자리에 있다는 것은 보를 떠받히고 있는 지점에서 하중에 저항하는 반력이 작용하여 평형상태를 유지하기 때문이다.

즉 그림 6·4와 같이 지점 A로부터 a의 거리에 집중하중 P를 받고 있는 단순보의 경우를 예로 들면, 이 보가 하중을 받고 있음에도 불구하고 위나 아래로 이동하지 않는다는 것은 이 보에 작용하는 외력(하중과 반력) F의 총합 $\sum F = -P + R_A + R_B = 0$이 되기 때문이다.

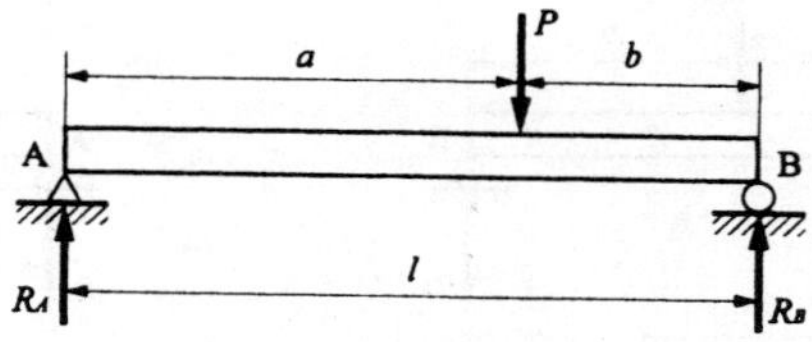

그림 6·4 집중하중을 받는 단순보

또한 이 보가 하중을 받아 지점 A나 B를 중심으로 회전하지 않는다는 것은, 지점 A에 대하여 모멘트를 취했을 때 그 모멘트의 총합 $\sum M_A = Pa - R_B l = 0$이 되거나, 지점 B에 대하여 모멘트를 취한 값 $\sum M_B = -Pb + R_A l = 0$이 되어야 한다는 것을 의미한다.

따라서 보에 작용하는 반력을 구하기 위해서는, 하중을 받아 정지하고 있는 보의 경우 "보에 작용하는 외력의 총합은 0이다"라는 조건과 "보에 작용하는 외력에 의한 모멘트의 총합은 0이어야 한다"는 조건인 다음과 같은 두 식을 사용하는데, 이 식을 보의 평형방정식(equiliblium equation) 또는 평형조건식이라고 한다.

$$\sum F = 0$$
$$\sum M = 0$$

계산을 할 때 그 부호(+, −)의 혼돈을 피하기 위하여 본서에서는 다음과 같이 규정한다.

외력의 경우 밑에서부터 위로 향하여 작용하면 +, 그 반대방향이면 −로 한다. 모멘트의 경우 시계방향이면 +, 시계반대방향이면 −로 한다.

6.2.2 전단력과 굽힘모멘트

그림 6·5(a)는 집중하중 P를 받고 있는 단순보를 나타낸 것이고, 그림 6·5(b)는 지점 A로부터 임의의 거리 x만큼 떨어진 거리의 단면에 발생하는 전단력 F와 굽힘모멘트 M을 나타낸 것이다.

보에서의 전단력(剪斷力, shearing force)이란, 외력에 대응하여 보의 단면에 평행하게 작용하는 내력(耐力)으로, 이는 전단력을 구하고자 하는 단면으로부터 좌측에 있는 힘으로부터 구한다.

또한 굽힘모멘트(bending moment)란 외력에 의하여 보를 구부러지게 하는 역학적

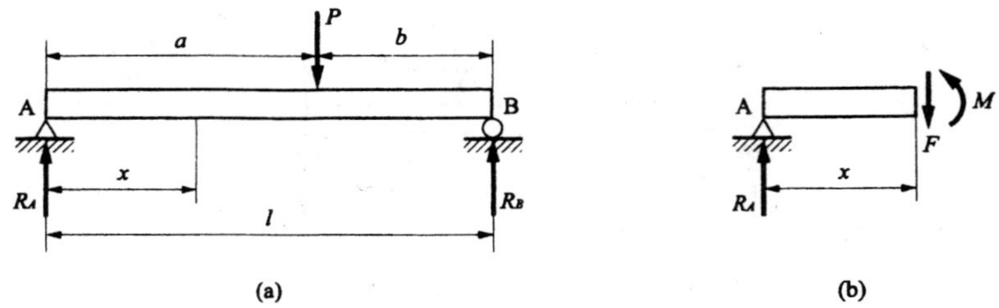

그림 6 · 5 보에 작용하는 전단력 F와 굽힘모멘트 M

양으로, 굽힘모멘트를 구하고자 하는 단면의 좌측에 있는 힘에 대하여 모멘트를 취하여 구한다.

예를 들면 그림 6 · 5와 같이 지점 A로부터 x만큼 떨어진 단면에 작용하는 전단력 F와 굽힘모멘트 M은 다음과 같이 된다.

전단력 $F = R_A$: 단면 좌측에 있는 외력

굽힘모멘트 $M = R_A x$: 단면 좌측에 있는 외력에 의한 굽힘모멘트

이와 같이 단면에 작용하는 전단력과 굽힘모멘트를 계산할 때에는 단면의 좌측에 있는 외력을 대상으로 하여 계산하는 것이 편리한데, 이때 부호는 편의상 다음과 같이 규정한다.

단면에 작용하는 전단력은 외력이 위로 향하여 작용하면 ＋로 하고, 굽힘모멘트는 외력으로 하여금 보를 굽히려는 방향이 시계방향일 때 ＋로 한다.

만약 단면의 우측에 있는 외력을 대상으로 계산할 경우에는 이와 반대로 하면 된다. 즉 단면의 우측에 있는 외력이 위로 향하여 작용하면 단면에 작용하는 전단력을 －로 하고, 굽힘모멘트는 단면의 우측에 있는 외력으로 하여금 보를 굽히려는 방향이 시계방향일 때 －로 한다.

한편 보에 하중이 작용하여 보의 단면에 전단력과 굽힘모멘트가 동시에 발생할 때 이들 사이에는 어떤 일정한 관계가 성립하는데 그것은 다음과 같다(그림 6 · 6 참조).

① 하중 p와 전단력 F 사이의 관계

$$\frac{dF}{dx} = -p \tag{1}$$

단, 식에서 p는 분포하중을 의미한다.

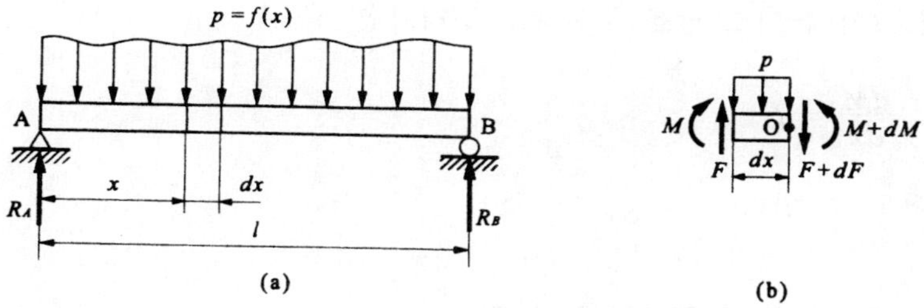

그림 6·6 분포하중이 작용하는 단순보와 미소길이 dx에 작용하는 힘

② 전단력 F와 굽힘모멘트 M 사이의 관계

$$\frac{dM}{dx} = F \tag{2}$$

이와 같은 관계식은 다음에 설명할 예정인 전단력선도와 굽힘모멘트 선도를 이해하는 데 참고가 될 수 있다.

▸▸ 식 (1)과 (2)의 유도

그림 6·6(a)에서 보는 바와 같이 보의 전 길이에 걸쳐 불균일 분포하중이 작용할 때, 보의 좌측 끝에서 임의의 길이 x만큼 떨어진 단면으로부터 미소길이 dx를 취하여 균일분포하중 p가 작용한다고 하자.

그림 6·6(b)와 같은 미소요소의 왼쪽 단면에는 양(+)의 전단력 F와 굽힘모멘트 M이 작용하고, 오른쪽 단면에는 전단력 F와 굽힘모멘트 M보다 각각 dF와 dM만큼 큰 전단력 $F+dF$와 굽힘모멘트 $M+dM$이 작용한다.

이때 미소요소 dx의 부분에 작용하는 외력의 합은 0이어야 한다는 조건으로부터 다음과 같은 식이 성립한다.

$$\Sigma F = F - pdx - (F + dF) = 0$$

따라서 이로부터

$$\frac{dF}{dx} = -p$$

의 관계를 얻을 수 있다.

또한 점 O에 관한 모멘트의 평형조건으로부터 다음과 같은 식을 얻을 수 있다.

$$\Sigma M = M + Fdx + pdx\left(\frac{dx}{2}\right) - (M + dM) = 0$$

이 식에서 고차의 미소 항을 무시하고 정리하면

$$\frac{dM}{dx} = F$$

의 관계를 얻을 수 있다.

6.2.3 전단력선도와 굽힘모멘트 선도

하중을 받는 보에서 보의 단면에 작용하는 전단력과 굽힘모멘트는 지점으로부터의 거리에 따라 달라질 수 있는데, 보의 전 단면에 작용하는 전단력 F와 굽힘모멘트 M의 분포를 나타낸 것을 각각 전단력선도(Shearing Force Diagram) 및 굽힘모멘트 선도(Bending Moment Diagram)라 하고, 약칭하여 각각 SFD 및 BMD라고 한다.

[전단력선도와 굽힘모멘트 선도의 작성법]

1) 평형방정식($\Sigma F=0$, $\Sigma M=0$)을 이용하여 지점에서의 반력을 구한다.
2) 좌측 끝단으로부터 하중이 작용하는 점까지의 사이에 임의의 거리 x를 잡고, 이 단면에 작용하는 전단력 F_x와 굽힘모멘트 M_x를 구한다.
3) 보의 길이 방향을 x 좌표로 하고 이와 수직방향의 축을 각각 전단력 F 및 굽힘모멘트 M으로 하는 좌표를 도시한 후, 2)에서 구한 결과를 이용하여 전단력선도와 굽힘모멘트 선도를 도시한다.

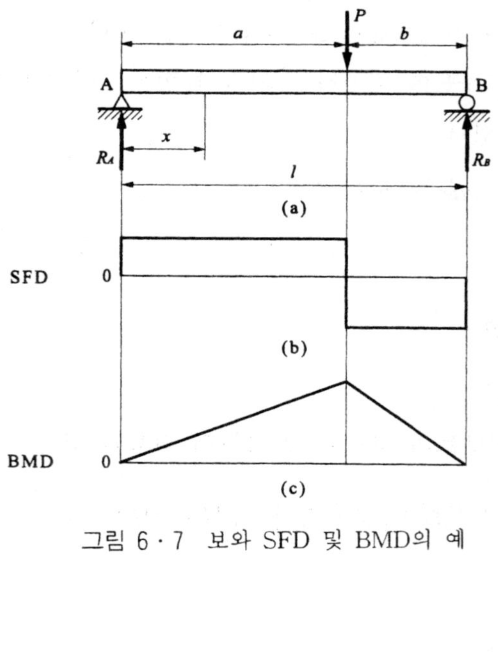

그림 6·7 보와 SFD 및 BMD의 예

6.2.3.1 외팔보에 대한 SFD와 BMD

6.2.3.1.1 자유단에 한 개의 집중하중이 작용하는 외팔보에서의 SFD와 BMD

그림 6 · 8 (a)와 같은 외팔보의 자유단에 집중하중 P가 작용할 때, 자유단 A로부터 x만큼 떨어진 단면에 작용하는 전단력 F_x와 굽힘모멘트 M_x는 다음 식으로 된다.

전단력 $$F_x = -P \tag{1}$$

굽힘모멘트 $$M_x = -Px \tag{2}$$

이에 대한 전단력선도(SFD)와 굽힘모멘트 선도(BMD)를 그려보면 그림 6 · 8 (b), (c)와 같다.

그림에서 보는 바와 같이 전단력 F_x는 보의 전 길이에 걸쳐 균일하게 작용한다.

굽힘모멘트 M_x는 $X=0$일 때 $M_x=0$가 되어 하중작용점에서 최소가 되고, 보의 고정단, 즉 $X=l$에서 $M_{\max}=-Pl$로 굽힘모멘트가 가장 크게 작용함을 알 수 있다.

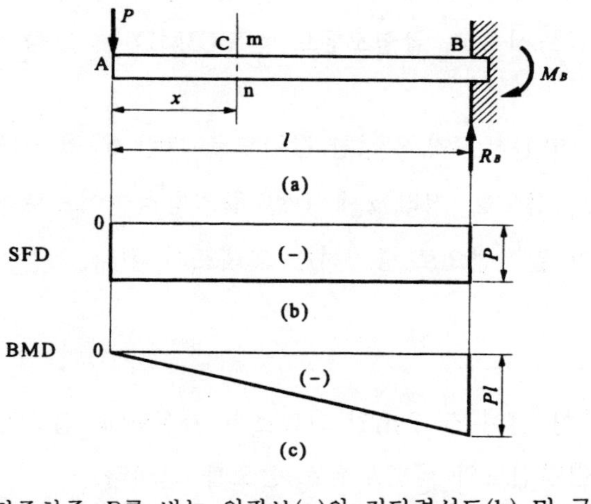

그림 6 · 8 집중하중 P를 받는 외팔보(a)와 전단력선도(b) 및 굽힘모멘트 선도(c)

▸▸ 식 (1)과 (2)의 유도 및 SFD와 BMD의 작도법

1) 지점에서의 반력

평형방정식으로부터

$$\Sigma F = -P + R_B = 0$$

$$R_B = P$$

여기에서는 식 $\sum F=0$만으로도 반력을 결정할 수 있으므로 평형방정식 $\sum M=0$는 적용할 필요가 없다.

또한 반력을 구하지 않고서도 구간 x에서의 외력을 알 수 있으므로 굳이 반력을 구할 필요도 없다.

단, 여기서는 참고를 위해 반력을 구하였을 뿐이다.

2) 전단력과 굽힘모멘트

보의 왼쪽 끝단으로부터 어느 단면까지 임의의 거리 x를 취하여 이 단면에 작용하는 전단력 F_x 및 굽힘모멘트 M_x를 각각 구하면 다음과 같이 된다.

전단력 $F_x=-P$

굽힘모멘트 $M_x=-Px$

3) SFD와 BMD

보의 길이 방향을 X 좌표로 하고 이와 수직방향의 축을 전단력 F 및 굽힘모멘트 M으로 하는 좌표를 도시한 후, 2)에서 구한 결과를 이용하여 전단력선도(SFD)는 그림 6·8(b)와 같이 도시하고, 굽힘모멘트 선도(BMD)는 그림 6·8(c)와 같이 도시한다.

이때 전단력선도는 전단력 F가 일정한 값이므로 그림 6·8(b)와 같이 x축에 나란하게 되고, 굽힘모멘트 선도는 거리 x에 관한 일차방정식이므로 그림 6·8(c)와 같이 거리 x에 비례하여 일직선으로 증가하는 그래프가 된다.

예제 1

그림 6·9(a)와 같이 길이 $l=2\,\text{m}$인 외팔보의 자유단에 집중하중 $P=100\,\text{N}$이 작용할 때, 이 보의 전단력선도와 굽힘모멘트 선도를 그려라.

[풀이] 보의 자유단으로부터 임의의 거리 x를 취하여 이 단면에 작용하는 전단력 F_x 및 굽힘모멘트 M_x를 각각 구하면 다음과 같이 된다.

전단력 $F_x=-100$

굽힘모멘트 $M_x=-100x$

따라서 보의 길이 방향을 X 좌표로 하고 이와 수직방향의 축을 전단력 F 및 굽힘모멘트 M으로 하는 좌표를 도시한 후, 계산결과를 이용하여 전단력선도와 굽

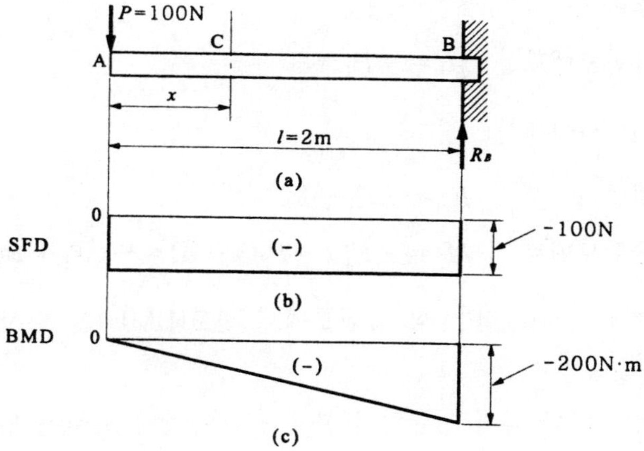

그림 6 · 9

힘모멘트 선도를 도시하면 그림 6 · 9 (b), (c)와 같이 된다.

6.2.3.1.2 **두 개의 집중하중이 작용하는 외팔보에서의** SFD**와** BMD

그림 6 · 10 (a)와 같은 외팔보에 집중하중 P_1과 P_2가 작용할 때, 자유단으로부터 x만큼 떨어진 단면에 작용하는 전단력 F_x와 굽힘모멘트 M_x는 각각 다음과 같은 식으로 된다.

① 구간 AC 사이에서

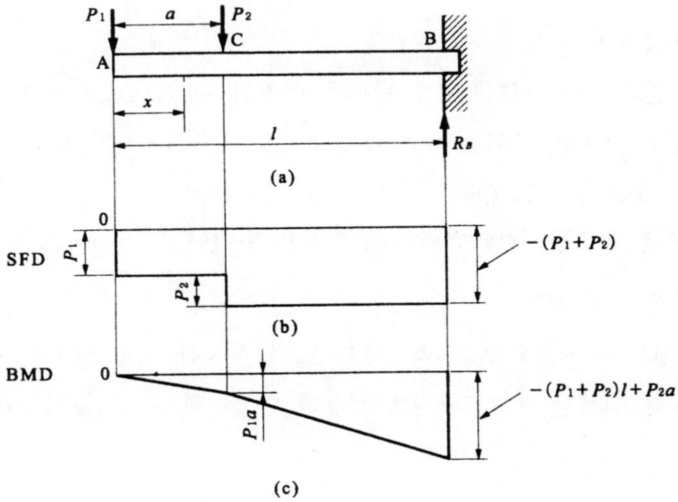

그림 6 · 10 두 개의 집중하중이 작용하는 외팔보와 SFD 및 BMD

전단력 $F_1 = -P_1$ (1)

굽힘모멘트 $M_1 = -P_1 x$ (2)

② 구간 C-B 사이에서

전단력 $F_2 = -P_1 - P_2$ (3)

굽힘모멘트 $M_2 = -P_1 x - P_2(x-a) = -(P_1 + P_2)x + P_2 a$ (4)

이에 대한 전단력선도(SFD)와 굽힘모멘트 선도(BMD)를 도시하면 각각 그림 6·10 (b), (c)와 같다.

그림에서 보는 바와 같이 전단력의 분포는 계단식의 모양이 되며, 굽힘모멘트의 최대치는 보의 고정단($x = l$)에서 생기므로 $M_{max} = -(P_1 + P_2)l + P_2 a$이다.

▸▸ 식의 유도 및 SFD와 BMD의 작도법

1) 지점에서의 반력

평형방정식을 적용하면 다음과 같은 식이 성립한다.

$$\Sigma F = -P_1 - P_2 + R_B = 0$$

따라서 이 식으로부터

반력 $R_B = P_1 + P_2$

를 얻을 수 있다.

여기서도 $\Sigma F = 0$의 식만으로도 반력을 결정할 수 있으므로 평형방정식 $\Sigma M = 0$는 적용할 필요가 없으며, 반력을 구하지 않고서도 x 구간에서의 외력을 알 수 있으므로 굳이 반력을 구할 필요도 없다.

단, 여기서는 참고를 위해 반력을 구하였을 뿐이다.

2) 전단력과 굽힘모멘트

① 구간 AC, 즉 자유단으로부터 하중 P_2가 작용하는 점 사이의 어느 단면까지 임의의 거리 x를 취했을 때 이 단면에 작용하는 전단력 F_1과 굽힘모멘트 M_1은 다음과 같이 된다.

전단력 $F_1 = -P_1$ (1)

굽힘모멘트 $M_1 = -P_1 x$ (2)

② 구간 C-B, 즉 자유단으로부터 하중 P_2가 작용하는 점과 고정단 사이의 어느 단면까지 임의의 거리 x를 취했을 때 이 단면에 작용하는 전단력 F_2와 굽힘모멘트 M_2는 다음과 같이 된다.

전단력 $$F_2 = -P_1 - P_2 \tag{3}$$

굽힘모멘트 $$M_2 = -P_1 x - P_2(x-a) = -(P_1+P_2)x + P_2 a \tag{4}$$

③ SFD와 BMD

보의 길이 방향을 X 좌표로 하고 이와 수직방향의 축을 전단력 F 및 굽힘모멘트 M으로 하는 좌표를 도시한 후, 2)에서 구한 결과를 이용하여 전단력선도와 굽힘모멘트 선도를 도시한다.

이때 전단력선도는 구간 A-C에서 전단력 $F_1 = -P_1$으로 상수이므로 그림 6·10 (b)와 같이 x축보다 P_1만큼 아래로 하여 x축에 나란하게 그리면 되고, 구간 C-B에서 전단력 $F_2 = -P_1 - P_2$로 구간 A-C에서보다 P_2만큼 더 작으므로 구간 A-C에서보다 P_2만큼 더 아래로 하여 x축에 나란하게 그리면 된다.

또한 굽힘모멘트 선도는 다음과 같이 도시한다.

식 (2)에서

$x=0$일 때 $M_1 = 0$

$x=a$일 때 $M_1 = -P_1 a$

이고, 식 (4)에서

$x=a$일 때 $M_2 = -P_1 a$

$x=l$일 때 $M_2 = -(P_1+P_2)l + P_2 a$

이므로, 구간 A-C에서는 $x=0$, $M_1=0$로부터 $x=a$, $M_1=-P_1 a$까지 직선을 긋고, 구간 B-C에서는 $x=a$, $M_1=-P_1 a$로부터 $x=l$, $M_2=-(P_1+P_2)l+P_2 a$까지 직선을 그으면 굽힘모멘트 선도가 된다.

그림 6·10 (c)의 BMD에서 보는 바와 같이 굽힘모멘트의 최대치는 보의 고정단 ($x=l$)에서 생기며 그 값은 다음과 같다.

$$M_{max} = -(P_1+P_2)l + P_2 a$$

예제 1

그림 6·11 (a)와 같이 길이 $l=2\,\mathrm{m}$인 외팔보의 자유단에 하중 $P_1=150\,\mathrm{N}$과 자유단으로부터 $a=0.5\,\mathrm{m}$ 떨어진 곳에 하중 $P_2=150\,\mathrm{N}$이 작용할 때 보의 전단력선도와 굽힘모멘트 선도를 그려라.

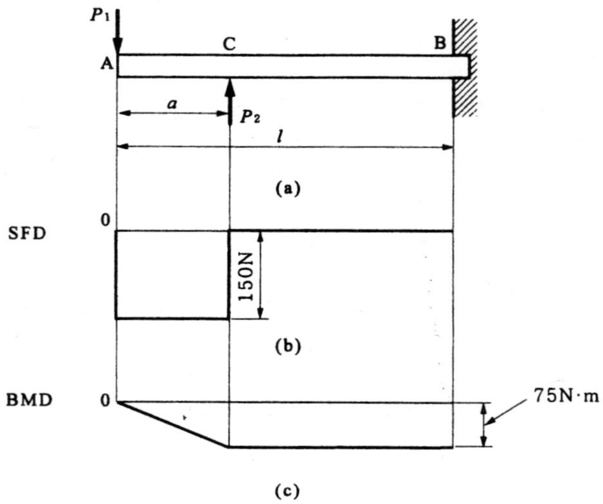

그림 6·11

[풀이] 1) 우선 보의 자유단 A로부터 하중 P_2가 작용하는 점 C 사이의 어느 단면까지 임의의 거리 x를 취하고 이 단면에 작용하는 전단력 F_x 및 굽힘모멘트 M_x를 각각 구하면 다음과 같이 된다.

전단력 $F_x=-150$

굽힘모멘트 $M_x=-150x$

2) 자유단으로부터 C-B 사이의 어느 단면까지 임의의 거리 x를 취하고 이 단면에 작용하는 전단력과 굽힘모멘트를 구하면 다음과 같다.

전단력 $F_x=-150+150=0$

굽힘모멘트 $M_x=-150x+150(x-0.5)=75$

따라서 보의 길이 방향을 X 좌표로 하고 이와 수직방향의 축을 전단력 F 및 M으로 하는 좌표를 도시하여, 전단력선도와 굽힘모멘트 선도를 도시하면 그림 6·11 (b), (c)와 같이 된다.

6.2.3.1.3 등분포하중이 작용하는 외팔보에서의 SFD와 BMD

그림 6 · 12 (a)와 같은 외팔보에 등분포하중 p가 작용할 때 자유단 A로부터 x만큼 떨어진 단면에 작용하는 전단력 F_x와 굽힘모멘트 M_x는 다음 식으로 된다.

전단력 $$F = -px \tag{1}$$

굽힘모멘트 $$M = -px\frac{x}{2} = -\frac{px^2}{2} \tag{2}$$

이에 대한 전단력선도(SFD)와 굽힘모멘트 선도(BMD)를 도시하면 그림 6 · 12 (b), (c)와 같이 된다.

그림의 SFD및 BMD에서 보는 바와 같이 전단력과 굽힘모멘트의 최대치는 보의 고정단($x = l$)에서 생기며, 그 값은 각각 다음과 같다.

$$F_{\max} = -pl \tag{3}$$

$$M_{\max} = -\frac{pl^2}{2} \tag{4}$$

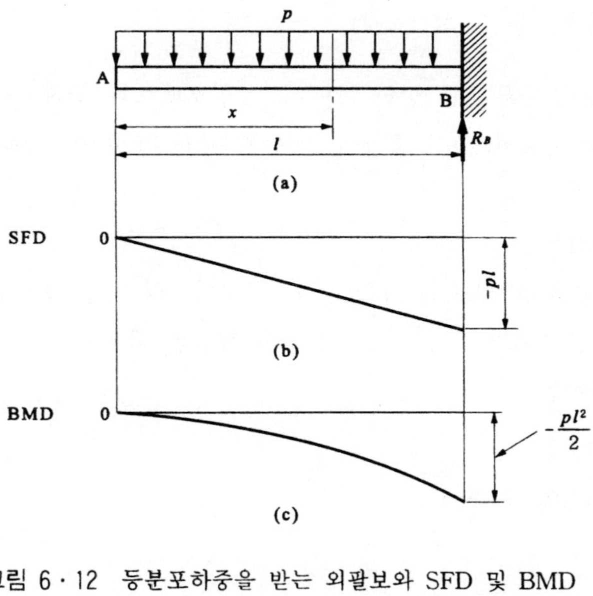

그림 6 · 12 등분포하중을 받는 외팔보와 SFD 및 BMD

▸▸ **식의 유도 및 SFD와 BMD의 작도법**

1) 지점에서의 반력

평형방정식을 적용하면 다음과 같이 된다.

$$\sum F = -pl + R_B = 0$$

이 식으로부터 지점에서의 반력

$$R_B = pl$$

을 얻을 수 있다.

여기에서도 앞에서와 같이 $\sum F=0$의 식만으로 반력을 결정할 수 있으므로, 평형방정식 $\sum M=0$는 적용할 필요가 없으며, 반력을 구하지 않고서도 x구간에서의 외력을 알 수 있으므로 굳이 반력을 구할 필요도 없다. 단, 여기서도 참고를 위해 반력을 구하였을 뿐이다.

2) 전단력과 굽힘모멘트

자유단으로부터 어느 단면까지 임의의 거리 x를 취하고 이 단면에 발생하는 전단력과 굽힘모멘트를 구하면 다음과 같이 된다.

전단력 $F = -px$

굽힘모멘트 $M = -px\dfrac{x}{2} = -\dfrac{px^2}{2}$

이와 같이 등분포하중 p를 받는 보에서, 굽힘모멘트를 구하고자 할 때에는 등분포하중 p가 작용하는 길이(x)의 중간($x/2$)에 모든 하중(px)이 집중하여 작용하는 것으로 보고 계산한다.

3) SFD와 BMD

보의 길이 방향을 X 좌표로 하고, 이와 수직방향의 축을 전단력 F 및 굽힘모멘트 M으로 하는 좌표를 도시한 후, 2)에서 구한 결과를 이용하여 전단력선도와 굽힘모멘트 선도를 도시한다.

이때 전단력선도는

$x=0$일 때 $F=0$

이고

$x=l$일 때 $F=-pl$

이 되므로 이 두 점간을 연결하는 직선을 그리면 된다.

굽힘모멘트 선도는

$x=0$일 때 $M=0$

이고

$$x = l\text{에서 } M = -\frac{pl^2}{2}$$

이므로 이 두 점간을 연결하는 2차곡선을 그리면 된다.

그림 6 · 12 (b), (c)의 SFD 및 BMD에서 보는 바와 같이 전단력과 굽힘모멘트의 최대치는 보의 고정단($x=l$)에서 생기며 그 값은 각각 다음과 같다.

$$F_{\max} = -pl$$

$$M_{\max} = -\frac{pl^2}{2}$$

예제 1

그림 6 · 13 (a)와 같이 길이 $l=5$ m인 외팔보의 전 길이에 걸쳐 균일분포하중 $p=10$ N/m가 작용할 때 전단력선도와 굽힘모멘트 선도를 그려라.

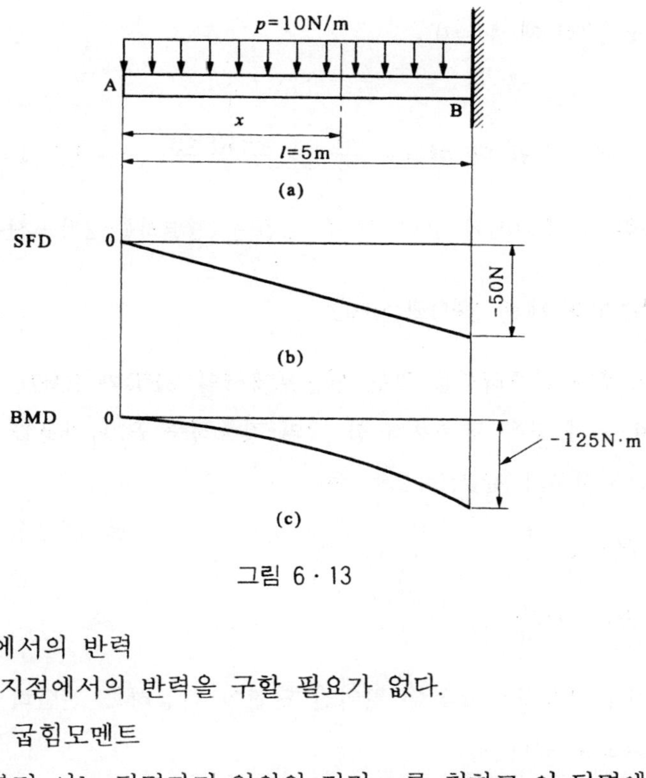

그림 6 · 13

[풀이] 1) 지점에서의 반력

외팔보이므로 지점에서의 반력을 구할 필요가 없다.

2) 전단력과 굽힘모멘트

자유단으로부터 어느 단면까지 임의의 거리 x를 취하고 이 단면에 발생하는 전단력과 굽힘모멘트를 구하면 다음과 같이 된다.

전단력 $F=-10x$

굽힘모멘트 $M=-10x\dfrac{x}{2}=-5x^2$

3) SFD와 BMD

보의 길이 방향을 X좌표로 하고 이와 수직방향의 축을 전단력 F 및 굽힘모멘트 M으로 하는 좌표를 도시한 후, 2)에서 구한 결과를 이용하여 전단력선도와 굽힘모멘트 선도를 도시한다.

이때 전단력선도는

$x=0$일 때 $F=0$

이고

$x=l=5$에서 $F=(-10)\times 5=-50\,\mathrm{N}$

이 되므로 이 두 점간을 연결하는 직선을 그리면 되고, 굽힘모멘트 선도는

$x=0$일 때 $M=0$

이고

$x=l=5$일 때 $M=-\dfrac{pl^2}{2}=\dfrac{-10\times 5^2}{2}=-125\,\mathrm{N\cdot m}$

이므로 그림 6 · 13 (c)와 같이 이 두 점간을 연결하는 2차곡선을 그리면 된다.

6.2.3.2 단순보에 대한 SFD와 BMD

6.2.3.2.1 한 개의 집중하중을 받는 단순보에서의 SFD와 BMD

그림 6 · 14 (a)와 같은 단순보에 한 개의 집중하중 P가 작용할 때, 지점에서의 반력 R_A와 R_B는 다음과 같은 식으로 된다.

$$R_A=P\frac{b}{l} \tag{1}$$

$$R_B=P\frac{a}{l} \tag{2}$$

또한 왼쪽지점 A로부터 x만큼 떨어진 단면에 작용하는 전단력 F_x와 굽힘모멘트 M_x는 다음 식으로 된다.

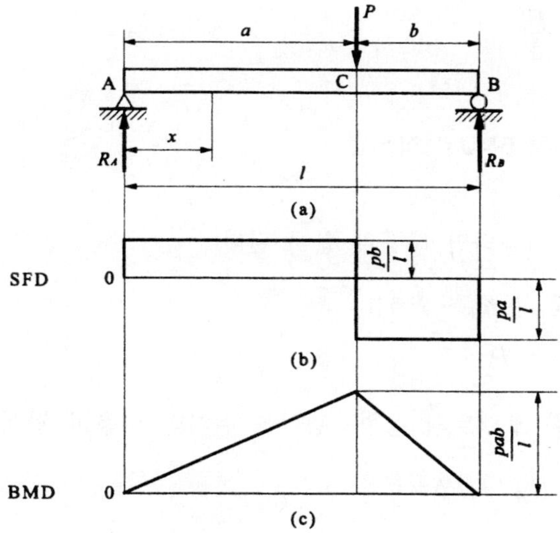

그림 6 · 14 한 개의 집중하중을 받는 단순보와 SFD 및 BMD

① 구간 A-C 사이의 경우

$$F = R_A = \frac{Pb}{l} \tag{3}$$

$$M = R_A x = \frac{Pb}{l} x \tag{4}$$

② 구간 C-B에 사이의 경우

$$F = -\frac{Pa}{l} \tag{5}$$

$$M = \frac{-Pa}{l} x + Pa \tag{6}$$

이에 대한 전단력선도(SFD)와 굽힘모멘트 선도(BMD)를 도시하면 그림 6 · 14 (b), (c)와 같이 된다.

그림에서 보는 바와 같이 굽힘모멘트의 최대치는 하중의 작용점에서 생기고, 그 값은 다음과 같다.

$$M_{\max} = \frac{Pab}{l}$$

만일 하중이 보의 중앙에 작용한다고 하면, $a = b = l/2$이 되므로 굽힘모멘트의 최대값은 다음과 같이 된다.

$$M_{\max} = \frac{Pl}{4}$$

▶▶ **식의 유도 및 SFD와 BMD의 작도법**

1) 지점에서의 반력

힘의 평형방정식을 적용하면 다음과 같이 된다.

$$\Sigma F = R_A + R_B - P = 0$$

$$R_A + R_B = P \qquad \text{(a)}$$

또한 지점 B에 대한 모멘트의 평형방정식을 취하면 다음과 같이 된다.

$$\Sigma M_B = R_A l - Pb = 0$$

이 식으로부터 지점 A에서의 반력 R_A를 구하면 다음과 같이 된다.

$$R_A = P\frac{b}{l} \qquad \text{(b)}$$

식 (b)를 식 (a)에 대입하면 지점 B에서의 반력 R_B는 다음과 같이 된다.

$$R_B = P\frac{a}{l}$$

2) 전단력과 굽힘모멘트

이와 같이 집중하중을 받는 단순보의 경우에는 다음과 같이 구간 A-C와 C-B로 나누어 계산한다.

① 구간 A-C의 경우

지점 A로부터 하중 P의 작용점 C 사이의 어느 단면까지 임의의 거리 x를 취하고 이 단면에 발생하는 전단력 F와 굽힘모멘트 M을 구하면 다음과 같이 된다.

$$F = R_A = \frac{Pb}{l}$$

$$M = R_A x = \frac{Pb}{l} x$$

② 구간 C-B의 경우

지점 A로부터 C와 B 사이의 어느 단면까지 임의의 거리 x를 취하고, 이 단면에 발생하는 전단력 F와 굽힘모멘트 M을 구하면 다음과 같이 된다.

$$F = R_A - P = \frac{Pb}{l} - P = \frac{Pb - Pl}{l} = \frac{P(b-l)}{l} = -\frac{Pa}{l}$$

$$M = R_A x - P(x-a) = \frac{Pb}{l}x - P(x-a) = \frac{Pb}{l}x - Px + Pa$$

$$= \frac{Pb}{l}x - \frac{Pl}{l}x + Pa = \frac{P(b-l)}{l}x + Pa = \frac{-Pa}{l}x + Pa$$

3) SFD와 BMD

보의 길이 방향을 X 좌표로 하고 이와 수직방향의 축을 전단력 F 및 굽힘모멘트 M으로 하는 좌표를 도시한 후, 2)에서 구한 결과를 이용하여 전단력선도와 굽힘모멘트 선도를 도시한다.

① 구간 A-C의 경우에는

$x=0$일 때 전단력 $F = R_A = \dfrac{Pb}{l}$

$x=a$일 때 $F = R_A = \dfrac{Pb}{l}$

이므로, 전단력선도는 X축으로부터 $F = \dfrac{Pb}{l}$ 만큼 위로 올라온 위치에서 X축에 나란한 직선을 그리면 되고, 굽힘모멘트 선도는 $x=0$일 때 $M=0$이며, $x=a$일 때 $M = \dfrac{Pb}{l}a$이므로 이 두 점간을 연결하는 직선을 그리면 된다.

② 구간 C-B의 경우

$x=a$일 때 전단력 $F = -\dfrac{Pa}{l}$

$x=l$일 때 $F = -\dfrac{Pa}{l}$

이므로, 전단력선도는 X축으로부터 $F = \dfrac{Pa}{l}$ 만큼 아래로 내려온 위치에서 X축에 나란한 직선을 그리면 된다.

굽힘모멘트 선도는 $x=a$일 때

$$M = -P\frac{a^2}{l} + Pa = -P\frac{a^2}{l} + P\frac{al}{l} = -P\frac{a}{l}(a-l) = \frac{Pab}{l}$$

이고, $x=l$일 때

$$M = \frac{-Pa}{l}l + Pa = -Pa + Pa = 0$$

이므로 이 두 점간을 연결하는 직선을 그으면 굽힘모멘트 선도가 된다.

그림 6·14(c)에서 보는 바와 같이 굽힘모멘트의 최대치는 하중의 작용점에서 생

기고 그 값은 다음과 같다.

$$M_{\max} = \frac{Pab}{l}$$

만일 하중이 보의 중앙에 작용한다고 하면 $a = b = \frac{l}{2}$ 이 되므로 굽힘모멘트의 최대값은 다음과 같이 된다.

$$M_{\max} = \frac{Pl}{4}$$

예제 1

그림 6 · 15 (a)에서 보는 바와 같이 길이 $l = 200$ m인 단순보의 왼쪽 지점 A로부터 $a_1 = 20$ m, $a_2 = 100$ m 되는 위치에 각각 $P_1 = 200$ N, $P_2 = 400$ N의 집중하중이 작용할 때 전단력선도와 굽힘모멘트 선도를 도시하라.

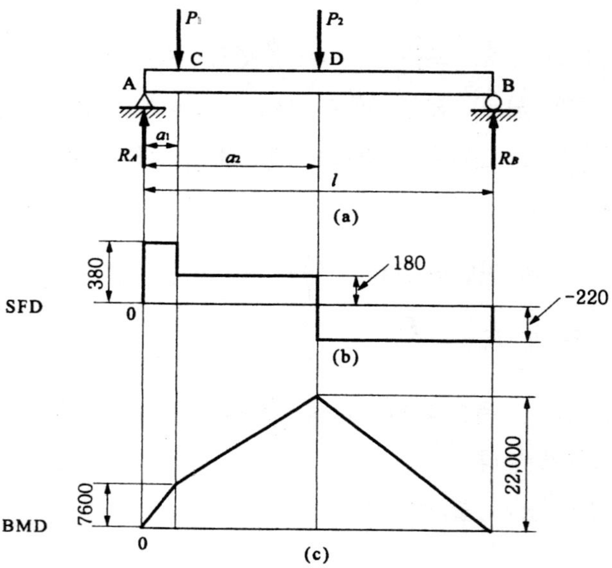

그림 6 · 15

[풀이] 1) 지점에서의 반력

힘의 평형방정식으로부터

$$\Sigma F = R_A + R_B - 200 - 400 = 0$$

$$R_A + R_B = 600 \qquad (1)$$

의 관계식을 얻을 수 있다.

또한 지점 B에 대한 모멘트의 평형방정식으로부터

$$\sum M_B = R_A \times 200 - 200 \times (200 - 20) - 400 \times (200 - 100) = 0$$

반력 R_A는 다음과 같이 된다.

$$R_A = 380 \text{ N} \tag{2}$$

따라서 식 (2)를 식 (1)에 대입하면

$$R_B = 220 \text{ N}$$

을 얻을 수 있다.

2) 전단력과 굽힘모멘트

① 구간 A-C 사이의 경우

지점 A로부터 C 사이의 어느 단면까지 임의의 거리 x를 취하고, 이 단면에 발생하는 전단력 F와 굽힘모멘트 M을 구하면 다음과 같이 된다.

$$F = R_A = 380$$
$$M = R_A x = 380x$$

② 구간 C-D 사이의 경우

지점 A로부터 C와 D 사이의 어느 단면까지 임의의 거리 x를 취하고, 이 단면에 발생하는 전단력 F와 굽힘모멘트 M을 구하면 다음과 같이 된다.

$$F = R_A - P_1 = 380 - 200 = 180$$
$$M = R_A x - P_1(x - a_1) = 380x - 200(x - 20) = 180x + 4,000$$

③ 구간 D-B 사이의 경우

지점 A로부터 D와 B 사이의 어느 단면까지 임의의 거리 x를 취하고, 이 단면에 발생하는 전단력 F와 굽힘모멘트 M을 구하면 다음과 같이 된다.

$$F = R_A - P_1 - P_2 = 380 - 200 - 400 = -220$$
$$M = R_A x - P_1(x - a_1) - P_2(x - a_2)$$
$$= 380x - 200(x - 20) - 400(x - 100) = -220x + 44,000$$

3) SFD와 BMD

보의 길이 방향을 X 좌표로 하고 이와 수직방향의 축을 전단력 F 및 굽힘모멘트 M으로 하는 좌표를 도시한 후, 2)에서 구한 결과를 이용하여 전단력선도와 굽힘모멘트 선도를 도시하면 그림 6 · 15 (b), (c)와 같다.

6.2.3.2.2 양 지점으로부터 동일한 거리에 두 개의 집중하중을 받는 단순보에 대한 SFD와 BMD

그림 6 · 16 (a)와 같은 단순보의 양 지점으로부터 동일한 거리에 같은 크기의 두 개의 집중하중 P가 작용할 때 지점에서의 반력과 전단력선도 및 굽힘모멘트 선도는 다음과 같이 된다.

1) 반력

$$R_A = R_B = P \tag{1}$$

2) 전단력과 굽힘모멘트

① 구간 A-C의 경우

$$F = R_A = P \tag{2}$$

$$M = R_A x = Px \tag{3}$$

② 구간 C-D 사이의 경우

$$F = R_A - P = P - P = 0 \tag{4}$$

$$M = R_A x - P(x-a) = Px - P(x-a) = Pa \tag{5}$$

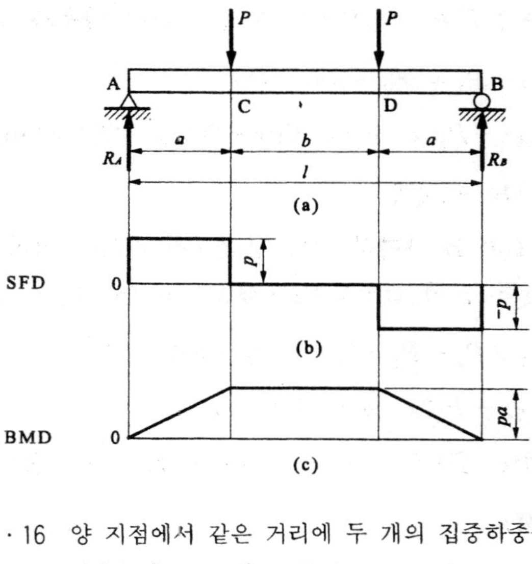

그림 6 · 16 양 지점에서 같은 거리에 두 개의 집중하중을 받는 단순보와 SFD 및 BMD

③ 구간 D-B 사이의 경우

$$F = R_A - P - P = P - P - P = -P \tag{6}$$

$$M = R_A x - P(x-a) - P\{x-(a+b)\} = -Px + Pl \tag{7}$$

이에 대한 전단력선도(SFD)와 굽힘모멘트 선도(BMD)를 도시하면 그림 6 · 16 (b), (c)와 같이 된다.

그림에서 보는 바와 같이 구간 C-D 사이에서는 전단력이 0이 되고, 굽힘모멘트만이 일정하게 작용하게 되는데 이와 같은 상태를 순수굽힘(pure bending) 상태라고 한다.

▸▸ 식의 유도 및 SFD와 BMD의 작도법

1) 지점에서의 반력

힘의 평형방정식으로부터

$$\Sigma F = R_A + R_B - P - P = 0$$

$$R_A + R_B = 2P \tag{a}$$

의 관계식을 얻을 수 있다.

또한 지점 B에 대한 모멘트의 평형방정식으로부터

$$\Sigma M_B = R_A l - P(l-a) - P\{l-(a+b)\} = 0$$

$$R_A = P \tag{b}$$

가 된다. 따라서 식 (b)를 식 (a)에 대입하면

$$R_B = P$$

를 얻는다.

2) 전단력과 굽힘모멘트

이와 같이 집중하중이 두 개 작용하는 단순보의 경우에는 구간 A-C, C-D, D-B로 나누어 계산한다.

① 구간 A-C 사이의 경우

지점 A로부터 C 사이의 어느 단면까지 임의의 거리 x를 취하고, 이 단면에 발생하는 전단력 F와 굽힘모멘트 M을 구하면 다음과 같이 된다.

$$F = R_A = P$$

$$M=R_A x=Px$$

② 구간 C-D 사이의 경우

지점 A로부터 C와 D 사이의 어느 단면까지 임의의 거리 x를 취하고, 이 단면에 발생하는 전단력 F와 굽힘모멘트 M을 구하면 다음과 같이 된다.

$$F=R_A-P=P-P=0$$
$$M=R_A x-P(x-a)=Px-P(x-a)=Pa$$

③ 구간 D-B 사이의 경우

지점 A로부터 D와 B 사이의 어느 단면까지 임의의 거리 x를 취하고, 이 단면에 발생하는 전단력 F와 굽힘모멘트 M을 구하면 다음과 같이 된다.

$$F=R_A-P-P=P-P-P=-P$$
$$M=R_A x-P(x-a)-P\{x-(a+b)\}=-Px+Pl$$

3) SFD와 BMD

보의 길이 방향을 x좌표로 하고 이와 수직방향의 축을 전단력 F 및 굽힘모멘트 M으로 하는 좌표를 도시한 후, 2)에서 구한 결과를 이용하여 전단력선도와 굽힘모멘트 선도를 도시한다.

① 구간 A-C의 경우

$$\text{전단력 } F=P$$

로 상수이므로 전단력선도는 $F=P$만큼 위로 올라간 위치에서 X축에 나란한 직선을 그리면 된다.

굽힘모멘트 선도는 $x=0$일 때 $M=0$이며, $x=a$일 때 $M=Pa$이므로 이 두 점을 연결하는 직선을 그리면 된다.

② 구간 C-D의 경우

전단력선도는 전단력 $F=0$이므로 X축과 일치하는 직선을 그리면 되고, 굽힘모멘트 선도는

$$M=Pa$$

로 상수이므로, 그 크기만큼 올라간 위치에서 X축에 나란한 직선을 그리면 된다.

③ 구간 D-B의 경우

전단력선도는 전단력 $F=-P$로 P만큼 아래로 내려온 위치에서 X축에 나란한 직선을 그리면 되고, 굽힘모멘트 선도는 $x=a+b$일 때 $M=-P(a+b)+Pl=-P(l-a)+Pl=Pa$이고, $x=l$일 때 $M=0$이므로 이 두 점을 연결하는 직선을 그리면 된다.

예제 1

그림 6 · 17 (a)에서 보는 바와 같이 길이 $l=200$ m인 단순보의 왼쪽 지점으로부터 $a_1=20$ m, $a_2=180$ m만큼 떨어진 위치에서 $P_1=400$ N, $P_2=400$ N의 집중하중이 작용할 때, 전단력선도와 굽힘모멘트 선도를 도시하라.

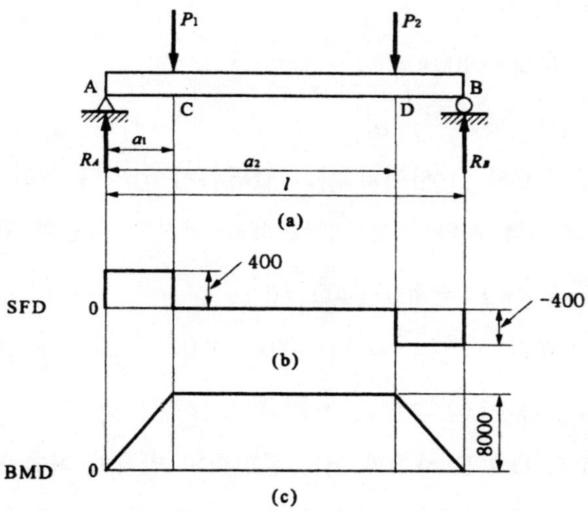

그림 6 · 17

[풀이] 1) 지점에서의 반력

힘의 평형방정식으로부터

$$\Sigma F = R_A + R_B - 400 - 400 = 0$$

$$R_A + R_B = 800 \qquad (1)$$

의 관계식을 얻을 수 있다.

또한 지점 B에 대한 모멘트의 평형방정식으로부터

$$\Sigma M_B = R_A \times 200 - 400 \times (200-20) - 400 \times (200-180) = 0$$

$$R_A = 400 \tag{2}$$

이 된다. 따라서 식 (2)를 식 (1)에 대입하면

$$R_B = 400$$

이 된다.

2) 전단력과 굽힘모멘트

① 구간 A-C의 경우

지점 A로부터 C 사이의 어느 단면까지 임의의 거리 x를 취하고, 이 단면에 발생하는 전단력 F와 굽힘모멘트 M을 구하면 다음과 같이 된다.

$$F = R_A = 400$$
$$M = R_A x = 400x$$

② 구간 C-D의 경우

지점 A로부터 C와 D 사이의 어느 단면까지 임의의 거리 x를 취하고, 이 단면에 발생하는 전단력 F와 굽힘모멘트 M을 구하면 다음과 같이 된다.

$$F = R_A - P_1 = 400 - 400 = 0$$
$$M = R_A x - P_1(x - a_1) = 400x - 400(x - 20) = 8,000$$

③ 구간 D-B의 경우

지점 A로부터 D와 B 사이의 어느 단면까지 임의의 거리 x를 취하고 이 단면에 발생하는 전단력 F와 굽힘모멘트 M을 구하면 다음과 같이 된다.

$$F = R_A - P_1 - P_2 = 400 - 400 - 400 = -400$$
$$M = R_A x - P_1(x - a_1) - P_2(x - a_2)$$
$$= 400x - 400(x - 20) - 400(x - 180) = -400x + 80,000$$

3) SFD와 BMD

보의 길이 방향을 x 좌표로 하고 이와 수직방향의 축을 전단력 F 및 굽힘모멘트 M으로 하는 좌표를 도시한 후, 2)에서 구한 결과를 이용하여 전단력선도와 굽힘모멘트 선도를 도시하면 그림 6·17 (b), (c)와 같이 된다.

6.2.3.2.3 등분포하중이 작용하는 단순보의 SFD와 BMD

그림 6·18(a)와 같은 단순보에 하중 p가 보의 전 길이에 걸쳐 균일하게 분포하여 작용할 때, 지점에서의 반력과 전단력 및 굽힘모멘트는 다음과 같다.

1) 지점에서의 반력

$$R_A = \frac{pl}{2} \tag{1}$$

$$R_B = \frac{pl}{2} \tag{2}$$

2) 전단력 F와 굽힘모멘트 M

$$F = -px + \frac{pl}{2} \tag{3}$$

$$M = -\frac{p}{2}x^2 + \frac{pl}{2}x \tag{4}$$

이에 대한 전단력선도(SFD)와 굽힘모멘트 선도(BMD)를 도시하면 그림 6·18(b), (c)와 같이 된다.

그림에서 보는 바와 같이 중앙$\left(x = \frac{l}{2}\right)$에서 전단력 $F = 0$가 되고, 굽힘모멘트는 최대치 $M_{max} = \frac{pl^2}{8}$이 된다.

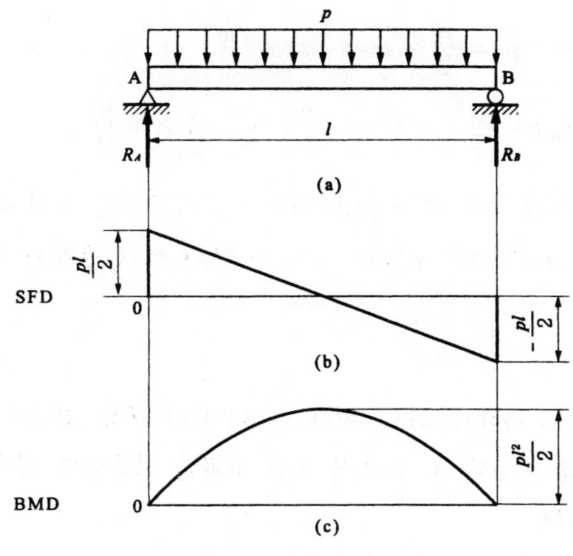

그림 6·18 등분포하중을 받는 단순보와 SFD 및 BMD

▶▶ **식의 유도 및 SFD와 BMD의 작도법**

1) 지점에서의 반력

힘의 평형방정식으로부터

$$\sum F = R_A - pl + R_B = 0$$

$$R_A + R_B = pl \tag{a}$$

의 관계식을 얻을 수 있다.

또한 지점 B에 대한 모멘트의 평형방정식으로부터

$$\sum M_B = R_A l - pl(l/2) = 0$$

$$R_A = \frac{pl}{2} \tag{b}$$

를 얻을 수 있다. 따라서 식 (b)를 식 (a)에 대입하면 반력 R_B는 다음과 같이 된다.

$$R_B = \frac{pl}{2}$$

2) 전단력과 굽힘모멘트

지점 A로부터 어느 단면까지 임의의 거리 x를 취하고 이 단면에 발생하는 전단력 F와 굽힘모멘트 M을 구하면 다음과 같이 된다.

$$F = R_A - px = \frac{pl}{2} - px = -px + \frac{pl}{2} \tag{c}$$

$$M = R_A x - \frac{px^2}{2} = \frac{pl}{2}x - \frac{p}{2}x^2 = -\frac{p}{2}x^2 + \frac{pl}{2}x \tag{d}$$

이와 같이 등분포하중 p를 받는 보의 경우, 굽힘모멘트를 구할 때에는 등분포하중 p가 작용하는 부분(x)의 중간($x/2$)에 모든 하중(px)이 집중하여 작용하는 것으로 간주하고 계산한다.

3) SFD와 BMD

보의 길이 방향을 x좌표로 하고, 이와 수직방향의 축을 전단력 F 및 굽힘모멘트 M으로 하는 좌표를 도시한 후, 2)에서 구한 결과를 이용하여 전단력선도 및 굽힘모멘트 선도를 도시한다.

이때 전단력선도는 식 (c)에서

$$x=0\text{일 때 } F=\frac{pl}{2}$$

이고

$$x=l\text{일 때 } F=-\frac{pl}{2}$$

이 되므로, 이 두 점을 연결하는 직선을 그리면 된다.

또한 굽힘모멘트 선도는 식 (d)에서

$$x=0\text{일 때 } M=0$$

이며

$$x=l\text{일 때 } M=0$$

이 되는 위로 볼록인 포물선이라는 것은 알 수 있으나, 최대점의 위치 및 그 크기는 알 수 없다.

따라서 최대점의 위치는 다음과 같이 굽힘모멘트에 대한 식 (d)를 x에 대하여 미분하여 그 값이 0을 만족하는 x의 값으로 한다. 즉

$$\frac{dM}{dx}=-px+\frac{pl}{2}=0$$

로부터

$$x=\frac{l}{2} \tag{e}$$

을 얻을 수 있다.

또한 굽힘모멘트의 최대치는 식 (e)를 식 (d)에 대입하면

$$M_{max}=\frac{pl^2}{8}$$

이 된다.

따라서 굽힘모멘트 선도(BMD)는 $x=0$ 및 $x=l$에서 $M=0$이고, 중앙 $\left(x=\frac{l}{2}\right)$에서 $M_{max}=\frac{pl^2}{8}$인 포물선을 그리면 된다.

예제 1

그림 6 · 19 (a)와 같이 길이 $l=5\,\text{m}$인 단순보의 전 길이에 걸쳐 균일분포하중 $p=12\,\text{N/m}$가 작용할 때 전단력선도와 굽힘모멘트 선도를 도시하라.

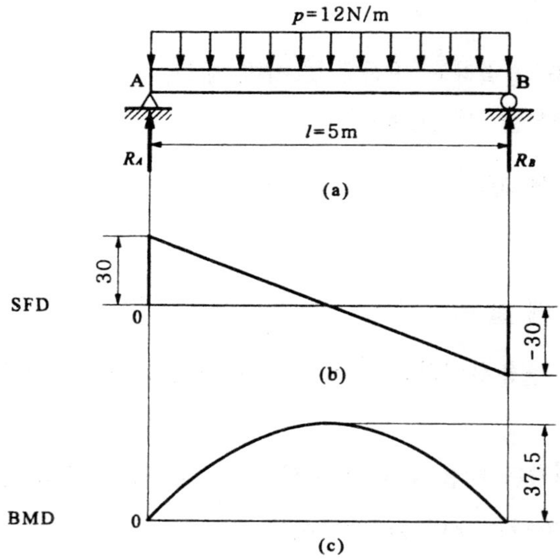

그림 6 · 19

[풀이] 1) 지점에서의 반력

힘의 평형방정식으로부터

$$\Sigma F = R_A - 12\times5 + R_B = 0$$

$$R_A + R_B = 60 \qquad \text{(a)}$$

의 관계식을 얻을 수 있으며, 지점 B에 대한 모멘트의 평형방정식으로부터

$$\Sigma M_B = R_A\times5 - 12\times5\times\frac{5}{2} = 0$$

$$R_A = 30\,\text{N} \qquad \text{(b)}$$

을 얻을 수 있다. 식 (b)를 식 (a)에 대입하면

$$R_B = 30\,\text{N}$$

을 얻게 된다.

2) 전단력과 굽힘모멘트

지점 A로부터 어느 단면까지 임의의 거리 x를 취하고, 이 단면에 발생하는 전단력 F와 굽힘모멘트 M을 구하면 다음과 같이 된다.

$$F = R_A - 12x = 30 - 12x = -12x + 30 \tag{c}$$

$$M = R_A x - \frac{12x^2}{2} = 30x - 6x^2 = -6x^2 + 30x \tag{d}$$

3) SFD와 BMD

보의 길이 방향을 x좌표로 하고 이와 수직방향의 축을 전단력 F 및 굽힘모멘트 M으로 하는 좌표를 도시한 후, 2)에서 구한 결과를 이용하여 전단력선도와 굽힘모멘트 선도를 도시하면 그림 6·19(b), (c)와 같이 된다.

전단력선도는 식 (c)에서

$$x = 0\text{일 때 } F = 30$$

이고,

$$x = 5\text{일 때 } F = -30$$

이 되므로 이 두 점을 연결하는 직선을 그리면 된다.

또한 굽힘모멘트 선도는 식 (d)에서

$$x = 0\text{일 때 } M = 0$$

이고

$$x = 5\text{일 때 } M = 0$$

이며, 굽힘모멘트의 최대치

$$M_{max} = -6 \times 2.5^2 + 30 \times 2.5 = 37.5\,\text{N}\cdot\text{m}$$

이므로 $x=0$ 및 $x=l$에서 $M=0$이고, 중앙$\left(x=\frac{l}{2}\right)$에서 $M_{max}=37.5\,\text{N}\cdot\text{m}$인 포물선을 그리면 된다.

• 연습문제 •

1. 길이 5 m인 외팔보의 자유단에 집중하중 $P=5\,\text{kN}$이 작용할 때 최대 굽힘모멘트를 구하라.

2. 길이 8 m의 외팔보에 균일분포하중 $p=2\,\text{kN}\cdot\text{m}$가 작용할 때 고정단에서의 굽힘모멘트와 전단력을 구하라.

3. 그림 6 · 20과 같은 외팔보에서 고정단 B에 작용하는 굽힘모멘트의 크기와 방향을 구하라.

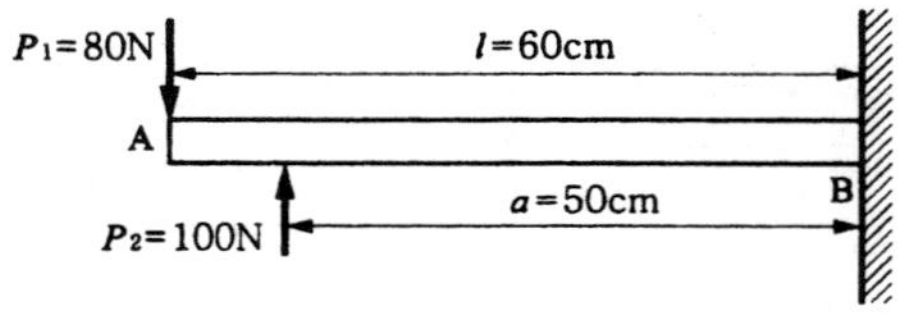

그림 6 · 20

4. 그림 6 · 21과 같은 외팔보에서 고정단 B에 작용하는 굽힘모멘트는 얼마인가?

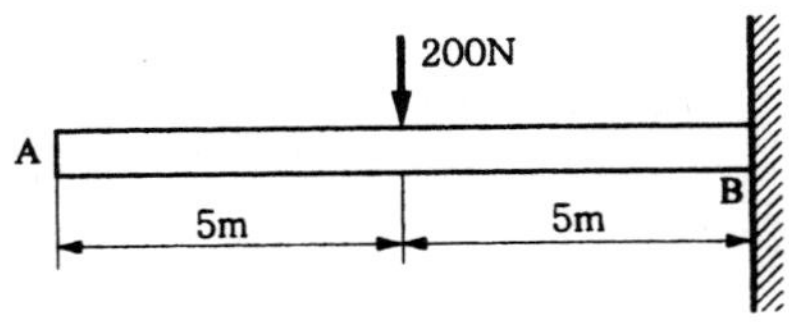

그림 6 · 21

5. 그림 6 · 22와 같은 외팔보에서 고정단에 작용하는 굽힘모멘트는 얼마인가?

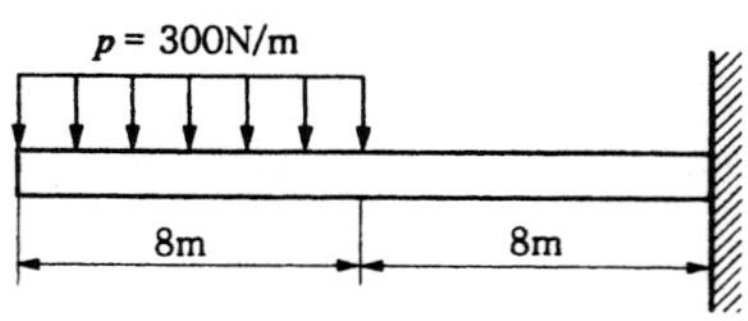

그림 6 · 22

6. 그림 6 · 23과 같은 외팔보에서 고정단에 작용하는 굽힘모멘트는 얼마인가?

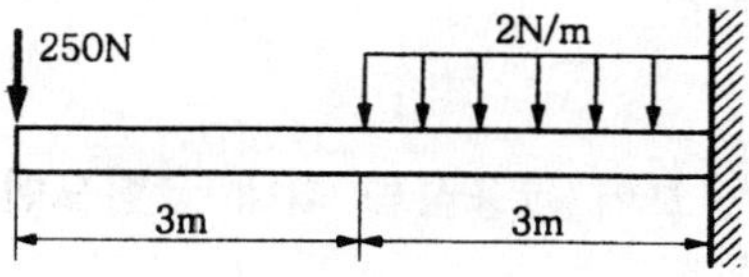

그림 6 · 23

7. 그림 6 · 24와 같은 외팔보에 작용하는 최대 굽힘모멘트는 얼마인가?

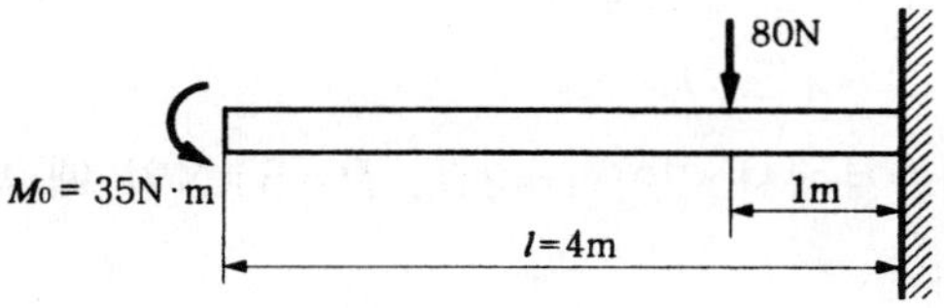

그림 6 · 24

8. 그림 6 · 25와 같은 외팔보에서 최대 굽힘모멘트를 구하라.

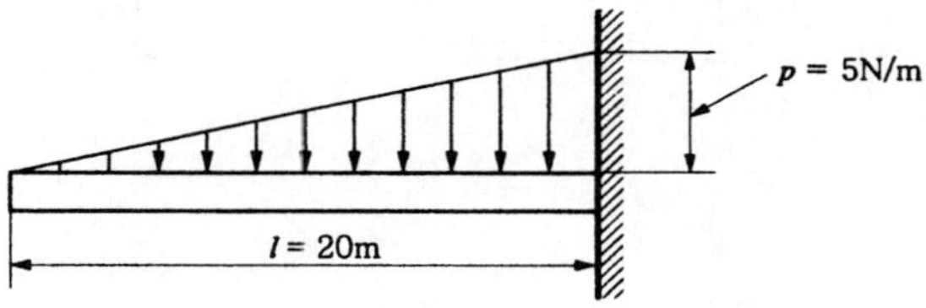

그림 6 · 25

9. 길이 4 m인 단순보에 등분포하중 $p=2\,\text{kN/m}$가 작용할 때 최대 굽힘모멘트는?

10. 그림 6 · 26과 같은 단순보에서 최대 굽힘모멘트를 구하라.

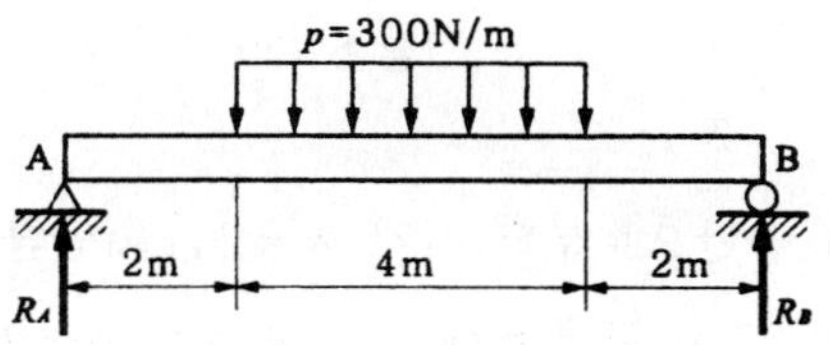

그림 6 · 26

11. 길이 4 m인 단순보의 중앙에서 집중하중 $P=2\,\text{kN}$이 작용할 때 이 보의 단면에 발생하는 최대 전단력은?

12. 그림 6 · 27과 같은 단순보에 작용하는 최대 굽힘모멘트는?

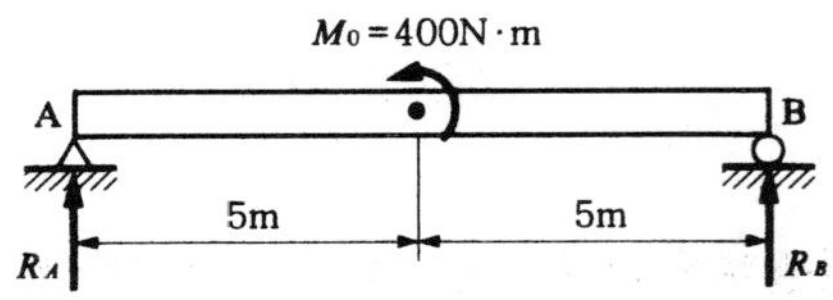

그림 6 · 27

13. 그림 6 · 28과 같은 단순보에서 길이 $l=2\,\text{m}$, $P=5\,\text{kN}$일 때 단면 C에 작용하는 굽힘모멘트는 얼마인가?

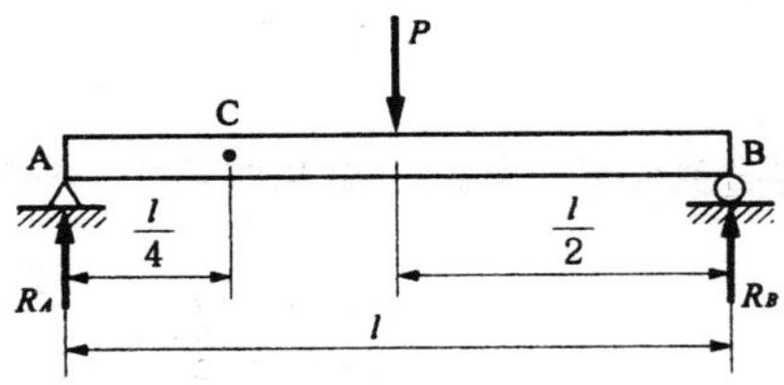

그림 6 · 28

14. 그림 6 · 29와 같은 돌출보에서 지점 B에서의 반력 R_B를 구하라.

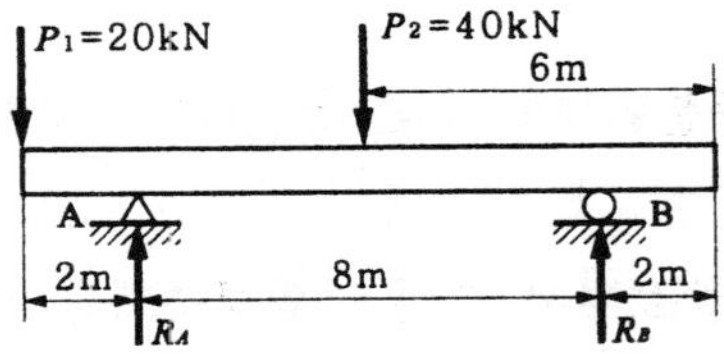

그림 6 · 29

15. 그림 6 · 30과 같이 양단으로부터 각각 $a=20\,\text{cm}$만큼 떨어져 지지되어 있는 길이 1m인 돌출보가 있다. 이 돌출보에 등분포하중 $p=20\,\text{kN/cm}$가 작용할 때 최대 굽힘모멘트와 최대 전단력을 구하라.

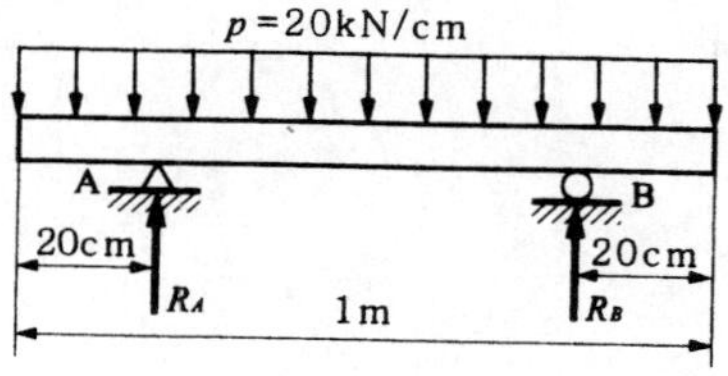

그림 6 · 30

16. 그림 6 · 31과 같이 양단으로부터 각각 $a=20$ cm만큼 떨어져 지지되어 있는 길이 1m 인 돌출보가 있다. 이 돌출보의 중앙에서 집중하중 $P=10$ kN이 작용할 때 최대 굽힘모멘트와 최대 전단력을 구하라.

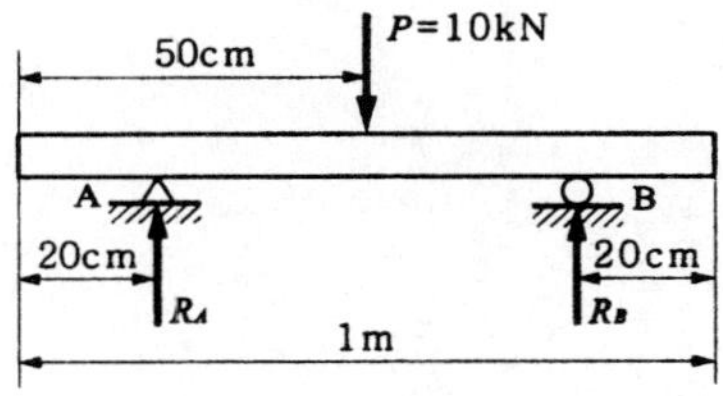

그림 6 · 31

제7장 보에서의 응력

7.1 보에서의 굽힘응력

앞장에서 설명한 바와 같이 보에 하중이 작용하면 보에는 전단력과 굽힘모멘트가 작용하게 되는데, 이와 같은 전단력과 굽힘모멘트에 의하여 보의 축선에 대하여 수직인 단면에는 전단응력과 수직응력이 발생하게 된다.

보의 단면에 수직으로 작용하는 수직응력은 보가 굽힘모멘트에 의하여 구부러지면서 발생하는 응력으로 **굽힘응력**(bending stress)이라 한다.

보가 구부러질 때에는 그림 7·1과 같이 인장력을 받아 늘어나는 부분과 압축력을 받아 줄어드는 부분으로 나뉘어진다.

이때 인장력과 압축력이 서로 뒤바뀌는 어느 곳에서는 인장력과 압축력 그 어느 것도 작용하지 않게 되는데 이 부분을 **중립축**(neutral axis)이라 부른다.

굽힘응력은 그림 7·1에서와 같이 중립축으로부터 최외단으로 갈수록 점점 커지고 최외단에서 최대가 되는데, 이때의 응력 σ는 그 단면에 작용하는 굽힘모멘트 M 및 단면의 단면계수 Z와 다음과 같은 식이 성립한다.

$$\sigma = \frac{M}{Z} \tag{1}$$

또한 재료의 탄성계수 E인 보에 굽힘모멘트 M이 작용하여 보가 구부러질 때, 보의 곡률 반지름 ρ는 다음 식으로 된다.

$$\frac{1}{\rho} = \frac{M}{EI} \tag{2}$$

식에서 보는 바와 같이 보의 곡률 반지름 ρ는 EI에 비례함을 알 수 있는데, 이 EI는 보의 탄성변형의 저항도를 나타내는 지수로 **굽힘강성**(굽힘剛性, flexural rigidity)이라 한다.

여기서 식 (1)과 식 (2)를 **굽힘공식**(flexure formula)이라 한다.

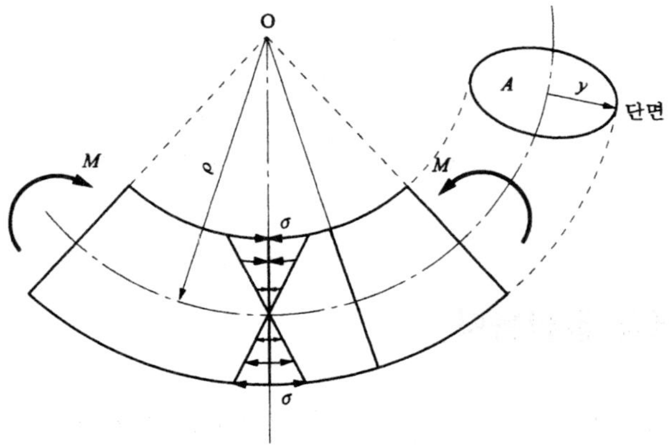

그림 7 · 1 굽힘모멘트에 의한 굽힘응력의 발생

▶▶ **식의 유도**

그림 7 · 2와 같이 보의 양단에서 굽힘모멘트 M이 작용하여 보가 구부러질 때, 보의 길이 방향으로 dx만큼 떨어진 두 개의 인접한 단면 mn과 pq를 살펴보면, 이 두 개의 인접한 단면 mn과 pq의 연장선은 점 O에서 서로 만나게 된다. 이들이 중심 O에 대하여 이루는 각도를 $d\theta$, 곡률 반지름을 ρ라고 하자.

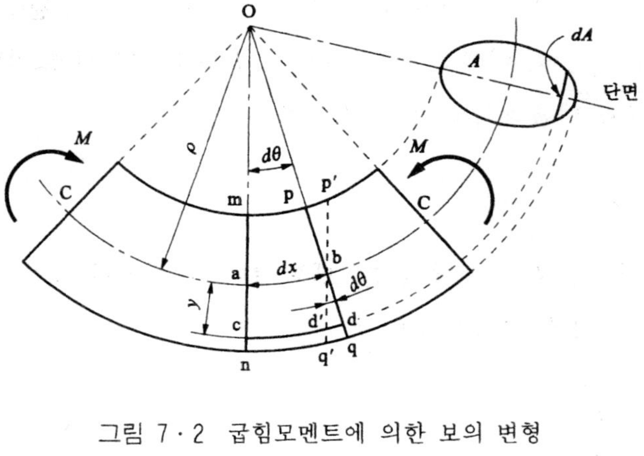

그림 7 · 2 굽힘모멘트에 의한 보의 변형

다음에 점 b를 지나고 mn에 나란한 선 p′q′를 그리면 그것은 pq의 변형 전의 단면에 해당한다. 따라서 보가 구부러지면서 발생하는 길이변화는 가장 안쪽 섬유층에서 pp′, 가장 바깥쪽의 섬유층에서 qq′가 된다.

따라서 중립축으로부터 임의의 거리 y만큼 떨어진 섬유층 cd에서는 dd′ $= yd\theta$만큼 늘어나게 됨을 알 수 있다.

그런데 섬유층 cd의 늘어나기 전의 길이 cd′ $= dx$이므로, 이 섬유층의 변형률은 다음 식으로 나타낼 수 있다.

$$\varepsilon = \frac{yd\theta}{dx}$$

또한 $dx = \rho d\theta$의 관계가 성립하므로 이 식은 다음과 같이 된다.

$$\varepsilon = \frac{y}{\rho}$$

따라서 이 섬유층에 작용하는 수직응력 σ는 훅의 법칙에 의하여 다음과 같이 된다.

$$\sigma = E\varepsilon = \frac{Ey}{\rho} \qquad ⓐ$$

이와 같은 응력을 굽힘응력이라 하는데, 굽힘응력 σ는 중립면으로부터의 거리 y에 비례하고 그 최외단에서 최대가 됨을 알 수 있다.

또한 중립축으로부터 임의의 거리 y만큼 떨어진 섬유층에서의 미소 단면적을 dA라 하고 이 곳에 작용하는 수직력 dF를 구하면 다음과 같이 된다.

$$dF = \sigma dA = \frac{Ey}{\rho}\,dA$$

이 힘이 중립축에 대한 모멘트로 작용한다고 보고 그 모멘트 dM을 구하면 다음과 같이 된다.

$$dM = ydF = y\sigma dA = \frac{E}{\rho}\,y^2 dA$$

따라서 총단면적 A에 대한 굽힘모멘트 M은 다음과 같이 이 식을 적분하여 얻을 수 있다.

$$M = \int \frac{E}{\rho}\,y^2 dA$$

식에서 종탄성계수 E와 곡률 반지름 ρ가 일정하다고 하면 다음과 같은 식으로 나타낼 수 있다.

$$M=\frac{E}{\rho}\int y^2dA=\frac{E}{\rho}I \qquad ⓑ$$

식에서 I는 단면2차모멘트로 $I=\int y^2dA$이다.

식 ⓑ를 곡률 반지름 ρ에 대한 식으로 고쳐 쓰면 다음과 같이 된다.

$$\frac{1}{\rho}=\frac{M}{EI} \qquad ⓒ$$

또한 식 ⓐ에서 $\rho=\frac{Ey}{\sigma}$이므로 이를 식 ⓒ에 대입하면

$$\sigma=\frac{My}{I}$$

가 되고, 단면계수 $Z=\frac{I}{y}$이므로 이 식은 다음과 같이 쓸 수 있다.

$$\sigma=\frac{M}{Z}$$

이 식은 굽힘모멘트가 작용하는 보단면의 굽힘응력을 구하는 데 사용하는 식으로 보의 설계와 강도계산에 긴요하게 사용된다.

예제 1

높이 $h=30$ cm, 폭 $b=20$ cm의 직사각형 단면을 가진 길이 $l=200$ cm인 외팔보의 자유단에 집중하중 $P=150$ N이 작용한다. 이 보에 발생하는 최대 굽힘응력과 보의 곡률 반지름을 구하라. 단, 보재료의 종탄성계수 $E=2\times10^7$ N/cm^{2}이다.

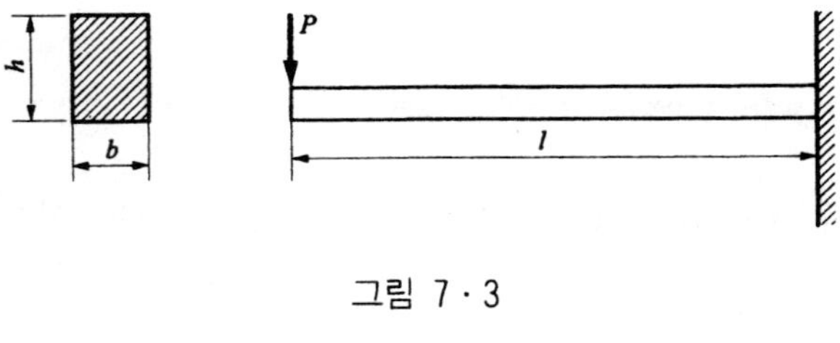

그림 7·3

[풀이] 최대 굽힘모멘트는 보의 고정단에서 발생하고 최대 굽힘모멘트

$$M=Pl=150\times200=30,000\text{ N}\cdot\text{cm}$$

이다.

또한 보 단면의 단면계수

$$Z = \frac{bh^2}{6} = \frac{20 \times 30^2}{6} = 3,000 \text{ cm}^3$$

이므로 최대 굽힘응력 σ는 다음과 같다.

$$\sigma = \frac{M}{Z} = \frac{30,000}{3,000} = 10 \text{ N/cm}^2$$

또한 보 단면의 단면2차모멘트

$$I = \frac{bh^3}{12} = \frac{20 \times 30^3}{12} = 45,000 \text{ cm}^4$$

이므로 곡률 반지름 ρ는 다음과 같다.

$$\rho = \frac{EI}{M} = \frac{2 \times 10^7 \times 45,000}{30,000} = 3 \times 10^7 \text{ cm}$$

7.2 보 단면의 형상결정

앞절에서 굽힘모멘트를 받는 보의 단면에서는 중립축을 경계로 하여 인장응력과 압축응력으로 나뉘어 작용하고, 그 크기는 중립축으로부터의 거리 y에 비례함을 알았다. 이와 같은 현상을 이용하여 굽힘모멘트를 받는 보에서 재료를 최대한 절약하기 위하여

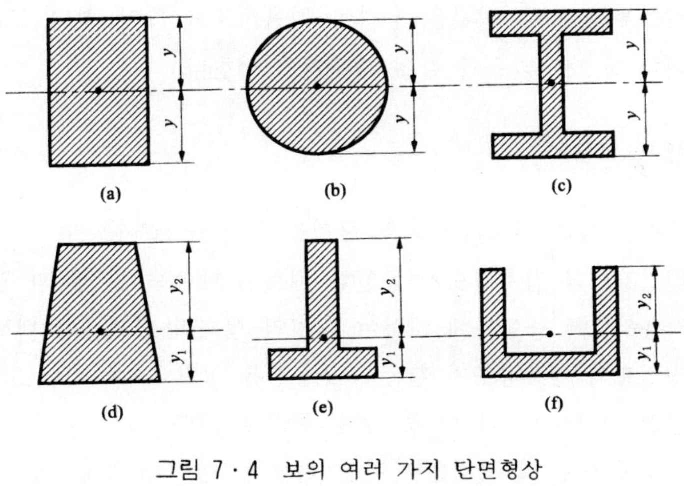

그림 7·4 보의 여러 가지 단면형상

다음과 같이 보 단면의 형상을 결정하는 것이 좋다.

1) 구조용강과 같이 인장강도와 압축강도가 같은 재료의 경우에는 그 단면의 도심이 중간에 위치하도록 단면형상을 결정한다〔그림 7·4 (a), (b), (c)〕.

2) 주철과 같이 인장과 압축측의 강도가 서로 다른 경우에는, 단면의 도심으로부터 인장과 압축을 받는 단면의 최외단까지의 거리 y_1과 y_2를 재료의 강도에 비례하도록 한다〔그림 7·4 (d), (e), (f)〕.

3) 단면계수가 같으나 그 단면적이 다를 경우에는, 단면적이 작은 형상을 선택하는 것이 재료의 절감 및 중량감소의 측면에서 유리하다.

[보충설명]

앞절에서 굽힘으로 인하여 보의 단면에 발생하는 최대 인장응력과 최대 압축응력은 중립축으로부터 가장 먼 곳에 작용한다는 것을 알았다.

지금 단면의 중립축으로부터 최대 인장응력 σ_t와 최대 압축응력 σ_c가 작용하는 최외단까지의 거리를 각각 y_1, y_2라 하면, 이들 사이에는 다음과 같은 관계가 성립한다.

$$\sigma_t = M\frac{y_1}{I}$$

$$\sigma_c = M\frac{y_2}{I}$$

식에서 M은 굽힘모멘트이다.

이때 재료의 인장강도와 압축강도가 같을 경우, 최대 인장응력을 받는 부분과 최대 압축응력을 받는 부분 모두 똑같은 응력이 작용하도록 해야 하며 그러기 위해서는 $\sigma_t = \sigma_c$가 되어야 하므로 다음과 같은 관계가 성립한다.

$$M\frac{y_1}{I} = M\frac{y_2}{I}$$

여기서 I, M은 일정하므로 $y_1 = y_2$의 관계를 얻을 수 있다.

이와 같이 인장강도와 압축강도가 동일한 재료일 때에는 인장측과 압축측 모두 똑같은 응력이 작용하도록 중립축에 대하여 대칭인 형태의 단면을 채택하는 것이 합리적이다. 즉 인장강도와 압축강도가 같은 구조용강은 그림 7·4 (a), (b)와 같이 중립축에 대하여 대칭인 정사각형, 직사각형, 원형 등으로 한다.

그러나 주철, 콘크리트 및 석재들과 같은 취성재료에서는 압축강도가 인장강도보다 크므로 그만큼 압축측에 더 큰 응력이 작용하도록 해도 되기 때문에 $\sigma_t < \sigma_c$가 되도록 단면의 형상을 결정해야 한다. 따라서 이와 같은 조건으로부터 단면의 형상은 $y_1 < y_2$가 되어야 한다.

즉 그림 7·4(d)와 같이 재료의 최외단까지의 거리인 y_1과 y_2의 비가 인장과 압축 강도비와 같은 단면형으로 만들어 인장과 압축에 대한 저항력이 같아지게 하든가, 그림 7·4(e), (f)와 같이 ㅛ, ㅗ 형상 등으로 하여, 인장력을 받는 쪽에 더 많은 재료가 분포되도록 한다.

한편 단면계수가 같은 형상이라 할지라도 가급적 그 단면적을 작게 해야 재료의 절감 및 경량화 측면에서 유리하다. 이와 같이 경제적인 설계를 위하여 고려할 사항을 살펴보자.

첫째, 같은 단면이라 할지라도 폭에 비해 높이를 높게 했을 때 높이를 낮게 했을 때보다 면적을 작게 할 수 있다.

폭 b, 높이 h인 직사각형 단면을 예로 들면 다음과 같다.

직사각형 단면의 단면계수 $Z=\dfrac{bh^2}{6}$이고, 단면적 $A=bh$이므로 이들 사이에

$$Z=\frac{bh^2}{6}=\frac{1}{6}Ah$$

의 관계를 얻을 수 있다.

이 식에 의하면 단면계수 Z를 일정하게 했을 때, 높이 h를 증가시킴에 따라 면적 A를 상대적으로 감소시킬 수 있음을 알 수 있다.

둘째, 보의 재료를 중립축에 가까운 부분은 적게 하고, 굽힘응력이 많이 작용하는 바깥쪽으로 많이 배치시켜, 단면에 작용하는 응력이 균일하게 되도록 설계하면 단면적이 작아지는 효과를 얻을 수 있다.

즉 그림 7·4(c)와 같이 단면의 형상을 I자형으로 하든가 ㅁ자형, ㄷ자형 등으로 한다.

셋째, 단면적이 같고 그 단면계수가 다른 여러 형태의 단면 중에서 선택할 경우에는, 단면계수가 큰 형상을 선택하는 것이 재료의 절감 및 중량감소의 측면에서 유리하다.

즉, 지름 d인 원형단면과 똑같은 면적을 가진 정사각형 형태의 단면을 예로 들면 다음과 같다. 지름 d인 원의 면적 $A=\dfrac{\pi d^2}{4}$이고, 이와 면적이 같은 정사각형의 한 변의 길이를 h라 하면, 정사각형의 면적 $A=h^2$이므로 이들 사이에는 다음과 같은 식이 성립한다.

$$h^2 = \frac{\pi d^2}{4}$$

따라서 정사각형 단면의 한 변의 길이 h는 다음과 같다.

$$h = \sqrt{\pi}\,\frac{d}{2} \qquad ⓐ$$

한편 지름 d인 원형단면의 단면계수 $Z_c = \frac{\pi d^3}{32}$이고, 단면적 $A = \frac{\pi d^2}{4}$이므로 원형단면의 단면계수 Z_c를 면적 A에 대한 식으로 고치면 다음과 같은 식이 된다.

$$Z_c = \frac{\pi d^3}{32} = \frac{1}{8} Ad$$

$$A = \frac{8}{d} Z_c \qquad ⓑ$$

또한 한 변의 길이 $h = \sqrt{\pi}\,\frac{d}{2}$인 정사각형 단면의 단면계수 Z_r은 다음과 같이 된다.

$$Z_r = \frac{h^3}{6} = \frac{1}{6}\left(\frac{d\sqrt{\pi}}{2}\right)^3 = \frac{\sqrt{\pi}}{12} Ad \qquad ⓒ$$

따라서 식 ⓑ를 식 ⓒ에 대입하면 다음과 같이 원형단면의 단면계수 Z_c와 정사각형 단면의 단면계수 Z_r와의 관계식을 얻을 수 있다.

$$Z_r = 1.18 Z_c \qquad ⓓ$$

식 ⓓ에서 보는 바와 같이 단면의 형상이 정사각형인 경우의 단면계수가 원형의 경우보다 18%만큼 크므로 재료절감의 측면에서 보다 경제적인 것을 알 수 있다.

예제 1

인장 허용응력 $\sigma_t = 30\,\text{MPa}$이고, 압축 허용응력 $\sigma_c = 140\,\text{MPa}$인 주철로 그림 7·5와 같은 단면의 보를 만들어 순수 굽힘을 받는 부재로 사용하고자 한다. $t = 40\,\text{mm}$, $h = 240\,\text{mm}$일 때 경제적으로 가장 유리한 단면이 될 폭 b를 구하라.

[풀이] 인장강도보다 압축강도가 크므로 인장을 받는 쪽을 하단으로 하고 압축을 받는 쪽을 상단으로 했을 때 가장 경제적인 단면은 도심이 그 강도에 비례하도록 설계하여야 하므로, 최외단으로부터 도심까지의 거리를 y_1, y_2라 하면

$$y_1 : \sigma_t = y_2 : \sigma_c, \text{ 즉 } \frac{y_1}{y_2} = \frac{\sigma_t}{\sigma_c} \qquad ⓐ$$

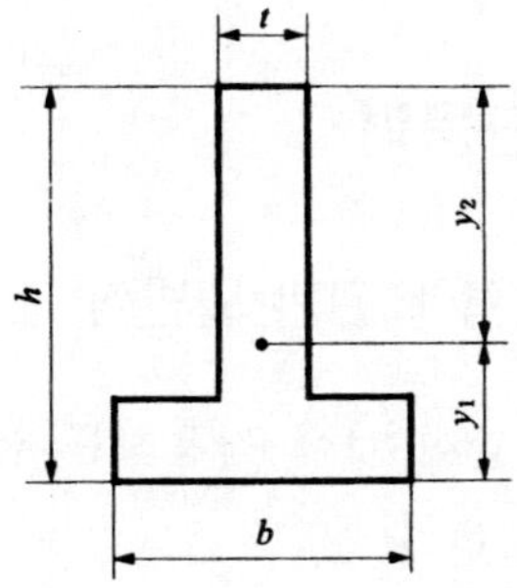

그림 7·5

가 되도록 하여야 한다.

또한 $h=y_1+y_2$이고, $y_1=\bar{y}$로 하여 식 ⓐ에 대입하면 다음과 같은 관계식을 얻을 수 있다.

$$\frac{\bar{y}}{h-\bar{y}}=\frac{\sigma_t}{\sigma_c}$$

이로부터 도심까지의 거리 $\bar{y}$를 구하면 다음과 같다.

$$\bar{y}=\frac{\sigma_t}{\sigma_t+\sigma_c}h=\frac{30}{30+140}\times 240=42.35\,\mathrm{mm}$$

한편 도심에 대한 단면1차모멘트는 0이어야 하므로

$$40\times 200\times(140-42.35)-40\times b\times(42.35-20)=0$$

의 관계식이 성립하고, 따라서 폭 b는 다음과 같다.

$$b=874\,\mathrm{mm}$$

7.3 보에 작용하는 전단응력

7.3.1 보에 작용하는 전단응력에 관한 일반식

6장의 6.2.2에서 설명한 바와 같이 보에 작용하는 굽힘모멘트 M과 전단력 F 사이에는 다음과 같은 관계식이 성립한다.

$$F = \frac{dM}{dx}$$

이 식으로부터 단면의 위치에 따라 굽힘모멘트가 변화하는, 즉 $\frac{dM}{dx} \neq 0$인 보의 단면에는 전단력 F가 발생한다는 것을 알 수 있다.

따라서 그림 7·6(a)와 같이 일정한 거리만큼 떨어진 두 단면에 작용하는 굽힘모멘트 M과 $M+dM$의 차(dM)에 의하여 두 단면 사이의 단면에는 전단력 F가 발생

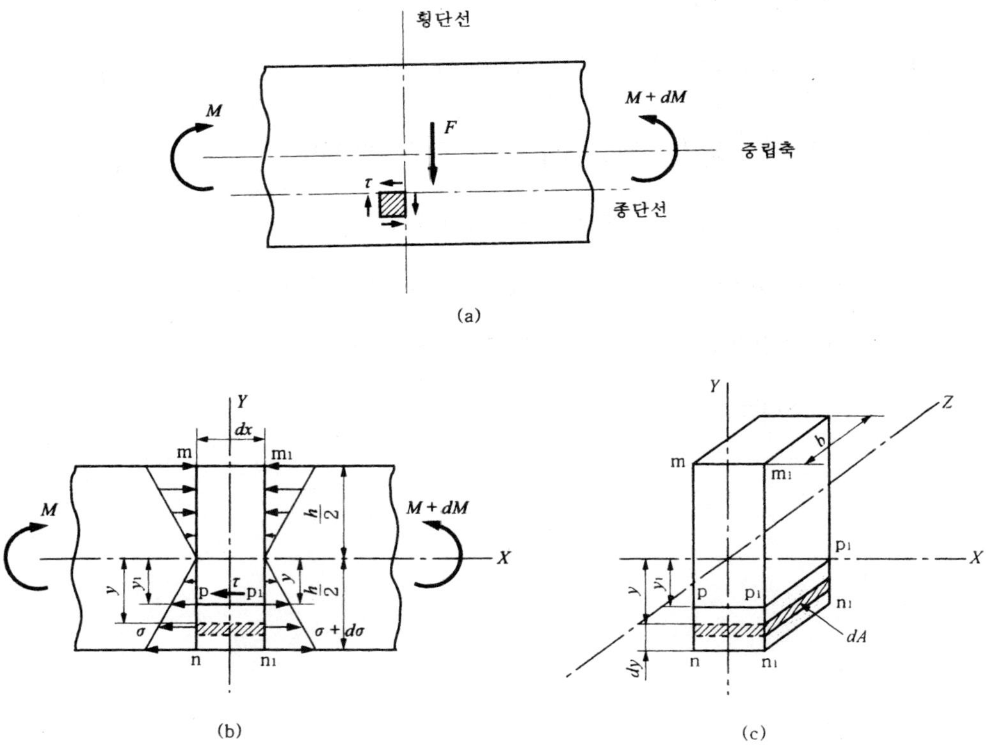

그림 7·6 보에 작용하는 전단응력

하고, 이와 같은 전단력에 의하여 전단응력 τ가 발생한다.

이때 발생하는 전단응력은 보 단면에 나란한 방향과 수직(축선과 나란한 방향)인 두 방향으로 발생하며, 이들의 크기는 서로 같다.

그림 7·6(b)와 같이 보의 양단면에서 굽힘모멘트 M과 $M+dM$이 작용할 때, 보의 중립면으로부터 y_1만큼 떨어진 면(pp_1 면)에 발생하는 전단응력 τ는 다음 식으로 된다.

$$\tau = \frac{FQ}{Ib} \tag{1}$$

식에서 F는 보 단면에 작용하는 전단력이며, b는 보 단면의 폭, I는 보 단면의 단면2차모멘트이다.

또한 식에서 Q는 전단응력을 구하고자 하는 종단면으로부터 최외단까지의 횡단면 〔그림 7·6(c)의 $p_1p_1n_1n_1$)의 중립축에 대한 단면1차모멘트로 그림에서 단면1차모멘트 Q는 다음과 같다.

$$Q = \int_{y_1}^{h/2} y\,dA \tag{2}$$

▶▶ 식의 유도

그림 7·6(b)와 같이 양단에 굽힘모멘트 M과 $M+dM$이 작용하는 보에서 미소길이 dx만큼 떨어진 mn단면과 m_1n_1단면에 발생하는 응력을 살펴보면, 중립축인 x축을 중심으로 상부에는 압축응력이 발생하고 하부에는 인장응력이 발생한다.

한편 중립축으로부터 y_1만큼 떨어진 직육면체 요소 pp_1nn_1에 작용하는 힘을 고찰하여 보자.

이때 pp_1면에는 전단응력 τ가 발생하고 pn면과 p_1n_1면에는 수직응력이 발생한다.

그런데 이와 같은 수직응력은 중립축으로부터의 거리 y에 따라 변화하므로 이들면에 작용하는 힘을 단번에 구할 수 없다. 따라서 중립축으로부터 임의의 거리 y만큼 떨어진 곳에 미소면적 dA를 취하여 좌측면에 작용하는 수직응력을 σ, 우측면에 작용하는 수직응력을 $\sigma + d\sigma$라 하고 다음과 같은 방법으로 구한다.

우선 굽힘응력과 굽힘모멘트와의 관계식 $\sigma = \frac{My}{I}$를 이용하여 좌측면의 미소요소 dA에 작용하는 수직력은 다음과 같은 식으로 나타낼 수 있다.

$$\sigma dA = \frac{My}{I} dA$$

따라서 좌측면 pn에 작용하는 수직력은 다음과 같이 된다.

$$\int_{y_1}^{h/2} \frac{My}{I} dA \qquad ⓐ$$

이와 같은 방법으로 우측면 p_1n_1에 작용하는 수직력을 구하면 다음과 같다.

$$\int_{y_1}^{h/2} \frac{(M+dM)}{I} ydA \qquad ⓑ$$

또한 단면 pp_1상에 작용하는 전단력은 다음과 같이 된다.

$$\tau bdx \qquad ⓒ$$

따라서 직육면체요소 pp_1nn_1이 이와 같은 힘을 받아 평형상태로 있기 때문에 축선방향의 힘에 대하여 평형조건식을 취하면 다음과 같이 된다.

$$\tau bdx = \int_{y_1}^{h/2} \frac{(M+dM)y}{I} dA - \int_{y_1}^{h/2} \frac{My}{I} dA$$

이 식으로부터 PP_1면에 작용하는 전단응력 τ를 구하면 다음과 같이 된다.

$$\tau = \frac{dM}{dx}\left(\frac{1}{Ib}\right)\int_{y_1}^{h/2} ydA$$

또한 전단력 F와 굽힘모멘트 M과는 $\frac{dM}{dx} = F$ 의 관계가 있으므로 이들 관계를 대입하면 다음과 같이 된다.

$$\tau = \frac{F}{Ib}\int_{y_1}^{h/2} ydA \qquad ⓓ$$

이와 같은 식 ⓓ는 중립축으로부터 임의의 거리 y_1만큼 떨어진 종단면에 작용하는 전단응력을 구하는 일반식이 된다. 식 ⓓ의 적분항은 전단응력을 구하고자 하는 층인 y_1으로부터 최외단까지의 단면, 즉 그림에서 $p_1p_1n_1n_1$의 중립축에 대한 단면1차모멘트로 $\int_{y_1}^{h/2} ydA = Q$로 표시하면 다음과 같이 간단한 식이 된다.

$$\tau = \frac{FQ}{Ib} \qquad ⓔ$$

7.3.2 직사각형(矩形) 단면을 가진 보에서의 전단응력

그림 7·7(a)와 같이 단면적 A의 직사각형 단면을 가진 보의 한 단면에 전단력 F가 작용할 때, 그림 7·7(b)와 같이 중립면에서 최대의 전단응력이 작용하게 되는데 그 값은 다음 식으로 주어진다.

$$\text{전단응력의 최대치 } \tau_{max} = \frac{3F}{2A} \tag{1}$$

▸▸ 식 (1)의 유도

그림 7·7(a)와 같은 직사각형 단면에 있어서 미소면적 $dA=bdy$이므로 중립축으로부터 임의의 거리 y_1만큼 떨어진 pp′nn′면의 단면1차모멘트 Q는 다음과 같이 된다.

$$Q=\int_{y_1}^{h/2} ydA=\int_{y_1}^{h/2} bydy=\frac{b}{2}\left(\frac{h^2}{4}-y_1{}^2\right)$$

이 식을 7.3.1절의 식 (1)에 대입하여 정리하면 중립축으로부터 임의의 거리 y_1만큼 떨어진 종단면에 작용하는 전단응력에 대한 다음과 같은 식을 얻을 수 있다.

$$\tau=\frac{FQ}{Ib}=\frac{F}{2I}\left(\frac{h^2}{4}-y_1{}^2\right)$$

이 식에서 전단응력 τ의 값은 y_1의 값에 따라 포물선으로 변화한다는 것을 알 수

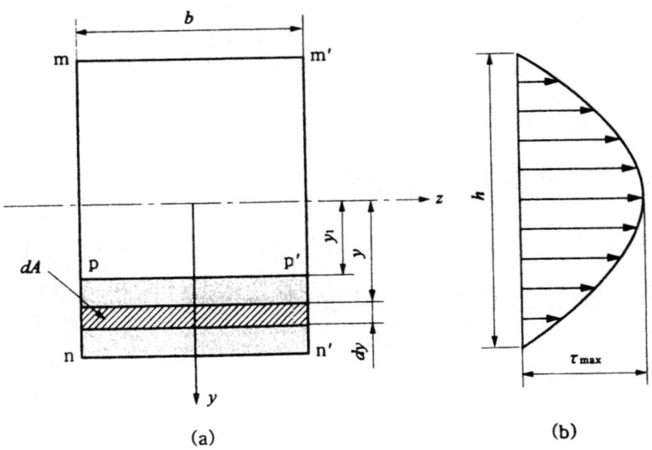

그림 7·7 직사각형 단면과 전단응력분포

있으며, 중립면으로부터의 거리 $y_1 = \pm \frac{h}{2}$ 인 곳에서 전단응력 $\tau=0$이 되고, 중립면 즉 $y_1=0$에서 전단응력이 최대가 되는데 전단응력의 최대치는 다음과 같다.

$$\tau_{max} = \frac{Fh^2}{8I}$$

이것을 그림으로 도시하면 그림 7 · 7 (b)와 같이 된다.

여기서 중립축에 대한 단면2차모멘트 $I = \frac{bh^3}{12}$ 이고, 단면적 $A = bh$ 이므로, 이 식을 단면적 A와 전단력 F에 대한 식으로 표기하면 다음과 같이 된다.

$$\tau_{max} = \frac{Fh^2}{8I} = \frac{3F}{2A}$$

이 식으로부터 최대 전단응력 τ_{max}은 전단력 F를 단면적 A로 나눈 평균전단응력보다 50% 더 크다는 사실을 알 수 있다.

예제 1

길이 $l=2$ m인 외팔보의 자유단에 집중하중 $P=150$ kN이 작용한다. 이 보에 작용하는 최대 전단응력을 구하라. 단, 이 보의 단면은 직사각형으로 폭 $b=150$ mm, 높이 $h=200$ mm이다.

[풀이] 외팔보에 작용하는 전단력은 보의 모든 단면에 똑같이 작용하며, 전단력 $F=150$ kN이다. 따라서

$$\text{최대 전단응력 } \tau_{max} = \frac{3F}{2A} = \frac{3\times(150\times10^3)}{2\times0.2\times0.15} = 7.5\times10^6 \text{ N/m}^2$$
$$= 7.5 \text{ MPa}$$

7.3.3 원형단면을 가진 보에서의 전단응력

단면적 A의 원형단면을 가진 보의 한 단면에 전단력 F가 작용할 때 그림 7 · 8 (b)와 같이 중립면에서 최대의 전단응력이 작용하게 되는데 그 값은 다음 식으로 주어진다.

$$\text{전단응력의 최대치 } \tau_{max} = \frac{4F}{3A} \tag{1}$$

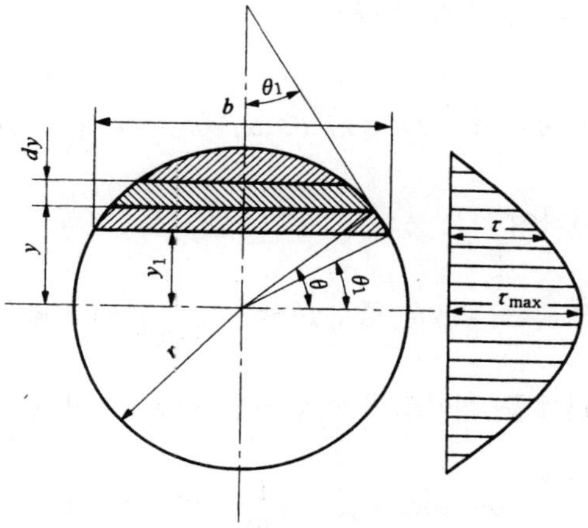

그림 7·8 원형단면과 전단응력분포

▶▶ 식 (1)의 유도

그림 7·8(a)와 같이 반지름 r인 원형단면의 중립축으로부터 y_1만큼 떨어진 종단면에 작용하는 전단응력을 구하기 위하여 우선 중립축으로부터 y만큼 떨어진 거리에 미소길이 dy를 취하고, 빗금친 부분의 미소면적 dA를 다음과 같이 구한다.

그림에서 중립축으로부터 임의의 거리 y는 반지름 r과 다음과 같은 관계가 성립한다.

$$y = r\sin\theta$$

이 식의 y를 θ에 대하여 미분하면 다음과 같이 된다.

$$\frac{dy}{d\theta} = r\cos\theta$$

$$dy = r\cos\theta\, d\theta \tag{a}$$

또한 미소면적

$$dA = 2r\cos\theta\, dy \tag{b}$$

이므로, 식 (a)를 식 (b)에 대입하면 미소면적 dA는 다음과 같이 된다.

$$dA = 2r\cos\theta\, dy = 2r^2\cos^2\theta\, d\theta \tag{c}$$

따라서 중립축으로부터의 거리 y_1으로부터 최외단까지의 면적(빗금친 부분)에 대한 단면1차모멘트 Q는 다음과 같이 된다.

$$Q=\int_{y_1}^{r} ydA=\int_{\theta_1}^{\frac{\pi}{2}} 2r^3\cos^2\theta\sin\theta d\theta=2r^3\int_{\theta_1}^{\frac{\pi}{2}} \cos^2\theta\sin\theta d\theta \qquad \text{(d)}$$

이 식을 적분하기 위하여

$$\frac{d(\cos\theta)}{d\theta}=-\sin\theta, \text{ 즉 } d\theta=-\frac{1}{\sin\theta}d(\cos\theta)$$

로 치환하여, 이들의 관계를 식 (d)에 대입하면 다음과 같이 된다.

$$\begin{aligned}Q&=2r^3\int_{\theta_1}^{\pi/2}\cos^2\theta\sin\theta\left(-\frac{1}{\sin\theta}d(\cos\theta)\right)\\&=-2r^3\int_{\theta_1}^{\pi/2}\cos^2\theta\, d(\cos\theta)\\&=-2r^3\left[\frac{1}{3}\cos^3\theta\right]_{\theta_1}^{\pi/2}=\frac{2}{3}r^3\cos^3\theta_1\end{aligned}$$

따라서 전단응력 τ는 다음과 같이 된다.

$$\tau=\frac{F}{Ib}\left(\frac{2}{3}r^3\cos^3\theta_1\right)$$

이 식에 중립축으로부터 거리 y_1의 위치에 있는 종단면의 폭 $b=2r\cos\theta_1$, 원형단면의 단면2차모멘트 $I=\frac{\pi r^4}{4}$의 관계를 대입하면 다음과 같이 된다.

$$\tau=\frac{F}{\frac{\pi r^4}{4}\cdot 2r\cos\theta_1}\left(\frac{2}{3}r^3\cos^3\theta_1\right)=\frac{4F}{3\pi r^2}\cos^2\theta_1$$

또한 원형단면의 면적 $A=\pi r^2$이므로 이 식은 다음과 같이 쓸 수 있다.

$$\tau=\frac{4F}{3A}\cos^2\theta_1 \qquad \text{(e)}$$

식 (e)에서 $\theta_1=0$ rad일 때 $\cos\theta_1=1$로 최대가 되므로, 전단응력의 최대치는 중립면에 생기고 그 값은 다음과 같다.

$$\tau_{\max}=\frac{4F}{3A}$$

이를 그림으로 도시하면 그림 7·8(b)와 같이 된다.

예제 1

길이 2 m인 단순보에 균일분포하중 $p=120\ \text{kN/m}$이 작용한다. 단면의 지름 $d=400\ \text{mm}$일 때, 이 보에 작용하는 최대 전단응력을 구하라.

〔풀이〕 최대 전단력은 보의 중앙의 단면에 작용하고 그 값

$$F=\frac{Pl}{2}=\frac{120\times 2}{2}=120\ \text{kN}$$

이므로, 이 단면에 발생하는 최대 전단응력 $\tau_{\max}$은 다음과 같이 구한다.

$$\tau_{\max}=\frac{4F}{3A}=\frac{4\times F}{3\times\dfrac{\pi d^2}{4}}=\frac{4\times 120\times 10^3}{3\times\dfrac{\pi\times 0.4^2}{4}}=1.27\times 10^6\ \text{N/m}^2$$

$$=1.27\ \text{MPa}$$

7.3.4 보에서의 주응력

앞에서 설명한 바와 같이 보의 한 단면에는 일반적으로 그림 7·9(a)와 같이 굽힘 모멘트 M에 의한 굽힘응력 σ_x와 전단력 F에 의한 전단응력 τ_{xy}가 동시에 작용한다.

이와 같이 굽힘응력 σ_x와 전단응력 τ_{xy}가 동시에 작용할 때, 보 단면에 작용하는 주응력 σ_1과 σ_2는 다음 식으로 구할 수 있다.

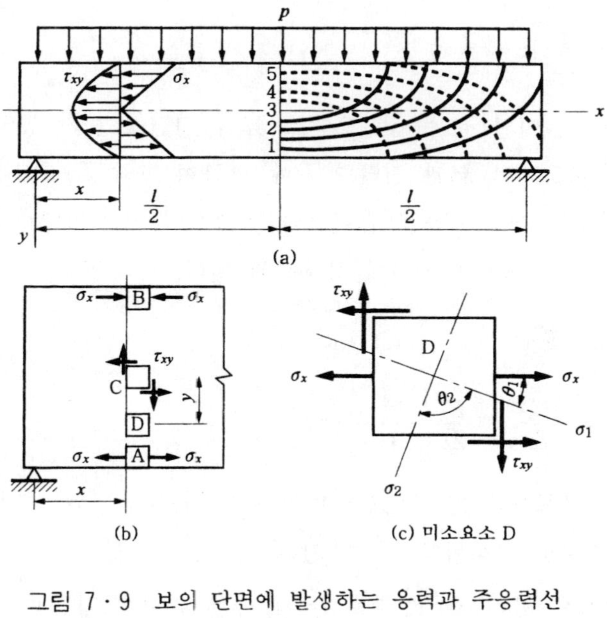

그림 7·9 보의 단면에 발생하는 응력과 주응력선

$$\sigma_1 = \frac{1}{2}\sigma_x + \frac{1}{2}\sqrt{\sigma_x^2 + 4\tau_{xy}^2}$$
$$\sigma_2 = \frac{1}{2}\sigma_x - \frac{1}{2}\sqrt{\sigma_x^2 + 4\tau_{xy}^2} \tag{1}$$

또한 주응력의 방향 θ는 다음 식으로 된다.

$$\tan 2\theta = -\frac{2\tau_{xy}}{\sigma_x} \tag{2}$$

이때 보 단면의 가장 아랫부분과 가장 윗부분에서는 $\tau_{xy}=0$이 되므로 $\sigma_1=\sigma_x$가 되고 주응력의 방향은 축선과 일치한다.

또한 보단면의 중립축에서는 $\sigma_x=0$이 되어, 전단응력 τ_{xy}에 의해서만 주응력이 결정되므로 주응력 $\sigma_1=\tau_{xy}$, $\sigma_2=\tau_{xy}$가 되고, 그 방향은 축방향과 ±45°를 이루게 된다.

▸▸ 식의 유도

그림 7·9(a)와 같이 균일분포하중 p를 받는 직사각형 단면을 가진 단순보에서 왼쪽지점으로부터 임의의 거리 x만큼 떨어진 단면에 작용하는 전단력 F와 굽힘모멘트 M은 다음 식과 같이 거리 x에 따라 변화한다.

$$F = \frac{pl}{2} - px \quad ⓐ$$

$$M = \frac{pl}{2}x - \frac{p}{2}x^2 \quad ⓑ$$

보의 한 단면에는 이와 같은 굽힘모멘트 M과 전단력 F가 동시에 작용하게 되는데, 이와 같은 굽힘모멘트 M과 전단력 F에 의하여 그림 7·9(b) 및 (c)와 같이 중립축으로부터 임의의 거리 y만큼 떨어진 미소요소 D에는 다음 식으로 주어지는 수직응력 σ_x와 전단응력 τ_{xy}가 동시에 작용하게 된다.

$$\sigma_x = \frac{My}{I} \quad ⓒ$$

$$\tau_{xy} = \frac{FQ}{Ib} = \frac{F}{2I}\left(\frac{h^2}{4} - y^2\right) \quad ⓓ$$

식 ⓐ, ⓑ, ⓒ, ⓓ로부터 알 수 있는 바와 같이 수직응력 σ_x와 전단응력 τ_{xy}는 x와 y에 따라 연속적으로 변화함을 알 수 있다.

이때 $\sigma_y=0$이므로 평면응력 상태에서의 주응력에 대한 다음과 같은 식에 적용하면

$$\sigma_1=\frac{1}{2}(\sigma_x+\sigma_y)+\frac{1}{2}\sqrt{(\sigma_x-\sigma_y)^2+4\tau_{xy}^2}$$
$$\sigma_2=\frac{1}{2}(\sigma_x+\sigma_y)-\frac{1}{2}\sqrt{(\sigma_x-\sigma_y)^2+4\tau_{xy}^2} \quad ⓔ$$

주응력 σ_1과 σ_2는 다음과 같이 된다.

$$\sigma_1=\frac{1}{2}\sigma_x+\frac{1}{2}\sqrt{\sigma_x^2+4\tau_{xy}^2}$$
$$\sigma_2=\frac{1}{2}\sigma_x-\frac{1}{2}\sqrt{\sigma_x^2+4\tau_{xy}^2} \quad ⓕ$$

또한 평면응력 상태에서의 주응력의 방향 θ에 대한 다음과 같은 식에 적용하면

$$\tan 2\theta=-\frac{2\tau_{xy}}{\sigma_x-\sigma_y} \quad ⓖ$$

주응력의 방향 θ는 다음과 같이 된다.

$$\tan 2\theta=-\frac{2\tau_{xy}}{\sigma_x} \quad ⓗ$$

한편 그림 7·9(b)의 보 단면상의 가장 아랫부분과 윗부분의 미소요소 A, B에 대하여 고찰해 보면 이곳에서는 전단응력이 작용하지 않으므로 이곳에서의 주응력 σ_1과 σ_2는 다음과 같이 된다.

$$\sigma_1=\sigma_x$$
$$\sigma_2=0 \quad ⓘ$$

또한 이곳에서의 주응력의 방향을 알아보기 위하여 식 ⓗ에 $\tau_{xy}=0$을 대입하면 $\theta=0°$와 $\theta=90°$를 얻게 되는데, 이것은 보의 아랫면과 윗면에서 주응력 σ_1의 방향이 x축 방향과 일치하고, 주응력 σ_2의 방향은 x축 방향과 90°임을 나타낸다.

또한 중립축상의 미소요소 C에서는 수직응력 $\sigma_x=0$이므로, 주응력의 크기는 식 ⓕ에 $\sigma_x=0$을 대입하면 다음과 같이 된다.

$$\sigma_1=\tau_{xy}$$
$$\sigma_2=\tau_{xy} \quad ⓚ$$

따라서 전단력에 의한 전단응력 τ_{xy}에 의해서만 주응력이 결정됨을 알 수 있으며, 식 ⓗ에 $\sigma_x=0$을 대입하면 $\theta=\pm 45°$가 되므로 주응력의 방향은 축방향과 ±45°를

이루게 됨을 알 수 있다.

또한 임의의 위치에서의 무수한 x, y의 값을 식 ⓐ, ⓑ, ⓒ, ⓓ, ⓗ에 차례로 대입하고 주응력의 방향 θ의 값을 구하여 그림으로 도시하면 그림 7·9(a)의 우측과 같이 된다.

그림에서 실선은 주응력(인장응력) σ_1의 응력선을 나타내며, 점선은 주응력(압축응력) σ_2의 응력선을 나타낸다.

여기서 두 종류의 곡선은 서로 직교하고, x축과는 45° 각도로 교차하는 것을 볼 수 있다.

예제 1

길이 $l=2\,\text{m}$인 외팔보의 자유단에 하중 $P=20\,\text{kN}$이 작용한다. 보의 단면이 폭 $b=4\,\text{cm}$, 높이 $h=8\,\text{cm}$인 직사각형일 때 보의 고정단의 아랫면으로부터 2 cm 떨어진 미소요소에 작용하는 주응력의 크기와 방향을 구하라.

〔풀이〕 고정단에 작용하는 굽힘모멘트

$$M=Pl=20\times10^3\times2=4\times10^4\,\text{N}\cdot\text{m}$$

단면의 단면2차모멘트

$$I_z=\frac{bh^3}{12}=\frac{0.04\times0.08^3}{12}=1.71\times10^{-6}\,\text{m}^4$$

이므로, 굽힘응력 σ_x는 다음과 같이 된다.

$$\sigma_x=\frac{My}{I}=\frac{4\times10^4\times(-0.02)}{1.71\times10^{-6}}=-4.68\times10^8\,\text{N/m}^2=-468\,\text{MPa}$$

또한 고정단에 작용하는 전단력

$$F=20\,\text{kN}=2\times10^4\,\text{N}$$

이므로, 전단응력 τ_{xy}는 다음과 같이 된다.

$$\begin{aligned}\tau_{xy}&=\frac{FQ}{Ib}\\&=\frac{F}{2I}\left(\frac{h^2}{4}-y_1^2\right)\end{aligned}$$

$$= \frac{2\times10^4}{2\times1.71\times10^{-6}}\left\{\frac{0.08^2}{4}-(-0.02)^2\right\}$$
$$=7.02\times10^6\,\text{N/m}^2$$
$$=7.02\,\text{MPa}$$

따라서 주응력은 다음과 같이 된다.

$$\sigma_1=\frac{1}{2}\sigma_x+\frac{1}{2}\sqrt{\sigma_x^2+4\tau_{xy}^2}$$
$$=\frac{1}{2}\times(-468)+\frac{1}{2}\sqrt{(-468)^2+4\times7.02^2}=0.1\,\text{MPa}$$
$$\sigma_2=\frac{1}{2}\sigma_x-\frac{1}{2}\sqrt{\sigma_x^2+4\tau_{xy}^2}$$
$$=\frac{1}{2}\times(-468)-\frac{1}{2}\sqrt{(-468)^2+4\times7.02^2}=-468.1\,\text{MPa}$$

주응력의 방향 θ는 다음과 같다.

$$\tan2\theta=-\frac{2\tau_{xy}}{\sigma_x}=-\frac{2\times7.02}{-468}=0.03$$
$$\theta=0.86^\circ$$

7.4 굽힘과 비틀림을 동시에 받는 축에서의 응력해석

풀리, 기어, 플라이 휠 등이 달려 있는 회전축은 비틀림 모멘트와 동시에 굽힘모멘트를 받으면서 동력을 전달하고 있다. 이러한 경우 축에 발생하는 최대응력을 구하기 위해서는 다음과 같은 응력을 고려해야 한다.

(1) 비틀림 모멘트 T에 의한 전단응력

(2) 굽힘모멘트 M에 의한 굽힘응력

(3) 전단력 F에 의한 전단응력

여기서 비틀림 모멘트 T에 의한 전단응력과 굽힘모멘트 M에 의한 굽힘응력은 축의 최외단에서 최대가 되고, 전단력 F로 인한 전단응력은 이들 응력이 0인 중립축에서 최대가 된다. 따라서 전단력 F에 의한 전단응력은 다른 응력들에 비해 회전축에 미치는 영향이 극히 작아 무시할 수 있기 때문에 비틀림 모멘트 T와 굽힘모멘트 M만을 고려한다.

이와 같이 어떠한 축이 비틀림 모멘트 T와 굽힘모멘트 M을 동시에 받을 때, 계산을 간단하게 하기 위하여, 굽힘모멘트에 상당(相當)하는 값으로 환산한 것을 **상당굽힘 모멘트**(相當굽힘모멘트, equivalent bending moment)라 하고, 비틀림 모멘트에 상당하는 값으로 환산한 것을 **상당비틀림 모멘트**(相當비틀림 모멘트, equivalent twisting moment)라 하는데, 상당굽힘 모멘트 M_e와 비틀림 모멘트 T_e는 각각 다음과 같다.

$$M_e = \frac{1}{2}(M + \sqrt{M^2 + T^2}) \tag{1}$$

$$T_e = \sqrt{M^2 + T^2} \tag{2}$$

따라서 단면계수와 극단면계수를 각각 Z와 Z_p라 하면, 보단면에 작용하는 최대 수직응력 $\sigma_{\max}$과 최대 전단응력 $\tau_{\max}$은 다음 식과 같이 된다.

$$\sigma_{\max} = \frac{M_e}{Z} \tag{3}$$

$$\tau_{\max} = \frac{T_e}{Z_p} \tag{4}$$

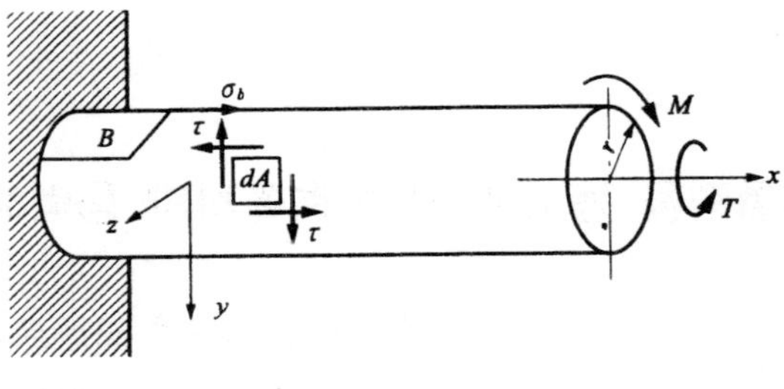

그림 7·10 굽힘모멘트 M과 비틀림 모멘트 T가 동시에 작용하는 축에서의 응력발생

▸▸ 식의 유도

그림 7·10과 같이 지름 d인 원형단면축에 비틀림 모멘트 T와 굽힘모멘트 M이 동시에 작용할 때, 비틀림 모멘트 T에 의한 최대 전단응력 τ는 축의 표면에서 발생하고 그 크기는 다음과 같이 된다.

$$\tau = \frac{T}{Z_p} = \frac{16T}{\pi d^3} \tag{a}$$

또한 굽힘모멘트 M에 의한 최대 수직응력 σ_b도 축의 표면에서 발생하고 다음 식과 같이 된다.

$$\sigma_b = \frac{M}{Z} = \frac{32M}{\pi d^3} \qquad ⓑ$$

이와 같이 축의 표면에 발생하는 전단응력과 수직응력을 도시하면 그림 7 · 10과 같이 된다.

이때 발생하는 최대 수직응력(또는 최대 굽힘응력이라고도 함)은 주응력에 대한 식으로부터 다음과 같이 된다.

$$\sigma_{max} = \frac{1}{2}\sigma_b + \frac{1}{2}\sqrt{\sigma_b^2 + 4\tau^2}$$

$$= \frac{16}{\pi d^3}(M + \sqrt{M^2 + T^2}) = \frac{1}{2Z}(M + \sqrt{M^2 + T^2}) \qquad ⓒ$$

여기서 $M_e = \frac{1}{2}(M + \sqrt{M^2 + T^2})$으로 놓으면, 식 ⓒ는 다음과 같이 간단한 식으로 표현할 수 있다.

$$\sigma_{max} = \frac{M_e}{Z} \qquad ⓓ$$

식 ⓓ에서 M_e는 굽힘모멘트만을 작용시켜 σ_{max}과 동일한 크기의 최대 굽힘응력을 발생시킬 수 있는 굽힘모멘트에 상당하는 것으로, 상당굽힘모멘트 또는 등가굽힘모멘트라고 한다.

또한 최대 전단응력 τ_{max}은 최대 전단응력에 대한 식으로부터 다음 식과 같이 된다.

$$\tau_{max} = \frac{1}{2}\sqrt{\sigma_b^2 + 4\tau^2} = \frac{16}{\pi d^3}(\sqrt{M^2 + T^2}) = \frac{1}{Z_p}(\sqrt{M^2 + T^2}) \qquad ⓔ$$

여기서 $T_e = \sqrt{M^2 + T^2}$으로 놓으면

$$\tau_{max} = \frac{T_e}{Z_p} \qquad ⓕ$$

와 같이 간단히 쓸 수 있는데, 이때의 T_e는 비틀림 모멘트만을 작용시켜 τ_{max}과 동일한 크기의 최대 전단응력을 발생시킬 수 있는 비틀림 모멘트에 상당하므로, 이를 상당비틀림 모멘트 또는 등가비틀림 모멘트라고 한다

예제 1

지름 $d=25\,\text{cm}$인 원형단면으로 된 자동차 축에 굽힘모멘트 $M=100\,\text{kN}\cdot\text{m}$, 비틀림 모멘트 $T=200\,\text{kN}\cdot\text{m}$가 동시에 작용할 때 축 단면에 발생하는 최대 수직응력과 최대 전단응력을 구하라.

[풀이] 상당굽힘모멘트

$$M_e=\frac{1}{2}(M+\sqrt{M^2+T^2})=\frac{1}{2}(100+\sqrt{100^2+200^2})=162\,\text{kN}\cdot\text{m}$$

이고, 단면계수

$$Z=\frac{\pi d^3}{32}=\frac{\pi\times0.25^3}{32}=1.534\times10^{-3}\,\text{m}^3$$

이므로, 최대 수직응력은 다음과 같다.

$$\sigma_{\max}=\frac{M_e}{Z}=\frac{162}{1.534\times10^{-3}}=105,606\,\text{kN/m}^2=0.106\,\text{GPa}$$

또한 상당비틀림 모멘트

$$T_e=\sqrt{M^2+T^2}=\sqrt{100^2+200^2}=224\,\text{kN}\cdot\text{m}$$

이고, 극단면계수

$$Z_p=\frac{\pi d^3}{16}=\frac{\pi\times0.25^3}{16}=3.068\times10^{-3}\,\text{m}^3$$

이므로, 최대 전단응력

$$\tau_{\max}=\frac{T_e}{Z_p}=\frac{224}{3.068\times10^{-3}}=73,012\,\text{kN/m}^2=0.07\,\text{GPa}$$

• 연습문제 •

1. 지름 5 mm의 강선을 1.2 m의 원통에 감을 때 강선에 발생하는 최대 굽힘응력과 굽힘모멘트를 구하라. 단, 강선의 종탄성계수 $E=196$ GPa이다.

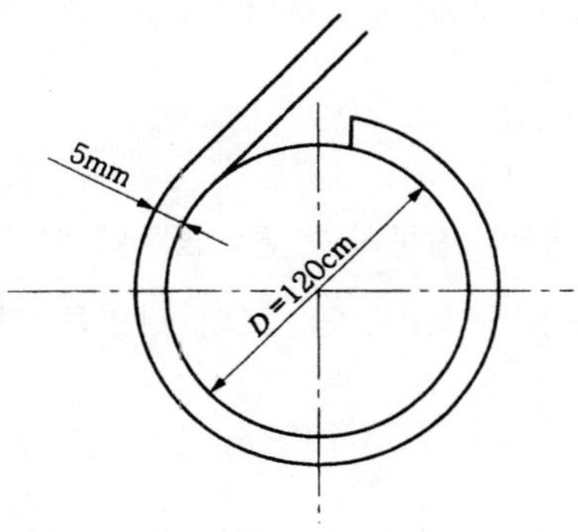

그림 7 · 11

2. 폭 $b=30$ cm, 높이 $h=40$ cm인 직사각형 단면을 가진 길이 5 m의 단순보의 중앙에서 집중하중 $P=3$ kN이 작용할 때 보 속에 생기는 최대 굽힘응력을 구하라.

3. 10 kN/m의 등분포하중을 받는 길이 5 m의 단순보를 설계하고자 한다. 이 보의 단면은 높이 h에 대하여 폭 $b=h/2$인 직사각형 단면으로 하고자 한다. 이 보 재료의 허용굽힘응력 $\sigma_a=400$ MPa이라 할 때 보가 파괴되지 않도록 하기 위한 보 단면의 높이 h를 구하라.

4. 길이 $l=2$ m, 단면의 지름 $d=25$ cm인 단순보가 있다. 이 보의 허용굽힘응력이 $\sigma_a=400$ MPa이라 할 때, 보의 중앙에는 집중하중 P를 얼마까지 작용시킬 수 있겠는가?

5. 지름 20 cm의 축을 내외경이 1 : 2되는 중공축으로 변경하고자 한다. 굽힘강도가 같도록 하기 위해서는 중공축의 내외경의 지름을 얼마로 하여야 하는가?

6. 양단으로부터 20 cm 떨어진 거리에서 두 개의 집중하중 $P=15\,\text{kN}$이 작용하는 길이 1 m의 단순보가 있다. 이 보에 발생하는 최대 굽힘응력을 구하라. 단, 단면은 지름 $d=8\,\text{cm}$인 원형단면이다.

7. 길이 2 m의 외팔보의 자유단에 집중하중 $P=800\,\text{kN}$이 작용하고 있다. 보의 중립축에 발생하는 전단응력을 구하라. 단, 보의 단면은 폭 $b=30\,\text{cm}$, 높이 $h=40\,\text{cm}$인 직사각형 단면이다.

8. 길이 3 m의 외팔보의 자유단에 집중하중 $P=500\,\text{kN}$이 작용하고 있다. 이 보의 중립축에 발생하는 전단응력을 구하라. 단, 보의 단면은 지름 $d=30\,\text{cm}$인 원형단면이다.

9. 원형단면을 가진 축에 비틀림 모멘트 $T=400\,\text{kN}\cdot\text{m}$와 굽힘모멘트 $M=600\,\text{kN}\cdot\text{m}$가 동시에 작용할 때 상당굽힘모멘트를 구하라.

10. 지름 $d=20\,\text{cm}$의 원형단면을 가진 축에 비틀림 모멘트 $T=500\,\text{kN}\cdot\text{m}$와 굽힘모멘트 $M=800\,\text{kN}\cdot\text{m}$가 동시에 작용할 때 최대 굽힘응력과 최대 전단응력을 구하라.

11. 지름 12 cm인 원형단면을 가진 길이 2 m의 외팔보의 자유단에 300 kN의 집중하중이 작용하고 있는 동시에, $T=500\,\text{kN}\cdot\text{m}$의 비틀림 모멘트가 작용할 때 최대 굽힘응력을 구하라.

제8장 보의 처짐

8.1 탄성곡선의 미분방정식에 의한 보의 처짐해석

기계 등 구조물의 부재는 외력에 의해 파괴되지 않도록 해야 하는 것은 물론이고 구조물의 안정 등을 위해 부재의 변형도 어느 정도 이하로 제한하지 않으면 안 된다.

따라서 구조물의 부재로 사용되는 보의 처짐량을 해석할 필요성이 있는데 여기서는 그 방법에 대하여 논하기로 한다.

그림 8·1(a)와 같이 보가 하중을 받으면 처지게 되는데 보의 단면의 위치 x에 따른 보의 처짐량 y가 그리는 곡선을 **처짐곡선**(deflection curve) 또는 **탄성곡선**(elastic

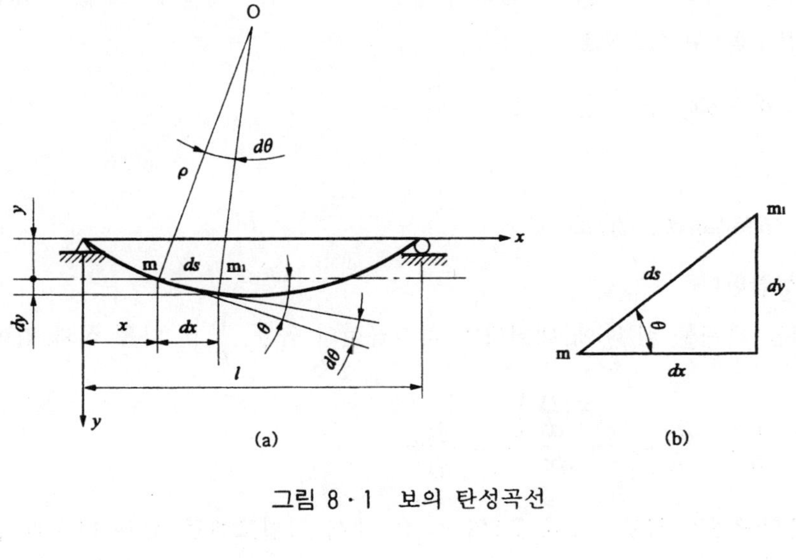

그림 8·1 보의 탄성곡선

curve)이라 하며, 이를 식으로 표시하면 다음과 같다.

$$\frac{d^2y}{dx^2} = -\frac{M}{EI} \tag{1}$$

이 식을 탄성곡선의 미분방정식 또는 처짐곡선의 미분방정식이라 한다.

이 미분방정식을 한 번 적분하면 보의 처짐각 $\theta = \frac{dy}{dx}$ 를 얻을 수 있으며, 두 번 적분함으로써 보의 처짐량 y를 구할 수 있는데, 이와 같이 해석하는 방법을 **중적분법(重積分法)**이라 한다.

▸▸ 식의 유도

그림 8 · 1 (a)는 단순보가 외력을 받아 처진모습을 보인 처짐곡선이다.

그림에서 두 지점을 직선으로 연결한 x축과 처짐곡선상의 점 m에서의 접선과 이루는 각을 θ, 처짐곡선상의 점 m에서의 법선과 점 m_1에서의 법선 사이의 각을 $d\theta$라 하면, 처짐곡선상의 미소길이 ds는 곡률 반지름 ρ와 다음 관계식이 성립한다.

$$ds = \rho d\theta$$

따라서 이 식은 다음과 같이 고쳐 쓸 수 있다.

$$\frac{1}{\rho} = \frac{d\theta}{ds} \tag{ⓐ}$$

그런데 보에 허용되는 처짐은 재료의 탄성한계 이내이기 때문에, 그 값은 대단히 작은 양으로 간주할 수 있으므로

$$ds \fallingdotseq dx$$

이고

$$\theta \fallingdotseq \tan\theta = dy/dx$$

의 관계가 성립한다.

따라서 이들 관계를 식 ⓐ에 대입하면 처짐곡선의 곡률 $\frac{1}{\rho}$은 다음 식과 같이 된다.

$$\frac{1}{\rho} = \frac{d\theta}{ds} = \frac{d\left(\frac{dy}{dx}\right)}{dx} = \frac{d^2y}{dx^2} \tag{ⓑ}$$

그런데 탄성곡선의 곡률 $1/\rho$은 7.1의 식 (2)에서 굽힘모멘트 M과 다음과 같은 관

계가 성립하므로

$$\frac{1}{\rho} = \frac{M}{EI} \qquad ⓒ$$

식 ⓒ을 식 ⓑ에 대입하면 다음과 같은 2차 미분방정식 형태의 처짐량 y에 대한 식을 얻을 수 있다.

$$\frac{d^2y}{dx^2} = \frac{M}{EI}$$

여기서 굽힘모멘트 M은 처짐곡선이 그림 8·2와 같이 아래로 볼록일 때 +인데, 기울기 $\frac{dy}{dx}$는 x에 따라 감소하므로 $\frac{d^2y}{dx^2}$는 −가 된다. 따라서 굽힘모멘트 M과 $\frac{d^2y}{dx^2}$는 서로 부호가 반대가 됨을 알 수 있다.

따라서 이 식은 다음과 같이 고쳐 쓸 수 있다.

$$\frac{d^2y}{dx^2} = -\frac{M}{EI}$$

이 식을 처짐곡선의 미분방정식 또는 탄성곡선의 미분방정식이라고 한다.

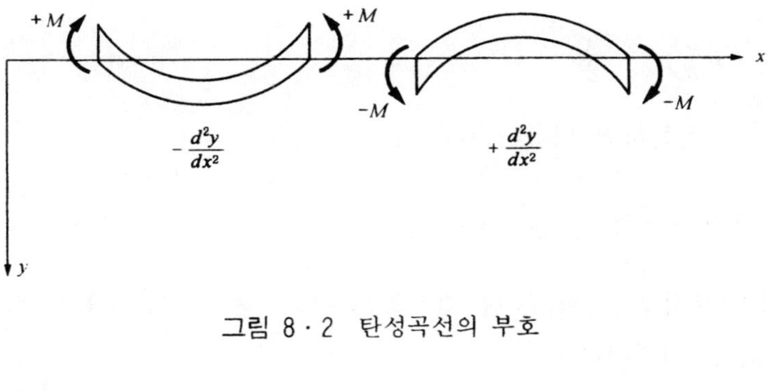

그림 8·2 탄성곡선의 부호

8.1.1 집중하중을 받는 외팔보의 처짐

그림 8·3과 같은 외팔보에서 자유단에 집중하중 P가 작용할 때 최대 처짐각 및 최대 처짐량은 자유단에서 일어나고 그 크기는 다음 식과 같다.

$$최대\ 처짐각\ \theta_{max} = -\frac{Pl^2}{2EI} \qquad (1)$$

$$최대\ 처짐량\ y_{max} = \frac{Pl^3}{3EI} \qquad (2)$$

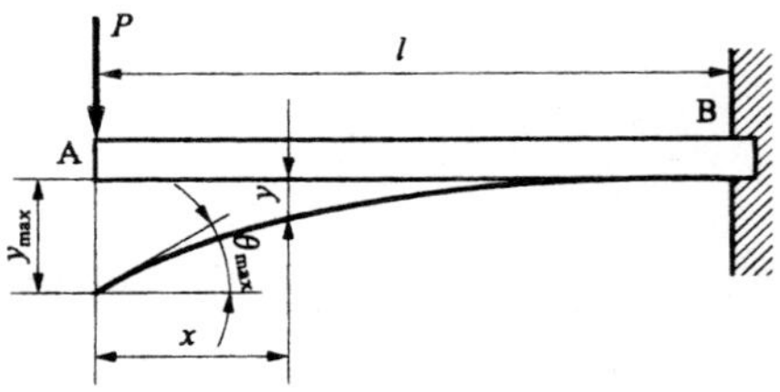

그림 8·3 집중하중을 받는 외팔보의 처짐

▶▶ 식의 유도

그림 8·3과 같이 자유단에 집중하중 P가 작용할 때 자유단으로부터 거리 x에 있는 임의의 단면에서의 굽힘모멘트 M은 다음 식으로 된다.

$$M = -Px \tag{ⓐ}$$

이 식을 탄성곡선의 미분방정식에 대입하면 다음과 같이 된다.

$$EI\frac{d^2y}{dx^2} = Px \tag{ⓑ}$$

이 식을 x에 대하여 적분하면 다음과 같이 된다.

$$EI\frac{dy}{dx} = \frac{Px^2}{2} + C_1 \tag{ⓒ}$$

다시 식 ⓒ를 적분하면 다음과 같이 된다.

$$EIy = \frac{Px^3}{6} + C_1x + C_2 \tag{ⓓ}$$

식 ⓓ에서 적분상수 C_1과 C_2를 결정하기 위해서는 다음과 같이 경계조건(boundary condition)을 사용한다.

여기서 경계조건이란 보의 특정위치에서 추정할 수 있는 y 또는 $\frac{dy}{dx}$의 값을 말한다.

외팔보에서 경계조건은 $x = l$에서 $\theta = \frac{dy}{dx} = 0$, $y = 0$이므로 이를 각각 식 ⓒ와 ⓓ에 대입하면 적분상수 C_1과 C_2는 각각 다음과 같이 된다.

$$C_1 = -\frac{Pl^2}{2} \tag{ⓔ}$$

$$C_2 = +\frac{Pl^3}{3} \tag{ⓕ}$$

따라서 이것을 식 ⓒ와 ⓓ에 대입하면 다음과 같은 처짐각 $\theta=\dfrac{dy}{dx}$와 처짐량 y에 대한 식을 얻을 수 있다.

$$\frac{dy}{dx}=\frac{P}{2EI}(x^2-l^2) \quad ⓖ$$

$$y=\frac{P}{6EI}(x^3-3l^2x+2l^3) \quad ⓗ$$

여기서 최대 처짐각 및 최대 처짐량은 $x=0$인 자유단에서 일어나므로 식 ⓖ와 식 ⓗ에 $x=0$을 대입하면 다음과 같은 최대 처짐각 $\theta_{\max}$과 최대 처짐량 $y_{\max}$을 얻을 수 있다.

$$\theta_{\max}=\left(\frac{dy}{dx}\right)_{\max}=-\frac{Pl^2}{2EI} \quad ⓘ$$

$$y_{\max}=\frac{Pl^3}{3EI} \quad ⓙ$$

예제 1

길이 $l=2$ m인 외팔보의 자유단에 집중하중 $P=30$ kN이 작용한다. 최대 처짐각과 최대 처짐량을 구하라. 단, 보의 단면은 $b\times h=$ 40 cm×80 cm인 직사각형이고 종탄성계수 $E=20$ MPa이다.

[풀이] 단면2차모멘트

$$I=\frac{bh^3}{12}=\frac{0.4\times0.8^3}{12}=0.017\,\text{m}^3$$

이므로 최대 처짐량

$$y_{\max}=\frac{Pl^3}{3EI}=\frac{(30\times10^3)\times2^3}{3\times(20\times10^6)\times0.017}=0.24\,\text{m}$$

최대 처짐각

$$\theta_{\max}=-\frac{Pl^2}{2EI}=-\frac{(30\times10^3)\times2^2}{2\times(20\times10^6)\times0.017}=-0.18\,\text{rad}$$

8.1.2 등분포하중을 받는 외팔보의 처짐

그림 8·4와 같은 등분포하중 p를 받는 외팔보의 경우 최대 처짐각 및 최대 처짐량은 모두 보의 자유단에서 발생하고 그에 대한 식은 다음과 같다.

$$\text{최대 처짐각 } \theta_{max} = -\frac{pl^3}{6EI} \tag{1}$$

$$\text{최대 처짐량 } y_{max} = \frac{pl^4}{8EI} \tag{2}$$

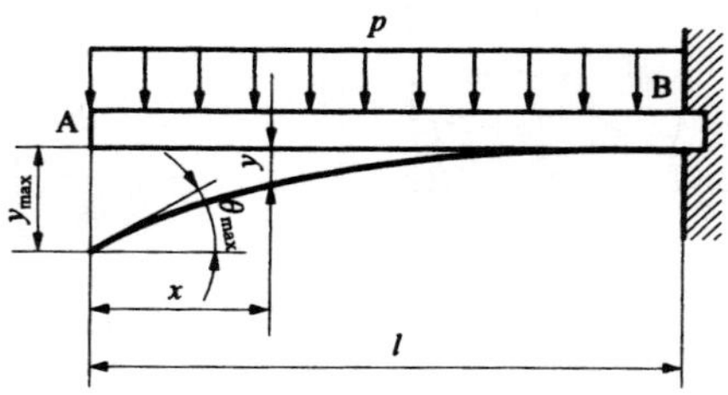

그림 8·4

▶▶ 식의 유도

그림 8·4와 같은 등분포하중 p를 받는 외팔보에 있어서 보의 좌측 끝단으로부터 임의의 거리 x에 있는 단면에서의 굽힘모멘트는 다음과 같다.

$$M = -\frac{px^2}{2} \quad ⓐ$$

따라서 식 ⓐ를 탄성곡선의 미분방정식에 대입하면 다음과 같이 된다.

$$EI\frac{d^2y}{dx^2} = \frac{px^2}{2} \quad ⓑ$$

식 ⓑ를 x에 대하여 한 번 적분하면 다음과 같이 된다.

$$EI\frac{dy}{dx} = \frac{px^3}{6} + C_1 \quad ⓒ$$

이 식을 한번 더 적분하면 다음과 같이 된다.

$$EIy = \frac{px^4}{24} + C_1x + C_2 \quad ⓓ$$

여기서 $x=l$에서 $dy/dx=0$이라는 경계조건을 식 ⓒ에 대입하면 적분상수 C_1은 다음과 같이 된다.

$$C_1=-\frac{pl^3}{6} \qquad ⓔ$$

이 값을 식 ⓒ에 대입하면 다음과 같은 보의 임의의 위치에 있어서의 처짐각에 대한 일반식을 얻을 수 있다.

$$EI\frac{dy}{dx}=\frac{px^3}{6}-\frac{pl^3}{6}$$

따라서 처짐각 θ는 다음과 같이 된다.

$$\theta=\frac{dy}{dx}=\frac{p}{6EI}(x^3-l^3) \qquad ⓕ$$

또한 식 ⓔ를 식 ⓓ에 대입하면 다음과 같이 된다.

$$EIy=\frac{px^4}{24}-\frac{pl^3}{6}x+C_2 \qquad ⓖ$$

여기서 보의 고정단에서의 처짐이 0, 즉 $x=l$에서 $y=0$이라는 경계조건을 식 ⓖ에 대입하면 적분상수 C_2는 다음과 같이 된다.

$$C_2=\frac{pl^4}{8} \qquad ⓗ$$

따라서 이것을 식 ⓖ에 대입하면 보의 임의의 위치에서의 처짐량 y에 대한 다음 식을 얻을 수 있다.

$$y=\frac{p}{24EI}(x^4-4l^3x+3l^4) \qquad ⓘ$$

최대 처짐각 $\theta_{\max}$과 최대 처짐량 $y_{\max}$은 모두 보의 자유단에서 발생하므로 $x=0$을 각각 식 ⓕ와 식 ⓘ에 대입하여 구하면 그 결과는 다음과 같다.

$$\theta_{\max}=-\frac{pl^3}{6EI}$$

$$y_{\max}=\frac{pl^4}{8EI}$$

예제 1

길이 $l=2\,\text{m}$인 외팔보에 등분포하중 $p=3\,\text{kN/m}$가 작용한다. 최대 처짐각과 최대 처짐량을 구하라. 단, 보의 단면은 $b\times h=40\,\text{cm}\times 80\,\text{cm}$인 직사각형이고 종탄성계수 $E=20\,\text{MPa}$이다.

〔풀이〕 단면2차모멘트

$$I=\frac{bh^3}{12}=\frac{0.4\times 0.8^3}{12}=0.017\,\text{m}^3$$

이므로 최대 처짐량

$$y_{\max}=\frac{pl^4}{8EI}=\frac{(3\times 10^3)\times 2^4}{8\times(20\times 10^6)\times 0.017}=0.018\,\text{m}$$

최대 처짐각

$$\theta_{\max}=-\frac{pl^3}{6EI}=-\frac{(3\times 10^3)\times 2^3}{6\times(20\times 10^6)\times 0.017}=-0.012\,\text{rad}$$

8.1.3 굽힘모멘트를 받는 외팔보의 처짐

그림 8·5에서 보는 바와 같이 보의 자유단에 굽힘모멘트 M_0가 작용하는 경우 최대 처짐각 $\theta_{\max}$과 최대 처짐량 $y_{\max}$은 자유단에서 일어나고 그에 대한 식은 다음과 같다.

최대 처짐각 $\theta_{\max}=-\dfrac{M_0 l}{EI}$ (1)

최대 처짐량 $y_{\max}=\dfrac{M_0 l^2}{2EI}$ (2)

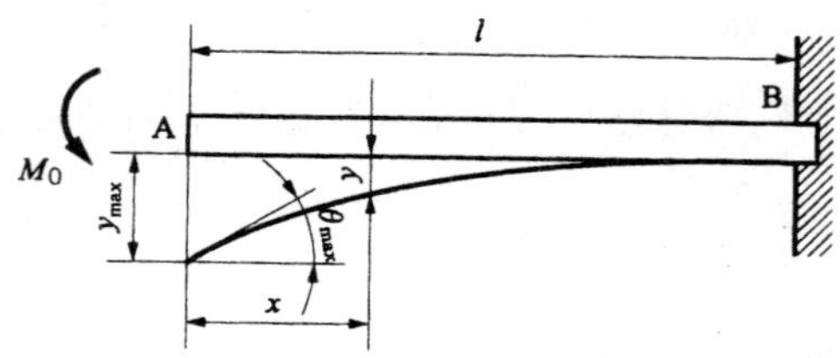

그림 8·5 굽힘모멘트를 받는 외팔보의 처짐

▸▸ **식의 유도**

그림 8 · 5에서 보는 바와 같이 보의 자유단에 굽힘모멘트 M_0가 작용하는 경우 보의 전 길이에 걸쳐 굽힘모멘트는 일정하게 된다.

따라서 보의 임의의 위치 x에서의 굽힘모멘트 M은 다음과 같이 된다.

$$M = -M_0 \quad \text{ⓐ}$$

따라서 식 ⓐ를 탄성곡선의 미분방정식에 대입하면 다음과 같이 된다.

$$EI\frac{d^2y}{dx^2} = M_0 \quad \text{ⓑ}$$

식 ⓑ를 x에 대하여 두 번 적분하면 다음과 같이 된다.

$$EI\frac{dy}{dx} = M_0x + C_1 \quad \text{ⓒ}$$

$$EIy = \frac{M_0x^2}{2} + C_1x + C_2 \quad \text{ⓓ}$$

$x = l$에서 처짐각 $dy/dx = 0$, 처짐량 $y = 0$이라는 경계조건을 각각 식 ⓒ와 식 ⓓ에 대입하면 적분상수 C_1과 C_2는 다음과 같이 된다.

$$C_1 = -M_0l \quad \text{ⓔ}$$

$$C_2 = \frac{M_0l^2}{2} \quad \text{ⓕ}$$

따라서 보의 임의의 위치에서의 처짐각 θ와 처짐량 y는 식 ⓔ와 식 ⓕ를 식 ⓒ와 식 ⓓ에 대입하여 얻을 수 있으며 그 결과는 다음과 같다.

$$\theta = \frac{dy}{dx} = \frac{M_0}{EI}(x - l) \quad \text{ⓖ}$$

$$y = \frac{M_0}{2EI}(x - l)^2 \quad \text{ⓗ}$$

최대 처짐각과 최대 처짐량은 $x = 0$인 자유단에서 일어나게 되므로 식 ⓖ와 식 ⓗ에 각각 $x = 0$을 대입하면 다음과 같은 최대 처짐각 θ_{max}과 최대 처짐량 y_{max}을 얻을 수 있다.

$$\theta_{max} = -\frac{M_0l}{EI}$$

$$y_{\max}=\frac{M_0 l^2}{2EI}$$

예제 1

길이 $l=2$ m인 외팔보의 자유단에 굽힘모멘트 $M_0=30$ kN · m가 작용한다. 최대 처짐각과 최대 처짐량을 구하라. 단, 보의 단면은 $b\times h=$ 40 cm×80 cm인 직사각형이고 종탄성계수 $E=20$ MPa이다.

[풀이] 단면2차모멘트

$$I=\frac{bh^3}{12}=\frac{0.4\times 0.8^3}{12}=0.017\,\text{m}^3$$

이므로 최대 처짐량

$$y_{\max}=\frac{M_0 l^2}{2EI}=\frac{(30\times 10^3)\times 2^2}{2\times(20\times 10^6)\times 0.017}=0.18\,\text{m}$$

최대 처짐각

$$\theta_{\max}=-\frac{M_0 l}{EI}=-\frac{(30\times 10^3)\times 2}{(20\times 10^6)\times 0.017}=-0.18\,\text{rad}$$

8.1.4 등분포하중을 받는 단순보의 처짐

그림 8 · 6에서 보는 바와 같이 등분포하중 p를 받는 단순보에 있어서 최대 처짐각 $\theta_{\max}$은 $x=0$과 $x=l$에서 발생하며 그 값은 다음 식과 같이 된다.

$$\theta_{\max}=\frac{pl^3}{24EI} \qquad (1)$$

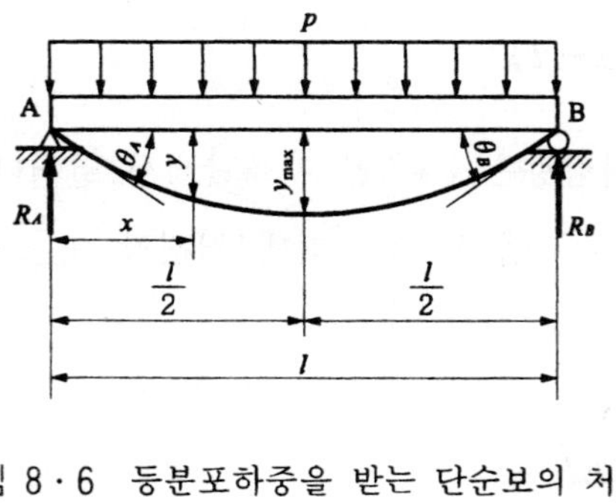

그림 8 · 6 등분포하중을 받는 단순보의 처짐

최대 처짐량 $y_{\max}$은 보의 중앙인 $x = l/2$에서 발생하며 그 값은 다음 식과 같다.

$$y_{\max} = \frac{5pl^4}{384EI} \tag{2}$$

▶▶ **식의 유도**

그림 8·6에서 보는 바와 같이 등분포하중 p를 받는 단순보에 있어서 왼쪽 지점으로부터 임의의 거리 x의 단면에 작용하는 굽힘모멘트 M은 다음 식과 같다.

$$M = \frac{pl}{2}x - \frac{px^2}{2} \quad ⓐ$$

따라서 이 식을 탄성곡선의 미분방정식에 대입하면 다음과 같다.

$$EI\frac{d^2y}{dx^2} = -\frac{plx}{2} + \frac{px^2}{2} \quad ⓑ$$

위의 식을 두 번 적분하여 정리하면 다음과 같이 된다.

$$EI\frac{dy}{dx} = -\frac{pl}{4}x^2 + \frac{p}{6}x^3 + C_1 \quad ⓒ$$

$$EIy = -\frac{pl}{12}x^3 + \frac{p}{24}x^4 + C_1x + C_2 \quad ⓓ$$

여기서

$$x = \frac{l}{2}\text{에서 } \frac{dy}{dx} = 0$$

$$x = 0\text{에서 } y = 0$$

의 경계조건을 식 ⓒ와 식 ⓓ에 차례로 대입하면 다음과 같이 된다.

$$C_1 = \frac{pl^3}{24} \quad ⓔ$$

$$C_2 = 0 \quad ⓕ$$

따라서 식 ⓔ와 ⓕ를 식 ⓒ와 식 ⓓ에 대입하면 다음과 같은 보의 임의의 위치에서의 처짐각과 처짐량에 대한 식을 얻을 수 있다.

$$\frac{dy}{dx} = \frac{p}{24EI}(4x^3 - 6lx^2 + l^3) \quad ⓖ$$

$$y = \frac{px}{24EI}(x^3 - 2lx^2 + l^3) \qquad ⓗ$$

최대 처짐각 θ_{max}은 $x=0$과 $x=l$에서 발생하며 다음 식과 같이 된다.

$$\theta_{max} = \left(\frac{dy}{dx}\right)_{x=0} = \frac{pl^3}{24EI}$$

$$\theta_{max} = \left(\frac{dy}{dx}\right)_{x=l} = -\frac{pl^3}{24EI}$$

최대 처짐량 y_{max}은 보의 중앙인 $x=\frac{l}{2}$에서 발생하며 그 값은 다음 식과 같다.

$$y_{max} = \frac{5pl^4}{384EI}$$

예제 1

길이 $l=10$ m인 단순보에 등분포하중 $p=3$ kN/m가 작용한다. 최대 처짐각과 최대 처짐량을 구하라. 단, 단면은 $b\times h=40$ cm$\times 80$ cm인 직사각형이고 종탄성계수 $E=$ 200 GPa이다.

[풀이] 단면2차모멘트

$$I = \frac{bh^3}{12} = \frac{0.4\times 0.8^3}{12} = 0.017\,\text{m}^3$$

이므로 최대 처짐량

$$y_{max} = \frac{5pl^4}{384EI} = \frac{5\times(3\times 10^3)\times 10^4}{384\times(200\times 10^9)\times 0.017} = 1.1\times 10^{-4}\,\text{m}$$

최대 처짐각

$$\theta_{max} = -\frac{pl^3}{24EI} = -\frac{(3\times 10^3)\times 10^3}{24\times(200\times 10^9)\times 0.017} = -3.7\times 10^{-5}\,\text{rad}$$

8.1.5 집중하중을 받는 단순보의 처짐

그림 8·7에서 보는 바와 같은 단순보에서 지점 A로부터 a만큼 떨어진 지점에서 집중하중 P가 작용할 때 지점 A 및 B에서의 처짐각 θ_A와 θ_B는 각각 다음과 같다.

$$\theta_A = \frac{Pab}{6lEI}(l+b)$$
$$\theta_B = -\frac{Pab}{6lEI}(l+a) \quad (1)$$

또한 최대 처짐량은 $x=\sqrt{(l^2-b^2)/3}$인 위치에서 생기며 그 값은 다음과 같다.

$$y_{\max} = \frac{Pb}{9\sqrt{3}\,lEI}\sqrt{(l^2-b^2)^3} \quad (2)$$

하중이 보의 중앙에 작용하는 경우$\left(a=b=\frac{l}{2}\right)$, 최대 처짐각은 양 지점에서 발생하며 그 값은 다음과 같다.

$$\theta_{\max} = \frac{Pl^2}{16EI} \quad (3)$$

이때 최대 처짐량은 하중의 작용점에서 일어나며, 그 값은 다음과 같다.

$$y_{\max} = \frac{Pl^3}{48EI} \quad (4)$$

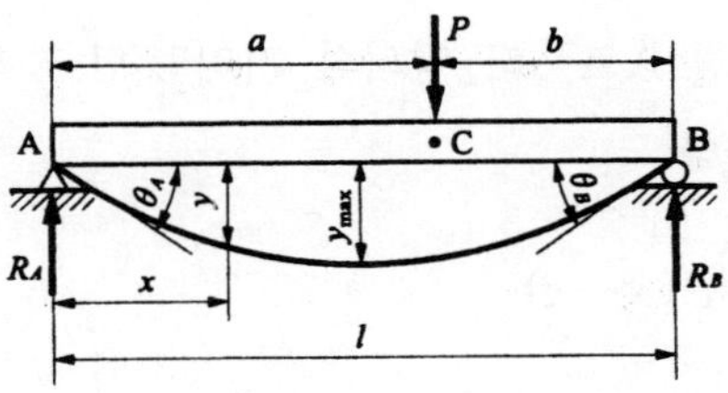

그림 8·7 집중하중을 받는 단순보의 처짐

▶▶ **식의 유도**

그림 8·7에서 보는 바와 같이 단순보에 집중하중 P가 작용할 때에는 하중의 작용점을 경계로 하여 굽힘모멘트의 식이 서로 다르게 된다. 따라서 다음과 같이 각 구간별로 구분하여 해석하지 않으면 안 된다.

우선 평형조건식을 적용하여 지점 A, B에서의 반력 R_A 및 R_B를 구하면 다음과 같다.

$$\Sigma F = R_A + R_B - P = 0$$
$$\Sigma M_B = R_A l - Pb = 0$$

$$R_A = \frac{Pb}{l}, \qquad R_B = \frac{Pa}{l}$$

따라서

1) $0<x<a$인 구간에서 지점 A로부터 임의의 거리 x만큼 떨어진 단면에서의 굽힘모멘트 M은 다음과 같이 된다.

$$M = \frac{Pb}{l}x \qquad ⓐ$$

이것을 탄성곡선의 미분방정식에 대입하면 다음과 같이 된다.

$$EI\frac{d^2y}{dx^2} = -\frac{Pb}{l}x \qquad ⓑ$$

이 식을 거리 x에 관하여 두 번 적분하면 다음과 같이 된다.

$$EI\frac{dy}{dx} = -\frac{Pb}{2l}x^2 + C_1 \qquad ⓒ$$

$$EIy = -\frac{Pb}{6l}x^3 + C_1x + C_2 \qquad ⓓ$$

2) $a<x<l$ 구간에서 지점 A로부터 임의의 거리 x만큼 떨어진 단면에서의 굽힘모멘트 M은 다음과 같이 된다.

$$M = \frac{Pb}{l}x - P(x-a) \qquad ⓔ$$

이것을 처짐곡선의 미분방정식에 대입하면 다음과 같이 된다.

$$EI\frac{d^2y}{dx^2} = -\frac{Pb}{l}x + P(x-a) \qquad ⓕ$$

이 식을 거리 x에 관해서 두 번 적분하면 다음과 같다.

$$EI\frac{dy}{dx} = -\frac{Pb}{2l}x^2 + \frac{P}{2}(x-a)^2 + D_1 \qquad ⓖ$$

$$EIy = -\frac{Pb}{6l}x^3 + \frac{P}{6}(x-a)^3 + D_1x + D_2 \qquad ⓗ$$

여기서 $\int (x-a)^2 dx$의 계산은 $(x-a)=t$로 치환하여 구하였으며, 식 ⓒ, ⓓ, ⓖ, ⓗ에서 적분상수 C_1, C_2, D_1, D_2를 구하기 위하여 다음과 같이 경계조건을 적용한다.

거리 $x=a$인 곳에서는 처짐곡선의 기울기를 나타내는 식 ⓒ와 ⓖ는 서로 같아야

하므로 식 ⓒ와 식 ⓖ에 각각 $x=a$를 대입하고, 식 ⓒ=식 ⓖ하면

$$C_1 = D_1 \qquad ⓘ$$

을 얻는다.

또한 거리 $x=a$에서는 식 ⓓ와 ⓗ에서 구해지는 처짐량도 같아야 하므로, 식 ⓓ와 식 ⓗ에 각각 $x=a$를 대입하고 식 ⓓ=식 ⓗ하면

$$C_2 = D_2 \qquad ⓙ$$

를 얻는다.

또한 $x=0$에서 처짐량 $y=0$이므로, 이 조건을 식 ⓓ에 대입하면 적분상수 $C_2=0$가 되고 식 ⓙ에서의 관계로부터

$$D_2 = 0 \qquad ⓚ$$

가 된다.

또한 $x=l$에서 처짐량 $y=0$이므로 식 ⓗ와 식 ⓘ의 관계로부터 적분상수 D_1과 C_1은 다음 식과 같이 된다.

$$D_1 = C_1 = \frac{Pb}{6l}(l^2 - b^2) \qquad ⓛ$$

이와 같은 적분상수 C_1과 C_2의 값을 식 ⓒ와 식 ⓓ에 대입하여 정리하면 다음과 같이 처짐각과 처짐량에 대한 식을 구할 수 있다.

$$\frac{dy}{dx} = \frac{Pb}{6lEI}(l^2 - b^2 - 3x^2) \qquad ⓜ$$

$$y = \frac{Pbx}{6lEI}(l^2 - b^2 - x^2) \qquad ⓝ$$

따라서 지점 A에서의 처짐곡선의 기울기 θ_A는 식 ⓜ에 $x=0$을 대입하여 구할 수 있으며 그 값은 다음과 같이 된다.

$$\theta_A = \frac{Pb}{6lEI}(l^2 - b^2) = \frac{Pab}{6lEI}(l + b) \qquad ⓞ$$

또한 적분상수 D_1과 D_2의 값을 식 ⓖ와 식 ⓗ에 대입하여 정리하면 다음과 같다.

$$\frac{dy}{dx} = \frac{Pb}{6lEI}\left\{(l^2 - b^2) + \frac{3l}{b}(x-a)^2 - 3x^2\right\} \qquad ⓟ$$

$$y = \frac{Pb}{6lEI}\left\{\frac{l}{b}(x-a)^3 + (l^2-b^2)x - x^3\right\} \qquad ⓠ$$

지점 B에서의 처짐곡선의 기울기 θ_B는 식 ⓟ에서 $x=l$을 대입하여 구할 수 있으며 그 값은 다음과 같이 된다.

$$\begin{aligned}\theta_B &= \frac{dy}{dx} \\ &= \frac{Pb}{6lEI}\left\{(l^2-b^2) + \frac{3l}{b}(l-a)^2 - 3l^2\right\} \\ &= \frac{Pb}{6lEI}\{(l+b)(l-b) + 3lb - 3l^2\} \\ &= \frac{Pb}{6lEI}\{(l+b)a - 3l(l-b)\} \\ &= -\frac{Pab}{6lEI}(2l-b) \\ &= -\frac{Pab}{6lEI}(l+a) \qquad ⓡ\end{aligned}$$

하중이 작용하는 점 C에서의 처짐은 식 ⓝ 또는 식 ⓠ에 $x=a$를 대입하여 구할 수 있으며 그 값은 다음과 같이 된다.

$$y_c = \frac{Pa^2b^2}{3lEI} \qquad ⓢ$$

$a>b$일 때 최대 처짐이 생기는 위치는 하중의 작용점 C의 왼쪽 부분에서 일어날 것이 분명하므로 식 ⓜ에서 처짐곡선의 기울기 $\frac{dy}{dx}=0$으로 놓으면 다음과 같이 된다.

$$l^2 - b^2 - 3x^2 = 0$$

따라서 최대 처짐량이 발생하는 위치 x는 다음과 같이 된다.

$$x = \sqrt{(l^2-b^2)/3} \qquad ⓣ$$

최대 처짐량 $y_{\max}$은 식 ⓝ에 식 ⓣ의 x의 값을 대입하여 구할 수 있으며 그 값은 다음과 같이 된다.

$$y_{\max} = \frac{Pb}{9\sqrt{3}\,lEI}\sqrt{(l^2-b^2)^3} \qquad ⓤ$$

여기서 만약 $a=b=\frac{l}{2}$인 중앙점에 하중이 작용할 때에는 최대 처짐량은 하중의 작용점에서 일어나며, $a=b=\frac{l}{2}$을 식 ⓤ에 대입하면 그 값은 다음과 같다.

$$y_{\max}=\frac{Pl^3}{48EI} \quad ⓥ$$

또한 처짐곡선의 최대 처짐각 $\theta_{\max}$은 양단에서 발생하며 식 ⓞ에 $a=b=\frac{l}{2}$을 대입하면 다음과 같다.

$$\theta_{\max}=\frac{Pl^2}{16EI} \quad ⓦ$$

예제 1

지름 $d=20\,\text{cm}$이고 길이 $l=10\,\text{m}$인 단순보의 중앙에 집중하중 $P=30\,\text{kN}$이 작용한다. 최대 처짐각과 최대 처짐량을 구하라. 단, 보 재료의 종탄성계수 $E=200\,\text{GPa}$이다.

[풀이] 단면2차모멘트

$$I=\frac{\pi d^4}{64}=\frac{\pi\times0.2^4}{64}=7.85\times10^{-5}\,\text{m}^4$$

이므로 최대 처짐량

$$y_{\max}=\frac{Pl^3}{48EI}=\frac{30,000\times10^3}{48\times(200\times10^9)\times(7.85\times10^{-5})}=0.04\,\text{m}=4\,\text{cm}$$

최대 처짐각

$$\theta_{\max}=\frac{Pl^2}{16EI}=\frac{30,000\times10^2}{16\times(200\times10^9)\times(7.85\times10^{-5})}=0.012\,\text{rad}$$

8.1.6 한쪽 지점에서 굽힘모멘트를 받는 단순보의 처짐

그림 8·8과 같은 단순보의 점 B에서 굽힘모멘트 M_0가 작용하는 경우, 지점 A와 B에서의 처짐각 θ_A 및 θ_B는 다음과 같다.

$$\theta_A=\frac{M_0 l}{6EI}, \qquad \theta_B=-\frac{M_0 l}{3EI} \quad (1)$$

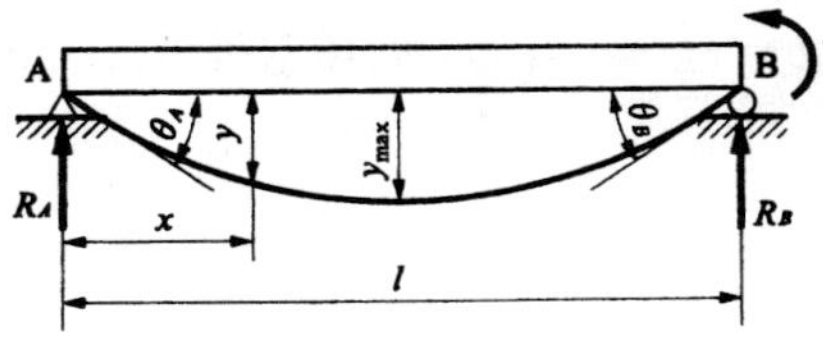

그림 8·8 굽힘모멘트 M_0를 받는 단순보의 처짐

또한 최대 처짐량 y_{max}은 $x=\frac{l}{\sqrt{3}}$의 위치에서 발생하며 그 값은 다음과 같다.

$$y_{max}=\frac{M_0 l^2}{9\sqrt{3}EI} \tag{2}$$

▶▶ **식의 유도**

우선 반력을 구하기 위하여 힘의 평형방정식을 적용하면

$$\Sigma F=R_A+R_B=0 \quad ⓐ$$

$$\Sigma M_B=R_A l-M_0=0 \quad ⓑ$$

이 되고, 식 ⓑ에서

$$R_A=\frac{M_0}{l}$$

을 얻을 수 있다.

따라서 지점 A로부터 임의의 거리 x의 단면에서의 굽힘모멘트는 다음과 같다.

$$M=M_0\frac{x}{l} \quad ⓒ$$

따라서 이를 처짐곡선의 미분방정식에 대입하면 다음과 같이 된다.

$$EI\frac{d^2y}{dx^2}=-M_0\frac{x}{l} \quad ⓓ$$

이 식을 거리 x에 대하여 두 번 적분하면 다음과 같이 된다.

$$EI\frac{dy}{dx}=-\frac{M_0x^2}{2l}+C_1 \quad ⓔ$$

$$EIy=-\frac{M_0x^3}{6l}+C_1x+C_2 \quad ⓕ$$

식 ⓔ, ⓕ에서 $x=0$에서 $y=0$, $x=l$에서 $y=0$라는 경계조건을 식 ⓕ에 대입하면 적분상수 C_1과 C_2는 다음과 같이 된다.

$$C_2=0$$

$$C_1=\frac{M_0 l}{6}$$

따라서 이와 같은 적분상수 C_1과 C_2의 값을 식 ⓔ와 식 ⓕ에 대입하면 다음과 같이 된다.

$$\frac{dy}{dx}=\frac{M_0}{6lEI}(l^2-3x^2) \tag{g}$$

$$y=\frac{M_0 x}{6lEI}(l^2-x^2) \tag{h}$$

최대 처짐은 $dy/dx=0$인 점에서 일어나므로 식 ⓖ에서 x의 값을 구하면 다음과 같다.

$$x=\frac{l}{\sqrt{3}} \tag{i}$$

이것을 식 ⓗ에 대입하면 최대 처짐량은 다음과 같이 된다.

$$y_{\max}=\frac{M_0 l^2}{9\sqrt{3}EI} \tag{j}$$

또한 지점 A와 B에서 탄성곡선의 기울기, 즉 처짐각은 식 ⓖ에 $x=0$과 $x=l$을 대입하여 구할 수 있으며 다음과 같이 된다.

$$\theta_A=\frac{M_0 l}{6EI}, \quad \theta_B=-\frac{M_0 l}{3EI} \tag{k}$$

예제 1

지름 $d=20$ cm이고 길이 $l=10$ m인 단순보의 한 지점 B에서 굽힘모멘트 $M_0=5$ kN·m가 작용한다. 지점 A 및 B에서의 처짐각과 최대 처짐량을 구하라. 단, 보 재료의 종탄성계수 $E=200$ GPa이다.

[풀이] 단면2차모멘트

$$I=\frac{\pi d^4}{64}=\frac{\pi\times 0.2^4}{64}=7.85\times 10^{-5}\,\mathrm{m}^4$$

이므로 최대 처짐량

$$y_{\max}=\frac{M_0 l^2}{9\sqrt{3}EI}=\frac{5,000\times 10^2}{9\sqrt{3}\times(200\times 10^9)\times(7.85\times 10^{-5})}=0.002\,\mathrm{m}$$
$$=0.2\,\mathrm{cm}$$

지점에서의 처짐각

$$\theta_A=\frac{M_0 l}{6EI}=\frac{5,000\times 10}{6\times 200\times 10^9\times 7.85\times 10^{-5}}=5.3\times 10^{-4}\,\mathrm{rad}$$

$$\theta_B=-\frac{M_0 l}{3EI}=-\frac{5,000\times 10}{3\times(200\times 10^9)\times(7.85\times 10^{-5})}=-10.6\times 10^{-4}\,\mathrm{rad}$$

8.1.7 양쪽 지점에서 굽힘모멘트를 받는 단순보의 처짐

그림 8·9와 같은 단순보의 양쪽 지점에서 굽힘모멘트 M_A, M_B가 작용하는 경우, 지점 A 및 B에서의 처짐각 θ_A 및 θ_B는 다음과 같다.

$$\theta_A=\frac{l}{6EI}(2M_A+M_B) \tag{1}$$

$$\theta_B=-\frac{l}{6EI}(2M_B+M_A) \tag{2}$$

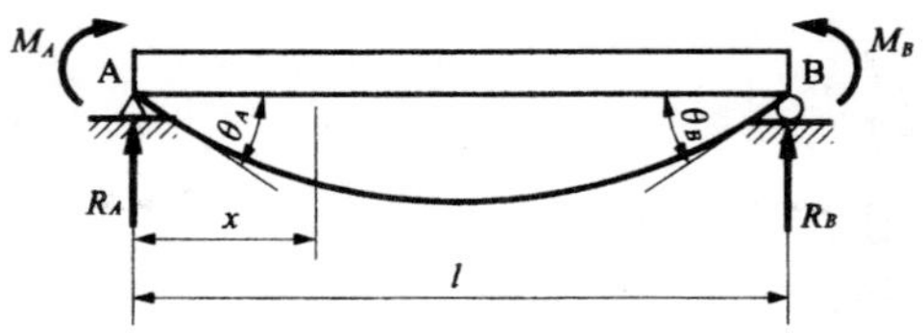

그림 8·9

▸▸ 식의 유도

평형방정식을 적용하여 반력 R_A 및 R_B를 구하면 다음과 같이 된다.

$$\Sigma F=R_A+R_B=0 \tag{a}$$

$$\Sigma M_A = -M_B - R_B l + M_A = 0 \qquad ⓑ$$

식 ⓑ로부터 반력 R_B는 다음과 같이 된다.

$$R_B = \frac{M_A - M_B}{l} \qquad ⓒ$$

식 ⓒ를 식 ⓐ에 대입하면 반력 R_A는 다음과 같다.

$$R_A = \frac{M_B - M_A}{l} \qquad ⓓ$$

지점 A로부터 임의의 거리 x만큼 떨어진 단면에 작용하는 굽힘모멘트 M_x는 다음과 같다.

$$M_x = R_A x + M_A = \frac{M_B - M_A}{l} x + M_A \qquad ⓔ$$

이것을 탄성곡선의 미분방정식에 대입하면 다음과 같다.

$$EI\frac{d^2y}{dx^2} = -\left(\frac{M_B - M_A}{l} x + M_A\right) \qquad ⓕ$$

이 식을 적분하면 다음과 같이 된다.

$$EI\frac{dy}{dx} = -\left(\frac{M_B - M_A}{l} \cdot \frac{x^2}{2} + M_A x + C_1\right) \qquad ⓖ$$

이 식을 다시 적분하면 다음과 같이 된다.

$$EIy = -\left(\frac{M_B - M_A}{l} \cdot \frac{x^3}{6} + M_A \frac{x^2}{2} + C_1 x + C_2\right) \qquad ⓗ$$

경계조건($x=0$과 $x=l$에서 $y=0$)을 식 ⓗ에 대입하면 적분상수 C_1, C_2는 다음과 같다.

$$C_1 = -\frac{l}{6}(2M_A + M_B)$$

$$C_2 = 0$$

따라서 임의의 위치 x에서의 처짐각 및 처짐량은 다음과 같다.

$$\frac{dy}{dx} = \frac{l}{6EI}\left[(2M_A + M_B) - 6M_A\frac{x}{l} - 3(M_B - M_A)\frac{x^2}{l^2}\right] \qquad ⓘ$$

$$y=\frac{lx}{6EI}\left[(2M_A+M_B)-3M_A\frac{x}{l}-(M_B-M_A)\frac{x^2}{l^2}\right] \qquad \text{ⓙ}$$

지점 A와 B에서의 처짐각은 식 ⓘ에 $x=0$ 또는 $x=l$을 대입하여 구할 수 있으며 그 값은 다음과 같다.

$$\theta_A=\frac{l}{6EI}(2M_A+M_B) \qquad \text{ⓚ}$$

$$\theta_B=-\frac{l}{6EI}(2M_B+M_A) \qquad \text{ⓛ}$$

8.2 면적모멘트법에 의한 보의 처짐해석

앞절에서와 같은 탄성곡선의 미분방정식을 이용한 방법보다 더욱 간단하게 보의 처짐각(기울기)과 처짐량을 구하는 방법으로 면적모멘트법이 있다.

면적모멘트법(area moment method)이란 굽힘모멘트 선도의 면적을 이용하여 보의 처짐각(기울기)과 처짐량을 도식적으로 간단히 구하는 방식으로, 다음과 같이 제1면적모멘트법과 제2면적모멘트법으로 구분된다.

1) 제1면적모멘트법

제1면적모멘트법이란 그림 8 · 10과 같이 "탄성곡선상의 임의의 두 점 A와 B에서 그은 두 접선 사이의 각 θ는 그 두 점 사이에 있는 굽힘모멘트 선도의 면적을 보의 굽힘강성 EI로 나눈 값과 같다"는 법칙으로 이를 '모어의 정리 (1)'이라고도 하며 식으로 표시하면 다음과 같다.

$$\theta=\frac{A_M}{EI} \qquad (1)$$

식에서 A_M은 굽힘모멘트 선도의 면적이고, E는 보 재료의 종탄성계수, I는 보 단면의 단면2차모멘트이다.

2) 제2면적모멘트법

제2면적모멘트법이란 그림 8 · 10과 같이 "처짐곡선의 임의의 한 점 A에서 그은 접선이 점 B 아래에서 만나는 점을 B′라고 하면, 거리 BB′는 두 점 AB 사이에 있는 굽힘모멘트 선도의 면적 A_M의 점 B에 대한 면적모멘트를 굽힘강성 EI로 나눈 값과

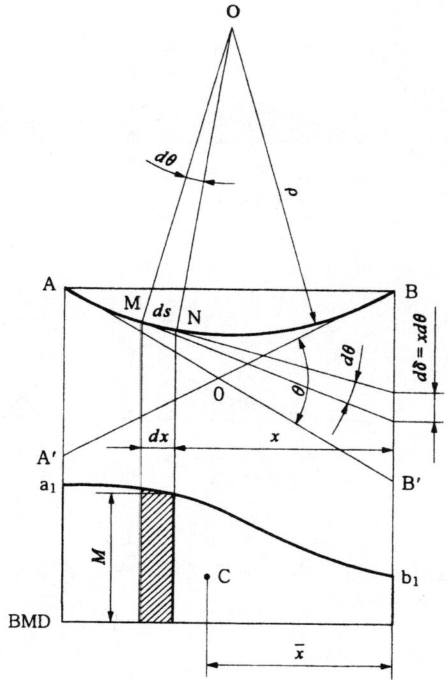

그림 8 · 10 보의 탄성곡선과 굽힘모멘트 선도(BMD)

같다"는 법칙으로 이를 '모어의 정리(2)'이라고도 하며 식으로 표시하면 다음과 같다.

$$y = \frac{A_M \bar{x}}{EI} \tag{2}$$

식에서 $\bar{x}$는 점 B로부터 굽힘모멘트 선도의 도심까지의 거리이다.

이와 같은 식 (1)과 (2)를 이용하여 보의 임의의 위치에서의 처짐각과 처짐량을 간단히 계산할 수 있다.

그런데 면적모멘트법을 이용하여 처짐각과 처짐량을 구하기 위해서는 사전에 굽힘모멘트 선도의 면적과 도심을 알지 않으면 안 된다. 따라서 일반적으로 많이 사용되고 있는 굽힘모멘트 선도의 면적과 도심에 관한 몇 가지 공식을 제시하면 그림 8 · 11과 같다.

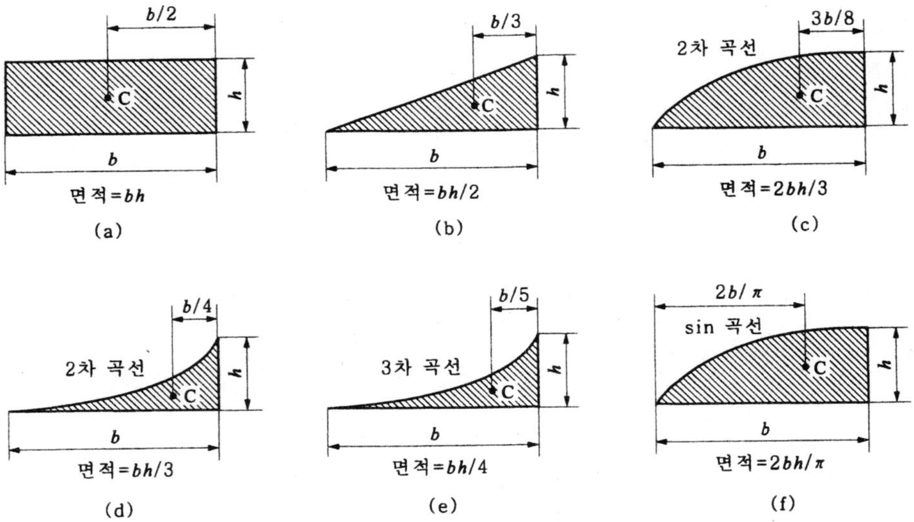

그림 8 · 11 여러 가지 도형의 면적과 도심

▸▸ 식 (1)의 유도

그림 8 · 10에서 선분 AB는 보의 처짐곡선의 일부분이고, 선분 a_1b_1은 그에 대응하는 굽힘모멘트 선도이다.

보의 처짐곡선상의 거리 ds만큼 떨어진 두 점 M과 N에서 그은 두 접선 및 법선 사이의 미소각을 $d\theta$, 보의 곡률 반지름을 ρ라 하면 $ds=\rho d\theta$, 즉 $d\theta=\frac{1}{\rho}ds$의 관계가 성립하고, 7.1의 식 (2)에서의 보의 곡률 반지름 ρ와 굽힘모멘트와의 관계식 $\frac{1}{\rho}=\frac{M}{EI}$을 이용하면 다음과 같은 관계식을 얻을 수 있다.

$$d\theta=\frac{1}{\rho}ds=\frac{M}{EI}ds \qquad ⓐ$$

일반적으로 구조물을 이루는 보의 곡률은 탄성한계 내에서는 매우 작으므로, 보가 처진 후의 미소길이 ds는 보가 처지기 전의 미소길이 dx와 거의 같다고 볼 수 있으므로 식 ⓐ는 다음과 같이 된다.

$$d\theta=\frac{M}{EI}dx \qquad ⓑ$$

식 ⓑ를 도식적으로 표현하면, 그림 8 · 10에서 굽힘모멘트 선도의 음영부분의 면적인 Mdx를 굽힘강성 EI로 나눈 것과 같다. 따라서 점 A의 접선과 점 B에서의 접선 사이의 각 θ는 다음과 같이 식 ⓑ를 적분하여 구할 수 있음을 알 수 있다.

$$\theta = \int_A^B \frac{M}{EI} dx = \frac{1}{EI} \int_A^B Mdx = \frac{A_M}{EI} \qquad ⓒ$$

식에서 $A_M = \int_A^B Mdx$로 굽힘모멘트 선도의 면적이다.

이 식을 모어의 정리(1)이라 하며, 이것은 "처짐곡선상의 두 점 A와 B에서 그은 두 접선 사이의 각은 그 두 점 사이에 낀 굽힘모멘트 선도의 면적을 그 보의 굽힘강성 EI로 나눈 것과 같다"는 것을 의미한다.

▶▶ 식 (2)의 유도

보의 곡률 반지름 ρ가 매우 크다고 하면 보가 처진 후의 처짐곡선상의 접선의 길이는 처지기 전의 보의 길이와 거의 같다고 볼 수 있으므로, 처짐곡선상의 점 M과 N에서 그은 접선들이 BB' 선과 만난 두 점 사이의 길이 $d\delta$는 다음과 같은 식으로 표시할 수 있다.

$$d\delta = x\,d\theta = x\frac{Mdx}{EI} \qquad ⓐ$$

이 식을 그림 8 · 10의 굽힘모멘트 선도와 비교하면, 굽힘모멘트 선도의 음영부분의 미소면적 Mdx의 점 B에 대한 면적모멘트를 EI로 나눈 것과 같은 것임을 알 수 있다.

따라서 이 식을 보의 전 길이에 대하여 적분하면 처짐곡선상의 임의의 한 점 A에서 그은 접선이 점 B 아래에서 만나는 점 B′와 점 B 사이의 거리 BB′가 된다.

$$\delta = \mathrm{BB}' = \int_A^B \frac{1}{EI} xMdx = \frac{1}{EI} \int_A^B xMdx = \frac{A_M \bar{x}}{EI} \qquad ⓑ$$

식에서 A_M은 AB 사이의 굽힘모멘트 선도의 면적이고, $\bar{x}$는 점 B에 대한 굽힘모멘트 선도의 도심까지의 거리이다.

또한 $A_M\bar{x}$는 굽힘모멘트 선도의 점 B에 대한 면적모멘트가 된다.

이것을 모어의 정리(2)라 하며, 이것은 "보의 처짐곡선상의 점 A에서 그은 접선이 점 B 아래에서 만나는 점 B′까지의 거리 BB′는 점 A와 점 B 사이에 있는 굽힘모멘트 선도의 점 B에 대한 면적모멘트를 그 보의 굽힘강성 EI로 나눈 것과 같다"는 것을 의미한다.

8.2.1 외팔보에서의 면적모멘트법의 적용

면적모멘트법을 이용하여 외팔보의 처짐각과 처짐량을 구하기 위해서는 다음과 같은 순서로 한다.

1) 그림 8 · 12와 같이 고정단에서 참조점 A를 잡는다. 이때 점 A에서 그은 접선은 수평선이 된다.
2) 탄성곡선상의 임의의 점 B에서의 접선의 기울기는 점 A에서의 접선과 이루는 사이각이므로 '모어의 정리(1)'을 적용하여, 점 B와 점 A 사이의 굽힘모멘트 선도의 면적을 EI로 나누면 점 B에서의 처짐각 θ가 된다.
3) 임의의 점 B에서의 처짐량을 y라 하면, 이는 탄성곡선상의 점 B로부터 점 A에서의 접선까지의 거리이다. 따라서 '모어의 정리(2)'를 적용하여 점 B와 점 A 사이의 굽힘모멘트 선도의 점 B에 대한 면적모멘트를 EI로 나누면 점 B에서의 처짐량 y가 된다.

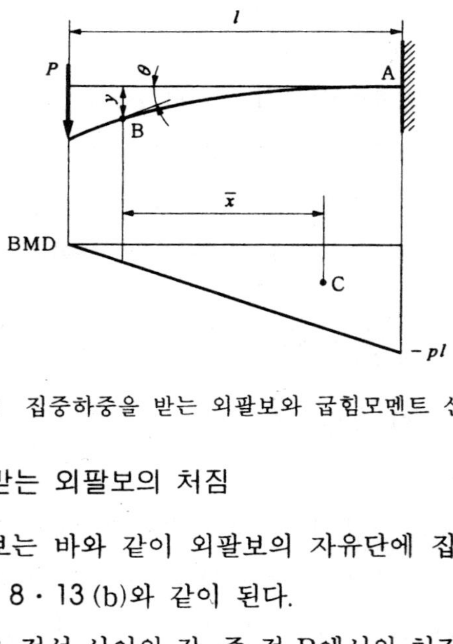

그림 8 · 12 집중하중을 받는 외팔보와 굽힘모멘트 선도(BMD)

8.2.1.1 집중하중을 받는 외팔보의 처짐

그림 8 · 13 (a)에서 보는 바와 같이 외팔보의 자유단에 집중하중 P가 작용할 때, 굽힘모멘트 선도는 그림 8 · 13 (b)와 같이 된다.

점 A와 점 B에서 그은 접선 사이의 각, 즉 점 B에서의 처짐각 θ_B가 최대 처짐각이 되므로 최대 처짐각 $\theta_{max} = \theta_B$는 다음과 같이 모어의 정리(1)을 적용하여 굽힘모멘트 선도 aba_1의 면적 A_M을 EI로 나누어 구한다.

(a)

(b)

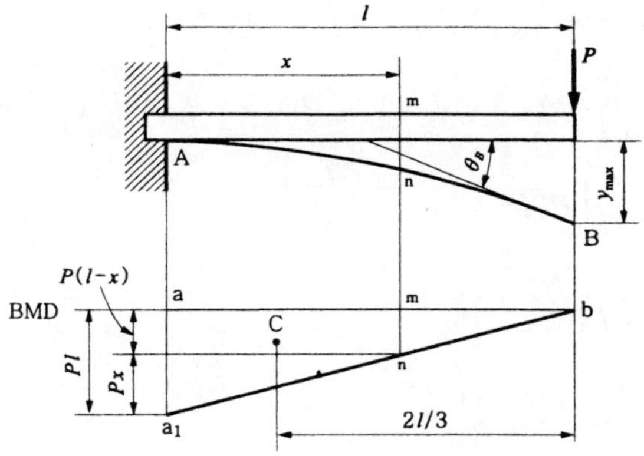

그림 8 · 13 집중하중 P를 받는 외팔보와 굽힘모멘트 선도(BMD)

$$\theta_{\max} = \theta_B = \frac{A_M}{EI} = \frac{pl \times l \times \frac{1}{2}}{EI} = \frac{Pl^2}{2EI}$$

최대 처짐량 $y_{\max}$는 하중작용점인 점 B에서 생기므로, 다음과 같이 모어의 정리(2)를 적용하여 모멘트선도 aba_1의 점 b에 대한 면적모멘트를 굽힘강성 EI로 나누면 최대 처짐량 $y_{\max}$가 된다.

$$y_{\max} = \frac{A_M \bar{x}}{EI} = \frac{\left(Pl \times l \times \frac{1}{2}\right) \times \frac{2}{3}l}{EI} = \frac{Pl^3}{3EI}$$

이 식들은 처짐곡선의 미분방정식을 이용하여 구한 앞에서의 결과와 일치한다는 것을 알 수 있다.

한편 보의 고정단으로부터 임의의 거리 x만큼 떨어진 단면 mn에 있어서의 처짐각과 처짐량은 다음과 같이 구한다.

우선 처짐각 θ는 다음과 같이 굽힘모멘트 선도 mna_1a의 면적을 굽힘강성 EI로 나누어 구한다.

$$\theta = \frac{A_M}{EI} = \frac{1}{EI}\left\{\frac{Pl \times l}{2} - \frac{P(l-x)(l-x)}{2}\right\}$$
$$= \frac{P}{2EI}[l^2 - (l-x)^2] = \frac{P}{2EI}(2lx - x^2)$$

또한 처짐량 y는 굽힘모멘트 선도 mna_1a의 점 m에 관한 면적모멘트를 굽힘강성 EI로 나눈 값과 같은데, 계산의 편의상 다음과 같이 굽힘모멘트 선도 mna_1a의 면적 모멘트는 직사각형과 삼각형으로 나누어 계산한다.

$$\begin{aligned} y &= \frac{1}{EI}\left\{P(l-x)x \times \frac{x}{2} + Px \times x \times \frac{1}{2} \times \frac{2}{3}x\right\} \\ &= \frac{1}{EI}\left\{P(l-x)\frac{x^2}{2} + \frac{Px^3}{3}\right\} \\ &= \frac{P}{EI}\left(\frac{lx^2}{2} - \frac{x^3}{6}\right) \\ &= \frac{Px^2}{6EI}(3l-x) \end{aligned}$$

8.2.1.2 등분포하중을 받는 외팔보의 처짐

그림 8 · 14 (a)와 같은 외팔보에 등분포하중 p가 작용할 때의 처짐각과 처짐량을 면적모멘트법을 사용하여 구해보자.

이때 모멘트선도를 도시하면 그림 8 · 14 (b)와 같은 2차곡선이 된다.

우선 최대 처짐각 θ_{max}는 자유단인 점 B에서 생기므로 최대 처짐각 $\theta_{max} = \theta_B$는 모어의 정리(1)에 의하여 다음과 같이 구할 수 있다.

$$\theta_{max} = \theta_B = \frac{A_M}{EI} = \frac{1}{EI}\frac{\left(l \times \frac{1}{2}pl^2\right)}{3} = \frac{pl^3}{6EI}$$

(a)

(b)

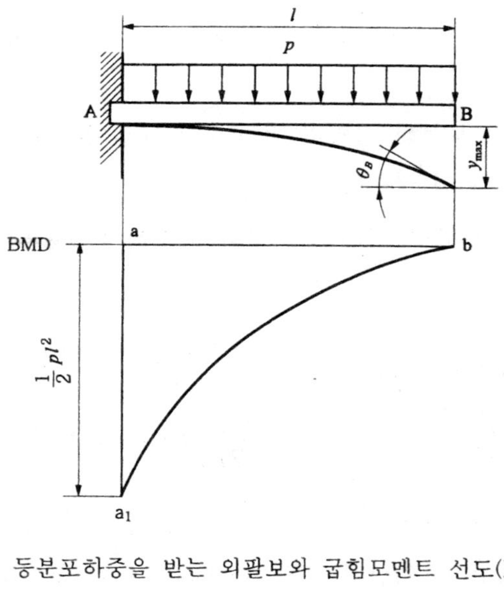

그림 8 · 14 등분포하중을 받는 외팔보와 굽힘모멘트 선도(BMD)

최대 처짐량 y_{max}도 자유단인 점 B에서 생기므로, 모어의 정리(2)에 의하여 모멘트 선도의 점 B에 대한 면적모멘트를 굽힘강성 EI로 나누어 구하면 다음과 같이 된다.

$$y_{max} = \frac{A_M \bar{x}}{EI} = \frac{1}{EI}\left(\frac{pl^3}{6} \times \frac{3l}{4}\right) = \frac{pl^4}{8EI}$$

이 식들은 처짐곡선의 미분방정식을 이용하여 구한 앞에서의 결과와 일치한다는 것을 알 수 있다.

8.2.2 단순보에서의 면적모멘트법의 적용

1) 그림 8·15와 같이 처짐곡선상의 왼쪽의 지점 A에서 접선을 그린다.
2) 오른쪽의 지점 B로부터 1)에서 구한 접선까지의 거리 δ를 구한다. 이때 δ는 '모어의 정리(2)'를 적용하여 A, B구간 사이에 있는 굽힘모멘트 선도의 지점 B에 대한 면적모멘트를 EI로 나누어 구한다.
3) 임의의 거리 x에서의 처짐량 y는 다음과 같이 구한다.

$$y = \text{ef} = \text{eg} - \text{fg} = x\theta_A - \text{fg}$$

식에서 fg는 처짐곡선상의 점 f로부터 점 A에서의 접선까지의 거리이므로 '모어의 정리(2)'를 적용하여 A-e 사이의 굽힘모멘트 선도의 점 e에 대한 면적모멘트를 취한 후 EI로 나누면 fg가 된다.

4) 점 A에서의 접선의 기울기 θ_A는 $\theta_A = \frac{\delta}{l}$의 관계로부터 구한다.

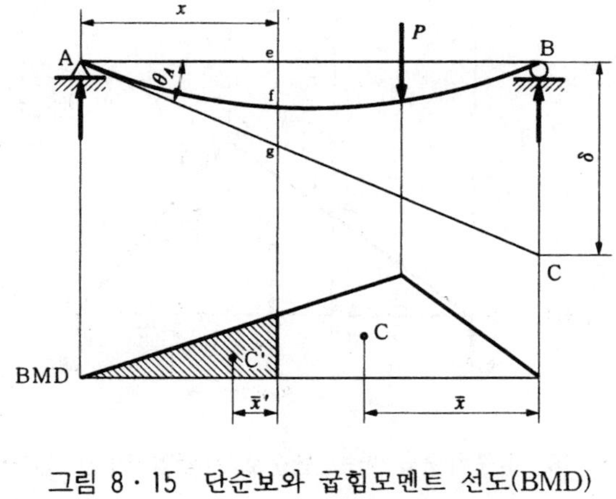

그림 8·15 단순보와 굽힘모멘트 선도(BMD)

8.2.2.1 집중하중을 받는 단순보의 처짐

그림 8 · 16 (a)와 같은 단순보의 점 F에서 집중하중 P를 받을 때 굽힘모멘트 선도는 그림 8 · 16 (b)와 같은 삼각형 형태로 된다. 이때 굽힘모멘트 선도의 전체면적 $a_1f_1b_1$은 $l\times\frac{Pab}{l}\times\frac{1}{2}=\frac{Pab}{2}$이고, 점 b_1으로부터 도심 C까지의 거리는 $\frac{l+b}{3}$가 된다.

따라서 지점 A에서의 처짐곡선의 접선이 지점 B 아래에서 만나는 점을 B′라고 하면, 거리$\mathrm{BB}'=\delta$는 모어의 정리(2)에 의하여 다음과 같이 된다.

$$\delta=\frac{A_M\bar{x}}{EI}=\frac{1}{EI}\times\frac{Pab}{2}\times\frac{l+b}{3}=\frac{Pab(l+b)}{6EI}$$

또한 △ABB′에서 $\tan\theta_A=\frac{\delta}{l}$가 되며, θ_A가 rad 단위이고 그 값이 작다고 하면 $\tan\theta_A\approx\theta_A$이므로 지점 A에서의 처짐각 θ_A는 다음과 같이 된다.

$$\theta_A=\frac{\delta}{l}=\frac{Pab(l+b)}{6lEI}$$

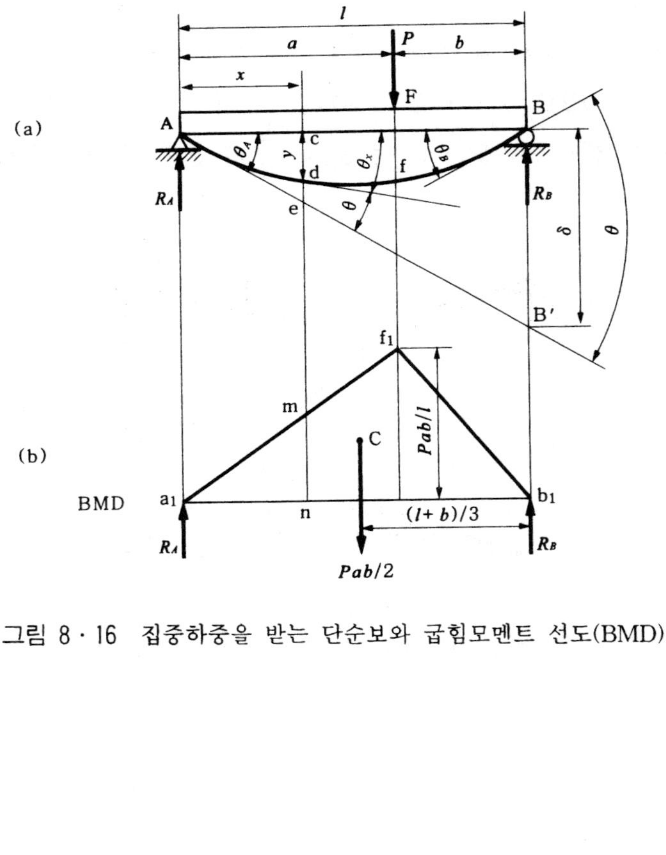

그림 8 · 16 집중하중을 받는 단순보와 굽힘모멘트 선도(BMD)

다음에 지점 B에서의 처짐각 θ_B를 계산하기 위하여 "처짐곡선상의 두 점 A와 B에서 그은 두 접선 사이의 각은 그 두 점 사이에 낀 굽힘모멘트 선도의 면적을 그 보의 굽힘강성 EI로 나눈 것과 같다"는 모어의 정리(1)에 의거하여 처짐곡선상의 두 점 A와 B에서 그은 두 접선 사이의 각 θ를 구하면 다음과 같다.

$$\theta = \frac{A_M}{EI} = \frac{Pab}{2EI}$$

따라서 지점 B에서의 처짐각 θ_B는 다음과 같이 구할 수 있다.

$$\theta_B = \theta - \theta_A = \frac{Pab}{2EI} - \frac{Pab(l+b)}{6lEI}$$
$$= \frac{Pab(l+a)}{6lEI}$$

이 식들은 처짐곡선의 미분방정식에 의한 결과와 일치한다는 것을 알 수 있다.

다음에 지점 A로부터 임의의 거리 x만큼 떨어진 단면에서의 처짐량 y는 다음과 같이 구한다.

$$y = \text{선분 ce} - \text{선분 de} \qquad ⓐ$$

△Ace에서 선분 ce는 다음과 같다.

$$\text{선분 ce} = x\theta_A = \frac{Pab(l+b)x}{6lEI} \qquad ⓑ$$

또한 선분 de는 접선지점 A에서의 접선상의 점 e로부터 탄선곡선상의 점 d까지의 거리이므로 모어의 정리(2)를 적용하면 다음과 같다.

$$\text{선분 } de = \frac{A_M\bar{x}}{EI} = \frac{1}{EI} \times (\triangle a_1\text{mn의 면적}) \times \frac{x}{3}$$
$$= \frac{1}{EI} \times \left(\frac{Pbx}{l} \times x \times \frac{1}{2}\right) \times \frac{x}{3} \qquad ⓒ$$
$$= \frac{Pbx^3}{6lEI}$$

따라서 식 ⓑ 및 식 ⓒ를 식 ⓐ에 대입하여 정리하면 처짐량 y는 다음과 같이 된다.

$$y = \frac{Pab(l+b)x}{6lEI} - \frac{Pbx^3}{6lEI} = \frac{Pbx}{6lEI}(l^2 - b^2 - x^2) \qquad ⓓ$$

한편 최대 처짐량 y_{max}은 $\frac{dy}{dx}=0$인 곳에서 발생하므로

$$\frac{dy}{dx}=\frac{Pb}{6lEI}(l^2-b^2-3x^2)=0$$

에서 최대 처짐이 발생하는 위치 x는 다음과 같다.

$$x=\sqrt{\frac{l^2-b^2}{3}} \qquad ⓔ$$

이 값을 식 ⓓ에 대입하면 최대 처짐량 y_{max}은 다음과 같이 된다.

$$y_{max}=\frac{Pb}{6lEI}\sqrt{\frac{l^2-b^2}{3}}\left(l^2-b^2-\frac{l^2-b^2}{3}\right)=\frac{Pb\sqrt{(l^2-b^2)^3}}{9\sqrt{3}lEI}$$

8.2.2.2 등분포하중을 받는 단순보의 처짐

그림 8 · 17 (a)와 같이 등분포하중을 받는 경우의 굽힘모멘트 선도는 그림 8 · 17 (b)와 같으며, 이와 같은 굽힘모멘트 선도의 면적은 그림 8 · 11 (c)의 공식으로부터 다음과 같이 된다.

$$A_M=\frac{2}{3}\times l\times\frac{pl^2}{8}=\frac{pl^3}{12}$$

따라서 지점 A에서의 처짐곡선의 접선이 지점 B의 아래에서 만나는 점을 B′라고 하면 길이 BB′ = δ는 다음 식과 같이 된다.

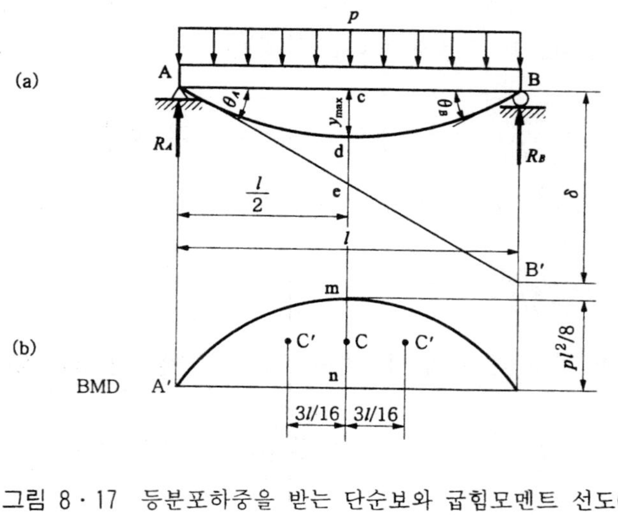

그림 8 · 17 등분포하중을 받는 단순보와 굽힘모멘트 선도(BMD)

$$\delta = \frac{A_M \bar{x}}{EI} = \frac{1}{EI} \times \frac{pl^3}{12} \times \frac{l}{2} = \frac{pl^4}{24EI} \quad ⓐ$$

따라서 점 A에서의 처짐각 θ_A는 다음과 같다.

$$\theta_A = \frac{\delta}{l} = \frac{pl^3}{24EI} \quad ⓑ$$

이때 양단에서의 처짐각은 같으므로 점 B에서의 처짐각은 다음과 같다.

$$\theta_B = \theta_A = \frac{pl^3}{24EI} \quad ⓒ$$

다음에 최대 처짐량은 보의 중앙$\left(\frac{l}{2}\right)$에서 발생하므로 최대 처짐량 y_{max}은 다음과 같다.

$$y_{max} = \text{선분 ce} - \text{선분 de} \quad ⓓ$$

여기서 선분 ce는 △Ace로부터 다음과 같이 구한다.

$$\text{선분 ce} = \frac{l}{2}\theta_A = \frac{pl^3}{24EI} \times \frac{l}{2} = \frac{pl^4}{48EI} \quad ⓔ$$

또한 선분 de는 접선 AB′선상의 점 e로부터 처짐곡선상의 점 d까지의 거리이므로 모어의 정리(2)를 적용하면 다음과 같다.

$$\begin{aligned}\text{선분 de} &= \frac{A_M \bar{x}}{EI} \\ &= \frac{1}{EI} \times (\text{굽힘모멘트 선도 A}'\text{mn의 면적}) \times \frac{3}{16}l \\ &= \frac{1}{EI} \times \left\{\frac{2}{3} \times \frac{l}{2} \times \frac{pl^2}{8}\right\} \times \frac{3}{16}l = \frac{3pl^4}{384EI} \quad ⓕ\end{aligned}$$

따라서 식 ⓔ 및 식 ⓕ를 식 ⓓ에 대입하여 정리하면 최대 처짐량 y_{max}는 다음과 같이 된다.

$$y_{max} = \frac{5pl^4}{384EI} \quad ⓖ$$

8.2.2.3 굽힘모멘트를 받는 단순보의 처짐

그림 8 · 18 (a)에서 보는 바와 같은 길이 l인 단순보의 지점 B에서 시계반대방향으로 굽힘모멘트 M_0가 작용할 경우, 보의 최대 처짐이 일어나는 위치와 최대 처짐량 y_{max}을 면적모멘트법에 의하여 구해보자.

굽힘모멘트 선도(BMD)는 그림 8 · 18 (b)와 같으며, 이로부터 처짐곡선상의 점 A에서의 접선이 지점 B의 아래에서 만나는 점을 B′라 할 때 BB′는 다음과 같다.

$$\mathrm{BB}' = \frac{A_M \bar{x}}{EI} = \frac{M_0 l}{2EI} \times \frac{l}{3} = \frac{M_0 l^2}{6EI} \qquad ⓐ$$

따라서 지점 A에서의 처짐곡선의 접선각

$$\theta_A = \frac{\mathrm{BB}'}{l} = \frac{M_0 l^2}{6EIl} = \frac{M_0 l}{6EI} \qquad ⓑ$$

이 되고, 지점 A로부터 임의의 거리 x의 지점에서 발생되는 처짐량 y는 다음과 같다.

$$\begin{aligned} y &= \text{선분 ce} - \text{선분 de} \\ &= x\theta_A - \frac{1}{EI}(\text{BMD의 } a\text{mn의 면적}) \times \frac{x}{3} \\ &= \frac{M_0 l}{6EI}x - \frac{1}{EI} \times \frac{M_0 x^2}{2l} \times \frac{x}{3} \\ &= \frac{M_0 lx}{6EI}\left(1 - \frac{x^2}{l^2}\right) \qquad ⓒ \end{aligned}$$

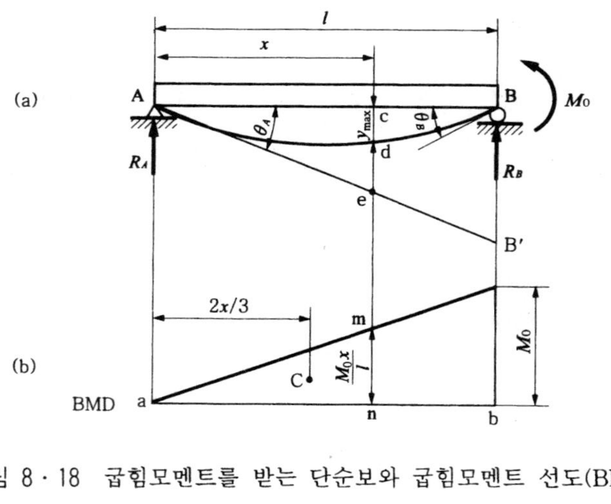

그림 8 · 18 굽힘모멘트를 받는 단순보와 굽힘모멘트 선도(BMD)

최대 처짐은 $\frac{dy}{dx}=0$인 곳에서 발생하므로

$$\frac{dy}{dx}=\frac{M_0 l}{6EI}\left(1-\frac{3x^2}{l^2}\right)=0$$

이고, 이 식으로부터 최대 처짐이 발생하는 위치 x를 구하면 다음과 같다.

$$x=\frac{l}{\sqrt{3}} \qquad ⓓ$$

따라서 식 ⓓ를 식 ⓒ에 대입하면 다음과 같은 최대 처짐량 y_{max}을 얻을 수 있다.

$$y_{max}=\frac{M_0 l^2}{9\sqrt{3}EI}$$

8.3 중첩법에 의한 보의 처짐해석

두 개 이상의 하중이 동시에 작용하는 경우에 발생하는 임의의 단면의 처짐각과 처짐량은 각 하중들이 개별로 작용할 때 발생하는 처짐각과 처짐량을 합하여 구할 수 있는데, 이와 같은 방법을 **중첩법(重疊法**, method of superposition)이라고 한다.

8.3.1 두 개의 집중하중을 받는 외팔보의 처짐

그림 8·19(a)와 같이 두 개의 집중하중 P_1과 P_2를 받고 있는 외팔보의 자유단에서의 처짐량을 중첩법을 사용하여 구해보자. 여기서는 각 하중에 의한 처짐량을 면적모멘트법을 사용하여 구해보기로 한다.

우선 보에는 하중 P_1만이 작용한다고 가정하고 보의 고정단으로부터 하중작용점 P_1 사이의 어느 단면까지 임의의 거리 x를 취한 다음, 이 단면에 작용하는 굽힘모멘트 M_1을 구하면 다음 식과 같다.

$$M_1=-P_1(a-x)$$

이때 보의 고정단, 즉 $x=0$에서의 굽힘모멘트는 다음과 같이 된다.

$$M_{1,x=0}=-P_1 a$$

이에 대한 굽힘모멘트 선도를 그리면 그림 8·19(b)와 같다.

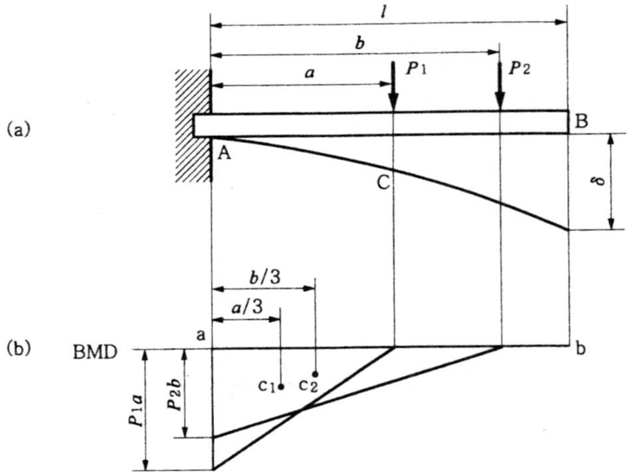

그림 8 · 19 두 개의 집중하중을 받는 외팔보와 굽힘모멘트 선도(BMD)

따라서 집중하중 P_1에 의하여 보의 자유단에 발생하는 처짐량 y_1을 면적모멘트법을 적용하여 구하면 다음과 같이 된다.

$$y_1 = \frac{A_M \bar{x}}{EI} = \frac{1}{EI}\frac{P_1 aa}{2}\left(l - \frac{a}{3}\right) = \frac{P_1 a^2(3l - a)}{6EI} \quad ⓐ$$

또한 보의 고정단으로부터 하중작용점 P_1과 P_2 사이의 어느 단면까지 임의의 거리 x를 취했을 때, 이 단면에 작용하는 굽힘모멘트 M_2는 다음 식과 같다.

$$M_2 = -P_2(b - x)$$

따라서 보의 고정단, 즉 $x=0$에서의 굽힘모멘트 M_2는 다음과 같이 된다.

$$M_{2,x=0} = -P_2 b$$

이에 대한 굽힘모멘트 선도를 그리면 그림 8 · 19 (b)와 같다.

따라서 집중하중 P_2에 의하여 보의 자유단에 발생하는 처짐량 y_2를 면적모멘트법을 적용하여 구하면 다음과 같이 된다.

$$y_2 = \frac{A_M \bar{x}}{EI} = \frac{1}{EI}\frac{P_2 bb}{2}\left(l - \frac{b}{3}\right) = \frac{P_2 b^2(3l - b)}{6EI} \quad ⓑ$$

따라서 집중하중 P_1과 P_2에 의하여 보의 자유단에 발생하는 처짐량 y는 다음과 같이 된다.

$$y=y_1+y_2=\frac{P_1a^2(3l-a)}{6EI}+\frac{P_2b^2(3l-b)}{6EI} \quad ⓒ$$

만일 $P=P_1=P_2$이고 $a=l/3$, $b=2l/3$이면 식 ⓒ는 다음과 같이 간단하게 된다.

$$y=\frac{2Pl^3}{9EI} \quad ⓓ$$

8.3.2 균일분포하중과 집중하중을 동시에 받는 외팔보의 처짐

그림 8·20(a)와 같이 균일분포하중 p와 집중하중 P를 동시에 받고 있는 외팔보의 최대 처짐각과 최대 처짐량을 중첩법을 사용하여 구해보자.

우선 집중하중 P가 자유단에 작용하는 경우 보의 고정단으로부터 임의의 거리 x의 단면에 발생하는 굽힘모멘트 M_1을 구하면 다음과 같이 된다.

$$M_1=-P(l-x)$$

여기서 고정단, 즉 $x=0$에서의 굽힘모멘트 M_1은 다음과 같이 된다.

$$M_1=-Pl$$

이에 대한 굽힘모멘트 선도를 그리면 그림 8·20(b)와 같이 된다.

따라서 면적모멘트법을 적용하여 집중하중 P에 의하여 보의 자유단에 발생하는 처짐각 θ_1과 처짐량 y_1을 구하면 다음과 같이 된다.

$$\theta_1=\frac{A_M}{EI}=\frac{Pl^2}{2EI} \quad ⓐ$$

$$y_1=\frac{A_M\bar{x}}{EI}=\frac{Pl^2}{2EI}\times\frac{2}{3}l=\frac{Pl^3}{3EI} \quad ⓑ$$

다음에 균일분포하중 p가 보의 전 길이에 걸쳐 작용할 때, 보의 고정단으로부터 임의의 거리 x의 위치에 있는 단면에 발생하는 굽힘모멘트 M_2는 다음과 같이 된다.

$$M_2=-\frac{p}{2}(l-x)^2$$

여기서 고정단, 즉 $x=0$에서의 굽힘모멘트 M_2는 다음과 같이 된다.

$$M_2=-\frac{pl^2}{2}$$

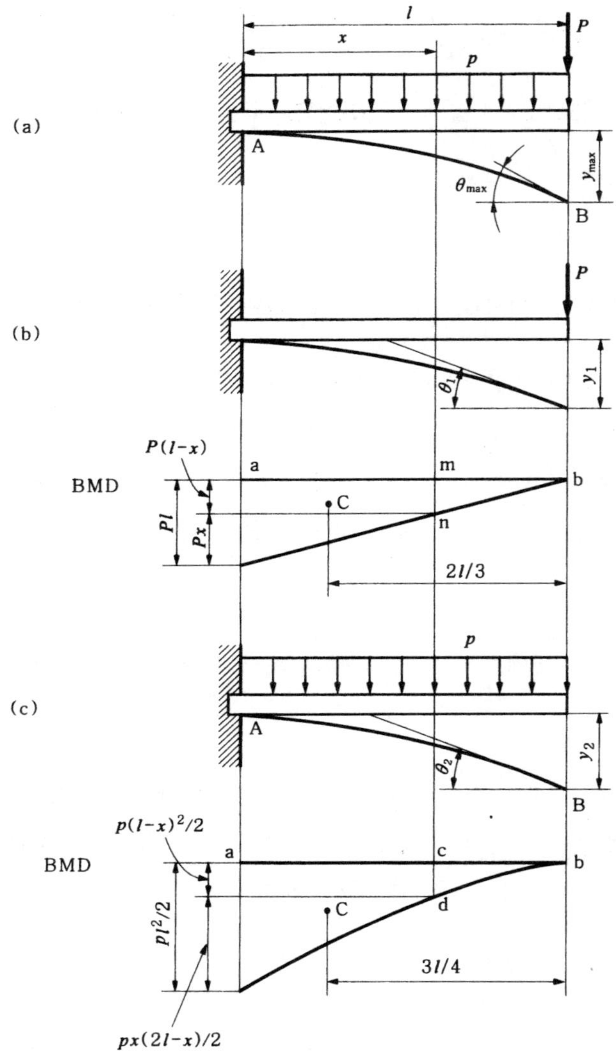

그림 8 · 20 균일분포하중 p와 집중하중 P를 동시에 받는 외팔보와 굽힘모멘트 선도(BMD)

이에 대한 굽힘모멘트 선도를 그리면 그림 8 · 20 (c)와 같이 된다.

따라서 균일분포하중 p가 작용할 때 자유단의 처짐각 θ_2와 처짐량 y_2는 면적모멘트법에 의하여 다음과 같이 구할 수 있다.

$$\theta_2 = \frac{A_M}{EI} = \frac{pl^3}{6EI} \quad ⓒ$$

$$y_2 = \frac{A_M \bar{x}}{EI} = \frac{pl^3}{6EI} \times \frac{3l}{4} = \frac{pl^4}{8EI} \quad ⓓ$$

최대 처짐각과 최대 처짐량은 보의 자유단에서 발생하므로 집중하중 P와 균일분포하중 p에 의한 최대 처짐각 $\theta_{\max}$과 최대 처짐량 $y_{\max}$은 다음과 같이 된다.

$$\theta_{\max}=\theta_1+\theta_2=\frac{Pl^2}{2EI}+\frac{pl^3}{6EI}=\frac{l^2}{6EI}(3P+pl) \quad ⓔ$$

$$y_{\max}=y_1+y_2=\frac{Pl^3}{3EI}+\frac{pl^4}{8EI}=\frac{l^3}{24EI}(8P+3pl) \quad ⓕ$$

8.3.3 돌출된 부분에 등분포하중을 받는 돌출보의 처짐

그림 8・21 (a)에서 보는 바와 같이 돌출된 부분에 균일분포하중 p가 작용하는 보의 경우 점 C에서의 처짐량을 구해보자.

이때 우선 보의 지점 A, B 사이의 단면에는 그림 8・21 (b)와 같이 지점 B에 굽힘모멘트 $M_B=pa^2/2$을 받는 단순보로 가정하여 해석한다.

이에 대한 굽힘모멘트 선도(BMD)는 그림 8・21 (c)와 같으며, 이로부터 처짐곡선의 점 A에서의 접선이 지점 B의 위에서 만나는 점을 B′라 할 때 BB′는 다음과 같이 된다.

$$\mathrm{BB'}=\delta_b=\frac{A_M\bar{x}}{EI}=\frac{1}{EI}\frac{pa^2}{2}\frac{l}{2}\frac{l}{3}=\frac{pa^2l^2}{12EI} \quad ⓐ$$

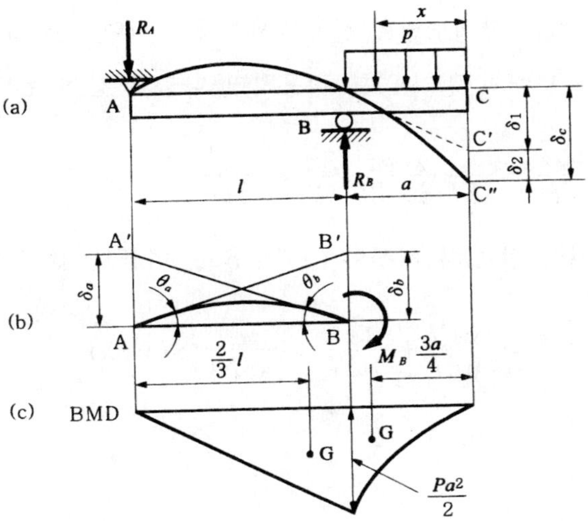

그림 8・21 돌출된 부분에 등분포하중을 받는 돌출보

따라서 지점 A에서의 처짐곡선의 접선각 θ_a는 다음과 같이 된다.

$$\theta_a = \frac{\delta_b}{l} = \frac{pa^2 l}{12EI} \qquad ⓑ$$

또한 처짐곡선의 점 B에서의 접선이 지점 A의 위에서 만나는 점을 A′라 할 때 AA′는 다음과 같이 된다.

$$AA' = \delta_a = \frac{1}{EI}\frac{pa^2}{2}\frac{l}{2}\frac{2l}{3} = \frac{pa^2 l^2}{6EI}$$

따라서 지점 B에서의 처짐곡선의 접선각 θ_b는 다음과 같이 된다.

$$\theta_b = \frac{\delta_a}{l} = \frac{pa^2 l}{6EI}$$

이로부터 자유단 C에 대한 처짐량은 다음과 같이 구할 수 있다.

우선 굽힘모멘트 M_B에 의하여 지점 B에서 처짐곡선상의 접선의 회전으로 인한 자유단 C의 처짐은 점 C′에 오게 되며, 이때의 처짐량 δ_1은 다음과 같이 된다.

$$\delta_1 = \theta_b a = \frac{pa^3 l}{6EI}$$

그런데 자유단 C는 돌출부분에 작용하는 등분포하중으로 인하여 이보다 더 많은 처짐을 일으키게 되어 점 C″까지 오게 된다. 여기서 $C'C'' = \delta_2$는 다음과 같이 구한다.

2차 곡선을 이루고 있는 굽힘모멘트 선도에서 2차 곡선면의 도심까지의 거리는 $3a/4$이므로, 처짐량 δ_2는 모어의 정리(2)를 적용하면 다음과 같이 된다.

$$\delta_2 = \frac{A_M \bar{x}}{EI} = \frac{1}{EI}\frac{a}{3}\frac{pa^2}{2}\frac{3a}{4} = \frac{pa^4}{8EI}$$

따라서 돌출부 끝단의 점 C의 처짐량 $CC'' = \delta_c$는 다음과 같이 된다.

$$\delta_c = \delta_1 + \delta_2 = \frac{pa^3 l}{6EI} + \frac{pa^4}{8EI} = \frac{pa^3}{48EI}(8l + 6a)$$

8.4 탄성변형 에너지법에 의한 보의 처짐해석

보에 하중이 작용하면 보가 구부러지면서 처짐이 발생한다.

이때 하중의 작용점이 이동하며 일을 하게 되고, 이 일은 탄성변형 에너지의 형태로 보 속에 저장된다. 이와 같은 일과 탄성변형 에너지 사이의 관계를 이용하여 보의 처짐을 해석할 수 있다.

그림 8・22와 같이 외팔보의 자유단에 집중하중 P가 작용하는 경우를 예로 들면, 굽힘모멘트 $M=Pl$로 인하여 보가 구부러질 때 보 속에 저장되는 탄성변형 에너지는 다음 식으로 주어진다.

$$\text{탄성변형 에너지 } U=\int_0^l \frac{M^2}{2EI}\,dx \tag{1}$$

식에서 E는 보재료의 종탄성계수, I는 보단면의 단면2차모멘트이다.

이와 같은 탄성변형 에너지 U는 하중 P가 보를 δ만큼 처지게 하면서 이동한 일 $W=\dfrac{1}{2}P\delta$와 같아야 하므로 다음과 같은 관계식이 성립한다.

$$\frac{1}{2}P\delta=\int_0^l \frac{M^2}{2EI}\,dx \tag{2}$$

이와 같은 관계식으로부터 처짐량 δ를 구할 수 있는데 이것을 탄성변형 에너지법이라 한다.

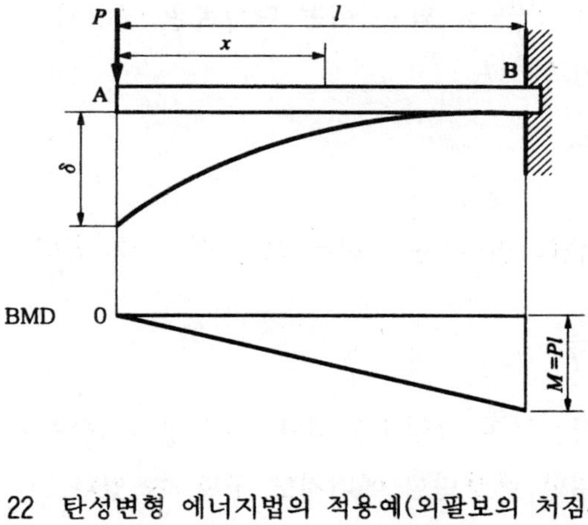

그림 8・22 탄성변형 에너지법의 적용예(외팔보의 처짐과 BMD)

▶▶ 식 (1)의 유도

그림 8·23과 같은 순수 굽힘모멘트를 받는 단순보의 경우를 예로 들어보자.

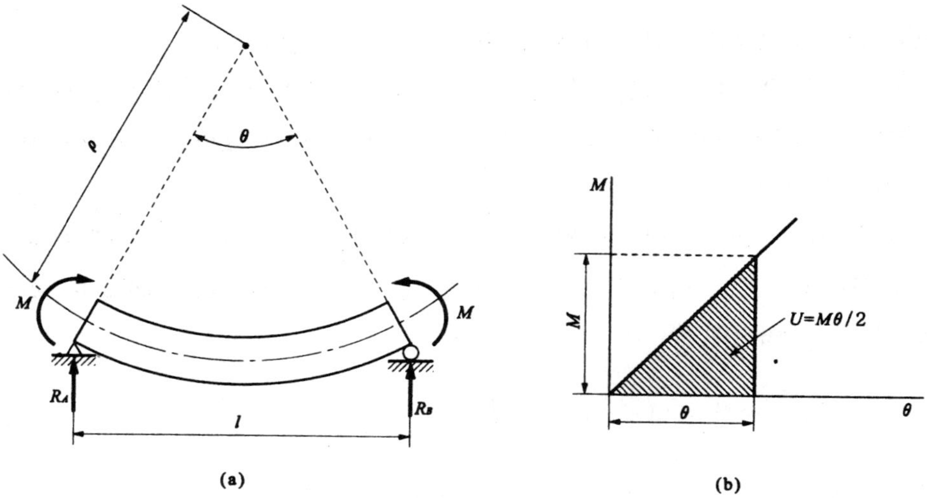

그림 8·23 순수 굽힘모멘트를 받는 보

굽힘모멘트는 보의 전 길이에 걸쳐 균일하게 작용하므로 탄성곡선은 곡률 $1/\rho=\theta/l=M/EI$을 만족하는 원호가 되며, 원호상에서 중심각 θ는 다음 식과 같이 된다.

$$\theta=\frac{Ml}{EI} \tag{a}$$

이때 중심각 θ는 굽힘모멘트 M에 비례하므로 굽힘모멘트가 한 일은 그림 8·20 (b)의 음영부분의 면적 $\frac{M\theta}{2}$로 되고, 이는 탄성변형 에너지 U의 형태로 보 속에 저장되므로 다음 식을 만족한다.

$$U=\frac{M\theta}{2} \tag{b}$$

식 ⓑ에 식 ⓐ를 대입하면 다음과 같은 식을 얻을 수 있다.

$$U=\frac{M^2 l}{2EI} \tag{c}$$

이와 같은 원리를 이용하여 그림 8·24와 같이 보의 단면의 위치에 따라 굽힘모멘트가 변화하는 보에 대한 탄성변형 에너지도 구할 수 있다.

즉 미소길이 dx의 양단에 작용하는 굽힘모멘트의 변화는 무시할 수 있으므로, 미소

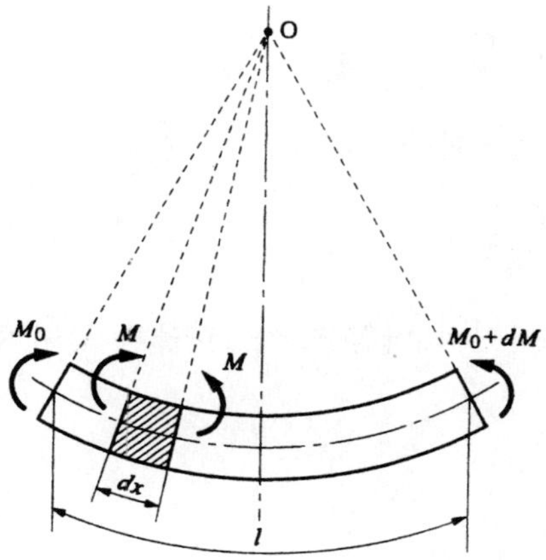

그림 8 · 24 보의 단면의 위치에 따라 굽힘모멘트가 변화하는 보

길이 dx 사이의 요소에 저장되는 탄성변형 에너지도 다음과 같이 식 ⓒ를 적용할 수 있다.

$$dU = \frac{M^2 dx}{2EI} \qquad ⓓ$$

따라서 보의 전 길이 l에 대한 탄성변형 에너지는 다음 식과 같이 된다.

$$U = \int_0^l \frac{M^2}{2EI} dx \qquad ⓔ$$

8.4.1 외팔보의 처짐

그림 8 · 22와 같은 외팔보에서 자유단으로부터 거리 x만큼 떨어져 있는 임의의 단면에 작용하는 굽힘모멘트 M은 다음과 같이 된다.

$$M = -Px \qquad ⓐ$$

이것을 탄성변형 에너지 식에 대입하여 정리하면 탄성변형 에너지 U는 다음과 같이 된다.

$$U = \int_0^l \frac{M^2}{2EI} dx = \frac{P^2 l^3}{6EI} \qquad ⓑ$$

식 ⓑ에서 구한 에너지는 이 보가 굽힘을 받는 동안에 하중 P가 하는 일

$$W = \frac{1}{2} P\delta \qquad ⓒ$$

와 같으므로 다음 식이 성립한다.

$$\frac{1}{2} P\delta = \frac{P^2 l^3}{6EI} \qquad ⓓ$$

이 관계식으로부터 자유단의 처짐량 δ는 다음과 같이 된다.

$$\delta = \frac{Pl^3}{3EI} \qquad ⓔ$$

8.4.2 단순보의 처짐

그림 8·25와 같이 중앙에 집중하중 P가 작용하는 단순보에서, 중앙에 일어나는 처짐량 δ를 탄성변형 에너지법으로부터 구해보기로 하자.

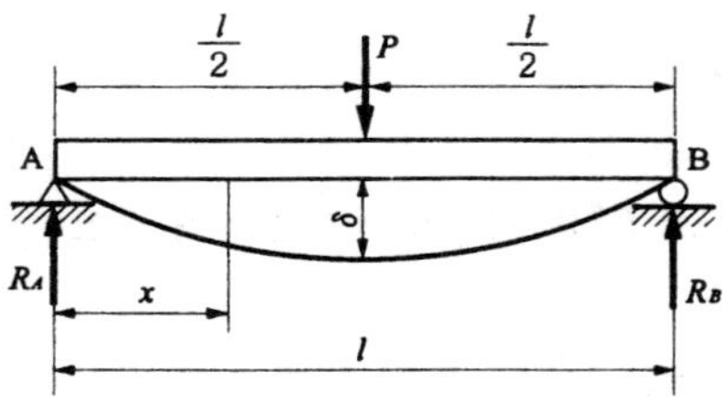

그림 8·25 중앙에 집중하중을 받는 단순보의 처짐

이때 지점 A로부터 임의의 거리 x의 단면에 작용하는 굽힘모멘트는 다음과 같다.

$$M_x = \frac{Px}{2} \qquad ⓐ$$

이 식을 탄성변형 에너지식에 대입하면 보 속에 저장된 탄성변형 에너지 U는 다음과 같다.

$$U = 2\int_0^{l/2} \frac{P^2 x^2}{8EI}\, dx = \frac{P^2 l^3}{96EI} \qquad ⓑ$$

이와 같은 에너지는 하중 P가 한 일

$$W = \frac{1}{2} P\delta \qquad ⓒ$$

와 같아야 하므로 다음 식이 성립한다.

$$\frac{1}{2}P\delta = \frac{P^2 l^3}{96EI} \qquad ⓓ$$

이 식으로부터 처짐량 δ는 다음과 같이 된다.

$$\delta = \frac{Pl^3}{48EI} \qquad ⓔ$$

• 연습문제 •

1. 단면의 지름 8 cm, 길이 200 cm인 외팔보의 자유단에 집중하중이 작용할 때 그 자유단에서의 처짐량을 0.5 cm로 제한하고자 한다. 이때 최대로 작용시킬 수 있는 하중을 구하라. 단, 재료의 종탄성계수 $E=200$ GPa이다.

2. 단면의 지름 10 cm, 지점간의 거리 2 m인 단순보의 중앙에 집중하중이 작용할 때 최대 처짐량을 0.5 cm로 제한하고자 한다. 이때 최대로 작용시킬 수 있는 하중을 구하라. 단, 재료의 종탄성계수 $E=200$ GPa이다.

3. 단면의 지름 10 cm인 단순보의 전 길이에 걸쳐 1 kN/cm의 등분포하중을 작용시켰더니 최대 처짐량이 0.5 cm이었다. 이때 단순보의 길이는 얼마인가? 단, 재료의 종탄성계수 $E=200$ GPa이다.

4. 그림 8 · 26과 같이 길이 20 cm인 단순보의 한 지점 B에서 150 kN · m의 굽힘모멘트가 작용할 때 최대 처짐량을 구하라. 단, 재료의 종탄성계수 $E=200$ GPa이고 보 단면은 폭 8 cm, 높이 5 cm인 직사각형 단면이다.

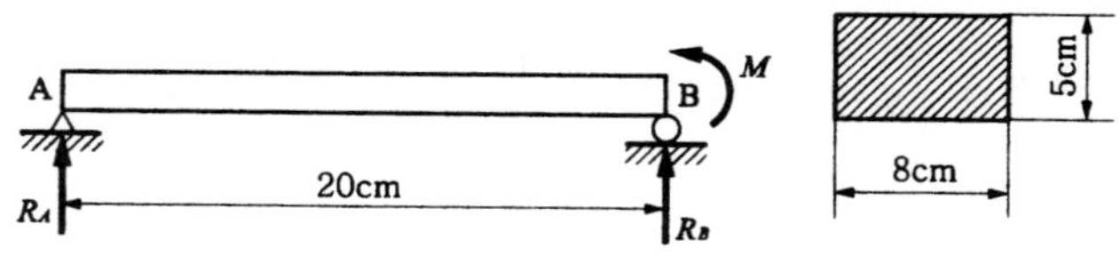

그림 8 · 26

5. 단면의 지름 100 cm, 길이 800 cm인 단순보의 중앙에 5 kN의 집중하중을 작용시킴과 동시에 전 길이에 걸쳐 1 kN/cm의 등분포하중을 작용시켰을 때 최대 처짐량은 얼마인가? 단, 재료의 종탄성계수 $E=200$ GPa이다.

6. 그림 8 · 27과 같은 등분포하중 p를 받는 단순보의 중앙에 집중하중 P를 작용시켜 중앙점에서의 처짐이 0이 되도록 하고자 한다. 이때 중앙점에 작용시켜야 할 집

중하중 P는 얼마인가?

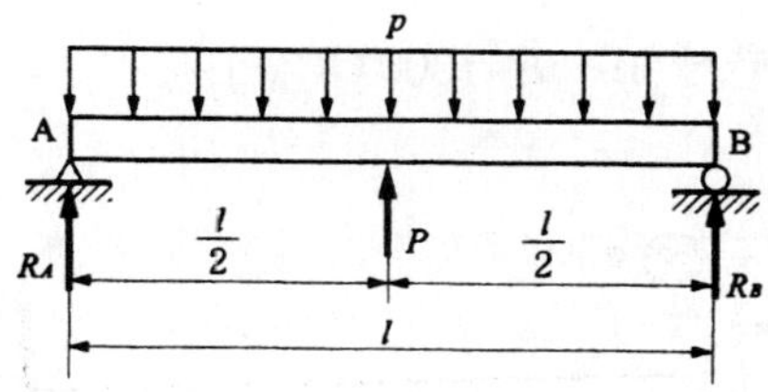

그림 8 · 27

7. 재료의 종탄성계수 E, 단면의 단면2차모멘트 I, 길이 l인 외팔보의 중앙에 집중하중 P가 작용할 때 자유단에서의 처짐량은 얼마인가?

8. 그림 8 · 28과 같이 재료의 종탄성계수 E, 단면의 단면2차모멘트 I, 길이 l인 외팔보의 반길이에 걸쳐 등분포하중 p를 받고 있을 때 자유단에서의 처짐량을 구하라.

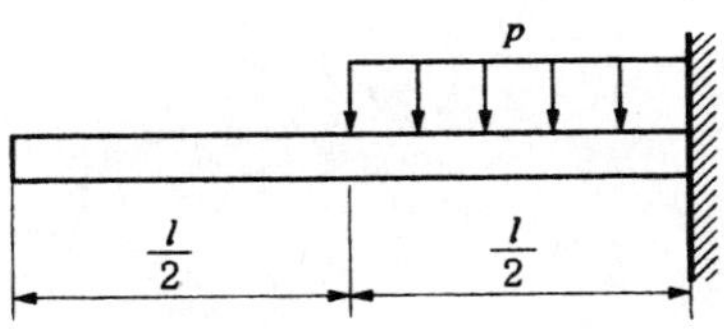

그림 8 · 28

9. 그림 8 · 29와 같이 집중하중 P를 받고 있는 길이 l의 단순보에서 보에 저장된 탄성변형 에너지를 구하라. 단, 그림에서 $a=l/4$이고, 보 재료의 종탄성계수는 E, 단면의 단면2차모멘트는 I로 한다.

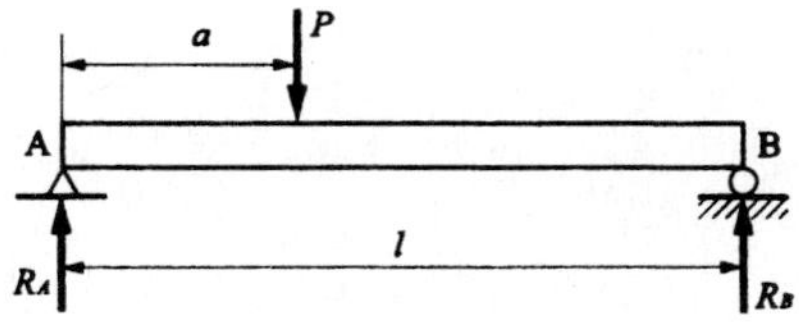

그림 8 · 29

10. 무게 $W=200\,\mathrm{N}$인 물체가 높이 $h=5\,\mathrm{cm}$에서 낙하하여 그림 8 · 30과 같이 길이

1 m인 외팔보의 자유단에 충돌하여 그 에너지가 모두 보에 흡수되었다고 하면 보의 처짐량은 얼마인가? 단, 보 단면은 폭 $b=4$ cm, 높이 $h=8$ cm인 직사각형 단면이고, 보 재료의 종탄성계수 $E=200$ GPa이다.

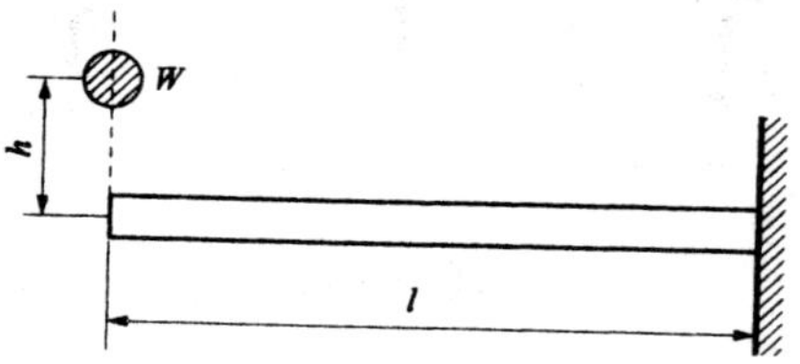

그림 8 · 30

제9장 부정정보

9.1 부정정보의 의의 및 해석법

외팔보, 단순보 및 돌출보들은 지점의 반력이 두 개 이하로 정역학적인 평형방정식($\Sigma F=0$, $\Sigma M=0$)만을 사용하여 지점에서의 반력을 구할 수 있었다.

이와 같이 정역학적인 평형방정식을 이용하여 지점의 반력을 구할 수 있는 보를 정정(靜定)보(statically determinate beam)라 하며, 이에 대하여 정역학적인 평형방정식만으로는 그 지점의 반력을 구할 수 없는 보를 **부정정(不靜定)보**(statically indeterminate beam)라 한다. 일단고정 타단지지보, 고정보 및 연속보 등은 부정정보가 되며, 이들은 보에 작용하는 미지의 반력이 세 개 이상으로 정역학적인 평형방정식만으로는 지점의 반력들을 결정할 수 없다.

부정정보의 경우에는 정역학적인 평형방정식 외에 보의 변형조건식을 추가하여 지점의 반력을 결정해야 한다.

미지의 지점의 반력을 구하는 방법에는 다음과 같은 세 가지 방법이 있다.

(1) 탄성곡선의 미분방정식에 의한 해법 : 지점으로부터 임의의 거리 x만큼 떨어진 단면에 작용하는 굽힘모멘트 M을 다음과 같은 탄성곡선의 미분방정식에 대입하여 이 단면에서의 처짐량 y와 처짐각 $\frac{dy}{dx}$에 대한 식을 유도한 후, 이들 식으로부터 지점에서의 반력을 결정한다.

$$\frac{d^2y}{dx^2}=-\frac{M}{EI}$$

(2) 중첩법 : 부정정보를 몇 개의 정정보로 분해하고 각각의 정정보에 대한 처짐각과 처짐량을 구한 다음, 이들을 각각 합하여 부정정보의 경계조건과 같도록 함으로써 추가의 식을 만들고, 이들 식으로부터 지점에서의 반력을 구한다.

(3) 면적모멘트법 : 중첩법에서와 같이 몇 개의 정정보로 분해하고, 굽힘모멘트 선도의 면적을 이용하여 반력을 구한다.

이상의 세 가지 방법 중에서 중첩법과 면적모멘트법이 편리하므로 많이 사용되고 있다.

9.2 양단 고정보

9.2.1 집중하중을 받는 양단 고정보

그림 9·1과 같이 왼쪽 지점으로부터 a만큼 떨어진 거리에서 집중하중 P가 작용하는 양단 고정보의 지점에는 수직반력 R_A, R_B 뿐만 아니라 수평반력 H_A, H_B 및 굽힘모멘트 M_A, M_B 등 모두 6개의 반력이 작용한다. 일반적으로 수평반력 H_A, H_B는 수직반력 R_A, R_B에 비하여 극히 작기 때문에 무시하고 R_A, R_B 및 M_A, M_B만을 반력으로 하는데 그 값은 각각 다음과 같다.

$$R_A = \frac{Pb^2}{l^3}(3a+b) \tag{1}$$

$$R_B = \frac{Pa^2}{l^3}(a+3b) \tag{2}$$

$$M_A = \frac{Pab^2}{l^2} \tag{3}$$

$$M_B = \frac{Pa^2b}{l^2} \tag{4}$$

또한 하중의 작용점 C에서의 굽힘모멘트 M_c는 다음과 같다.

$$M_c = \frac{2Pa^2b^2}{l^3} \tag{5}$$

이때 최대 처짐량 y_{max}은 다음 식과 같이 된다.

$$y_{\max} = \frac{2Pa^3b^2}{3(3a+b)^2EI} \tag{6}$$

만약 집중하중 P가 보의 중앙지점에 작용한다고 하면 $a=b=\frac{l}{2}$로 되어, 최대 처짐량은 다음과 같이 된다.

$$y_{\max} = \frac{Pl^3}{192EI} \tag{7}$$

식에서 l은 보의 길이이고, E는 보재료의 종탄성계수, I는 보 단면의 단면2차모멘트이다.

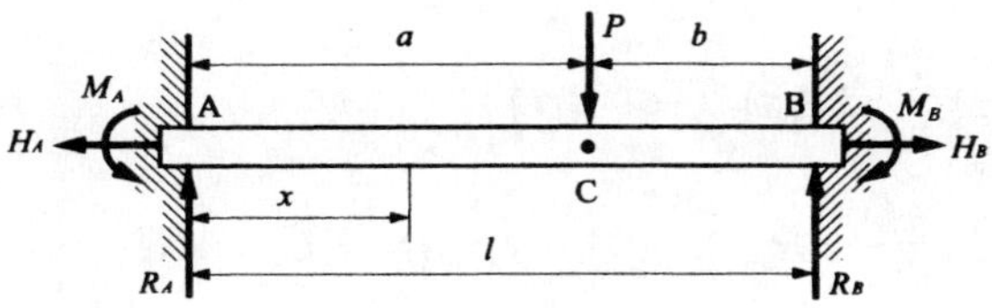

그림 9·1 집중하중 P를 받는 양단 고정보

▸▸ **식의 유도**

(1) 탄성곡선의 미분방정식에 의한 해법

그림 9·1에서 왼쪽으로부터 임의의 거리 x의 위치에 있는 단면에 작용하는 굽힘모멘트는 다음 식과 같이 된다.

$0 \le x \le a$일 때

$$M = -M_A + R_A x \tag{ⓐ}$$

$a \le x \le l$일 때

$$M = -M_A + R_A x - P(x-a) \tag{ⓑ}$$

식 ⓐ를 탄성곡선의 미분방정식 $\frac{d^2y}{dx^2} = -\frac{M}{EI}$에 대입하면 다음과 같이 된다.

$$EI\frac{d^2y}{dx^2} = M_A - R_A x \tag{ⓒ}$$

이 식을 한 번 적분하면 다음과 같이 된다.

$$EI\frac{dy}{dx} = M_A x - R_A\frac{x^2}{2} + C_1 \tag{ⓓ}$$

이 식을 한 번 더 적분하면 다음과 같이 된다.

$$EIy = M_A\frac{x^2}{2} - R_A\frac{x^3}{6} + C_1x + C_2 \qquad ⓔ$$

또한 식 ⓑ를 탄성곡선의 미분방정식 $\frac{d^2y}{dx^2} = -\frac{M}{EI}$ 에 대입하면 다음과 같이 된다.

$$EI\frac{d^2y}{dx^2} = M_A - R_Ax + P(x-a) \qquad ⓕ$$

이 식을 적분하면 다음과 같이 된다.

$$EI\frac{dy}{dx} = M_Ax - R_A\frac{x^2}{2} + \frac{P}{2}(x-a)^2 + C_3 \qquad ⓖ$$

이 식을 다시 적분하면 다음과 같이 된다.

$$EIy = M_A\frac{x^2}{2} - R_A\frac{x^3}{6} + \frac{P}{6}(x-a)^3 + C_3x + C_4 \qquad ⓗ$$

식 ⓓ, ⓔ, ⓖ, ⓗ에서 적분상수 C_1, C_2, C_3, C_4를 구하기 위하여 다음과 같이 보의 변형형태를 고려한 경계조건(boundry condition)을 적용한다.

보의 변형형태를 상상해 보면 $x=0$인 보의 고정단에서는 보가 더 이상 회전하지 않도록 구속되어 있으므로 처짐각은 0가 되어야 한다.

따라서 거리 $x=0$에서 처짐각 $\theta_A = dy/dx = 0$이라는 경계조건을 식 (d)에 대입하면

$$0 = M_A \times 0 - R_A\frac{0^2}{2} + C_1$$

이 되고, 이로부터 적분상수 $C_1=0$을 얻을 수 있다.

또한 이와 같은 고정단에서는 처짐도 발생할 수 없으므로, $x=0$에서 처짐량 $y=0$이라는 조건을 식 ⓔ에 대입하면

$$EI \times 0 = M_A\frac{0^2}{2} - R_A\frac{0^3}{6} + C_1 \times 0 + C_2$$

가 되어, 적분상수 $C_2=0$을 얻는다.

또한 $x=a$인 하중의 작용점에서는 식 ⓓ에 의해서 계산한 처짐각이나 식 ⓖ에 의해서 계산한 처짐각이 같아야 하므로 $x=a$에서 식 ⓓ = 식 ⓖ하면

$$M_Aa - R_A\frac{a^2}{2} + C_1 = M_Aa - R_A\frac{a^2}{2} + \frac{P}{2}(a-a)^2 + C_3$$

에서 $C_3=C_1=0$을 얻을 수 있다.

또한 $x=a$인 하중의 작용점에서 식 ⓔ에 의해서 계산한 처짐량이나 식 ⓗ에 의해서 계산한 처짐량이 같아야 하므로 $x=a$를 대입하고 식 ⓔ=식 ⓗ하면

$$M_A\frac{a^2}{2}-R_A\frac{a^3}{6}+C_1a+C_2=M_A\frac{a^2}{2}-R_A\frac{a^3}{6}+\frac{P}{6}(a-a)^3+C_3a+C_4$$

이 되고, 여기서 $C_4=C_2=0$을 얻을 수 있다.

또한 $x=l$에서 처짐각 $dy/dx=0$이고 처짐량 $y=0$이므로, $x=l$을 식 ⓖ와 식 ⓗ에 대입하여 정리하면 각각 다음과 같은 연립방정식을 얻을 수 있다.

$$2M_Al-R_Al^2+Pb^2=0 \quad ⓘ$$

$$3M_Al^2-R_Al^3+Pb^3=0 \quad ⓙ$$

식 ⓘ×l−식 ⓙ하면 다음과 같이 반력 M_A를 구할 수 있다.

$$M_A=\frac{Pab^2}{l^2} \quad ⓚ$$

또한 식 ⓘ×$3l$−식 ⓙ×2하면 반력 R_A는 다음과 같이 된다.

$$R_A=\frac{Pb^2}{l^3}(3a+b) \quad ⓛ$$

이와 같은 결과로부터 추정하여 점 B에서의 굽힘모멘트 M_B와 반력 R_B를 구하면 다음과 같이 된다.

$$M_B=\frac{Pa^2b}{l^2} \quad ⓜ$$

$$R_B=\frac{Pa^2}{l^3}(a+3b) \quad ⓝ$$

이제 하중작용점 C에서의 굽힘모멘트 M_C를 구하면 다음과 같이 된다.

$$M_C=-M_A+R_Aa=-\frac{Pab^2}{l^2}+\frac{Pb^2}{l^3}(3a+b)a=\frac{2Pa^2b^2}{l^3} \quad ⓞ$$

또한 $a\geq b$일 때 최대 처짐이 발생하는 위치 x는 $\frac{dy}{dx}=0$을 만족하는 x의 값이므로 식 ⓓ에서 다음과 같이 된다.

$$x = \frac{2al}{3a+b} \qquad ⓟ$$

따라서 식 ⓟ를 식 ⓔ에 대입하면 최대 처짐량 y_{max}는 다음과 같이 된다.

$$y_{max} = \frac{2Pa^3b^2}{3(3a+b)^2EI} \qquad ⓠ$$

만약 하중 P가 보의 중앙지점에 작용한다고 하면 $a=b=\frac{l}{2}$이므로 식 ⓠ에서 최대 처짐량은 다음과 같이 된다.

$$y_{max} = \frac{Pl^3}{192EI} \qquad ⓡ$$

(2) 중첩법에 의한 해법

중첩법에 의하여 이와 같이 집중하중을 받는 양단 고정보를 해석하기 위해서는 그림 9·2(b)와 같이 집중하중 P가 작용하는 단순보와 그림 9·2(c)와 같이 양단에 굽힘모멘트 M_A 및 M_B가 작용하는 단순보로 분리하여 각각에 대한 처짐량을 구한 후 이들을 중첩한다.

우선 그림 9·2(b)에서 보는 바와 같이 집중하중 P가 작용하는 단순보의 양쪽 끝 A와 B에서 처짐곡선의 처짐각을 θ_A'와 θ_B'라 하고 8.1.5의 식 (1)의 결과를 이용하면 다음과 같이 된다.

$$\theta_A' = \frac{Pab}{6lEI}(l+b)$$
$$\theta_B' = \frac{Pab}{6lEI}(l+a) \qquad ⓐ$$

다음에 그림 9·2(c)와 같이 양쪽 지점에서 굽힘모멘트 M_A와 M_B를 받는 단순보의 양쪽 지점에서 처짐곡선의 처짐각을 θ_A''와 θ_B''라 하고 8.1.7의 식 (1)과 (2)의 결과를 이용하여 구하면 다음 식과 같이 된다.

$$\theta_A'' = \frac{M_Al}{3EI} + \frac{M_Bl}{6EI}$$
$$\theta_B'' = \frac{M_Bl}{3EI} + \frac{M_Al}{6EI} \qquad ⓑ$$

그런데 양단 고정보의 경우에 있어서 양쪽 끝단의 기울기를 고찰해보면, 양쪽 끝단은 구부러지지 않도록 구속되어 있기 때문에 이곳에서의 처짐각은 0이어야 하므로

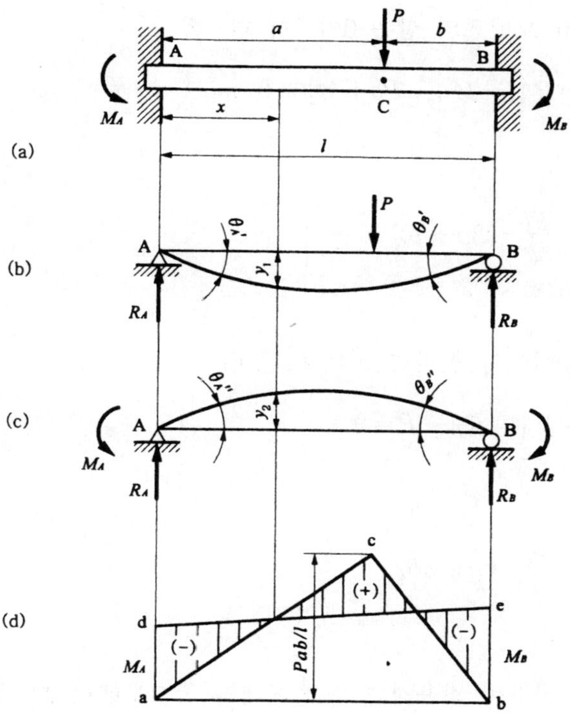

그림 9·2 집중하중 P를 받는 양단 고정보와 굽힘모멘트 선도

$\theta_A' = \theta_A''$, $\theta_B' = \theta_B''$의 관계가 성립되어야 한다.

따라서 다음과 같은 관계식이 성립한다.

$$\frac{Pab}{6lEI}(l+b) = \frac{M_A l}{3EI} + \frac{M_B l}{6EI} \quad ⓒ$$

$$\frac{Pab}{6lEI}(l+a) = \frac{M_B l}{3EI} + \frac{M_A l}{6EI} \quad ⓓ$$

이와 같은 관계로부터 고정단에서의 굽힘모멘트 M_A와 M_B를 구하면 다음과 같이 된다.

$$M_A = \frac{Pab^2}{l^2}, \quad M_B = \frac{Pa^2b}{l^2} \quad ⓔ$$

나머지 반력 R_A와 R_B는 그림 9·2(a)에서 다음과 같이 정역학적 평형방정식을 적용하여 구할 수 있다.

우선 점 B에 대한 모멘트의 합은 0이어야 하므로

$$\sum M = R_A l - M_A - Pb + M_B = 0$$

이 되고, 이로부터

$$R_A = \frac{Pb^2}{l^3}(3a+b) \qquad ⓕ$$

를 얻을 수 있다.

또한 힘의 합은 0이어야 한다는 조건으로부터

$$\sum F = R_A + R_B - P = 0$$

이 되고, 이로부터

$$R_B = \frac{Pa^2}{l^3}(a+3b) \qquad ⓖ$$

를 얻을 수 있다.

따라서 이로부터 하중이 작용하는 점 C에서의 굽힘모멘트 M_c를 구하면

$$M_c = R_A a - M_A = \frac{2Pa^2b^2}{l^3} \qquad ⓗ$$

이 된다.

다음에 처짐량을 구해보자.

그림 9·2(b)와 같이 집중하중을 받는 단순보의 경우에 있어서 임의의 위치 x에서의 처짐량은 8.1.5의 식 ⓝ과 ⓠ를 이용하면

$0 \leq x \leq a$ 구간에서

$$y_1 = \frac{Pbx}{6lEI}(l^2 - b^2 - x^2) \qquad ⓘ$$

$a \leq x \leq l$ 구간에서

$$y_1 = \frac{Pb}{6lEI}\left\{\frac{l}{b}(x-a)^3 + (l^2 - b^2)x - x^3\right\} \qquad ⓙ$$

이 되고, 그림 9·2(c)와 같이 양단에 단순굽힘모멘트 M_A와 M_B를 받는 단순보에 있어서의 처짐량은 8.1.7의 식 ⓙ에서

$$y_2 = -\frac{M_A l^2}{6EI}\frac{x}{l}\left\{\left(2+\frac{M_B}{M_A}\right)-\frac{3x}{l}-\left(\frac{M_B}{M_A}-1\right)\frac{x^2}{l^2}\right\}$$

$$= -\frac{Pa\,b^2}{6EI}\frac{x}{l}\left\{(2+\frac{a}{b})-\frac{3x}{l}-(\frac{a}{b}-1)\frac{x^2}{l^2}\right\} \quad ⓚ$$

이므로, 이들을 중첩하면, 즉 $y=y_1+y_2$로 계산하여 양단 고정보에서 임의의 거리 x에서의 처짐량 y를 구할 수 있다.

또한 집중하중 P가 중앙에 작용할 때(즉 $a=b$일 때) 최대 처짐량 y_{max}은 다음과 같이 구한다.

이때 최대 처짐량은 중앙지점$\left(x=\frac{l}{2}\right)$에서 일어나므로, 식 ⓘ와 ⓚ에 각각 $a=b=\frac{l}{2}$과 $x=\frac{l}{2}$을 대입하면 각각에 대한 최대 처짐량은 다음과 같이 된다.

$$y_{max1} = \frac{Pl^3}{48EI} \quad ⓛ$$

$$y_{max2} = -\frac{Pl^3}{64EI} \quad ⓜ$$

따라서 중앙에 집중하중 P가 작용하는 양단 고정보에서의 최대 처짐량 y_{max}은 다음과 같이 이들을 중첩시켜 구한다.

$$y_{max} = y_{max1} + y_{max2} = \frac{Pl^3}{48EI} + \left(-\frac{Pl^3}{64EI}\right) = \frac{Pl^3}{192EI} \quad ⓝ$$

(3) 면적모멘트법에 의한 해법

그림 9·3(a)와 같은 양단 고정보를 집중하중 P가 작용하는 단순보와 양단에 굽힘모멘트 M_A, M_B가 작용하는 단순보로 분리하여 각각에 대한 굽힘모멘트 선도를 그리면 그림 9·3(b)의 A_1 및 A_2와 같다.

굽힘모멘트 선도에서 각각에 대한 면적을 구하면, 집중하중 P가 작용하는 단순보의 경우의 면적 A_1은 다음과 같이 된다.

$$A_1 = \frac{Pab}{l}\frac{l}{2} = \frac{Pab}{2} \quad ⓐ$$

양단에 굽힘모멘트 M_A, M_B만이 작용하는 단순보의 경우 면적 A_2는 다음과 같이 된다.

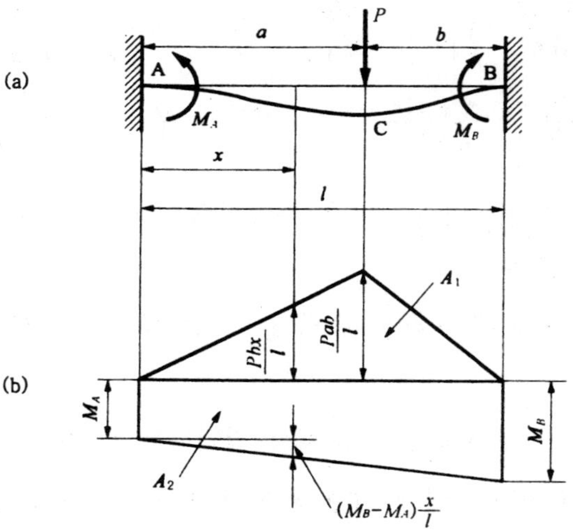

그림 9·3 집중하중 P를 받는 양단 고정보와 굽힘모멘트 선도

$$A_2 = -\frac{M_A + M_B}{2}\,l \qquad ⓑ$$

다음에 "탄성곡선상의 두 점에서의 접선 사이의 각은 그 두 점 사이에 낀 굽힘모멘트 선도의 면적을 보의 굽힘강성 EI로 나눈 것과 같다"는 면적모멘트법에서의 '모어의 정리(1)'을 적용하여, 양단에서의 접선 사이의 각 θ를 구하면 다음과 같이 된다.

$$\theta = \frac{A_1 + A_2}{EI} = \left\{\frac{Pab}{2} + \left(-\frac{M_A + M_B}{2}\,l\right)\right\}\frac{1}{EI} = 0$$

따라서 이로부터 다음과 같은 관계식을 얻을 수 있다.

$$\frac{Pab}{2} = \frac{M_A + M_B}{2}\,l \qquad ⓑ$$

또한 "점 A에서의 접선이 점 B 아래에서 만나는 점을 B′라 하면, 거리 BB′는 점 A와 점 B 사이에 있는 굽힘모멘트 선도의 면적을 점 B에 대하여 면적모멘트를 취하여 그 보의 굽힘강성 EI로 나눈 것과 같다"는 면적모멘트법의 '모어의 정리(2)'를 적용하기 위하여, 집중하중 P가 작용하는 단순보의 굽힘모멘트 선도에서 점 B에 대한 면적모멘트 M_1과 양단에 굽힘모멘트 M_A와 M_B가 작용하는 단순보의 점 B에 대한 면적모멘트 M_2를 구하면 각각 다음과 같다.

$$M_1 = \frac{Pab}{l}\,\frac{a}{2}\left(b + \frac{a}{3}\right) + \frac{Pab}{l}\,\frac{b}{2}\,\frac{2b}{3} \qquad ⓒ$$

$$M_2 = -\left\{M_A l\frac{l}{2} + (M_B - M_A)\frac{l}{2}\frac{l}{3}\right\} \tag{ⓓ}$$

그런데 양단 고정보에 있어서 양지점에서의 처짐량은 0이므로 점 B에 대하여 취한 면적모멘트는 0이어야 한다. 따라서 다음과 같은 관계식이 성립한다.

$$M_1 + M_2 = \frac{Pab}{l}\frac{a}{2}\left(b+\frac{a}{3}\right) + \frac{Pab}{l}\frac{b}{2}\frac{2b}{3} + \left[-\left\{M_A l\frac{l}{2} + (M_B - M_A)\frac{l}{2}\frac{l}{3}\right\}\right] = 0$$

따라서 이 식으로부터 다음과 같은 관계식을 얻을 수 있다.

$$M_A\frac{l^2}{2} + (M_B - M_A)\frac{l^2}{6} = \frac{Pa^2b}{2l}\left(b+\frac{a}{3}\right) + \frac{Pab^3}{3l} \tag{ⓔ}$$

이들 식 ⓑ와 식 ⓔ로부터 고정단에서의 굽힘모멘트 M_A와 M_B를 구하면 다음과 같이 된다.

$$M_A = \frac{Pab^2}{l^2}, \quad M_B = \frac{Pa^2b}{l^2} \tag{ⓕ}$$

또한 정역학적인 평형방정식을 적용하면 점 B에 대한 굽힘모멘트의 총합 ΣM_B는 다음 식으로 된다.

$$\Sigma M_B = R_A l - M_A - Pb + M_B = 0$$

이로부터 반력 R_A는 다음과 같이 된다.

$$R_A = \frac{1}{l}(M_A - M_B + Pb) = \frac{1}{l}\left(\frac{Pab^2}{l^2} - \frac{Pa^2b}{l^2} + Pb\right) = \frac{Pb^2}{l^3}(3a+b) \tag{ⓖ}$$

또한 힘의 총합 $\Sigma F = 0$이어야 하므로

$$\Sigma F = R_A + R_B - P = 0$$

가 되고, 이로부터

$$R_B = P - R_A = P - \frac{Pb^2}{l^3}(3a+b) = \frac{Pa^2}{l^3}(3b+a) \qquad ⓗ$$

를 얻을 수 있다.

이제는 최대 처짐량을 구해보자. 최대 처짐량은 기울기가 0인 곳에서 발생하는데, $a > b$일 때는 하중의 작용점 왼쪽에서 발생하게 된다. 따라서 기울기가 0인 위치 x를 구하기 위하여 "탄성곡선상의 두 점에서 그은 접선 사이의 각은 그 두 점 사이에 낀 굽힘모멘트 선도의 면적을 그 보의 굽힘강성 EI로 나눈 것과 같다"는 면적모멘트법의 모어의 정리(1)을 적용하여 탄성곡선상의 A와 x의 두 점에서 그은 접선 사이각 θ를 구하면 다음과 같이 된다.

$$\theta = \left\{ \frac{Pbx}{l} \times x \times \frac{1}{2} - M_A x - (M_B - M_A)\frac{x}{l} \times x \times \frac{1}{2} \right\} \frac{1}{EI}$$

$$= \left\{ \frac{Pbx^2}{2l} - M_A x - (M_B - M_A)\frac{x^2}{2l} \right\} \frac{1}{EI} = 0$$

이 식에 식 ⓕ를 대입하고, 거리 x에 관하여 풀면 최대 처짐이 발생하는 위치 x는 다음과 같이 된다.

$$x = \frac{2al}{3a+b} \qquad ⓘ$$

또한 모어의 정리(2)를 적용하여, 거리 x의 단면의 왼쪽에 관한 굽힘모멘트 선도의 면적에 대하여 면적모멘트를 취하고 EI로 나누어 임의의 위치 x에서의 처짐량 y를 구하면 다음과 같이 된다.

$$y = \frac{1}{EI}\left[\frac{Pbx}{l}\frac{x}{2}\frac{x}{3} - M_A x \frac{x}{2} - (M_B - M_A)\frac{x}{l}\frac{x}{2}\frac{x}{3} \right]$$

$$= \frac{1}{EI}\left[\frac{Pbx^3}{6l} - \frac{Pab^2x^2}{2l^2} - \frac{Pabx^3}{6l^3}(a-b) \right] \qquad ⓙ$$

이 식에 식 ⓘ를 대입하여 최대 처짐량 y_{max}를 구하면 다음과 같이 된다.

$$y_{max} = \frac{2Pa^3b^2}{3EI(3a+b)^2} \qquad ⓚ$$

예제 1

지름 $d=20\,\text{cm}$이고 길이 $l=10\,\text{m}$인 양단 고정보의 중앙에서 집중하중 $P=5\,\text{kN}$이 작용한다. 하중작용점에서의 굽힘모멘트와 최대 처짐량을 구하라. 단, 보 재료의 종탄성계수 $E=200\,\text{GPa}$이다.

〔풀이〕 $a=b=\dfrac{l}{2}$이므로, 하중작용점에서의 굽힘모멘트

$$M_c=\frac{2Pa^2b^2}{l^3}=\frac{2P\times\left(\frac{l}{2}\right)^2\times\left(\frac{l}{2}\right)^2}{l^3}$$

$$=\frac{Pl}{8}=\frac{5\times10}{8}=6.25\,\text{kN}\cdot\text{m}$$

또한 단면2차모멘트

$$I=\frac{\pi d^4}{64}=\frac{\pi\times0.2^4}{64}=7.85\times10^{-5}\,\text{m}^4$$

이므로 최대 처짐량

$$y_{\max}=\frac{Pl^3}{192EI}=\frac{5,000\times10^3}{192\times(200\times10^9)\times(7.85\times10^{-5})}$$

$$=1.66\times10^{-3}\,\text{m}=1.66\,\text{mm}$$

9.2.2 등분포하중을 받는 양단 고정보

그림 9·4(a)와 같이 등분포하중 p가 작용하는 양단 고정보의 지점에는 수직반력 R_A, R_B와 굽힘모멘트 M_A, M_B 등 네 개의 반력이 작용하는데 그 값은 각각 다음과 같다.

$$R_A=R_B=\frac{pl}{2} \qquad (1)$$

$$M_A=M_B=\frac{pl^2}{12} \qquad (2)$$

중간지점$\left(x=\dfrac{l}{2}\right)$에서의 굽힘모멘트

$$M_C=\frac{pl^2}{24} \qquad (3)$$

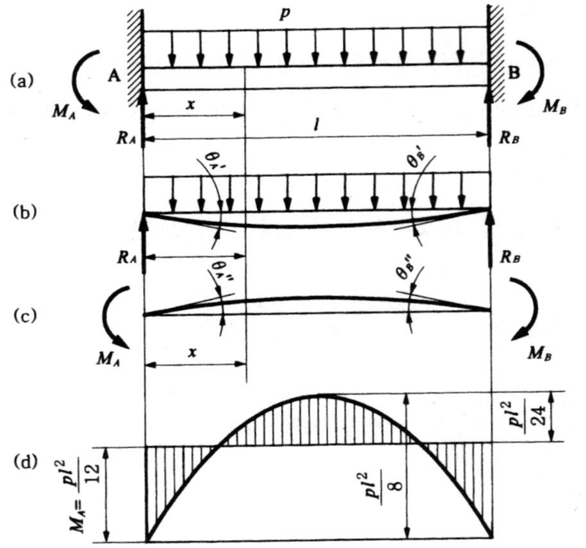

그림 9·4 등분포하중을 받는 양단 고정보와 굽힘모멘트 선도

이고, 이에 대한 굽힘모멘트 선도는 그림 9·4(d)와 같다.

또한 최대 처짐도 중간지점$\left(x=\frac{l}{2}\right)$에서 일어나고 그 값은 다음과 같다.

$$\text{최대 처짐량 } y_{\max}=\frac{pl^4}{384EI} \tag{4}$$

최대 처짐각은 $x=\frac{l}{5}$인 지점에서 발생하며 그 값은 다음과 같다.

$$\text{최대 처짐각 } \theta_{\max}=\frac{pl^3}{125EI} \tag{5}$$

▸▸ 식의 유도

그림 9·4(a)와 같이 등분포하중 p를 받는 양단 고정보를 중첩법에 의하여 해석해 보자. 우선 양단 고정보를 그림 9·4(b)와 같이 등분포하중 p를 받는 단순보와 그림 9·4(c)와 같이 양단에 굽힘모멘트 M_A와 M_B가 작용하는 단순보로 분리한다.

등분포하중 p를 받는 단순보의 경우 양단의 기울기는 대칭이므로 서로 같은 값을 가지며 8.1.4의 식 (1)을 이용하면 다음과 같이 된다.

$$\theta_A{}'=\theta_B{}'=\frac{pl^3}{24EI} \tag{a}$$

또한 양단에서 굽힘모멘트 M_A와 M_B가 작용하는 그림 9·4(c)와 같은 단순보의 경우에도 양단에 작용하는 굽힘모멘트는 같으므로 $M_A = M_B = M_0$가 되며, 양단의 기울기도 서로 같으므로 $\theta_A'' = \theta_B''$가 된다.

이때 양단의 기울기는 8.1.7의 식 (1)의 결과를 이용하면 다음과 같이 된다.

$$\theta_A'' = \theta_B'' = \frac{M_0 l}{2EI} \tag{b}$$

그런데 양단 고정보에서는 양 지점에서 기울기가 발생하지 않으므로

$$\theta_A' + (-\theta_A'') = 0, \qquad \theta_B' + (-\theta_B'') = 0$$

즉 $\theta_A' = \theta_A''$, $\theta_B' = \theta_B''$가 되어야 한다.

따라서 다음과 같은 관계가 성립한다.

$$\frac{pl^3}{24EI} = \frac{M_0 l}{2EI}$$

이로부터 굽힘모멘트 M_0를 구하면 다음과 같이 된다.

$$M_0 = \frac{pl^2}{12} \tag{c}$$

또한 점 B에 대하여 모멘트를 취하면 다음과 같이 된다.

$$R_A l - M_A + M_B - p \cdot \frac{l^2}{2} = 0$$

이로부터 반력 R_A를 구하면 다음과 같이 된다.

$$R_A = \frac{pl}{2}$$

한편 등분포하중을 받는 양단 고정보에서의 굽힘모멘트 선도는 등분포하중을 받는 단순보에서의 굽힘모멘트 선도와 양단에 굽힘모멘트가 작용하는 단순보에서의 굽힘모멘트 선도를 중첩하여 구할 수 있으며, 그 결과는 그림 9·4(d)와 같다.

이와 마찬가지로 양단 고정보에서 발생하는 처짐량도 등분포하중을 받는 단순보에서의 처짐량과 양단에 굽힘모멘트가 작용하는 단순보에서의 처짐량을 중첩하여 구할 수 있다.

즉 그림 9·4(b)와 같이 등분포하중 p를 받는 단순보에 있어서의 최대 처짐은 지

점간의 중간에서 발생하고 그 값은 8.1.4 식 (2)에서

$$y_1 = \frac{5pl^4}{384EI} \tag{d}$$

이었다.

또한 그림 9·4(c)와 같이 양단에서 굽힘모멘트 $M_A = M_B = M_0$를 받는 단순보에 있어서도 최대 처짐은 중간지점에서 발생하므로 면적모멘트법의 모어의 정리(2)를 적용하면, 중간지점에서의 처짐 y는 $x = \frac{l}{2}$인 단면의 왼쪽에 관한 굽힘모멘트 선도에 대하여 면적모멘트를 취하고 EI로 나누어 구할 수 있으며 그 결과는 다음과 같다.

$$y_2 = -\frac{M_0 l^2}{8EI} = -\frac{pl^4}{96EI} \tag{e}$$

따라서 등분포하중 p를 받는 양단 고정보의 최대 처짐량 $y_{\max} = y_1 + y_2$로 다음 식과 같이 된다.

$$y_{\max} = \frac{5pl^4}{384EI} - \frac{pl^4}{96EI} = \frac{pl^4}{384EI} \tag{f}$$

이 결과로부터 양단 고정보의 중간지점에서의 처짐량은 단순보의 중간지점에서의 처짐량의 1/5밖에 되지 않는다는 사실을 알 수 있다.

다음에 굽힘모멘트 M이 0으로 되는 위치를 계산해보자.

굽힘모멘트 M이 0이 되는 위치는, 처짐곡선의 미분방정식에서 $\frac{d^2y}{dx^2} = -\frac{M}{EI}$의 관계가 있으므로 $\frac{d^2y}{dx^2} = -\frac{M}{EI} = 0$인 경우라고 할 수 있으며, 이 식은 다시 $\frac{d}{dx}\left(\frac{dy}{dx}\right) = 0$인 곳(기울기의 극대점)을 의미하므로 이곳에서 최대 기울기도 발생한다는 것을 알 수 있다.

우선 그림 9·4(b)와 같이 등분포하중 p를 받는 단순보에 있어서 좌측 지점으로부터 임의의 거리 x에 있는 단면에서의 기울기는 8.1.4의 식 ⓖ로부터 다음과 같다.

$$\frac{dy_1}{dx} = \frac{p}{24EI}(4x^3 - 6lx^2 + l^3) \tag{g}$$

다음에 그림 9·4(c)와 같이 보의 양단에 굽힘모멘트 $M_A = M_B = M_0$가 작용하는 단순보에 있어서 좌측 지점으로부터 임의의 거리 x의 위치에 있는 단면에서의 기울기

는, 중앙에서의 처짐곡선의 접선과 임의의 거리 x에서의 처짐곡선의 접선이 교차하는 각에 해당한다는 점에 착안하여, 면적모멘트법의 모어의 정리(1)을 사용하여 구하면 다음과 같이 된다.

$$\frac{dy_2}{dx} = -M_0\left(\frac{l}{2} - x\right)\frac{1}{EI} = -\frac{M_0}{2EI}(l-2x) = -\frac{pl^2}{24EI}(l-2x) \quad \text{(h)}$$

따라서 양단 고정보에서 임의의 거리 x에서의 기울기는 식 (g)와 식 (h)를 중첩하여 다음과 같이 구할 수 있다.

$$\begin{aligned}\frac{dy}{dx} &= \frac{p}{24EI}(4x^3 - 6lx^2 + l^3) - \frac{pl^2}{24EI}(l-2x) \\ &= \frac{p}{24EI}(4x^3 - 6lx^2 + 2l^2x)\end{aligned} \quad \text{(i)}$$

앞에서 언급한 바와 같이 이 식을 다시 거리 x에 관하여 미분하고 0으로 놓으면, 다음과 같이 굽힘모멘트가 0인 위치를 구할 수 있다.

$$\begin{aligned}&\frac{d^2y}{dx^2} = \frac{p}{24EI}(12x^2 - 12lx + 2l^2) = 0 \\ &6x^2 - 6lx + l^2 = 0 \\ &x = \frac{l}{2}\left(1 \pm \frac{\sqrt{3}}{3}\right) = (0.5 \pm 0.289)l\end{aligned} \quad \text{(j)}$$

이 식에서 보는 바와 같이 균일분포하중 p를 받는 양단 고정보에서 굽힘모멘트가 0이 되는 지점은 $x \fallingdotseq \frac{l}{5}$이 되는 지점이다.

또한 이 위치에서 기울기가 최대로 되므로 이 값을 식 (i)에 대입하면 다음과 같이 최대 처짐각을 구할 수 있다.

$$\theta_{\max} = \frac{pl^3}{125EI} \quad \text{(k)}$$

한편 양단 고정보의 중간지점에 작용하는 굽힘모멘트는 다음과 같이 구한다.

등분포하중 p를 받는 단순보에서 중간지점에서의 굽힘모멘트는 다음과 같다.

$$M_{C1} = \frac{pl^2}{8} \quad \text{(l)}$$

양단에 굽힘모멘트 $M_A = M_B = M_0$가 작용하는 단순보에서 중간지점에서의 굽힘모멘트는 다음과 같다.

$$M_{C2} = M_0 = -\frac{pl^2}{12} \tag{m}$$

따라서 양단 고정보의 중간지점에서의 모멘트의 크기는 이들을 중첩하여 구할 수 있으며, 그 결과는 다음과 같다.

$$M_C = \frac{pl^2}{8} - \frac{pl^2}{12} = \frac{pl^2}{24} \tag{n}$$

예제 1

지름 $d=20$ cm이고, 길이 $l=10$ m인 양단 고정보에 등분포하중 $p=3$ kN/m가 작용한다. 중간지점에서의 굽힘모멘트와 최대 처짐량을 구하라. 단, 보 재료의 종탄성계수 $E=200$ GPa이다.

〔풀이〕 중간지점에서의 굽힘모멘트

$$M_{\frac{l}{2}} = \frac{pl^2}{24} = \frac{3\times 10^2}{24} = 12.5\ \text{kN}\cdot\text{m}$$

또한 단면2차모멘트

$$I = \frac{\pi d^4}{64} = \frac{\pi \times 0.2^4}{64} = 7.85\times 10^{-5}\ \text{m}^4$$

이므로 최대 처짐량

$$y_{\max} = \frac{pl^4}{384EI} = \frac{3,000\times 10^4}{384\times(200\times 10^9)\times(7.85\times 10^{-5})} = 5\times 10^{-3}\ \text{m}$$

$$= 5\ \text{mm}$$

9.3 일단고정 타단지지보

9.3.1 집중하중을 받는 일단고정 타단지지보

그림 9·5(a)와 같은 일단고정 타단지지보에 고정단으로부터 a만큼 떨어진 지점에서 집중하중 P가 작용할 때 반력은 R_A, R_B, M_A의 세 개가 작용하고 그 값은 각각 다음과 같다.

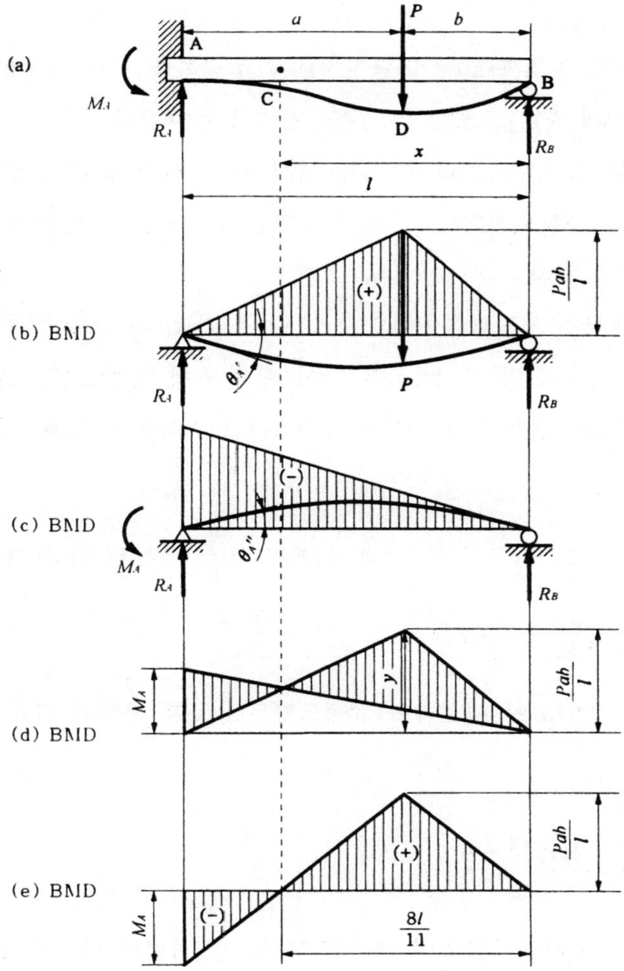

그림 9·5 집중하중 P를 받는 일단고정 타단지지보와 굽힘모멘트 선도

$$R_A = \frac{Pb}{2l^3}(3l^2 - b^2) \tag{1}$$

$$R_B = \frac{Pa^2}{2l^3}(3l - a) \tag{2}$$

$$M_A = \frac{Pb(l^2 - b^2)}{2l^2} \tag{3}$$

또한 하중의 작용점에 발생하는 굽힘모멘트 M_D는 다음과 같다.

$$M_D = \frac{Pa^2b}{2l^3}(2l + b) \tag{4}$$

▸▸ 식의 유도

그림 9·5(a)와 같은 일단고정 타단지지보에 집중하중 P가 작용할 때 지점 A에 R_A와 M_A, 지점 B에 R_B 등 모두 세 개의 반력이 존재한다.

여기서는 그림 9·5(b)와 그림 9·5(c)에서 보는 바와 같이 집중하중 P를 받는 단순보와 지점 A에 굽힘모멘트 M_A 가 작용하는 단순보로 분해하여 중첩법에 의한 방법으로 풀어보기로 하자.

우선 고정단 A에서는 처짐각이 0이므로, 그림 9·5(b)와 같이 집중하중 P를 받는 단순보에서의 처짐각과 그림 9·5(c)와 같이 지점 A에 굽힘모멘트 M_A가 작용하는 단순보에서의 처짐각의 합은 0이 되어야 한다. 따라서 다음과 같은 식이 성립한다.

$$\theta_A' + (-\theta_A'') = \theta_A' - \theta_A'' = 0 \qquad \text{(a)}$$

그런데 θ_A'와 θ_A''는 8.1.5의 식 (1)과 8.1.6의 식 (1)로부터 각각 다음과 같이 된다.

$$\theta_A' = \frac{Pb}{6EIl}(l^2 - b^2), \qquad \theta_A'' = \frac{M_A l}{3EI} \qquad \text{(b)}$$

따라서 식 (b)를 식 (a)에 대입하여 굽힘모멘트 M_A를 구하면 다음과 같다.

$$\frac{Pb}{6EIl}(l^2 - b^2) - \frac{M_A l}{3EI} = 0$$

$$M_A = \frac{Pb(l^2 - b^2)}{2l^2} \qquad \text{(c)}$$

또한 그림 9·5(a)에서 지점 B에 대하여 모멘트를 취하면 다음과 같이 반력 R_A를 구할 수 있다.

$$\Sigma M_B = R_A l - Pb - M_A = 0$$

$$R_A = \frac{Pb}{2l^3}(3l^2 - b^2) \qquad \text{(d)}$$

다시 $\Sigma F = 0$으로부터 반력 R_B는 다음과 같이 된다.

$$\Sigma F = R_A + R_B - P = 0$$

$$R_B = P - R_A = \frac{Pa^2}{2l^3}(3l - a) \qquad \text{(e)}$$

따라서 하중의 작용점 D에서 일어나는 굽힘모멘트를 구하면 다음과 같다.

$$M_D = R_B b = \frac{Pa^2 b}{2l^3}(3l - a) = \frac{Pa^2 b}{2l^3}(2l + b) \tag{f}$$

한편 집중하중 P가 작용하는 단순보의 경우에 하중의 작용점에 작용하는 굽힘모멘트 $M_1 = \frac{Pab}{l}$ 이므로 굽힘모멘트 선도는 그림 9·5(b)와 같으며, 지점 A에 굽힘모멘트 M_A가 작용하는 단순보의 경우 굽힘모멘트 선도는 그림 9·5(c)와 같이 된다.

따라서 집중하중 P를 받는 일단고정 타단지지보의 굽힘모멘트 선도는 그림 9·5(b)와 그림 9·5(c)의 굽힘모멘트 선도를 중첩하여 구할 수 있는데 그림 9·5(d)는 이와 같이 중첩된 모양을 보여 준다.

그림 9·5(e)는 그림 9·5(d)의 굽힘모멘트 선도에서 음영부분만을 취하여 나타낸 것으로 이것이 일단고정 타단지지보의 굽힘모멘트 선도가 된다.

예제 1

지름 $d=20$ cm이고, 길이 $l=10$ m인 일단고정 타단지지보에 고정단으로부터 $a=7$ m 떨어진 지점에서 집중하중 $P=5$ kN이 작용한다. 지점에서의 반력을 구하라.

[풀이] 고정단에서의 반력

$$R_A = \frac{Pb}{2l^3}(3l^2 - b^2) = \frac{5\times3}{2\times10^3}(3\times10^2 - 3^2) = 2.1825\,\text{kN}$$

$$M_A = \frac{Pb(l^2 - b^2)}{2l^2} = \frac{5\times3\times(10^2 - 3^2)}{2\times10^2} = 6.825\,\text{kN}\cdot\text{m}$$

지지단에서의 반력

$$R_B = P - R_A = \frac{Pa^2}{2l^3}(3l - a) = \frac{5\times7^2}{2\times10^3}\times(3\times10 - 7) = 2.8175\,\text{kN}$$

9.3.2 등분포하중을 받는 일단고정 타단지지보

그림 9·6(a)와 같이 전 길이에 걸쳐 등분포하중 p가 작용하는 일단고정 타단지지보에서 반력은 R_A, R_B, M_A이고 그 값은 각각 다음과 같다.

$$R_A = \frac{5}{8}pl \tag{1}$$

$$R_B = \frac{3}{8}pl \tag{2}$$

$$M_A = -\frac{1}{8}pl^2 \tag{3}$$

또한 최대 굽힘모멘트는 $x = \frac{3}{8}l$인 단면에서 발생하며 그 값은 다음과 같다.

$$M_{max} = \frac{9}{128}pl^2 \tag{4}$$

임의의 거리 x의 단면에 발생하는 전단력 F_x는 다음과 같다.

$$F_x = px - \frac{3}{8}pl \tag{5}$$

따라서, 지점 A 및 B에서의 전단력 F_A, F_B는 각각 다음과 같다.

$$F_A = \frac{5}{8}pl \tag{6}$$

$$F_B = -\frac{3}{8}pl \tag{7}$$

이에 대한 전단력선도와 굽힘모멘트 선도는 각각 그림 9·6(b), (c)와 같다.

한편 최대 처짐각이 발생되는 곳은 거리 $x=0$인 지점이며 최대 처짐각 θ_{max}은 다

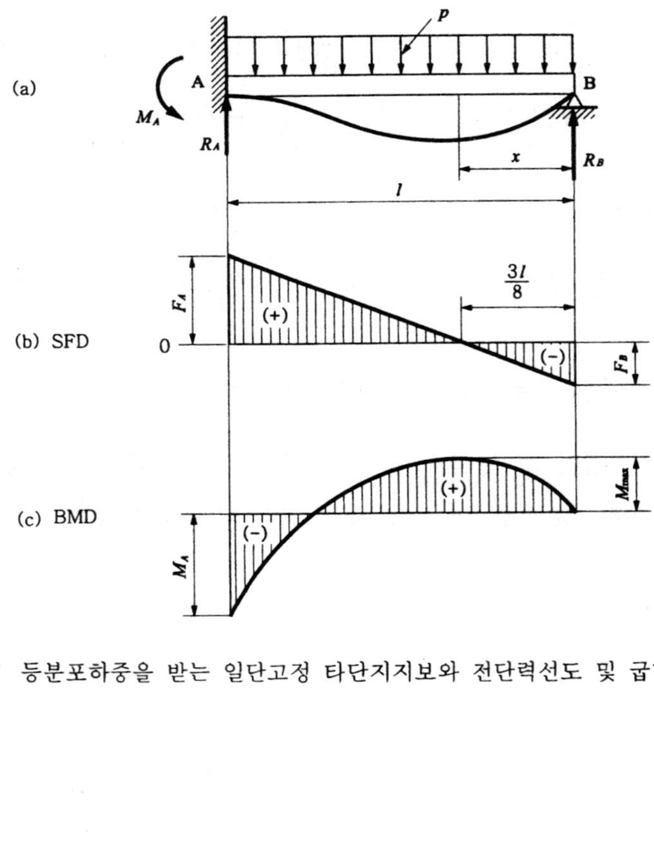

그림 9·6 등분포하중을 받는 일단고정 타단지지보와 전단력선도 및 굽힘모멘트 선도

음과 같이 된다.

$$\theta_{\max} = \frac{pl^3}{48EI} \tag{8}$$

최대 처짐량은 $x=0.4215l$인 곳에서 발생하고 그 값은 다음과 같다.

$$y_{\max} = \frac{pl^4}{184.6EI} = 0.0054\frac{pl^4}{EI} \tag{9}$$

또한, 중앙점$\left(x=\frac{l}{2}\right)$에서의 처짐량은 다음과 같다.

$$y_{x=l/2} = \frac{pl^4}{192EI} \tag{10}$$

▸▸ 식의 유도

그림 9·6(a)와 같이 전 길이에 걸쳐 등분포하중 p가 작용하는 일단고정 타단지지보를 탄성곡선의 미분방정식에 의한 해법으로 해석하기로 한다.

우선 지점 B로부터 임의의 거리 x만큼 떨어진 단면에 작용하는 굽힘모멘트는 다음 식과 같다.

$$M = R_B x - \frac{px^2}{2} \tag{a}$$

이 식을 탄성곡선의 미분방정식$\left(EI\frac{d^2y}{dx^2} = -M\right)$에 대입하면

$$EI\frac{d^2y}{dx^2} = -R_B x + \frac{px^2}{2} \tag{b}$$

이 되고, 이 식을 연속하여 두 번 적분하면 다음 식과 같이 된다.

$$EI\frac{dy}{dx} = -\frac{R_B x^2}{2} + \frac{px^3}{6} + C_1 \tag{c}$$

$$EIy = -\frac{R_B x^3}{6} + \frac{px^4}{24} + C_1 x + C_2 \tag{d}$$

여기서 적분상수 C_1을 구하기 위하여 $x=l$일 때 기울기 $dy/dx=0$이라는 경계조건을 식 (c)에 대입하면 다음과 같이 된다.

$$C_1 = \frac{R_B l^2}{2} - \frac{pl^3}{6} \tag{e}$$

다음에 적분상수 C_2를 구하기 위하여 $x=0$일 때 $y=0$이라는 경계조건을 식 (d)에 대입하면 적분상수 C_2는 다음과 같이 된다.

$$C_2=0 \tag{f}$$

이들 적분상수 값을 식 (d)에 대입하고 정리하면 다음과 같다.

$$y=\frac{1}{24EI}(px^4-4R_Bx^3+12R_Bl^2x-4pl^3x) \tag{g}$$

식 (g)에 경계조건 $x=l$일 때 $y=0$을 대입하면 다음과 같이 반력 R_B를 구할 수 있다.

$$R_B=\frac{3}{8}pl \tag{h}$$

또한 힘의 평형조건식($\sum F=0$)으로부터 다음과 같이 반력 R_A를 구할 수 있다.

$$\sum F=R_A+R_B-pl=R_A+\frac{3}{8}pl-pl=0$$

$$R_A=\frac{5}{8}pl \tag{i}$$

식 (e), (f), (h)를 식 (c)와 식 (d)에 대입하여 정리하면 다음과 같이 된다.

$$\frac{dy}{dx}=\frac{p}{48EI}(8x^3-9lx^2+l^3) \tag{j}$$

$$y=\frac{p}{48EI}(2x^4-3lx^3+l^3x) \tag{k}$$

처짐각이 최대가 되는 곳은 거리 $x=0$인 지점 B이며, 최대 처짐각 $\theta_{\max}$은 식 (j)에서 다음과 같이 된다.

$$\theta_{\max}=\frac{pl^3}{48EI} \tag{l}$$

또한 최대 처짐량은 $dy/dx=0$인 위치에서 일어나므로 식 (j)을 0으로 놓고 정리하면 다음과 같다.

$$8x^3-9lx^2+l^3=(8x^2-lx-l^2)(x-l)=0 \tag{m}$$

이 식을 만족하는 x의 값은 세 개이나 이 중에서 적합한 것은 $x=0.4215l$이다. 이 값을 식 (k)에 대입하면 다음과 같이 최대 처짐량을 구할 수 있다.

$$y_{\max} = \frac{pl^4}{184.6EI} = 0.0054\frac{pl^4}{EI} \tag{n}$$

참고로 $x=\frac{l}{2}$인 중앙지점에서의 처짐은 식 (k)로부터 다음과 같이 된다.

$$y_{x=l/2} = \frac{pl^4}{192EI} \tag{o}$$

다음에 보에 작용하는 전단력의 분포를 알기 위하여 임의의 위치 x의 단면에 작용하는 전단력 F_x를 구하면 다음과 같다.

$$F_x = -R_B + px = px - \frac{3}{8}pl \tag{p}$$

따라서 점 B에서의 전단력 F_B는 식 (p)에 $x=0$을 대입하면

$$F_B = -\frac{3}{8}pl \tag{q}$$

이 되고, 지점 A에서의 전단력 F_A는 식 (p)에 $x=l$을 대입하면 다음과 같이 된다.

$$F_A = \frac{5}{8}pl \tag{r}$$

또한 전단력 $F_x=0$인 단면의 위치는 식 (p)에서 $x=\frac{3}{8}l$이 된다.

이와 같은 결과를 이용하여 전단력선도를 그리면 그림 9·6(b)와 같이 된다.

다음에 보에 작용하는 굽힘모멘트의 분포를 알기 위하여 임의의 위치 x의 단면에 작용하는 굽힘모멘트 M_x를 구하면 다음과 같다.

$$M_x = R_B x - \frac{px^2}{2} = \frac{3}{8}plx - \frac{px^2}{2} \tag{s}$$

최대 굽힘모멘트는 $dM/dx=0$을 만족하는 x의 지점에서 발생하므로 식 (s)를 대입하여 계산하면 $x=\frac{3}{8}l$인 단면에서 최대 굽힘모멘트가 발생함을 알 수 있다.

이 값을 식 (s)에 대입하면 최대 굽힘모멘트는 다음과 같이 된다.

$$M_{\max} = \frac{9}{128}pl^2 \tag{t}$$

또한 굽힘모멘트 M이 0인 곳은 식 (s)에서 다음과 같이 된다.

$$\frac{3}{8}plx - \frac{1}{2}px^2 = 0$$

$$x = \frac{3}{4} l \tag{u}$$

또한 $x = l$인 지점에서 일어나는 굽힘모멘트 M_A는 식 (s)로부터 다음과 같이 된다.

$$M_A = -\frac{1}{8} pl^2 \tag{v}$$

이와 같은 결과식 (s), (t), (u), (v)를 이용하여 굽힘모멘트 선도를 그리면 그림 9·6 (c)와 같이 된다.

예제 1

지름 $d=20$ cm이고, 길이 $l=10$ m인 일단고정 타단지지보에 등분포하중 $p=3$ kN/m가 작용한다. 최대 굽힘모멘트와 최대 처짐량을 구하라. 단, 보 재료의 종탄성계수 $E=200$ GPa이다.

[풀이] 최대 굽힘모멘트

$$M_{max} = \frac{9}{128} pl^2 = \frac{9}{128} \times 3 \times 10^2 = 21.1 \text{ kN} \cdot \text{m}$$

최대 처짐량

$$y_{max} = 0.0054 \frac{pl^4}{EI} = 0.0054 \times \frac{3,000 \times 10^4}{(200 \times 10^9) \times (7.85 \times 10^{-5})}$$
$$= 0.01 \text{ m} = 10 \text{ mm}$$

9.4 연속보

세 개 이상의 지점으로 지지된 보를 연속(連續)보(continuous beam)라고 한다. 연속보에서는 지점에서의 미지반력의 수가 지점의 수와 같게 된다. 따라서 미지수는 평형방정식의 수보다 항상 한 개가 더 많게 되어 정역학적인 평형방정식만으로는 지점의 반력을 결정할 수 없게 된다.

이와 같은 연속보를 해석하기 위해서는 다음과 같이 부정정보의 해석에서와 같은 중첩법을 사용하든가 3모멘트의 정리와 같은 새로운 해법을 사용하여야 한다.

9.4.1 중첩법에 의한 연속보의 해석

9.4.1.1 등분포하중을 받는 연속보

그림 9·7(a)와 같이 등분포하중 p를 받는 세 개의 지점(지점간의 간격 l)으로 이루어진 연속보의 반력 R_A, R_B, R_C는 각각 다음과 같다.

$$R_A = R_B = \frac{3}{8} pl \tag{1}$$

$$R_C = \frac{5}{4} pl \tag{2}$$

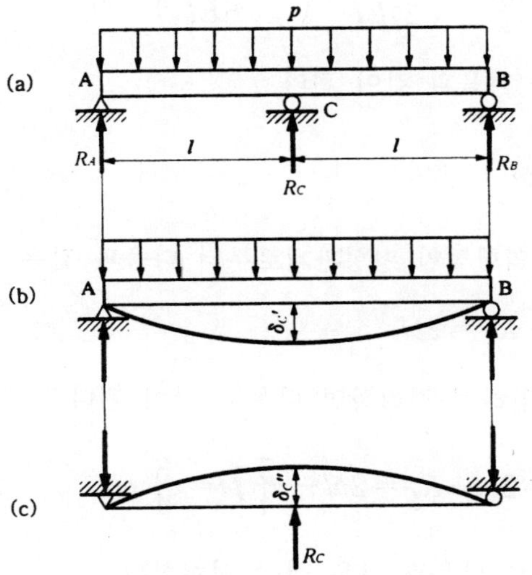

그림 9·7 등분포하중 p를 받는 연속보

▸▸ **식의 유도**

그림 9·7(a)와 같이 등분포하중 p가 작용하고 세 개의 지점으로 이루어진 연속보의 반력 R_A, R_B, R_C를 중첩법에 의해 구해보자.

우선 과잉반력을 R_C로 보고 그림 9·7(b), (c)와 같이 등분포하중을 받는 단순보와 집중하중 R_C가 작용하는 단순보로 나누어 생각한다.

그림 9·7(b)와 같은 등분포하중을 받는 단순보의 경우 점 C에서의 처짐 $\delta_C{}'$은 8.1.4의 식 (2)로부터 다음과 같이 된다.

$$\delta_C' = \frac{5p(2l)^4}{384EI} = \frac{5pl^4}{24EI} \qquad \text{(a)}$$

다음에 그림 9·7 (c)와 같은 집중하중 R_C를 받는 단순보의 경우 점 C에서의 처짐 δ_C''은 8.1.5의 식 (4)로부터 다음과 같이 된다.

$$\delta_C'' = -\frac{R_C(2l)^3}{48EI} = -\frac{R_C l^3}{6EI} \qquad \text{(b)}$$

그런데 지점 C에서는 처짐이 발생하지 않으므로 $\delta_C = \delta_C' + \delta_C'' = 0$이어야 한다. 따라서 다음과 같은 관계식이 성립된다.

$$\delta_C = \delta_C' + \delta_C'' = \frac{5pl^4}{24EI} + \left(-\frac{R_C l^3}{6EI}\right) = 0 \qquad \text{(c)}$$

이 식에서 반력 R_C는 다음과 같이 된다.

$$R_C = \frac{5}{4}pl \qquad \text{(d)}$$

또한 연속보에서의 정역학적인 평형관계로부터 다음과 같은 식이 성립한다.

$$R_A + R_B + R_C = 2pl \qquad \text{(e)}$$

식 (e)에 식 (d)를 대입하여 정리하면 다음과 같이 된다.

$$R_A + R_B = 2pl - R_C = 2pl - \frac{5}{4}pl = \frac{3}{4}pl \qquad \text{(f)}$$

여기서 $R_A = R_B$이므로 다음과 같은 식이 성립한다.

$$2R_A = \frac{3}{4}pl \qquad \text{(g)}$$

따라서 반력 R_A는 다음과 같이 된다.

$$R_A = \frac{3}{8}pl \qquad \text{(h)}$$

예제 1

길이 $l = 10\,\text{m}$ 간격으로 A, B, C의 세 개의 지점으로 지지되어 있는 연속보에 등분포하중 $p = 3\,\text{kN/m}$가 작용한다. 이 보의 지점에서의 수직반력 R_A, R_B, R_C를 구하라.

〔풀이〕 $R_A = R_B = \frac{3}{8} pl = \frac{3}{8} \times 3 \times 10 = 11.25\,\text{kN}$

$R_C = \frac{5}{4} pl = \frac{5}{4} \times 3 \times 10 = 37.5\,\text{kN}$

9.4.1.2 두 개의 집중하중을 받는 연속보

그림 9·8(a)와 같이 양단으로부터 같은 간격 a만큼 떨어진 위치에서 두 개의 집중하중 P가 작용하고, 세 개의 지점에 의하여 등 간격으로(지점간의 간격 $l/2$) 지지된 연속보의 경우 지점에서의 반력은 다음과 같다.

$$R_A = R_B = \frac{P}{l^3}(l+a)(l-2a)^2 \tag{1}$$

$$R_C = \frac{2Pa}{l^3}(3l^2 - 4a^2) \tag{2}$$

▸▸ 식 (1), (2)의 유도

중간지점에서의 반력 R_C를 과잉구속으로 보고 그림 9·8(a)를 그림 9·8(b), (c), (d)와 같이 각각 집중하중 P와 R_C를 받는 단순보로 분해하여 해를 구한 다음 이들을 중첩하여 구해보자.

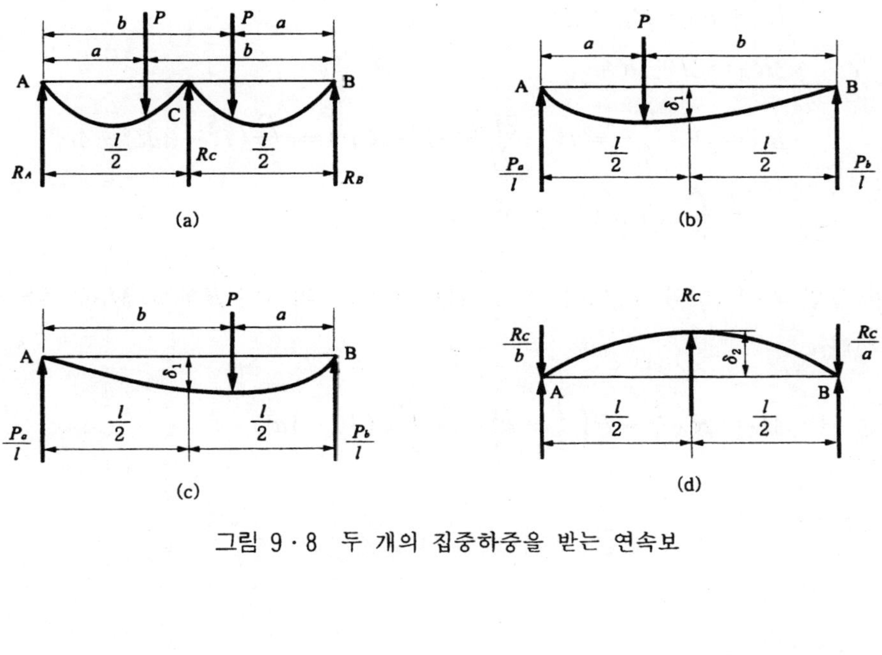

그림 9·8 두 개의 집중하중을 받는 연속보

그림 9·8(b)와 (c)에서와 같이 집중하중 P를 받는 단순보에서 중앙지점의 처짐량 δ_1는 8.1.5의 식 ⑨를 이용하면 다음과 같이 된다.

$$\delta_1=\frac{Pa}{48EI}(3l^2-4a^2) \tag{a}$$

그림 9·8(d)와 같이 반력 R_C가 작용하는 단순보에서의 처짐량 δ_2는 8.1.5의 식 (4)를 이용하여 구하면 다음과 같이 된다.

$$\delta_2=\frac{R_C l^3}{48EI} \tag{b}$$

그런데 연속보에서 지점 C에서의 처짐량은 0이 되어야 하므로 $2\delta_1-\delta_2=0$이 성립해야 한다.

따라서 $2\delta_1=\delta_2$의 조건으로부터 다음과 같이 반력 R_C를 구할 수 있다.

$$\frac{Pa}{24EI}(3l^2-4a^2)=\frac{R_C l^3}{48EI}$$

$$R_C=\frac{2Pa}{l^3}(3l^2-4a^2) \tag{c}$$

이때 힘 P가 대칭으로 작용하기 때문에 반력 $R_A=R_B$이며, 힘의 평형조건으로부터 다음 식이 성립한다.

$$R_A+R_B+R_C=2P$$

$$2R_A=2P-R_C$$

$$R_A=P-\frac{R_C}{2}=P-\frac{2Pa}{2l^3}(3l^2-4a^2)=\frac{P}{l^3}(l^3-3al^2-4a^3)$$

$$=\frac{P}{l^3}(l+a)(l-2a)^2=R_B \tag{d}$$

또한 그림 9·8(b)와 (c)에서 보 길이의 중간에서의 굽힘모멘트 M_C는 다음 식과 같이 된다.

$$M_C=R_A\frac{l}{2}-P\left(\frac{l}{2}-a\right)=-\frac{Pa}{2l^3}(l^2-4a^2) \tag{e}$$

예제 1

등 간격으로 떨어진 세 개의 지점으로 지지되어 있는 길이 $l=10\,\text{m}$인 연속보가 양쪽 끝단으로부터 각각 3 m 떨어진 지점에서 집중하중 $P=5\,\text{kN}$을 받고 있다.

이 보의 지점에서의 수직반력 R_A, R_B, R_C를 구하라.

〔풀이〕 $$R_A=R_B=\frac{P}{l^3}(l+a)(l-2a)^2=\frac{5}{10^3}(10+3)(10-2\times3)^2=1.04\,\text{kN}$$

$$R_C=\frac{2Pa}{l^3}(3l^2-4a^2)=\frac{2\times5\times3}{10^3}(3\times10^2-4\times3^2)=7.92\,\text{kN}$$

9.4.2 3-모멘트의 정리에 의한 연속보의 해석

3-모멘트의 정리란 여러 개의 지점으로 지지된 연속보의 지점에서의 반력을 간단히 해석하기 위한 방법으로 3모멘트의 정리를 적용하는 순서는 다음과 같다.

1) 연속보에서 연속된 임의의 세 지점(그림의 지점 A, B, C)을 선정한다.
2) 보를 AB와 BC 두 개의 단순보로 분리한다.
3) 두 개의 단순보에 대하여 각각 외력에 의한 굽힘모멘트 선도를 그리고 굽힘모멘트 선도의 면적 A_1, A_2를 구한다〔그림 9·9 (b), (c)〕.
4) 이를 다음과 같은 3-모멘트의 정리식에 대입하여 과잉구속으로 인한 굽힘모멘트 M_A, M_B, M_C를 구한다.

$$M_Al_1+2M_B(l_1+l_2)+M_Cl_2=-\frac{6A_1a_1}{l_1}-\frac{6A_2b_2}{l_2} \tag{1}$$

5) 다음과 같은 식을 이용하여 반력 R_B를 구한다.

$$R_B=R_B{}'+R_B{}''+\frac{M_A-M_B}{l_1}+\frac{M_C-M_B}{l_2} \tag{2}$$

식에서 $R_B{}'$와 $R_B{}''$는 각각 지점 B를 기준으로 좌측의 외력(수직하중)에 의한 반력과 우측의 외력에 의한 반력이다.

[3-모멘트 정리의 추가 해설]

9.4.1에서 보는 바와 같이 지점이 세 개인 연속보의 경우 중간지점에서 발생하는 수직반력이 과잉구속으로 되어 한 개의 과잉구속을 갖는다는 것을 알았다.

이때 연속보를 단순보로 분리하고 하중에 의한 중간지점에서의 처짐과 반력에 의한

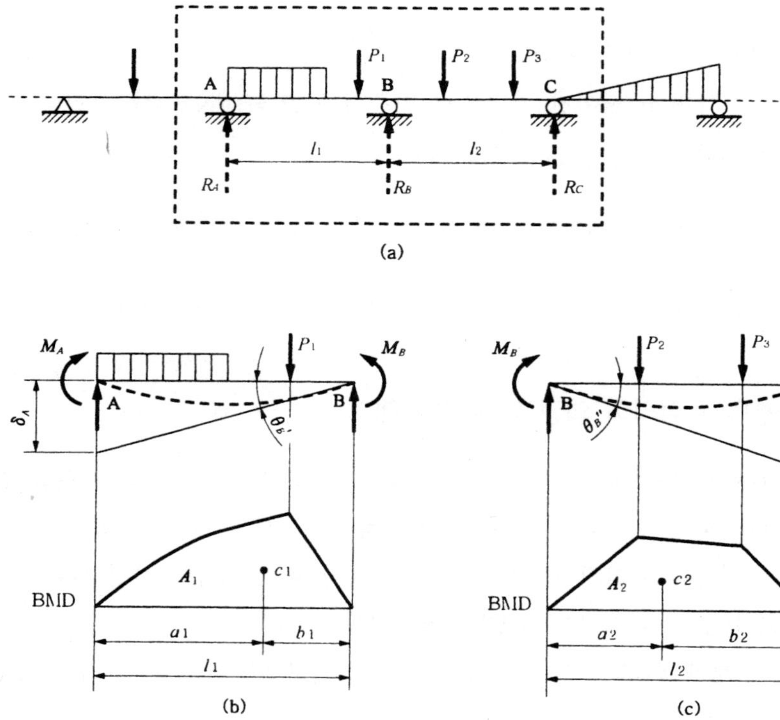

그림 9·9 여러 개의 지점으로 이루어진 연속보와 A-B와 B-C 지점 사이의 굽힘모멘트 선도

중간지점에서의 처짐을 중첩하고, 중간지점에서의 연속보의 처짐을 0으로 놓음으로써 중간지점에서의 반력을 구할 수 있었다.

따라서 지점이 1, 2, 3, 4, ……, n개인 연속보인 경우에는 과잉구속의 수가 $(n-2)$개로 되는데, 이들 지점 중 순차적으로(지점 1, 2, 3 다음에 2, 3, 4 그 다음에 3, 4, 5의 방법으로) 세 개의 지점을 가진 연속보로 분리한 후, 앞에서와 같은 중첩법을 적용하여 차례로 해석할 수 있다.

그러나 이와 같이 중간지점이 여러 개인 연속보인 경우에는 그만큼 많은 식이 필요해지고, 해석하는데 많은 시간과 노력이 필요해진다.

따라서 다음과 같은 3모멘트 정리를 사용하여 해석하면 비교적 간단히 해석할 수 있게 된다.

그림 9·9(a)와 같이 여러 개의 지점을 갖는 연속보로부터 A, B, C의 세 개 지점으로 된 연속보를 택한 다음, 그림 9·9(b), (c)와 같이 지점 B를 중심으로 AB와 BC의 두 개의 단순보로 분리한다.

이때 두 단순보의 지점간의 거리를 각각 l_1, l_2라 하고, 각 지점에서의 과잉구속으로 인한 굽힘모멘트를 M_A, M_B, M_C라 하자.

AB, BC로 나뉘어진 두 보에는 그림 9·9(b) 및 (c)와 같이 굽힘으로 인한 처짐이 발생하는데, 지점 B를 기준으로 하여 좌측에서의 처짐각을 θ_B', 우측에서의 처짐각을 θ_B''라 할 때 나누기 전의 탄성곡선은 연속상태이므로, 이들 처짐각은 크기가 같고 방향이 반대가 된다. 따라서 다음과 같은 관계가 성립해야 한다.

$$\theta_B' = \theta_B'' \tag{a}$$

이때 양단에 작용하는 굽힘모멘트 M_A, M_B, M_C를 제외한 굽힘모멘트 선도의 면적을 각각 A_1과 A_2라 하고, 두 단순보의 양단으로부터 굽힘모멘트 선도의 도심 c_1과 c_2까지의 거리를 각각 a_1, b_1, a_2, b_2라고 할 때 지점간의 거리 l_1인 단순보에서의 처짐각 θ_B'는 다음과 같이 된다.

$$\theta_B' = \frac{M_A l_1}{6EI} + \frac{M_B l_1}{3EI} + \frac{A_1 a_1}{l_1 EI} \tag{b}$$

이는 양단에 굽힘모멘트 M_A와 M_B를 받는 단순보에 있어서의 처짐각

$$\theta_B = \frac{M_A l_1}{6EI} + \frac{M_B l_1}{3EI}$$

와 외력으로 인한 처짐각을 면적모멘트법에 의하여 구한 각

$$\theta_B = \frac{A_1 a_1}{l_1 EI}$$

을 중첩하여 구한 것이다.

같은 방법으로 지점간의 거리 l_2인 단순보에서 발생하는 처짐각 θ_B''는 다음과 같이 된다.

$$\theta_B'' = -\frac{M_B l_2}{3EI} - \frac{M_C l_2}{6EI} - \frac{A_2 b_2}{l_2 EI} \tag{c}$$

식 (b)와 식 (c)를 식 (a)에 대입하여 정리하면 다음과 같은 식을 얻을 수 있다.

$$M_A l_1 + 2M_B(l_1 + l_2) + M_C l_2 = -\frac{6A_1 a_1}{l_1} - \frac{6A_2 b_2}{l_2} \tag{d}$$

이 식을 3모멘트 방정식(equation of three moment) 또는 클라페이론의 정리

(Clapeyron's theorem of moment)라고 한다.

따라서 지점이 여러 개인 연속보를 해석할 때 이와 같은 3모멘트 방정식을 순차적으로 세우고, 연립방정식을 풀면 모든 중간지점에서의 굽힘모멘트를 구할 수 있게 된다. 만약 지점이 세 개인 연속보인 경우라면 한 개의 3모멘트 방정식을 얻을 수 있고, 지점이 네 개인 경우에는 두 개, 지점이 n개의 경우에는 $n-2$개의 방정식이 얻어진다.

이때 끝단에 있는 지점에서의 굽힘모멘트는 지점의 지지조건으로부터 구한다. 즉 끝단에 있는 지점이 단순 지지되어 있는 경우에는 굽힘모멘트 $M=0$이고, 고정되어 있는 경우에는 처짐각 $\theta=0$로 한다.

예를 들면 그림 9·9(a)와 같은 연속보에서 만약 지점 A가 고정되어 있다면 왼쪽 끝단의 처짐각 θ_A는 다음 식으로 된다.

$$\theta_A=\frac{M_A l_1}{3EI}+\frac{M_B l_1}{6EI}+\frac{A_1 b_1}{l_1 EI}=0 \tag{e}$$

이 식으로부터 지점 A에서의 굽힘모멘트 M_A를 구하면 다음 식과 같이 된다.

$$M_A=-\frac{M_B}{2}-\frac{3A_1 b_1}{l_1} \tag{f}$$

이와 같은 방법으로 하여 모든 지점에 작용하는 굽힘모멘트가 결정되면 지점에 작용하는 반력을 쉽게 구할 수 있게 된다.

그림 9·9(a)와 같은 연속보에서 지점 B에서의 반력을 구하기 위하여 연속보를 그림 9·9(b), (c)와 같이 지점 A-B와 B-C의 단순보로 분리하고, 지점 B에서 받는 반력을 지점 B를 기준으로 좌측과 우측에 있는 외력(수직하중)에 의한 반력 R_B'와 R_B'', 굽힘모멘트 M_A, M_B, M_C에 의한 반력 R_{B1}와 R_{B2}로 분리하면 지점 B에서 받는 반력 R_B는 다음과 같이 된다.

$$R_B=R_B'+R_B''+R_{B1}+R_{B2}$$

여기서 굽힘모멘트 M_A, M_B, M_C에 의한 반력 R_{B1}와 R_{B2}를 지점 B에 대한 좌우측의 단순보에서 있어서의 굽힘모멘트의 평형조건식을 사용하여 구하면 각각 다음과 같이 된다.

$$\Sigma M_A=M_A-M_B-R_{B1}l_1=0, \qquad R_{B1}=\frac{M_A-M_B}{l_1}$$

$$\sum M_C = M_B - M_C + R_{B2} l_2 = 0, \qquad R_{B2} = \frac{M_C - M_B}{l_2}$$

따라서 지점 B에 작용하는 반력 R_B는 다음 식으로 된다.

$$R_B = R_B' + R_B'' + R_{B1} + R_{B2}$$

$$= R_B' + R_B'' + \frac{M_A - M_B}{l_1} + \frac{M_C - M_B}{l_2} \qquad \text{(g)}$$

이 식에서 지점 $A = n-1$, $B = n$, $C = n+1$로 하면 n번째의 지점에 작용하는 반력 R_n을 구할 수 있는 일반식이 된다.

$$R_n = R_n' + R_n'' + \frac{M_{n-1} - M_n}{l_n} + \frac{M_{n+1} - M_n}{l_{n+1}} \qquad \text{(h)}$$

이와 같은 식에 적용하여 반력과 굽힘모멘트가 차례로 구해지면 연속보에 대한 전단력선도와 굽힘모멘트 선도를 그릴 수 있게 된다.

예제 1

그림 9·10과 같이 네 개의 지점을 가지고 있는 연속보에 등분포하중 p가 작용하고 있다.

이 보에서의 전단력선도와 굽힘모멘트 선도를 작성하라.

[풀이] 1) 우선 그림 9·10(b)와 같이 연속된 임의의 3지점 A, B, C를 선정하고, 지점 B를 기준으로 좌우 두 개의 단순보로 분리한다.

2) 각각의 단순보에서 외력 p에 의한 굽힘모멘트 선도의 면적을 구하고 3모멘트의 정리식에 대입하여 각 지점에서 과잉구속으로 인한 굽힘모멘트 M_A, M_B, M_C를 구한다.

즉 여기서의 단순보는 등분포하중을 받는 단순보가 되며, 이때 굽힘모멘트 선도는 포물선이고 최대 굽힘모멘트$\left(\frac{pl^2}{8}\right)$는 중앙에 생기므로 굽힘모멘트 선도의 면적 A는 다음과 같이 된다.

$$A = \frac{pl^2}{8} \times \frac{2}{3} l = \frac{pl^3}{12}$$

또한 지점 A는 자유회전 지점이므로 $M_A = 0$이고, $l_1 = l_2 = l$, $A_1 = A_2 = A$,

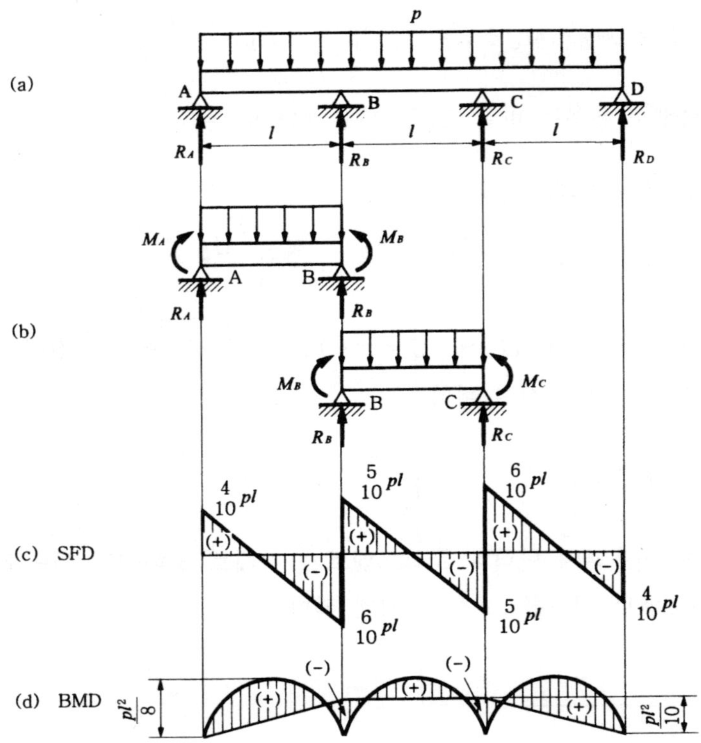

그림 9 · 10

$a_1 = b_2 = \frac{l}{2}$ 이므로 이를 3모멘트의 정리식에 대입하면 다음과 같이 된다.

$$M_A l_1 + 2M_B(l_1 + l_2) + M_c l_2 = -\frac{6A_1 a_1}{l_1} - \frac{6A_2 b_2}{l_2}$$

$$0 + 2M_B(2l) + M_C l = -\frac{pl^3}{4} - \frac{pl^3}{4}$$

그림 9 · 10 (b)에서 BC 구간을 발췌한 단순보의 양단에 작용하는 굽힘모멘트는 같으므로 $M_B = M_C$ 이어야 한다. 따라서 지점 B에 작용하는 굽힘모멘트 M_B와 지점 C에 작용하는 굽힘모멘트 M_C는 각각 다음과 같다.

$$M_B = -\frac{pl^2}{10}$$

$$M_C = -\frac{pl^2}{10}$$

이들 결과를 이용하여 굽힘모멘트 선도를 그리면 그림 9·10(d)와 같다.

또한 지점 B에서의 반력 R_B는 9.4.2의 식 (2)를 이용하여 구하면 다음과 같이 된다.

$$\begin{aligned} R_B &= R_B' + R_B'' + \frac{M_A - M_B}{l_1} + \frac{M_C - M_B}{l_2} \\ &= \frac{pl}{2} + \frac{pl}{2} + \frac{0 + \frac{pl^2}{10}}{l} + \frac{-\frac{pl^2}{10} + \frac{pl^2}{10}}{l} \\ &= \frac{11}{10}pl \end{aligned}$$

따라서 반력 R_C는 보의 대칭조건으로부터 $R_B = R_C$이므로 다음과 같다.

$$R_C = R_B = \frac{11pl}{10}$$

또한 반력 R_A와 R_D를 구하기 위하여 힘의 평형방정식을 세우면 다음과 같이 된다.

$$\Sigma F = R_A + R_B + R_C + R_D = 3pl$$

이때 보의 대칭조건으로부터 $R_A = R_D$, $R_B = R_C$이므로 이 식은 다음과 같이 된다.

$$\begin{aligned} &2R_A + 2R_B = 3pl \\ &R_A = \frac{3}{2}pl - R_B \\ &\quad = \frac{3}{2}pl - \frac{11}{10}pl \\ &\quad = \frac{4}{10}pl \end{aligned}$$

또한 $R_A = R_D$이므로 R_D는 다음과 같이 된다.

$$R_D = R_A = \frac{4}{10}pl$$

이와 같이 하여 구한 반력을 이용하여 전단력선도를 그리면 그림 9·10(c)와 같이 된다.

예제 2

다음 그림 9·11(a)와 같이 세 개의 지점을 가지고 있는 연속보에서 각 지점간의 중앙에 집중하중 P가 작용하고 있다. 전단력선도와 굽힘모멘트 선도를 작성하라.

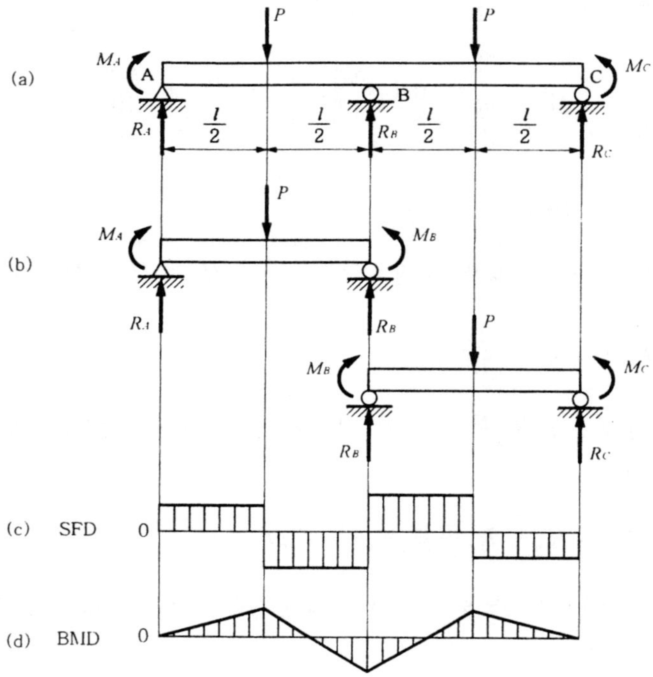

그림 9·11

[풀이] 1) 우선 그림 9·11(b)와 같이 지점 B를 기준으로 좌우 두 개의 단순보로 분리한다.

2) 각각의 단순보에서 외력 P에 의한 굽힘모멘트 선도의 면적을 구하고 3모멘트의 정리식에 대입하여 각 지점에서 과잉구속으로 인한 굽힘모멘트 M_A, M_B, M_C를 구한다.

여기서는 각각 중앙에 한 개의 집중하중을 받는 단순보가 되며, 이때 굽힘모멘트 선도는 중앙에서 최대$\left(\frac{Pl}{4}\right)$가 되는 2등변 삼각형이므로 굽힘모멘트 선도의 면적 A는 다음과 같이 된다.

$$A = \frac{Pl}{4} \times l \times \frac{1}{2} = \frac{Pl^2}{8}$$

또한 지점 A와 C는 자유회전지점이므로 $M_A = M_C = 0$이고, $l_1 = l_2 = l$, $A_1 = A_2 = A$, $a_1 = b_2 = \frac{l}{2}$이므로 이를 3모멘트의 정리식에 대입하면 다음과 같이 된다.

$$M_A l_1 + 2M_B(l_1 + l_2) + M_C l_2 = -\frac{6A_1 a_1}{l_1} - \frac{6A_2 b_2}{l_2}$$

$$0 + 2M_B(2l) + 0 = -\frac{6 \times \frac{Pl^2}{8} \times \frac{l}{2}}{l} - \frac{6 \times \frac{Pl^2}{8} \times \frac{l}{2}}{l}$$

$$M_B = -\frac{3}{16} Pl$$

이 결과를 이용하여 굽힘모멘트 선도를 그리면 그림 9·11 (d)와 같다.

또한 지점 B에서의 반력 R_B는 9.4.2의 식 (2)를 이용하여 구하면 다음과 같이 된다.

$$\begin{aligned} R_B &= R_B' + R_B'' + \frac{M_A - M_B}{l_1} + \frac{M_C - M_B}{l_2} \\ &= \frac{P}{2} + \frac{P}{2} + \frac{0 + \frac{3}{16} Pl}{l} + \frac{0 + \frac{3}{16} Pl}{l} \\ &= \frac{11}{8} P \end{aligned}$$

또한 반력 R_A와 R_C를 구하기 위하여 힘의 평형방정식을 세우면 다음과 같이 된다.

$$\Sigma F = R_A + R_B + R_C = 2P$$

보의 대칭조건으로부터 $R_A = R_C$이므로 이 식은 다음과 같이 된다.

$$\begin{aligned} 2R_A + R_B &= 2P \\ R_A &= P - \frac{1}{2} R_B \\ &= P - \frac{1}{2} \times \frac{11}{8} P \\ &= \frac{5}{16} P \end{aligned}$$

따라서 $R_A = R_C$이므로 R_C는 다음과 같이 된다.

$$R_C = R_A = \frac{5}{16}P$$

이와 같이 하여 구한 반력을 이용하여 전단력선도를 그리면 그림 9·11(c)와 같이 된다.

9.5 카스틸리아노(Castigliano)의 정리

카스틸리아노(Castigliano)의 정리란 "탄성체에 하중이 작용할 때 생기는 변형 에너지를 작용하중에 대하여 편미분한 값은 하중의 작용점 방향의 변위와 같다"는 원리를 말한다. 즉 탄성체에 하중 P가 작용하여 δ만큼의 변형량을 주었을 때, 탄성체에 저장된 탄성변형 에너지를 U라 하면 하중작용점의 변형량 δ는 다음 식으로 된다.

$$\delta = \frac{\partial U}{\partial P} \tag{1}$$

이 카스틸리아노의 정리는 탄성변형 에너지로부터 탄성변형량을 구하는 데 사용된다.

▶▶ 식의 유도

그림 9·12에서 보는 바와 같이 n개의 하중 P_1, P_2, P_i, …… P_n이 작용하는 단순보를 생각해 보자.

보에 하중 P_1, P_2, P_i, …… P_n이 동시에 작용하여 그 하중이 작용하는 방향으로 각각 δ_1, δ_2, δ_i, …… δ_n만큼씩 변형되었다면, 이때 이루어진 일은 그 재료 속에 탄성변형 에너지의 형태로 저장되며 그 에너지 U는 다음 식과 같이 표현할 수 있다.

$$U = \frac{1}{2}(P_1\delta_1 + P_2\delta_2 + P_i\delta_i + \cdots\cdots P_n\delta_n) \tag{a}$$

지금 그림과 같은 보에 n개의 하중 P_1, P_2, P_i, ……, P_n에 작용하여 식 (a)로

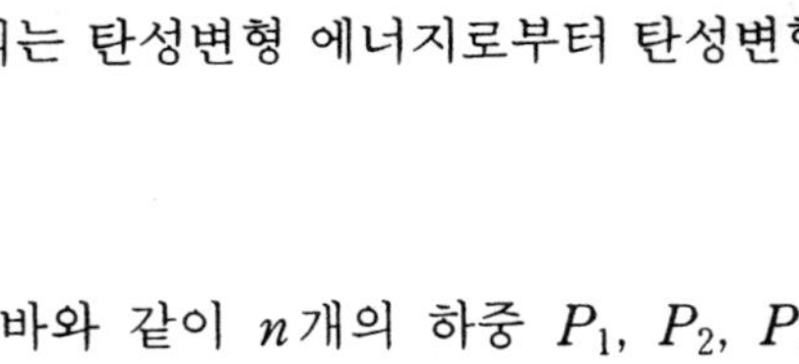

그림 9·12 하중을 받는 보의 변형

주어지는 변형 에너지 U가 그 재료 속에 저장된 후에 그들 중 임의의 한 개의 하중 P_i를 dP_i만큼 증가시켰다고 하자. 이때 증가된 하중은 그 보의 변형상태에 다소 변화를 줄 것이며 아울러 저장된 변형 에너지도 다소 증가될 것이다. 이때 에너지의 증가량은 U의 P_i에 관한 변화율 $\left(\frac{\partial U}{\partial P_i}\right)$에 P_i의 증가량 dP_i를 곱한 형태로 표시할 수 있다.

따라서 이와 같이 하중이 변화된 상태에서의 탄성변형 에너지량은 다음 식과 같이 된다.

$$U + \frac{\partial U}{\partial P_i} dP_i \tag{b}$$

한편 최종상태의 탄성변형 에너지량은 그들 하중의 작용순서와는 관계가 없으므로, 이번에는 dP_i를 먼저 작용시키고 그 뒤에 하중 P_1, P_2, P_i, ……, P_n을 작용시키는 경우를 생각해 보자.

먼저 미소하중 dP_i만을 작용시켰을 때 그 재료의 변형량은 미소하여 $d\delta_n$이 될 것이다. 이때 탄성변형 에너지는 $\frac{1}{2} dP_i d\delta_i$로 되어 미소하중 dP_i로 인한 탄성변형 에너지는 2차의 미소량이 되므로 무시할 수 있다. 이후에 하중 P_1, P_2, P_i, ……, P_n을 작용시키면 이들이 그 재료의 변형에 주는 효과는 먼저 작용시킨 dP_i의 존재에 영향을 받지 않을 것이므로, 이들 하중으로 인하여 그 재료 속에 저장되는 탄성변형 에너지량은 역시 U로 된다.

그러나 하중 P_1, P_2, P_i, ……, P_n이 작용하는 동안에 먼저 걸려 있는 하중 dP_i의 작용점에는 자동적으로 δ_i만큼의 변위가 일어나므로 자연적으로 $dP_i \delta_i$만큼의 일이 이루어진다.

이때 최종상태에서의 탄성변형 에너지량은 다음 식과 같이 된다.

$$U + dP_i \delta_i \tag{c}$$

앞에서 언급한 바와 같이 탄성변형 에너지량은 하중의 작용순서와는 관계가 없으므로 식 (b)와 식 (c)로 표시되는 두 탄성변형 에너지량은 서로 같아야 한다. 따라서 다음과 같은 식이 성립한다.

$$U + dP_i \delta_i = U + \frac{\partial U}{\partial P_i} dP_i \tag{d}$$

이 식으로부터 다음과 같은 식을 얻을 수 있다.

$$\delta_i = \frac{\partial U}{\partial P_i} \tag{e}$$

이 식 (e)가 카스틸리아노의 정리의 일반형태이다.

이 정리는 중첩법이 적용되는 탄성계에서 힘들의 이차함수 형태로 표시된 변형 에너지를 그들 중의 임의의 하나의 힘에 관하여 편미분하면 그 편도함수는 그 힘의 작용점에서 변위 성분을 나타낸다는 것을 의미한다.

이와 같은 카스틸리아노의 정리를 이용하면 여러 가지 하중을 받는 구조물에서 하중작용점의 처짐량을 손쉽게 계산할 수 있다.

그 예를 들면 다음과 같다.

그림 9·13과 같이 단순 인장을 받는 균일 단면봉에서, 종탄성계수 E, 단면적 A, 길이 l인 균일단면봉의 길이방향으로 하중 P가 작용할 때 봉 속에 저장되는 탄성변형 에너지 U는 다음 식과 같이 된다.

$$U = \frac{P^2 l}{2EA}$$

이와 같은 탄성변형 에너지식으로부터 카스틸리아노의 정리를 적용하면 길이방향의 변형량 δ를 다음과 같이 간단하게 구할 수 있다.

$$\delta = \frac{\partial U}{\partial P} = \frac{Pl}{EA}$$

다음에는 그림 9·14와 같이 비틀림 모멘트를 받는 원형단면 축의 경우를 예로 들어 보자.

횡탄성계수 G, 극단면2차모멘트 I_P, 길이 l인 원형단면축의 일단을 고정하고 다른 일단에서 비틀림 모멘트 T를 가했을 때 축 속에 저장되는 탄성변형 에너지는 다음 식과 같이 된다.

$$U = \frac{T^2 l}{2GI_P}$$

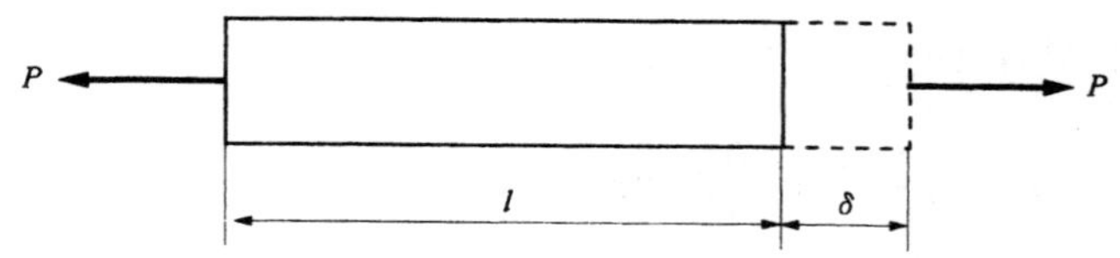

그림 9·13 단순인장을 받는 균일단면봉에서의 변형

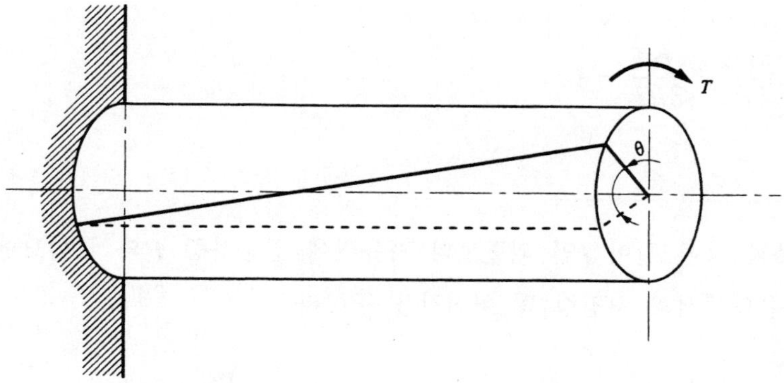

그림 9 · 14 비틀림 모멘트 T를 받는 원형단면축의 변형

카스틸리아노의 정리를 이용하여 탄성변형 에너지 U를 비틀림 모멘트 T에 관하여 편미분하면 비틀림변형을 간단히 구할 수 있다.

이때 변형량은 비틀림각이 되며 비틀림각 Φ는 다음 식과 같이 된다.

$$\frac{\partial U}{\partial T}=\frac{Tl}{GI_P}=\phi$$

또한 그림 9 · 15와 같이 자유단에 집중하중 P가 작용하는 외팔보의 경우를 예로 들어 보자.

보 재료의 종탄성계수를 E, 단면2차모멘트를 I, 길이를 l이라고 했을 때 보의 굽힘 변형 에너지는 다음 식과 같이 된다.

$$U=\frac{P^2l^3}{6EI}$$

카스틸리아노의 정리를 이용하여 굽힘변형 에너지 U를 작용하중 P에 관하여 편미분하면 그 값은 집중하중 P가 작용하는 곳에서의 처짐량을 나타내며 다음 식과 같이

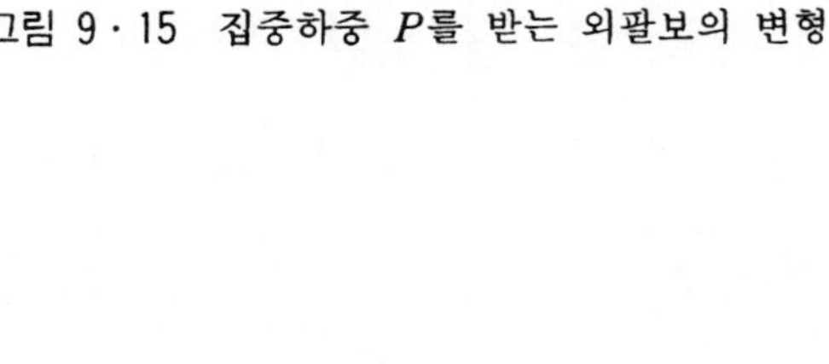

그림 9 · 15 집중하중 P를 받는 외팔보의 변형

된다.

$$\frac{\partial U}{\partial P} = \frac{Pl^3}{3EI} = \delta$$

예제 1

그림 9·16과 같이 길이 l인 외팔보의 자유단에 집중하중 P와 굽힘모멘트 M_0가 작용할 때 자유단에서의 처짐량 및 처짐각을 구하라.

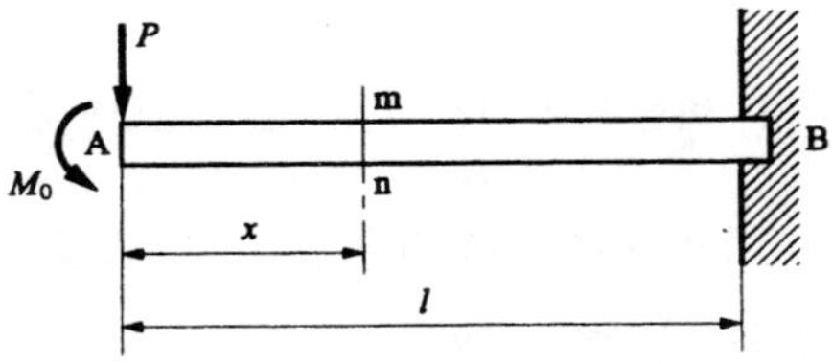

그림 9·16

[풀이] 자유단으로부터 임의의 거리 x의 단면에서 발생되는 굽힘모멘트 $M=-M_0-Px$이고, 보에서의 굽힘탄성변형 에너지 U는 8.4의 식 (1)로부터 다음과 같이 된다.

$$U=\int_0^l \frac{M^2}{2EI}dx = \frac{1}{2EI}\int_0^l(-M_o-Px)^2dx = \frac{M_0^2 l}{2EI}+\frac{PM_0 l^2}{2EI}+\frac{P^2 l^3}{6EI}$$

따라서 이들을 카스틸리아노의 정리식에 대입하면 처짐량 δ는 다음과 같이 된다.

$$\delta = \frac{\partial U}{\partial P} = \frac{M_0 l^2}{2EI}+\frac{Pl^3}{3EI}$$

탄성변형 에너지를 모멘트에 대하여 편미분하면 처짐각이 되므로 자유단에서의 처짐각 θ는 다음과 같이 된다.

$$\theta = \frac{\partial U}{\partial M_0} = \frac{M_0 l}{EI}+\frac{Pl^2}{2EI}$$

• 연습문제 •

1. 길이 2 m인 양단 고정보에 등분포하중 $p=1$ kN/cm가 작용하고 있다. 최대 처짐량을 구하여라. 단, 보 단면은 지름 $d=25$ cm인 원형단면이고, 보 재료의 종탄성계수 $E=200$ GPa이다.

2. 그림 9 · 17과 같이 길이 4 m인 양단 고정보의 점 C에서 집중하중 $P=1{,}200$ kN이 작용할 때 고정단 B에 발생하는 굽힘모멘트를 구하라.

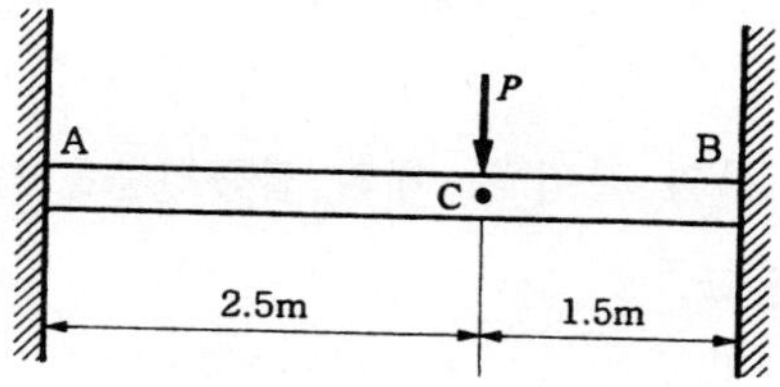

그림 9 · 17

3. 그림 9 · 18과 같이 지지된 보에서 집중하중 $P=5$ kN을 받고 있을 때 지점 C에서의 반력을 구하라. 단, $a=2$ m, $b=4$ m, $l=6$ m이다.

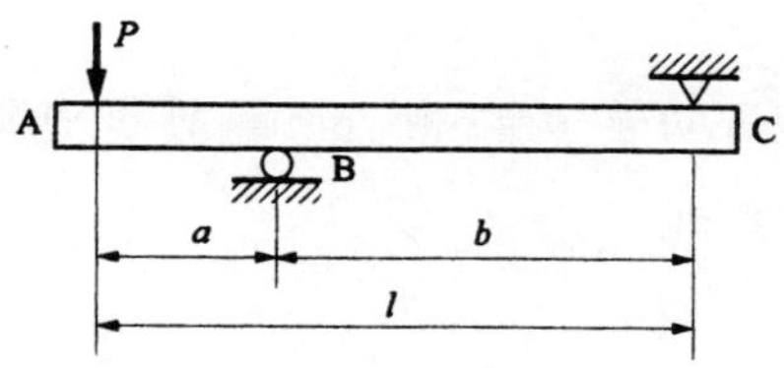

그림 9 · 18

4. 일단지지 타단고정보에서 그림 9 · 19와 같이 지지단에 굽힘모멘트 M_0가 작용할

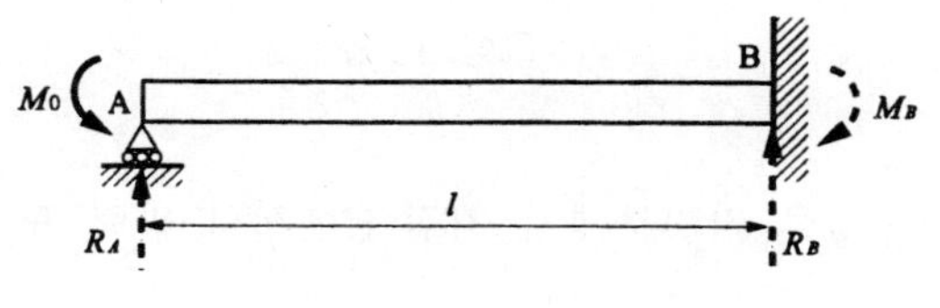

그림 9 · 19

때 지점 A에서의 반력을 구하라.

5. 그림 9 · 20과 같이 양단 고정보의 반 길이에 걸쳐 등분포하중 p를 받고 있다. 오른쪽 고정단 B에서의 반력 R_B를 구하라.

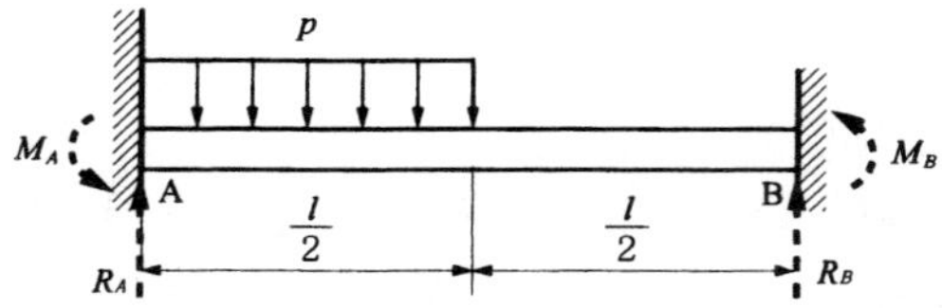

그림 9 · 20

6. 양단 고정보가 그림 9 · 21과 같이 두 개의 집중하중을 대칭으로 받고 있다. 고정단 B에서의 굽힘모멘트 M_B는?

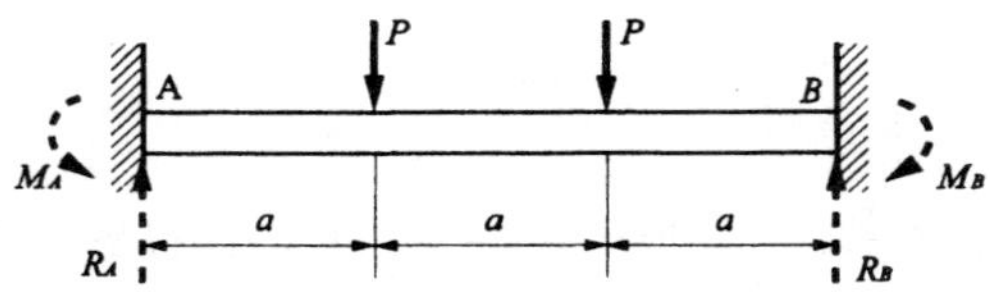

그림 9 · 21

7. 그림 9 · 22와 같은 등분포하중 $p=2$ kN/cm를 받는 연속보에서 $l=1$ m일 때 지점 B에서의 반력 R_B를 구하라.

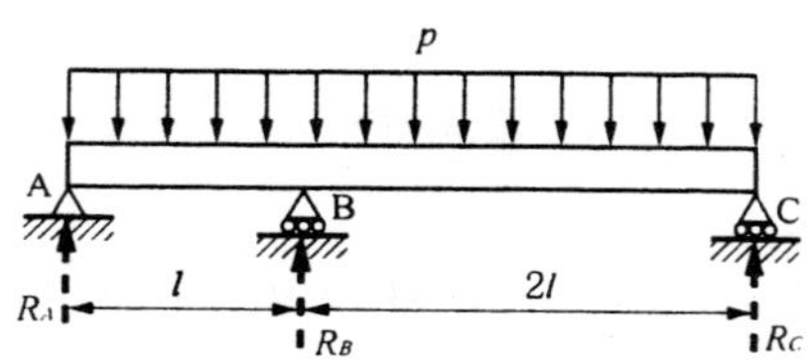

그림 9 · 22

8. 그림 9 · 23과 같은 3점 지지보에서 지점 C에서의 반력 R_C를 구하라. 단, $l=2a$ 이다.

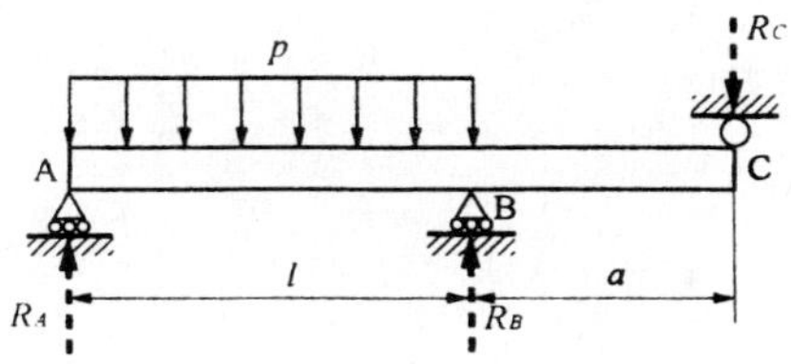

그림 9 · 23

9. 그림 9 · 24와 같은 3점 지지 연속보에서 지점 A 및 B에서의 반력을 구하라. 단, $P=pl$이며, 지점 B와 지점 C 사이 거리의 중간에 작용한다.

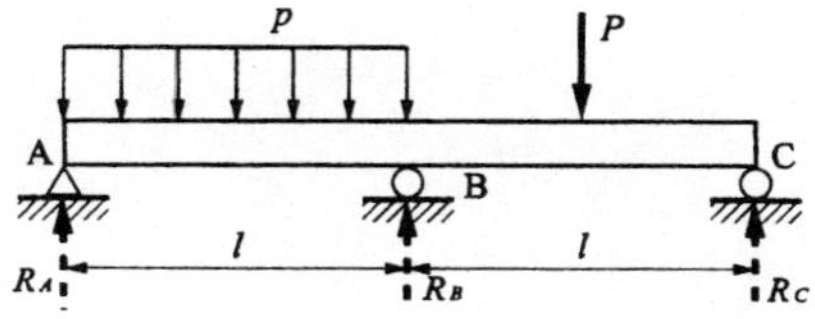

그림 9 · 24

10. 그림 9 · 25와 같은 3점 지지 연속보에서 중앙지점의 반력 R_B를 구하라. 단, $l=2a$이다.

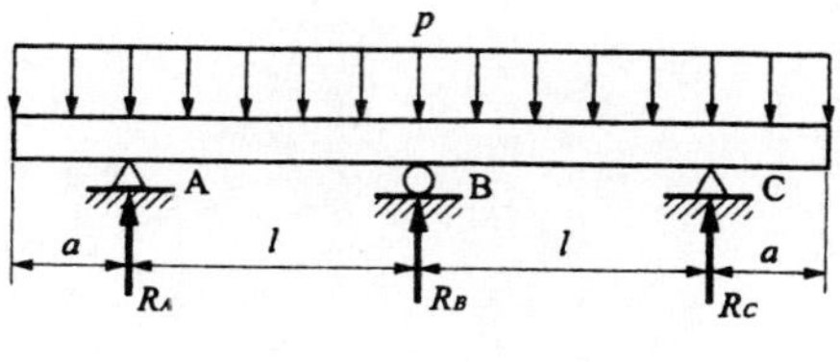

그림 9 · 25

제10장 균일강도의 보

10.1 균일강도 보의 의의

단면계수 Z인 보에 굽힘모멘트 M이 작용할 때 굽힘응력 $\sigma=\frac{M}{Z}$임을 7장에서 제시하였다.

이 식에서 알 수 있는 바와 같이 보의 각 단면의 단면계수 Z가 일정한 균일단면보에 있어서는 굽힘응력 σ는 굽힘모멘트 M에 비례하므로, 굽힘모멘트가 보의 각 단면의 위치에 따라 변화하는 보에서는 굽힘응력도 각 단면의 위치에 따라 변화하게 된다.

따라서 어떤 단면에서는 허용응력의 한계에 이르는 큰 응력이 발생하는가 하면 어느 단면에서는 거의 응력이 발생하지 않게 되어 불필요한 재료의 낭비가 될 수 있다.

이와 같은 재료의 낭비를 줄이고 중량을 경감시킬 목적으로 다음 식과 같이 모든 단면에 작용하는 굽힘응력 σ가 균일하게 작용하도록 각 단면의 치수를 조정한 보를 균일강도의 보(beam of uniform strength)라고 한다.

$$\sigma=\frac{M}{Z}=\text{일정}$$

이와 같은 균일강도의 보를 설계할 때에는 굽힘응력 σ를 일정한 사용응력으로 설정하고, 굽힘모멘트 M에 따라 각 단면의 단면계수 Z가 변화되도록 단면의 치수를 단면의 위치에 따라 변화시켜야 한다. 이와 같은 이유로 해서 균일강도의 보를 불균일단면보(beam of variable cross section)라고도 한다.

10.2 집중하중을 받는 균일강도의 외팔보

10.2.1 단면의 높이를 변화시킨 외팔보

자유단에 집중하중 P가 작용하는 직사각형 단면의 외팔보에서 모든 단면에 걸쳐 굽힘응력 σ가 일정하게 작용하도록 단면의 높이 h를 조절하면 그림 10·1과 같이 포물선 형태의 보가 된다. 이때 고정단에서의 단면의 높이 h_0와 자유단으로부터 임의의 거리 x에서의 단면의 높이 h는 각각 다음과 같이 된다.

$$h_0 = \sqrt{\frac{6Pl}{b\sigma}} \tag{1}$$

$$h = \sqrt{\frac{6Px}{b\sigma}} = h_0\sqrt{\frac{x}{l}} \tag{2}$$

식에서 σ는 허용응력이고 l은 보의 길이이다.

또한 이 균일강도 보는 자유단에서 최대 처짐이 발생하는데, 최대 처짐량 δ_{max}는 다음과 같다.

$$\delta_{max} = \frac{2Pl^3}{3EI_0} \tag{3}$$

식에서 E는 보 재료의 종탄성계수이고, I_0는 고정단의 단면에서의 단면2차모멘트이다.

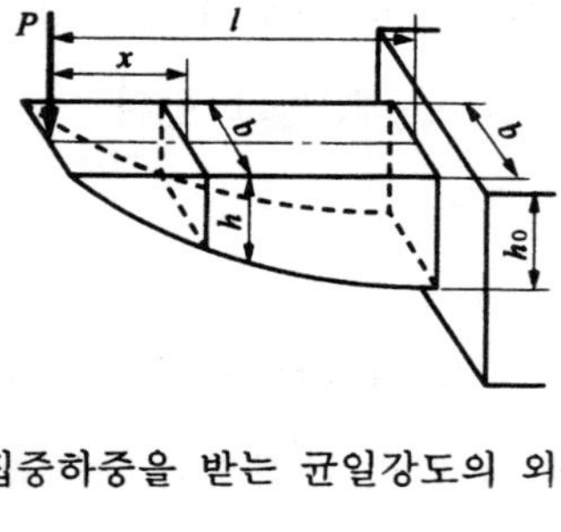

그림 10·1 자유단에 집중하중을 받는 균일강도의 외팔보(폭 b가 일정한 경우)

▶▶ **공식유도**

그림 10·1과 같이 외팔보의 자유단에 집중하중 P가 작용할 때 보의 자유단으로부터 임의의 거리 x만큼 떨어진 단면이 폭 b, 높이 h인 직사각형 단면이라면 이 단

면의 단면계수 $Z=\dfrac{bh^2}{6}$ 이 된다. 또한 보의 고정단에서의 단면이 폭 b, 높이 h_0인 직사각형 단면이라면 이 단면의 단면계수 $Z=\dfrac{bh_0^{\ 2}}{6}$ 이 된다.

따라서 단면의 높이를 변화시켜 각 단면에 작용하는 굽힘응력 σ가 일정하도록 조절하면 다음과 같이 된다.

$$\sigma=\frac{M}{Z}=\frac{6Px}{bh^2}=\frac{6Pl}{bh_0^{\ 2}}=\text{일정} \tag{a}$$

이로부터 고정단에서의 단면의 높이 h_0와 자유단으로부터 임의의 거리 x에서의 단면의 높이 h를 구하면 다음 식과 같이 된다.

$$h_0=\sqrt{\frac{6Pl}{b\sigma}} \tag{b}$$

$$h=\sqrt{\frac{6Px}{b\sigma}}=h_0\sqrt{\frac{x}{l}} \tag{c}$$

이것을 그림으로 나타내면 그림 10·1과 같이 높이가 자유단에 꼭지점을 가지는 포물선 형태의 균일강도 보가 된다.

이와 같은 균일강도 보에 발생하는 최대 처짐량 $\delta_{\max}$를 8장에서의 면적모멘트법을 적용하여 구하면 다음과 같이 된다.

$$\begin{aligned}\delta_{\max}&=\int_0^l\frac{1}{EI}Mx\,dx=\int_0^l\frac{12Px^2}{Ebh^3}dx\\&=\frac{12pl^{\frac{3}{2}}}{Ebh_0^{\ 3}}\int_0^l x^{\frac{1}{2}}dx=\frac{2Pl^3}{3EI_0}\end{aligned} \tag{d}$$

이 식에서 $I_0=bh_0^{\ 3}/12$로서 고정단에서의 단면의 단면2차모멘트이다.

예제 1

자유단에 집중하중 $P=20\,\text{kN}$을 받는 외팔보를 만들고자 한다. 이때 단면은 직사각형으로 하는데 단면의 폭 $b=15\,\text{cm}$로 일정하게 하고 높이 h만 변경시켜 균일강도 보를 만들고 싶다고 하면, 자유단으로부터 30 cm되는 위치에서의 단면의 높이는 얼마로 하여야 하는가? 단, 보 재료의 허용응력 $\sigma_a=50\,\text{MPa}$이다.

[풀이] 단면의 높이

$$h = \sqrt{\frac{6Px}{b\sigma}} = \sqrt{\frac{6 \times (20 \times 10^3) \times 0.3}{0.15 \times (50 \times 10^6)}} = 0.069\,\text{m} = 69\,\text{mm}$$

10.2.2 단면의 폭을 변화시킨 외팔보

자유단에 집중하중 P가 작용하는 직사각형 단면을 가진 외팔보에서 모든 단면에 걸쳐 굽힘응력 σ가 일정하게 작용하도록 단면의 폭 b를 조절하면 그림 10 · 2와 같은 삼각형 형태로 된다.

이때 고정단에서의 단면의 폭 b_0와 자유단으로부터 임의의 거리 x에서의 단면의 폭 b는 각각 다음과 같이 된다.

$$b_0 = \frac{6Pl}{\sigma h^2} \tag{1}$$

$$b = \frac{6Px}{\sigma h^2} = b_0 \frac{x}{l} \tag{2}$$

식에서 σ는 허용응력이고 l은 보의 길이이다.

이와 같은 보에서 최대 처짐량은 자유단에서 발생하는데 그 값은 다음과 같이 된다.

$$\delta_{\max} = \frac{Pl^3}{2EI_0} \tag{3}$$

식에서 E는 보 재료의 종탄성계수이고, I_0는 고정단의 단면에서의 단면2차모멘트이다.

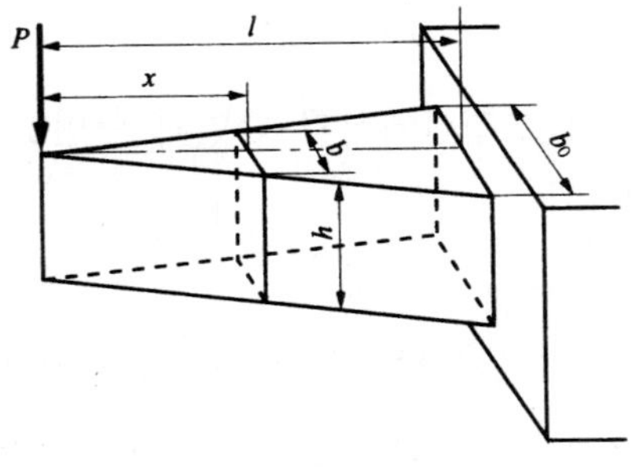

그림 10 · 2 자유단에 집중하중을 받는 균일강도의 외팔보(높이 h가 일정한 경우)

▸▸ 공식유도

그림 10·2와 같이 외팔보의 자유단에 집중하중 P가 작용할 때, 보의 자유단으로부터 임의의 거리 x만큼 떨어진 단면이 폭 b, 높이 h인 직사각형 단면이고, 고정단에서의 단면이 폭 b_0, 높이 h인 직사각형 단면이라고 했을 때, 균일강도 보의 이론에 의하여 폭 b를 변화시켜 각 단면에 작용하는 굽힘응력 σ가 같도록 하면 다음과 같은 식이 성립한다.

$$\sigma = \frac{M}{Z} = \frac{6Px}{bh^2} = \frac{6Pl}{b_0 h^2} = \text{일정} \tag{a}$$

이와 같은 관계로부터 고정단에서의 단면의 폭 b_0와 자유단으로부터 임의의 거리 x에 있는 단면의 폭 b를 구하면 다음과 같이 된다.

$$b_0 = \frac{6Pl}{\sigma h^2} \tag{b}$$

$$b = \frac{6Px}{\sigma h^2} = b_0 \frac{x}{l} \tag{c}$$

따라서 이 식의 관계를 그림으로 표시하면 단면의 폭이 그림 10·2와 같이 삼각형 형태로 점점 넓어지는 균일강도 보가 된다.

이와 같은 균일강도 보에서 최대 처짐은 자유단에서 생기는데, 그 값은 면적모멘트법에 의하여 다음과 같이 구할 수 있다.

$$\delta_{\max} = \int_0^l \frac{1}{EI} Mxdx = \int_0^l \frac{12Px^2}{Ebh^3} dx = \frac{12Pl}{Eb_0 h^3} \int_0^l xdx = \frac{Pl^3}{2EI_0} \tag{d}$$

위의 식에서 $I_0 = b_0 h^3/12$로 고정단에서의 단면의 단면2차모멘트(관성모멘트)이다.

예제 1

자유단에 집중하중 $P = 20\,\text{kN}$을 받는 외팔보를 만들고자 한다. 이때 단면은 직사각형으로 하는데, 단면의 높이 $h = 15\,\text{cm}$로 일정하게 하고 폭 b만 변경시켜 균일강도보를 만들고 싶다고 하면 자유단으로부터 30 cm 떨어진 단면의 폭 b는 얼마로 하여야 하는가? 단, 이 보 재료의 허용응력 $\sigma_a = 50\,\text{MPa}$이다.

[풀이] $b = \dfrac{6Px}{\sigma h^2} = \dfrac{6 \times (20 \times 10^3) \times 0.3}{(50 \times 10^6) \times 0.15^2} = 0.032\,\text{m} = 32\,\text{mm}$

10.2.3 원형단면의 외팔보

그림 10 · 3에서 보는 바와 같이 원형단면을 가지는 외팔보에서, 굽힘응력의 크기에 따라 지름 d를 변화시켜 균일강도보로 한 경우, 지름 d는 보의 길이에 따라 3차 함수의 곡선으로 된다.

이때 고정단에서의 지름 d_0와 자유단으로부터 임의의 거리 x에서의 지름 d는 다음 식과 같이 된다.

$$d_0 = \sqrt[3]{\frac{32Pl}{\pi\sigma}} \tag{1}$$

$$d = \sqrt[3]{\frac{32Px}{\pi\sigma}} = d_0 \sqrt[3]{\frac{x}{l}} \tag{2}$$

식에서 σ는 허용응력이고 l은 보의 길이이다.

이때 자유단에서 최대 처짐이 발생하고 그 값은 다음과 같다.

$$\delta_{\max} = \frac{3Pl^3}{5EI_0} \tag{3}$$

식에서 E는 보 재료의 종탄성계수이고, I_0는 고정단의 단면에서의 단면2차모멘트이다.

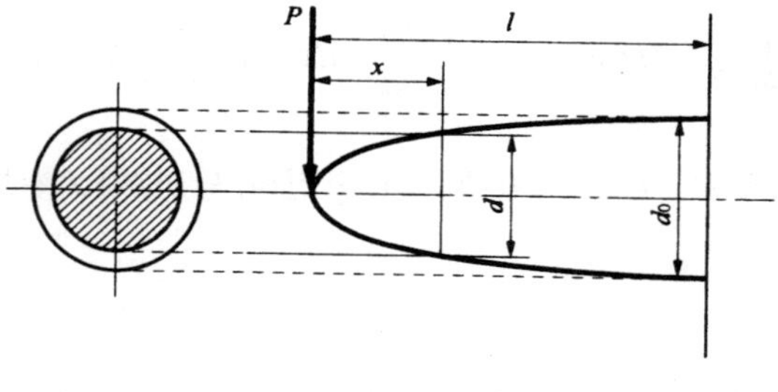

그림 10 · 3 자유단에 집중하중을 받는 균일강도의 외팔보(원형단면의 경우)

▶▶ 공식유도

그림 10 · 3에서 보는 바와 같이 원형단면을 가지는 외팔보에서, 지름 d인 원형단면의 단면계수 $Z = \frac{\pi d^3}{32}$ 이므로, 각 단면에 작용하는 응력이 일정한 균일강도의 보로 하면 다음과 같은 관계식이 성립한다.

$$\sigma = \frac{M}{Z} = \frac{32Px}{\pi d^3} = \frac{32Pl}{\pi d_0^3} = \text{일정} \tag{a}$$

이와 같은 관계로부터 고정단에서의 단면의 지름 d_0와 자유단으로부터 임의의 거리 x에 있는 단면의 지름 d를 구하면 다음과 같이 된다.

$$d_0 = \sqrt[3]{\frac{32Pl}{\pi\sigma}} \tag{b}$$

$$d = \sqrt[3]{\frac{32Px}{\pi\sigma}} = d_0\sqrt[3]{\frac{x}{l}} \tag{c}$$

이 식에 의하면 지름 d는 보의 길이 x에 따라 그림 10·3과 같은 3차 함수의 곡선으로 된다.

이때 면적모멘트법을 적용하여 보의 처짐량을 계산하면 다음과 같다.

$$\begin{aligned}\delta &= \int_0^l \frac{1}{EI} Mx\,dx = \int_0^l \frac{64Px^2}{E\pi d^4}\,dx = \int_0^l \frac{64Px^2}{E\pi d_0^4}\frac{l}{x}\sqrt[3]{\frac{l}{x}}\,dx \\ &= \frac{64pl^{4/3}}{E\pi d_0^4}\int_0^l x^{2/3}dx = \frac{3Pl^3}{5EI_0}\end{aligned} \tag{d}$$

예제 1

자유단에 집중하중 $P = 20\,\text{kN}$을 받는 길이 $l = 2\,\text{m}$인 원형단면의 균일강도 외팔보를 만들고자 한다. 보 재료의 허용응력 $\sigma_a = 50\,\text{MPa}$이라고 할 때 보의 고정단에서의 지름을 구하라.

[풀이] 고정단에서의 지름

$$d_0 = \sqrt[3]{\frac{32Pl}{\pi\sigma}} = \sqrt[3]{\frac{32\times(20\times10^3)\times2}{\pi\times(50\times10^6)}} = 0.2\,\text{m} = 20\,\text{cm}$$

10.3 등분포하중을 받는 균일강도의 외팔보

10.3.1 단면의 높이를 변화시킨 외팔보

그림 10·4와 같이 외팔보의 전길이에 걸쳐 균일분포하중 p가 작용할 때, 보의 자유단으로부터 임의의 거리 x만큼 떨어진 단면이 폭 b, 높이 h인 직사각형 단면이라면, 폭 b는 일정하게 하고 높이 h만을 변화시켜 균일강도보로 한 경우 그림과 같은

삼각형 형태의 균일강도 보가 된다.

이때 고정단에서의 높이 h_0와 자유단으로부터 임의의 거리 x에서의 높이 h는 다음 식으로 된다.

$$h_0=\sqrt{\frac{3pl^2}{b\sigma}} \tag{1}$$

$$h=\sqrt{\frac{3px^2}{b\sigma}}=h_0\frac{x}{l} \tag{2}$$

식에서 σ는 허용응력이고 l은 보의 길이이다.

이때 자유단에서 최대 처짐이 일어나고 그 값은 다음과 같다.

$$\delta_{\max}=\frac{pl^4}{2EI_0} \tag{3}$$

식에서 E는 보 재료의 종탄성계수이고, I_0는 고정단의 단면에서의 단면2차모멘트이다.

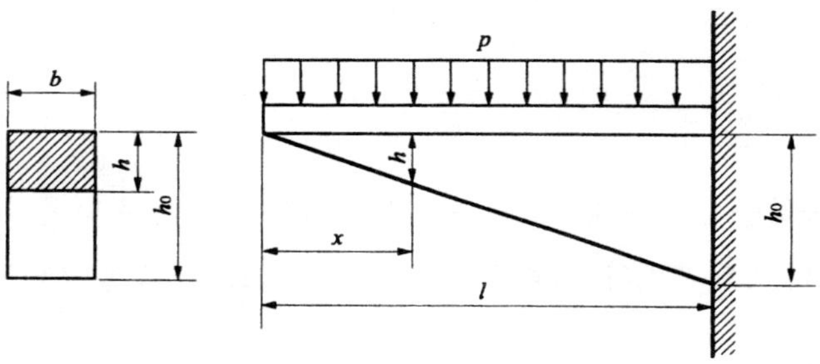

그림 10·4 등분포하중을 받는 균일강도의 외팔보(폭 b가 일정한 경우)

▶▶ 공식유도

그림 10·4와 같이 외팔보의 전 길이에 걸쳐 균일분포하중 p가 작용할 때, 보의 자유단으로부터 임의의 거리 x만큼 떨어진 단면이 폭 b, 높이 h인 직사각형 단면이라면 이 단면의 단면계수 $Z=\frac{bh^2}{6}$이고, 이곳에서의 굽힘모멘트 $M=\frac{px^2}{2}$가 된다. 또한 보의 고정단에서의 단면이 폭 b, 높이 h_0인 직사각형 단면이라면 이 단면의 단면계수 $Z=\frac{bh_0{}^2}{6}$이 되고, 굽힘모멘트 $M=\frac{pl^2}{2}$이 된다.

따라서 균일강도 보의 이론에 의하여 각 단면에 작용하는 굽힘응력 σ가 같다고 하면 다음과 같은 관계식이 성립한다.

$$\sigma=\frac{M}{Z}=\frac{6}{bh^2}\frac{px^2}{2}=\frac{6}{bh_0{}^2}\frac{pl^2}{2}=\text{일정} \tag{a}$$

이와 같은 관계로부터 보 단면의 높이 h_0와 h를 구하면 다음과 같다.

$$h_0=\sqrt{\frac{3pl^2}{b\sigma}} \tag{b}$$

$$h=\sqrt{\frac{3px^2}{b\sigma}}=h_0\frac{x}{l} \tag{c}$$

이것을 그림으로 나타내면 그림 10·4와 같은 삼각형 형태의 균일강도보가 된다. 이때 자유단에서의 보의 처짐량 δ는 면적모멘트법에 의하여 다음과 같이 된다.

$$\begin{aligned}\delta&=\int_0^l\frac{1}{EI}Mx\,dx=\int_0^l\frac{12\frac{px^2}{2}x}{Ebh^3}dx\\&=\frac{12pl^3}{2Ebh_0{}^3}\int_0^l dx=\frac{pl^4}{2EI_0}\end{aligned} \tag{d}$$

예제 1

균일분포하중 $p=2\,\text{kN/m}$을 받는 길이 3 m의 외팔보를 만들고자 한다. 이때 단면은 직사각형으로 하는데 단면의 폭 $b=15\,\text{cm}$로 일정하게 하고 높이 h만 변경시켜 균일강도 보를 만들고 싶다고 하면 고정단에서의 단면의 높이는 얼마로 하여야 하는가? 단, 이 보 재료의 허용응력 $\sigma_a=50\,\text{MPa}$이다.

[풀이] 고정단에서의 단면의 높이

$$h_o=\sqrt{\frac{3pl^2}{b\sigma}}=\sqrt{\frac{3\times(2\times10^3)\times3^2}{0.15\times(50\times10^6)}}=0.085\,\text{m}=85\,\text{mm}$$

10.3.2 단면의 폭을 변화시킨 외팔보

그림 10·5(a)와 같이 외팔보의 전 길이에 걸쳐 균일분포하중 p가 작용할 때, 보의 자유단으로부터 임의의 거리 x만큼 떨어진 단면이 폭 b, 높이 h인 직사각형 단면이고, 높이 h는 일정하게 하고 폭 b만 변경시켜 균일강도 보로 하면, 폭이 그림 10·5(b)와 같이 포물선 형태인 균일강도의 보가 된다.

이때 고정단에서의 폭 b_0와 자유단으로부터 임의의 거리 x에서의 폭 b는 다음 식과 같이 된다.

$$b_0 = \frac{3pl^2}{\sigma h^2} \tag{1}$$

$$b = \frac{3p}{\sigma h^2} x^2 = b_0 \left(\frac{x}{l} \right)^2 \tag{2}$$

식에서 σ는 허용응력이고 l은 보의 길이이다.

이때에도 자유단에서 최대 처짐이 발생하고 그 값은 다음과 같다.

$$\delta_{\max} = \frac{pl^4}{4EI_0} \tag{3}$$

식에서 E는 보 재료의 종탄성계수이고, I_0는 고정단의 단면에서의 단면2차모멘트이다.

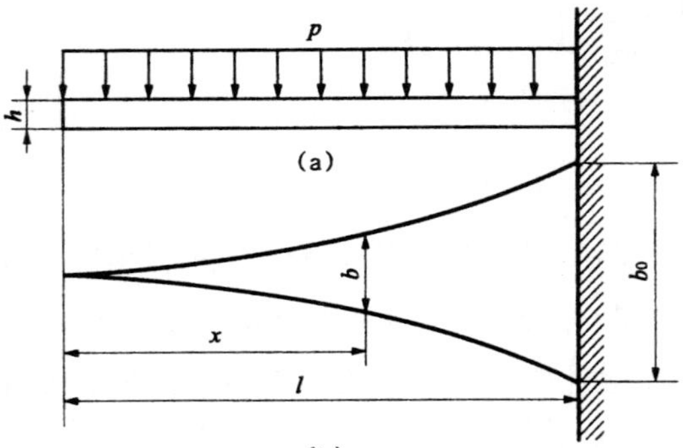

그림 10·5 등분포하중을 받는 균일강도 외팔보(높이가 일정한 경우)

▶▶ 공식유도

그림 10·5(a)와 같이 외팔보의 전 길이에 걸쳐 균일분포하중 p가 작용할 때, 보의 자유단으로부터 임의의 거리 x만큼 떨어진 단면이 폭 b, 높이 h인 직사각형 단면이라면 이 단면의 단면계수 $Z = \frac{bh^2}{6}$이고, 이곳에서의 굽힘모멘트 $M = \frac{px^2}{2}$가 된다. 또한 보의 고정단의 단면에서의 높이는 h이고, 폭이 b_0이라면 이 단면의 단면계수 $Z = \frac{b_0 h^2}{6}$가 되고, 굽힘모멘트 $M = \frac{pl^2}{2}$이 된다.

따라서 균일강도 보의 이론에 의하여 각 단면에 작용하는 굽힘응력 σ가 같다고 하면 다음 식이 성립한다.

$$\sigma = \frac{M}{Z} = \frac{6}{bh^2}\frac{px^2}{2} = \frac{6}{b_0h^2}\frac{pl^2}{2} = \text{일정} \tag{a}$$

따라서 이로부터 고정단에서의 폭 b_0와 자유단으로부터 임의의 거리 x에서의 폭 b를 구하면 다음과 같이 된다.

$$b_0 = \frac{3pl^2}{\sigma h^2} \tag{b}$$

$$b = \frac{3p}{\sigma h^2}x^2 = b_0\left(\frac{x}{l}\right)^2 \tag{c}$$

이것을 그림으로 나타내면 그림 10·5(b)와 같이 폭이 포물선 형태인 균일강도 보가 됨을 알 수 있다.

이때 자유단에서 최대 처짐이 발생하며, 자유단에서의 보의 처짐량 δ는 면적모멘트법에 의하여 다음과 같이 된다.

$$\begin{aligned}\delta &= \int_0^l \frac{1}{EI}Mx\,dx = \int_0^l \frac{12\frac{px^2}{2}x}{Ebh^3}dx \\ &= \frac{6pl^2}{Eb_0h^3}\int_0^l x\,dx = \frac{pl^4}{4EI_0}\end{aligned} \tag{d}$$

예제 1

균일분포하중 $p=2\,\text{kN/m}$을 받는 길이 3 m의 균일강도 외팔보를 만들고자 한다. 이때 단면은 직사각형으로 하는데 단면의 높이 $h=15\,\text{cm}$로 일정하게 하고 폭 b만 변경시켜 균일강도 보로 만들고 싶다고 하면 고정단에서의 단면의 폭은 얼마로 하여야 하는가? 단, 이 보 재료의 허용응력 $\sigma_a=50\,\text{MPa}$이다.

[풀이] 고정단에서의 단면의 폭

$$b_0 = \frac{3pl^2}{\sigma h^2} = \frac{3\times(2\times10^3)\times3^2}{(50\times10^6)\times0.15^2} = 0.048\,\text{m} = 48\,\text{mm}$$

10.4 균일강도의 단순보

10.4.1 집중하중을 받는 균일강도의 단순보

그림 10·6(a)에서 보는 바와 같이 직사각형 단면을 가진 단순보의 중앙에 집중하중이 작용하는 경우, 모든 단면에 굽힘응력이 일정하게 작용하도록 폭 b는 일정하게 하고 높이 h만 변경시킬 때, 보의 형상은 그림 10·6(b)와 같이 포물선 형태로 된다.

이때 중앙에서의 높이 h_0와 좌측지점으로부터 임의의 거리 x만큼 떨어진 단면의 높이 h는 다음 식과 같이 된다.

$$h_0=\sqrt{\frac{3Pl}{2b\sigma}} \tag{1}$$

$$h=\sqrt{\frac{3Px}{b\sigma}}=h_0\sqrt{\frac{2}{l}x} \tag{2}$$

식에서 σ는 허용응력이고 l은 보의 길이이다.

(a)
(b)
(c)

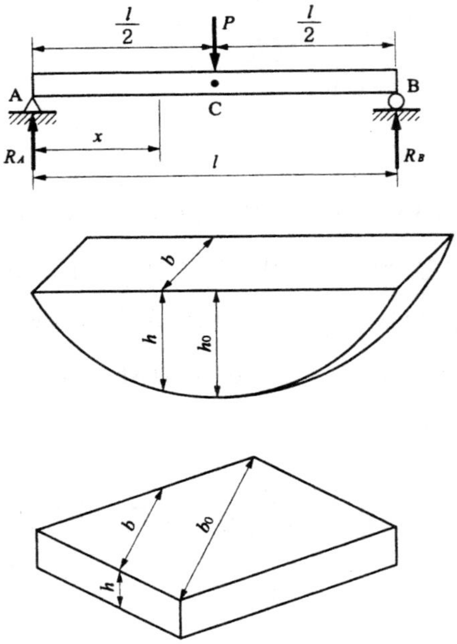

그림 10·6 집중하중을 받는 균일강도의 단순보

또한 보의 높이 h를 일정하게 유지하고 폭 b를 변화시키면 보의 형상은 그림 10·6(c)와 같이 되는데, 폭 b는 다음 식과 같다.

$$b=\frac{2b_0}{l}x \tag{3}$$

식에서 b_0는 보의 중앙에서의 폭이다.

▶▶ 공식유도

그림 10·6(a)에서 보는 바와 같이 직사각형 단면을 가진 단순보의 중앙에 집중하중 P가 작용하는 경우, 구간 AC 사이에서 좌측지점으로부터 임의의 거리 x의 단면에 작용하는 굽힘모멘트

$$M=\frac{Px}{2}$$

이고, 이곳에서의 단면계수

$$Z=\frac{bh^2}{6}$$

이다.

또한 중앙지점에서의 굽힘모멘트 M은 다음과 같이 된다.

$$M=\frac{Pl}{2}$$

직사각형 단면의 폭 b를 일정하게 유지하고, 높이 h를 변화시킬 때, 중앙지점에서의 높이를 h_0라 하면, 이 단면에서의 단면계수

$$Z=\frac{bh_0^{\,2}}{6}$$

이다.

따라서 균일강도 보의 이론에 의하여, 각 단면에 작용하는 굽힘응력 σ가 같다고 하면 다음과 같은 관계식을 얻을 수 있다.

$$\sigma=\frac{M}{Z}=\frac{\dfrac{Px}{2}}{\dfrac{bh^2}{6}}=\frac{\dfrac{P}{2}\dfrac{l}{2}}{\dfrac{bh_0^2}{6}}=\text{일정} \tag{a}$$

이로부터 중앙지점에서의 단면의 높이 h_0와 좌측지점으로부터 임의의 거리 x의 위치에 있는 단면의 높이 h를 구하면 다음과 같다.

$$h_0=\sqrt{\frac{3Pl}{2b\sigma}} \tag{b}$$

$$h=\sqrt{\frac{3Px}{b\sigma}}=h_0\sqrt{\frac{2}{l}x} \tag{c}$$

이 식에서 보의 높이 h는 보의 길이 x에 따라 포물선 형태로 변화함을 알 수 있으며, 이것을 그림으로 나타내면 그림 10·6(b)와 같이 된다.

또한 보의 높이 h를 일정하게 유지하고 폭 b를 변화시킬 때에도 이와 같은 방법으로 구하면 폭 b는 다음 식과 같이 된다.

$$b=\frac{2b_0}{l}x \tag{d}$$

이때 보의 형상은 그림 10·6(c)와 같다.

예제 1

중앙지점에서 집중하중 $P=20\,\text{kN}$을 받는 균일강도의 단순보를 만들고자 한다. 이때 단면은 직사각형으로 하는데, 단면의 폭 $b=15\,\text{cm}$로 일정하게 하고 높이 h만 변경시킨 균일강도 보로 만들고 싶다고 하면, 중앙지점에서의 단면의 높이 h는 얼마로 하여야 하는가? 단, 이 보 재료의 허용응력 $\sigma_a=50\,\text{MPa}$이고, 보의 길이는 4 m로 한다.

[풀이] 중앙지점에서의 단면의 높이

$$h_0=\sqrt{\frac{3Pl}{2b\sigma}}=\sqrt{\frac{3\times(20\times10^3)\times4}{2\times0.15\times(50\times10^6)}}=0.127\text{ m}=127\text{ mm}$$

10.4.2 등분포하중을 받는 균일강도의 단순보

그림 10·7에서 보는 바와 같은 등분포하중 p를 받는 단순보에서, 폭 b는 일정하게 하고 높이 h만 변경시켜 균일강도 보로 한 경우 보의 형상은 그림 10·7(b)와 같은 포물선 형태의 보가 된다. 이때 중앙에서의 높이 h_0와 좌측지점으로부터 임의의 거리 x만큼 떨어진 단면의 높이 h는 다음과 같이 된다.

$$h_0=\sqrt{\frac{3pl^2}{4\sigma b}} \tag{1}$$

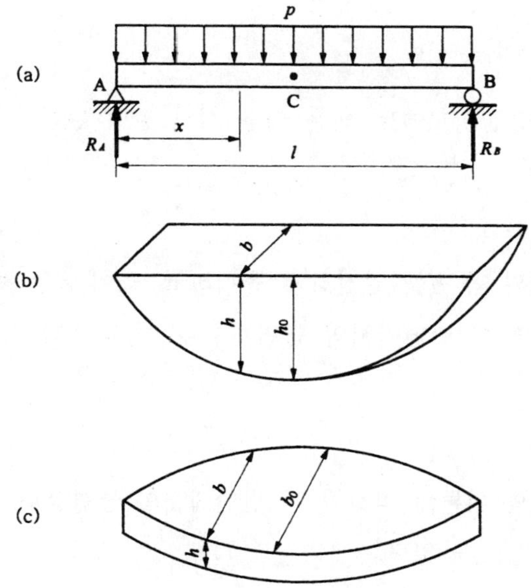

그림 10・7 등분포하중을 받는 균일강도의 단순보

$$h=2\frac{h_0}{l}\sqrt{x(l-x)} \tag{2}$$

식에서 l은 보의 길이이다.

또한 보의 높이 h를 일정하게 유지하고 보의 폭 b를 변화시키면 보의 형상은 그림 10・7 (c)와 같이 되며, 폭 b는 다음 식과 같이 된다.

$$b=\frac{4b_0}{l^2}x(l-x) \tag{3}$$

식에서 b_0는 보의 중앙단면에서의 폭이다.

▸▸ 공식유도

그림 10・7 (a)에서 보는 바와 같이 균일분포하중 p를 받는 단순보에서 보의 좌측 지점으로부터 임의의 거리 x의 단면에 작용하는 굽힘모멘트 M_x는 다음 식과 같이 된다.

$$M_x=\frac{pl}{2}x-\frac{px^2}{2}=\frac{p}{2}x(l-x)$$

이 단면에서의 단면계수 Z는 다음 식과 같다.

$$Z = \frac{bh^2}{6}$$

또한 중앙지점에서의 굽힘모멘트 M은 다음 식과 같이 된다.

$$M = \frac{pl^2}{8}$$

이때 직사각형 단면의 폭 b를 일정하게 유지하고, 높이 h를 변화시켜 중앙지점에서의 높이를 h_0라 하면, 이 단면에서의 단면계수 Z_0는 다음과 같이 된다.

$$Z_0 = \frac{bh_0^2}{6}$$

따라서 균일강도 보의 이론에 의하여 각 단면에서의 굽힘응력 σ가 같다고 하면 다음과 같은 관계식을 얻을 수 있다.

$$\sigma = \frac{M}{Z} = \frac{\frac{p}{2}x(l-x)}{bh^2/6} = \frac{\frac{pl^2}{8}}{bh_0^2/6} = \text{일정} \tag{a}$$

이 식으로부터 중앙지점에서의 단면의 높이 h_0와 임의의 거리 x에서의 단면의 높이 h를 구하면 다음과 같이 된다.

$$h_0 = \sqrt{\frac{3pl^2}{4\sigma b}} \tag{b}$$

$$h = 2\frac{h_0}{l}\sqrt{x(l-x)} \tag{c}$$

따라서 보의 형상은 그림 10 · 7 (b)와 같은 포물선 형태가 된다.

또한 보의 높이 h를 일정하게 유지하고, 보의 폭 b를 변화시킬 때에도 이와 같은 방법으로 하여 구하면 폭 b는 다음과 같이 된다.

$$b = \frac{4b_0}{l^2}x(l-x) \tag{d}$$

이때 보의 형상은 그림 10 · 7 (c)와 같이 된다.

예제 1

균일분포하중 $p = 2\,\mathrm{kN/m}$을 받는 균일강도의 단순보를 만들고자 한다. 이때 단면은 직사각형으로 하는데, 단면의 폭 $b=15\,\text{cm}$로 일정하게 하고 높이 h만 변경시킨 균일강도보로 만들고 싶다고 하면, 중앙지점에서의 단면의 높이 h는 얼마로 하여야 하는가? 단, 이 보 재료의 허용응력 $\sigma_a=50\,\text{MPa}$이고, 보의 길이는 4 m로 한다.

[풀이] 중앙지점에서의 단면의 높이

$$h_0=\sqrt{\frac{3pl^2}{4\sigma b}}=\sqrt{\frac{3\times(2\times10^3)\times4^2}{4\times(50\times10^6)\times0.15}}=0.057\,\text{m}=57\,\text{mm}$$

10.4.3 집중하중을 받는 균일강도 단순보의 처짐

그림 10·8과 같이 중앙에 집중하중 P를 받는 균일강도 단순보의 경우 중앙에서 최대 처짐 δ_{max}이 발생하고 그 값은 다음과 같다.

$$\delta_{max}=\frac{Pl^3}{32EI_0}$$

식에서 E는 보 재료의 종탄성계수, I_0는 보 중앙 단면에서의 단면2차모멘트이다.

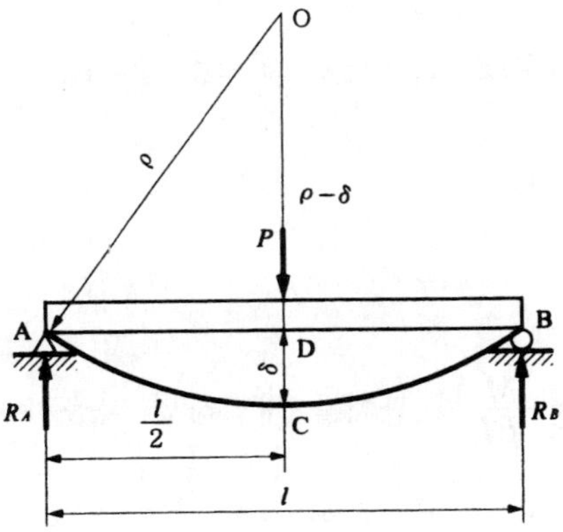

그림 10·8 균일강도보의 처짐

▶▶ **공식유도**

보의 곡률 반지름 ρ와 굽힘모멘트 M 사이에는 $\frac{1}{\rho}=\frac{M}{EI}$의 관계가 성립함을 이미 7장에서 공부한 바 있다. 식에서 M은 굽힘응력 σ와 $M=\sigma Z$의 관계가 성립하고, I는 단면2차모멘트인데 폭 b, 높이 h인 직사각형 단면의 경우 단면2차모멘트 $I=\frac{bh^3}{12}$이고, 단면계수 $Z=\frac{bh^2}{6}$이다.

따라서 이들 관계로부터 다음과 같은 식을 얻을 수 있다.

$$\frac{1}{\rho}=\frac{M}{EI}=\frac{\sigma Z}{EI}=\frac{2\sigma}{Eh}$$

이 식에서 E와 h가 일정하고 σ도 일정하다고 하면, 곡률 반지름 ρ도 일정함을 알 수 있다.

따라서 보는 원호상으로 구부러진다는 것을 알 수 있는데, 이를 이용하여 다음과 같이 균일강도 보의 처짐량을 구하는 식을 간단히 유도할 수 있다.

그림 10·8과 같은 단순보에서 ACB는 보가 처짐으로 인하여 생긴 탄성곡선을 보여주는데 이는 O을 중심으로 하는 원호가 된다. D는 보의 지점 A, B의 중점으로, 여기서 이 보의 최대 처짐이 발생하고 그 크기는 DC가 된다. 따라서 DC$=\delta$라 하면 그림의 삼각형 OAD로부터 다음과 같은 관계를 얻을 수 있다.

$$\rho^2=\left(\frac{l}{2}\right)^2+(\rho-\delta)^2$$

$$\rho^2=\frac{l^2}{4}+\rho^2-2\rho\delta+\delta^2$$

여기서 δ는 l에 비하여 극히 적으므로 $\delta^2=0$으로 하고, 정리하면 다음과 같이 된다.

$$2\rho\delta=\frac{l^2}{4}$$

$$\delta=\frac{l^2}{8\rho}$$

따라서 이 식에 $\frac{1}{\rho}=\frac{M}{EI}$의 관계를 대입하면 다음과 같이 된다.

$$\delta=\frac{Ml^2}{8EI} \qquad \text{(a)}$$

따라서 중앙에 집중하중 P가 작용하는 단순보의 경우 중앙에서 최대굽힘모멘트가 작용하고 이곳에서의 굽힘모멘트 $M=\frac{Pl}{4}$을 대입하면 최대 처짐량 δ는 다음과 같이 된다.

$$\delta=\frac{Pl^3}{32EI} \qquad \text{(b)}$$

이 결과를 균일단면을 가진 단순보에 있어서의 처짐량 $\delta=\frac{Pl^3}{48EI}$과 비교하면 균일강도 보의 처짐량이 1.5배 정도 더 큼을 알 수 있다.

이와 같이 균일강도의 보는 일정한 하중에 대하여 처짐이 커지는 반면에 체적은 작아지게 되므로 보의 단위체적당 탄성 에너지가 크게 된다.

이러한 원리를 응용한 예가 바로 다음에 설명할 판 스프링이다.

10.5 겹판 스프링

균일강도의 보를 응용한 예로 판 스프링을 들 수 있다. 판 스프링의 형상을 두께가 일정한 직사각형 단면을 가진 외팔보의 형태로 만들어도 되지만, 이와 같이 하면 단면의 폭이 넓어져 사용하기에 불편하다.

따라서 그림 10 · 9와 같이 판을 삼각형의 형태로 만들고, 이와 같은 판을 여러 개 중첩하여 조립한 것을 스프링으로 사용하는데, 이것을 겹판 스프링(leaf spring)이라 한다.

1) 그림 10 · 9 (a), (b)와 같이 높이 h이고 고정단의 폭 B인 직사각형 단면을 가진 삼각형 형태의 판을 폭 b인 n개의 판으로 나누어 그림 (c), (d)와 같이 겹친 다음,

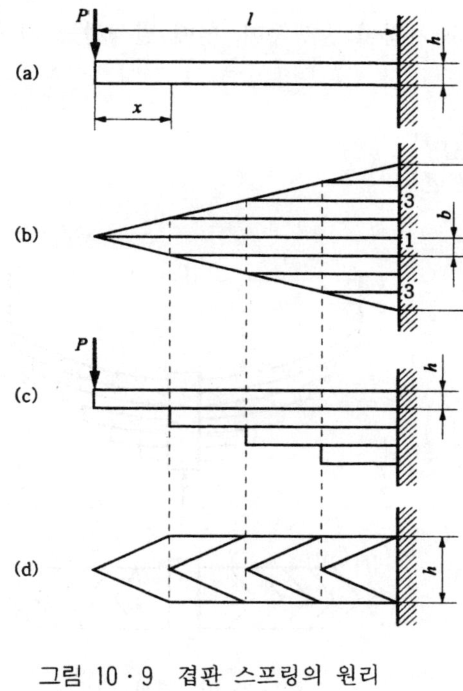

그림 10 · 9 겹판 스프링의 원리

외팔보 형태로 고정시킨 겹판 스프링에서 자유단에서의 허용하중 P는 다음 식으로 된다.

$$P=\frac{\sigma nbh^2}{6l} \tag{1}$$

또한 자유단에서 최대 처짐이 발생하며, 이때 발생하는 최대 처짐량 δ는 다음 식으로 된다.

$$\delta=\frac{pl^3}{2EI} \tag{2}$$

이때 구부러진 스프링의 곡률 반지름 ρ는 다음 식과 같다.

$$\rho=\frac{Enbh^3}{12Pl} \tag{3}$$

2) 그림 10·10과 같이 겹판 스프링을 양단에서 지지한 경우 중앙지점에서의 허용하중 P는 다음 식으로 된다.

$$P=\frac{2\sigma nbh^2}{3l} \tag{4}$$

또한 중앙에서 최대 처짐이 발생하며, 이때 발생하는 최대 처짐량 δ는 다음 식으로 된다.

$$\delta=\frac{3Pl^3}{8Enbh^3} \tag{5}$$

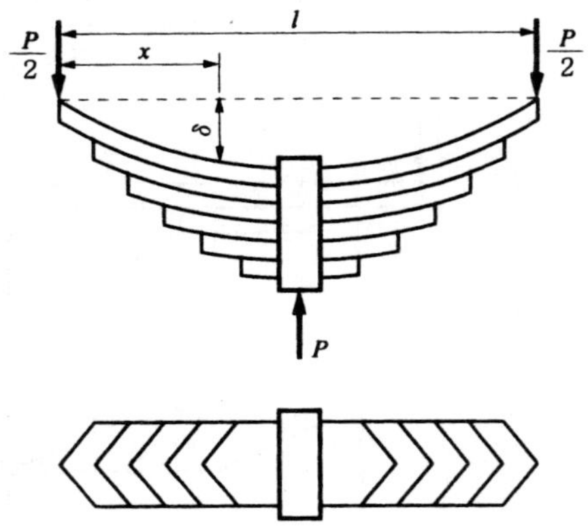

그림 10·10 겹판 스프링

이때 구부러진 스프링의 곡률 반지름 ρ는 다음과 같다.

$$\rho = \frac{Enbh^3}{3Pl} \tag{6}$$

▸▸ 식의 유도

그림 10 · 9 (a), (b)와 같이 고정단이 폭 B이고, 높이 h인 직사각형 단면을 가진 삼각형 형태의 판은 균일강도의 보가 되며, 이 판을 그림 10 · 9 (c), (d)와 같이 폭 b인 n개의 스프링으로 나누어 겹쳤다고 하면, 고정단의 단면계수

$$Z = \frac{nbh^2}{6} \tag{a}$$

이므로, 굽힘모멘트 M은 다음과 같은 식으로 나타낼 수 있다.

$$M = Pl = \sigma Z = \frac{\sigma nbh^2}{6} \tag{b}$$

따라서 이로부터 허용하중 P에 대한 식을 구하면 다음과 같이 된다.

$$P = \frac{\sigma nbh^2}{6l} \tag{c}$$

또한 그림 10 · 9 (c), (d)와 같이 자유단에 집중하중이 작용하는 겹판 스프링의 자유단에서의 처짐량 δ는 그림 10 · 9 (a), (b)의 판 스프링과 같으므로 10.2.2의 식 (3)으로부터 다음과 같이 된다.

$$\delta = \frac{Pl^3}{2EI} \tag{d}$$

또한 구부러진 스프링의 곡률 반지름 ρ는 $1/\rho = M/EI$의 관계식으로부터 다음과 같이 된다.

$$\rho = \frac{EI}{M} = \frac{E\dfrac{nbh^3}{12}}{Pl} = \frac{Enbh^3}{12Pl} \tag{e}$$

그러나 실제로 사용되는 겹판 스프링은 그림 10 · 10과 같이 겹판 스프링을 대칭으로 하여 중앙에서 체결한 단순보의 형태로 한다.

이때 단순보에서의 최대 굽힘모멘트

$$M = \frac{Pl}{4} \tag{f}$$

이고, 고정단 단면의 단면계수 $Z = \frac{nbh^2}{6}$ 이므로 다음과 같은 식이 성립한다.

$$M = \frac{Pl}{4} = \sigma Z = \frac{\sigma nbh^2}{6} \tag{g}$$

따라서 식 (g)로부터 허용하중 P를 구하면 다음과 같이 된다.

$$P = \frac{2\sigma nbh^2}{3l} \tag{h}$$

또한 이와 같은 겹판 스프링은 그림 10·6(c)와 같은 균일강도 보의 폭을 잘라 겹친 것에 해당되므로 균일강도 단순보의 처짐량 δ에 대한 10.4.3의 식 (b)를 이용하여 겹판스프링의 처짐량을 구하면 다음과 같이 된다.

$$\delta = \frac{Pl^3}{32EI} = \frac{3Pl^3}{8Enbh^3} \tag{j}$$

또한 구부러진 겹판 스프링의 곡률 반지름 ρ는 $1/\rho = M/EI$의 관계식으로부터 다음과 같이 된다.

$$\rho = \frac{EI}{M} = \frac{E\frac{nbh^3}{12}}{\frac{Pl}{4}} = \frac{Enbh^3}{3Pl} \tag{k}$$

· 연습문제 ·

1. 자유단에 집중하중 $P=40$ kN을 받는 균일강도의 외팔보를 만들고자 한다. 이때 단면은 직사각형으로 하는데, 단면의 폭 $b=20$ cm로 일정하게 하고 높이 h만 변경시켜 균일강도 보로 하고 싶다고 하면, 고정단에서의 높이는 얼마로 하여야 하는가? 단, 이 보 재료의 허용응력 $\sigma_a=50$ MPa이고, 길이는 1 m이다.

2. 자유단에 집중하중 $P=50$ kN을 받는 외팔보를 만들고자 한다. 이때 단면은 직사각형으로 하는데 단면의 높이 $h=15$ cm로 일정하게 하고, 폭 b만 변경시켜 균일강도 보를 만들고 싶다고 하면 고정단에서의 폭은 얼마로 하여야 하는가? 단, 이 보 재료의 허용응력 $\sigma_a=50$ MPa이고, 길이는 2 m이다.

3. 자유단에 집중하중 $P=40$ kN을 받는 길이 $l=2$ m인 원형단면의 균일강도 외팔보를 만들고자 한다. 보 재료의 허용응력 $\sigma_a=50$ MPa이라고 할 때 보의 고정단에서의 지름을 구하라.

4. 3번 문제에서 자유단에서의 처짐량을 구하라. 단, 보 재료의 종탄성계수 $E=200$ GPa이다.

5. 균일분포하중 $p=2$ kN/m을 받는 길이 4 m의 외팔보를 만들고자 한다. 이때 단면은 직사각형으로 하는데 단면의 폭 $b=20$ cm로 일정하게 하고 높이 h만 변경시켜 균일강도 보를 만들고 싶다고 하면 고정단에서의 단면의 높이는 얼마로 하여야 하는가? 단, 이 보 재료의 허용응력 $\sigma_a=40$ MPa이다.

6. 균일 분포하중 $p=2$ kN/m을 받는 길이 3 m의 균일강도 외팔보를 만들고자 한다. 이때 단면은 직사각형으로 하는데 단면의 높이 $h=15$ cm로 일정하게 하고 폭 b만 변경시켜 균일강도 보로 만들고 싶다고 하면 고정단에서의 단면의 폭은 얼마로 하여야 하는가? 단, 이 보 재료의 허용응력 $\sigma_a=50$ MPa이다.

7. 중앙지점에서 집중하중 $P=40\ \mathrm{kN}$을 받는 균일강도의 단순보를 만들고자 한다. 이때 단면은 직사각형으로 하는데, 단면의 폭 $b=5\ \mathrm{cm}$로 일정하게 하고 높이 h만 변경시킨 균일강도 보로 만들고 싶다고 하면, 중앙지점에서의 단면의 높이 h는 얼마로 해야 하는가? 단, 이 보 재료의 허용응력 $\sigma_a=50\ \mathrm{MPa}$이고, 보의 길이는 4 m로 한다.

8. 7번 문제에서 집중하중 P가 작용하는 지점에서의 처짐량을 구하라. 단, 보 재료의 종탄성계수 $E=200\ \mathrm{GPa}$이다.

9. 균일분포하중 $P=2\ \mathrm{kN/m}$을 받는 균일강도의 단순보를 만들고자 한다. 이때 단면은 직사각형으로 하는데, 단면의 폭 $b=30\ \mathrm{cm}$로 일정하게 하고 높이 h만 변경시킨 균일강도 보로 만들고 싶다고 하면, 중앙지점에서의 단면의 높이 h는 얼마로 하여야 하는가? 단, 이 보 재료의 허용응력 $\sigma_a=50\ \mathrm{MPa}$이고, 보의 길이는 4 m로 한다.

10. 다음 그림 10·11과 같이 폭 $b=10\ \mathrm{cm}$, 두께 $h=1\ \mathrm{cm}$인 판재를 10개 겹쳐서 만든 자동차용 겹판 스프링을 양단에서 지지하여 사용하고자 한다. 스프링의 지점간의 거리 $l=50\ \mathrm{cm}$, 판재의 허용응력 $\sigma_a=42{,}000\ \mathrm{N/cm^2}$, 종탄성계수 $E=200\ \mathrm{GPa}$라 할 때 이 스프링에 작용시킬 수 있는 안전하중은 얼마인가?

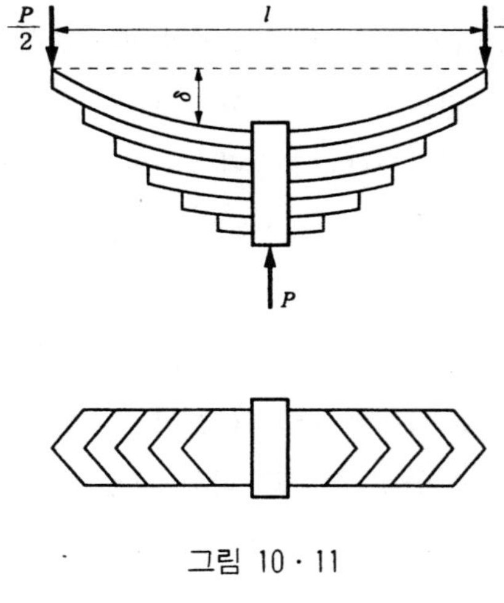

그림 10·11

제11장 기 둥

11.1 기둥의 의의

단면의 치수에 비해 길이가 긴 재료가 길이방향으로 압축하중을 받게 되는 경우, 이와 같은 재료를 기둥(柱, column)이라 한다. 일반적으로 단면에 비하여 비교적 길이가 짧은 단주(短柱, short post)의 경우에는 길이방향으로 압축하중을 받을 때 그 단면에는 압축응력 $\sigma = \dfrac{P}{A}$ 가 생기고, 이 압축응력이 재료의 파괴강도를 초과하면 파괴된다.

그러나 길이가 단면 최소치수의 약 10배 이상이거나 단면의 회전반지름의 30배 이상이 되는 장주(長柱, long column)의 경우에는 압축응력에 의해서 파괴되기도 전에 그림 11·1과 같이 구부러지면서 파괴되는 현상이 일어난다. 이와 같이 기둥이 길이방향으로 압축력을 받아 갑자기 구부러지면서 파괴되는 현상을 좌굴(buckling)이라

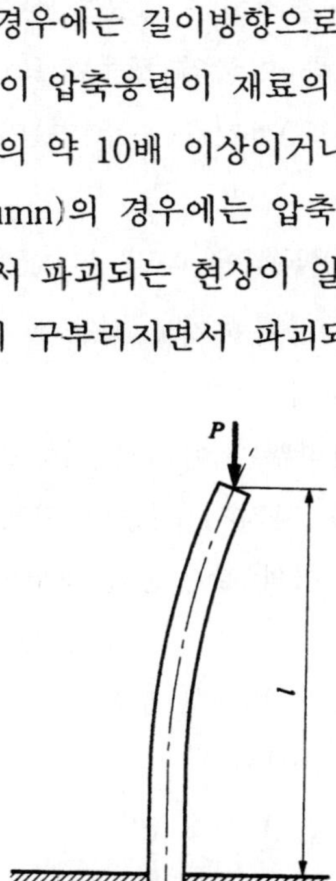

그림 11·1 기둥의 좌굴

하고, 파괴되기 시작하는 순간의 하중을 좌굴하중(buckling load) 또는 임계하중(critical load)이라 하며 P_{cr}로 표기한다.

이때 좌굴하중을 그 기둥의 단면적으로 나눈 값을 좌굴응력(buckling stress) 또는 임계응력(critical stress)이라 한다.

11.2 기둥의 종류

좌굴은 그 길이에 비해 단면이 작은 기둥일수록 쉽게 일어난다. 따라서 기둥이 길이에 비하여 단면이 얼마나 작은가 하는 기둥의 가는 정도를 표시하기 위해 기둥의 길이 l과 단면의 회전반지름 k와의 비 $\frac{l}{k}$을 사용하는데, 이를 기둥의 세장비(slender ness ratio)라 하고 λ로 표시한다.

$$\lambda = \frac{l}{k} \tag{1}$$

이 세장비는 기둥의 좌굴하중을 결정하는 중요한 상수이며, 기둥을 장주, 중주, 단주로 구분하는 척도로도 사용된다. 즉 미국의 포우멘(Pourman) 교수는 기둥의 세장비 λ가 30 이하를 단주(短柱), 30～150까지를 중주(中柱), 150 이상을 장주(長柱)로 구분하였다.

또한 토목분야에서는 독일 및 일본식을 따라 $\lambda=45$를 경계로 하여 λ가 45 이하이면 단주, λ가 45 이상이면 장주로 분류하기도 하는데 일반적인 구조물 설계에 사용되는 기둥의 세장비는 50～150 정도가 된다.

기둥에서 일어나는 좌굴은 세장비뿐만 아니라 기둥을 지지하고 있는 끝단에서의 지지조건에 따라서도 크게 달라진다. 따라서 기둥의 지지단을 분석해 보면 자유단, 회전단, 고정단으로 분류할 수 있는데, 이와 같은 끝단에서의 지지상태에 따라 기둥을 다음과 같이 분류한다.

(1) 일단고정 타단 자유기둥〔그림 11・2(a)〕

(2) 양단 회전기둥〔그림 11・2(b)〕

(3) 일단고정 타단 회전기둥〔그림 11・2(c)〕

(4) 양단 고정기둥〔그림 11・2(d)〕

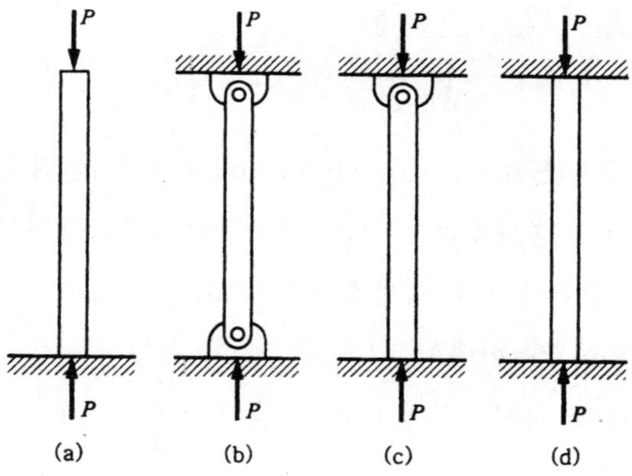

그림 11 · 2 기둥의 종류

예제 1

길이 8 m, 지름 32 cm인 원형단면을 가진 기둥의 세장비 λ를 구하고 포우멘 교수의 분류법에 따른 보의 종류 중 무엇에 해당하는지 밝혀라.

[풀이] 회전반지름

$$k=\sqrt{\frac{I}{A}}=\sqrt{\frac{\pi d^4/64}{\pi d^2/4}}=\frac{d}{4}=\frac{32}{4}=8\text{ cm}$$

따라서 세장비

$$\lambda=\frac{l}{k}=\frac{800}{8}=100$$

이 된다.

여기서 $30<\lambda<150$이므로 중주에 해당된다.

11.3 장주의 응력해석

11.3.1 오일러의 공식(Euler's fomula)에 의한 장주의 응력해석

길이가 긴 기둥(長柱)의 길이방향으로 압축하중 P가 작용할 때, 어느 순간 갑자기 구부러지면서 붕괴되기 시작하는 순간의 하중인 좌굴하중 또는 임계하중 P_{cr}는 다음 식으로 된다.

$$P_{cr}=\frac{K\pi^2 EI}{l^2}=\frac{\pi^2 EI}{\left(\frac{l}{\sqrt{K}}\right)^2} \tag{1}$$

이 식을 오일러의 공식(Euler's column formular)이라 한다.

식에서 E는 기둥재의 종탄성계수, I는 기둥단면의 단면2차모멘트, l은 기둥의 길이이며, K는 기둥의 양단에서의 지지조건에 따라 달라지는 상수로 단말계수(端末係數, coefficient of fixity)라 한다.

단말계수 K는 양단의 지지조건에 따라 다음과 같이 된다.

양단 회전일 때 $K=1$

일단고정 타단 자유일때 $K=\frac{1}{4}$

일단고정 타단 회전일 때 $K=2.05$

양단 고정일 때 $K=4$ (2)

또한 $\frac{l}{\sqrt{K}}$을 장주의 상당길이(equivalent length of long column) 또는 좌굴길이(buckling length)라 하는데 이와 같은 상당길이는 여러 가지 단말조건을 가지는 기둥의 좌굴길이를 $K=1$인 양단 회전의 단말조건을 가지는 기둥의 길이로 환산하여 나타낸 것이다.

기둥의 단말조건에 따른 단말계수 K 및 좌굴길이 $\frac{l}{\sqrt{K}}$은 표 11·1과 같다.

표 11·1 기둥의 단말계수와 상당길이

단말조건	K	$\frac{l}{\sqrt{K}}$
일단고정 타단 자유	1/4	$2l$
양단 회전	1	l
일단고정 타단 회전	2.05	$0.7l$
양단 고정	4	$l/2$

또한 좌굴하중을 그 기둥의 단면적으로 나눈 값을 좌굴응력(buckling stress) 또는 임계응력(critical stress)이라고 하는데, 좌굴응력 σ_{cr}는 다음 식으로 된다.

$$\sigma_{cr}=\frac{P_{cr}}{A}=\frac{K\pi^2 E}{\left(\frac{l}{k}\right)^2}=\frac{K\pi^2 E}{\lambda^2} \tag{3}$$

식에서 k는 단면의 회전반지름, λ는 세장비이다.

오일러의 공식에 의한 좌굴하중은 기둥이 휘어지기 시작하는 순간의 하중이므로 실제로 설계할 때 안전한 안전하중 P_s는 다음과 같이 좌굴하중 P_{cr}를 안전율 S로 나누어 구하여야 한다.

$$P_s = \frac{P_{cr}}{S} \tag{4}$$

▸▸ 식 (1), (2), (3)의 유도

그림 11・3 (a)와 같이 양쪽 끝단이 자유롭게 회전될 수 있도록 힌지로 지지된 양단 회전 장주에서 길이방향으로 압축하중 P가 작용하여 그림 11・3 (b)와 같이 구부러졌을 때, 기둥의 처짐곡선상의 임의의 위치 x에서의 처짐량을 y라 하면 이곳에서의 굽힘모멘트 M은 다음과 같이 된다.

$$M = Py \tag{a}$$

따라서 이 식을 8장에서와 같은 탄성곡선의 미분방정식에 대입하면 다음과 같다.

$$EI\frac{d^2y}{dx^2} = -Py \tag{b}$$

여기서

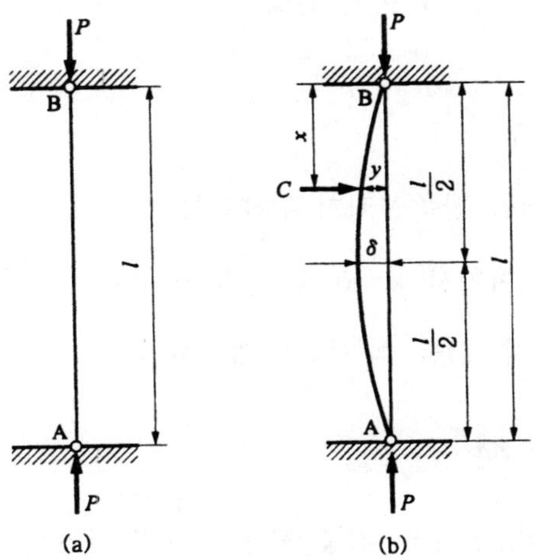

그림 11・3 양단 회전으로 지지된 기둥

$$\alpha^2 = \frac{P}{EI} \tag{c}$$

로 놓고, 식 (2)를 선형미분방정식의 형태로 고치면 다음과 같이 된다.

$$\frac{d^2y}{dx^2} + \alpha^2 y = 0 \tag{d}$$

이 미분방정식의 일반 해를 구하면 다음과 같다.

$$y = C_1 \cos \alpha x + C_2 \sin \alpha x \tag{e}$$

여기서 C_1 및 C_2는 적분상수인데, 이 적분상수는 다음과 같이 양단의 경계조건으로부터 구할 수 있다.

즉, $x=0$에서 $y=0$과 $x=l$에서 $y=0$의 조건을 식 (e)에 대입하면 적분상수 C_1 및 C_2는 다음과 같이 된다.

$$\begin{aligned} C_1 &= 0 \\ C_2 \sin \alpha l &= 0 \end{aligned} \tag{f}$$

여기서 $C_2=0$ 또는 $\sin \alpha l=0$임을 알 수 있다.

만약 $C_2=0$이라면 x가 어떠한 값을 가지더라도 항상 $y=0$이 되어 처짐곡선상의 어떤 위치에서도 전혀 굽힘변형이 생기지 않는다는 것을 의미하므로, 여기서 논하고자 하는 기둥의 좌굴과는 관계가 없게 된다.

따라서

$$\sin \alpha l = 0 \tag{g}$$

이 되어야 하고, 이 식을 만족시키기 위해서는

$$\alpha l = n\pi \ (\text{여기서 } n=0,\ 1,\ 2,\ 3,\ \cdots\cdots) \tag{h}$$

이어야 한다. 따라서 식 (c)를 식 (h)에 대입하면

$$\sqrt{\frac{P}{EI}}\, l = n\pi \tag{i}$$

가 된다. 따라서 이 식으로부터 하중 P를 구하면 다음과 같다.

$$P = \frac{n^2\pi^2 EI}{l^2} \tag{j}$$

또한 이에 대한 탄성곡선의 식은

$$y=C_2\sin\alpha x=C_2\sin\frac{n\pi}{l}x \tag{k}$$

으로, 그 굽은 모양은 sine 곡선임을 알 수 있다.

식 (j)에 $n=0, 1, 2, 3, \cdots\cdots$을 차례로 대입하여 보면, $n=0$을 대입했을 때 $P=0$으로 되어 무의미하게 되므로 $n=0$은 해당되지 않는 것을 알 수 있다.

따라서 $n=1, 2, 3$으로 이것을 식 (k)의 탄성곡선식에 대입하여 그림으로 나타내면 그림 11·4의 (a), (b), (c)와 같다.

이때 그 굽힘현상으로 보아 $n=1$일 때 가장 취약하므로 $n=1$을 식 (j)에 대입하면 다음과 같다.

$$P=\frac{\pi^2EI}{l^2} \tag{l}$$

이 식에서 P는 양단이 자유롭게 회전할 수 있도록 지지된 긴 기둥이 압축하중 P를 받을 때 굽힘이 일어나기 시작하는 하중, 즉 좌굴하중으로 P_{cr}로 표기한다.

이 식을 양단 회전의 장주에 대한 오일러의 공식이라 한다.

좌굴하중 P_{cr}를 단면적 A로 나누면 다음과 같이 좌굴응력 또는 임계응력 σ_{cr}를 구할 수 있다.

$$\sigma_{cr}=\frac{P_{cr}}{A}=\frac{\pi^2E}{\left(\frac{l}{k}\right)^2}=\frac{\pi^2E}{\lambda^2} \tag{m}$$

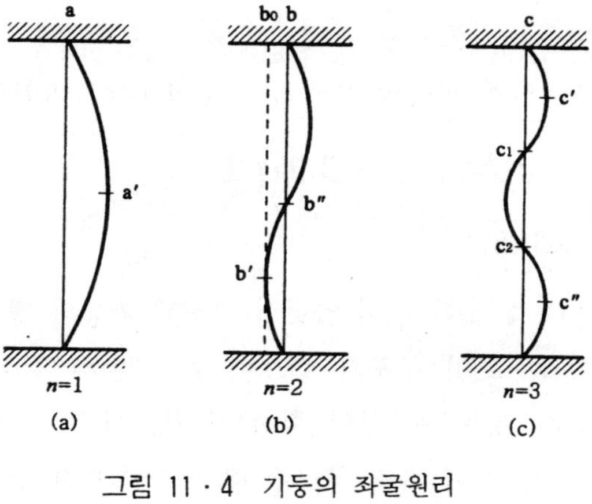

그림 11·4 기둥의 좌굴원리

여기서 k는 기둥 단면의 회전반지름이고 λ는 세장비이다.

식에서 기둥의 임계응력은 기둥단면의 회전반지름이 커짐에 따라 증가되고, 기둥의 세장비에 반비례하며 압축하중에는 무관함을 알 수 있다.

따라서 단면적을 증가시키지 않고도 임계응력을 크게 하기 위해서는 가능한 한 재료의 살이 단면의 주축으로부터 먼 곳에 위치하도록 하여야 함을 알 수 있다.

이와 같은 이유로 하여 단면의 가운데가 빈 중공단면의 기둥이 속이 비지 않은 중실단면의 기둥보다 더욱 경제적임을 알 수 있다. 그러나 중공단면일지라도 그 두께가 너무 얇으면 기둥이 좌굴하기도 전에 그 기둥의 벽면이 주름이 잡히면서 파괴될 수가 있는데 이를 국부좌굴이라 한다.

그림 11・5(a)와 같이 일단고정 타단 자유단의 기둥의 경우에는 구부러지는 형상이 그림 11・4(a)의 a-a′의 부분과 같으며, a-a′부의 길이를 l이라 하면, 이 길이를 양단 회전의 상태에 있을 때의 길이와 같게 했을 때의 길이는 $2l$이 되므로, 이것을 양단 회전 상태의 오일러의 공식 (l)에 적용하면 다음과 같이 된다.

$$P=\frac{\pi^2EI}{(2l)^2}=\frac{\pi^2EI}{4l^2} \tag{n}$$

또한 그림 11・5(c)와 같이 일단고정 타단 회전기둥의 경우에는 구부러지는 형상이 그림 11・4(b)의 b-b′의 부분과 같으며, 그 중 양단 회전 상태는 b-b″부분이고, b-b′부의 길이의 약 $\frac{2}{3}$이다. 그러나 b는 b′를 지나는 연직선상에 놓여 있지 않으므로 이것을 일단고정 타단 회전의 경우에 적용시키려면 점 b를 점 b_0로 이동시켜야 한다. 이와 같이 하면 탄성곡선의 변곡점이 이동하고 이때 이 길이를 양단 회전의 상태에 있을 때의 길이에 상당하는 길이 l로 하면, 양단 회전의 상태에 있을 때의 길이는 $\frac{l}{2.0457^{1/2}}$이 된다.

따라서 이것을 양단 회전 상태의 오일러의 공식 (l)에 대입하면 다음과 같이 된다.

$$P=\frac{\pi^2EI}{\left(\frac{l}{2.0457^{1/2}}\right)^2}=\frac{2.05\pi^2EI}{l^2} \tag{o}$$

마지막으로 그림 11・5(d)와 같이 양단이 고정된 기둥의 경우에는 구부러지는 형상이 그림 11・4(c)의 c′-c″의 부분과 같으며, c′-c″부의 길이를 양단회전의 상태에 있을 때의 길이와 같게 했을 때, 양단 회전 상태일 때의 길이 c_1-c_2의 두 배이므로, c′-c″의 길이를 l로 하면 양단 회전 상태일 때의 길이에 해당하는 부분 c_1-c_2는 $\frac{l}{2}$이 된다. 따라서 이것을 양단 회전 상태의 오일러의 공식 (l)에 대입하면 다음과 같이 된다.

$$P=\frac{\pi^2 EI}{\left(\frac{l}{2}\right)^2}=\frac{4\pi^2 EI}{l^2} \tag{p}$$

따라서 하중 P를 좌굴하중 P_{cr}로 표기하고 이상을 모든 기둥에 적용할 수 있는 일반식의 형태로 표현하면 다음과 같이 된다.

$$P_{cr}=\frac{K\pi^2 EI}{l^2} \tag{q}$$

따라서 다음과 같이 좌굴하중 P_{cr}을 단면적 A로 나누면 임계응력 σ_{cr}이 된다.

$$\sigma_{cr}=\frac{P_{cr}}{A}=\frac{K\pi^2 E}{\left(\frac{l}{k}\right)^2}=\frac{K\pi^2 E}{\lambda^2} \tag{r}$$

여기서 계수 K는 양단의 지지조건에 따라 다음과 같이 된다.

양단 회전일 때	$K=1$
일단고정 타단 자유일 때	$K=\frac{1}{4}$
일단고정 타단 회전일 때	$K=2.05$
양단 고정일 때	$K=4$

이와 같이 K는 기둥의 양단에서의 지지조건에 따라 달라지는 상수로 단말계수(端末係數, coefficient of fixity)라 한다.

또한 식 (q)를 다음과 같이 고쳐 쓸 수 있는데,

$$P_{cr}=\frac{\pi^2 EI}{\left(\frac{l}{\sqrt{K}}\right)^2} \tag{s}$$

여기서 $\frac{l}{\sqrt{K}}$을 장주의 상당길이 또는 좌굴길이라 한다. 이와 같은 상당길이를 결정하여 사용하는 이유는, 양단 회전으로 지지된 장주에서 $K=1$인데 이것을 기준으로 하여 같은 좌굴하중을 갖는 다른 단말조건 기둥의 좌굴길이를 표시할 수 있기 때문이다.

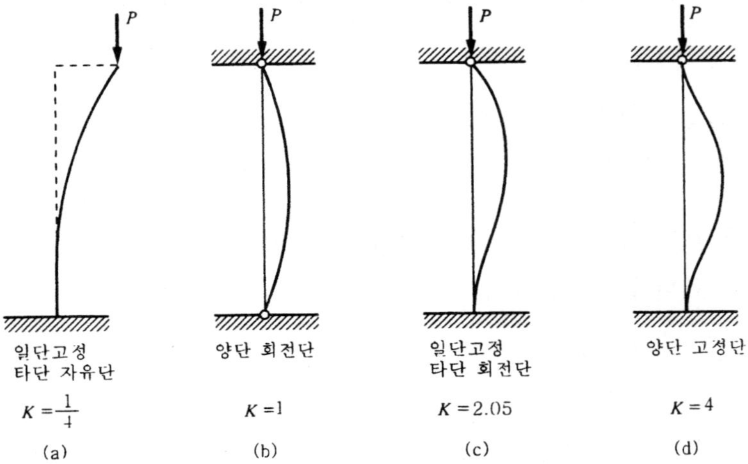

그림 11·5 양단의 지지조건에 따른 단말계수

예제 1

양단이 고정된 길이 $l=2\,\text{m}$, 지름 $d=1.2\,\text{cm}$인 긴 기둥이 길이방향으로 압축하중을 받고 있다. 이 재료의 탄성계수 $E=200\,\text{GPa}$이라고 할 때, 이 기둥의 좌굴하중과 좌굴응력을 오일러의 공식을 사용하여 구하라.

[풀이] 양단고정의 기둥이므로 단말조건 계수 $K=4$이고, 기둥단면의 단면2차모멘트

$$I=\frac{\pi d^4}{64}=\frac{\pi\times0.012^4}{64}=1.02\times10^{-9}\,\text{m}^4$$

이므로, 좌굴하중

$$P_{cr}=\frac{K\pi^2EI}{l^2}=\frac{4\times\pi^2\times(200\times10^9)\times(1.02\times10^{-9})}{2^2}=2,013\,\text{N}$$

좌굴응력

$$\sigma_{cr}=\frac{P_{cr}}{A}=\frac{2,013}{\frac{\pi\times0.012^2}{4}}=17,798,843\,\text{N/m}^2\fallingdotseq17.8\,\text{MPa}$$

11.3.1.1 오일러 공식의 적용범위

오일러 공식을 적용할 수 있는 한계는, 다음과 같은 공식에서 임계응력 σ_{cr} 대신에 기둥재의 압축시의 탄성한도 σ_E를 대입했을 때의 세장비 λ로 한다.

$$\lambda = \sqrt{\frac{K\pi^2 E}{\sigma_c}} = \frac{l}{k} \tag{1}$$

▸▸ 식 (1)의 유도 및 보충설명

11.3.1의 식 (3)에서 좌굴응력은 다음 식으로 주어졌다.

$$\sigma_{cr} = \frac{K\pi^2 E}{\lambda^2} \tag{a}$$

이 식을 세장비 λ에 대한 식으로 고쳐 쓰면 다음과 같이 된다.

$$\lambda = \sqrt{\frac{K\pi^2 E}{\sigma_c}} = \frac{l}{k} \tag{b}$$

오일러 공식은 좌굴로 인한 굽힘응력이 탄성한도 이내일 때만 성립하므로, 임계응력 σ_{cr}이 재료의 압축시의 탄성한도 σ_E와 같을 때, 즉 $\sigma_{cr} = \sigma_E$일 때의 세장비 λ가 오일러 공식을 적용할 수 있는 한계가 된다.

예를 들어 탄성한도 $\sigma_E = 2{,}000\,\text{kgf/cm}^2$이고, 종탄성계수 $E = 2.1 \times 10^6\,\text{kgf/cm}^2$인 연강재의 기둥이 양단회전의 지지조건으로 지지되어 있을 때 세장비 λ를 계산하면 다음과 같이 된다.

$$\lambda = \frac{l}{k} = \sqrt{\frac{K\pi^2 E}{\sigma_E}} = \pi\sqrt{\frac{2.1 \times 10^6}{2,000}} \cong 102$$

따라서 이와 같이 연강재로 된 기둥이 양단 회전 상태로 지지되어 있을 때 기둥의 세장비 $\lambda = 102$가 오일러 공식을 적용할 수 있는 한계로 $\lambda = 102$ 이상이면 오일러 공식을 적용할 수 있지만 그 이하이면 오일러 공식을 적용하지 못한다는 것을 알 수 있다. 세장비의 값이 작은 기둥, 즉 $\lambda = l/k < 100$인 경우에는 좌굴응력 σ_{cr}이 대단히 커지게 되므로 기둥에 좌굴이 일어나기도 전에 압축응력이 먼저 탄성한도에 도달하여 파괴되므로 오일러 공식을 적용할 수 없게 된다.

그림 11·6은 좌굴응력 σ_{cr}와 세장비 $\lambda = \frac{l}{k}$의 관계를 도시한 것이다.

그림에서 곡선 ABC는 오일러의 공식에 의한 이론적인 곡선이고, DEBC는 실험을 통하여 얻은 곡선이다. 그림에서 세장비 $\lambda = \frac{l}{k}$이 점 B보다 클 때에는 오일러의 공식에 의한 곡선과 실험결과가 일치하므로 오일러의 공식이 만족됨을 알 수 있다. 따라서 이와 같은 범위에 있는 기둥을 장주(長柱)라고 한다.

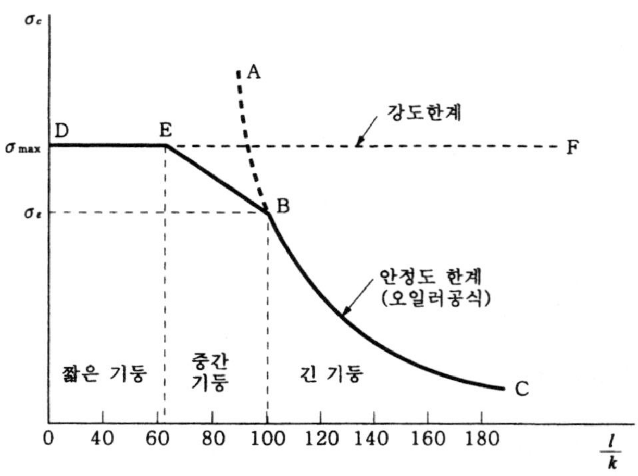

그림 11·6 오일러의 곡선

그러나 세장비 $\lambda = \frac{l}{k}$이 점 B보다 작을 때는 좌굴응력 σ_{cr}이 곡선 AB를 따라 무한히 커져 그 기둥이 도저히 파괴되지 않을 것과 같은 결과가 나오지만, 실제로는 재료의 탄성한도 σ_E 또는 최대 압축응력에 의하여 파괴되게 된다.

실험결과에 의하면 세장비 λ가 $0 < \lambda < 60$인 범위에서는 기둥에 좌굴이 발생하지 않고 재료의 압축응력이 강도한계에 도달함이 밝혀졌는데 이 범위의 기둥을 단주(short post)라고 한다.

세장비 λ가 $60 < \lambda < 100$인 중간범위에서는 강성 안정성만을 고려하기에는 세장비가 너무 작고 재료의 강도만을 고려하기에는 세장비가 너무 크기 때문에 중주(medium column)라 한다.

표 11·2는 양단 회전으로 지지된 기둥의 각종 재료에 대하여 오일러 공식을 적용할 수 있는 세장비 λ의 한계점과 안전율 S를 나타낸 것이다.

표 11·2 양단 회전으로 지지된 기둥의 경우 각종 재료에 대한 안전율 S, 탄성계수 E 및 오일러 공식의 적용가능 세장비 λ의 값

재 료	주 철	연 철	연 강	경 강	목 재
S	8~10	5~6	5~6	5~6	10~12
E (kgf/cm^2)	1,000,000	2,000,000	2,150,000	2,200,000	100,000
λ	70 이상	115 이상	102 이상	95 이상	80 이상

예제 1

탄성한도 $\sigma_E = 2000\,\text{kgf/cm}^2$이고, 종탄성계수 $E = 2.1\times10^6\,\text{kgf/cm}^2$인 양단이 고정된 연강재의 기둥에서 오일러의 공식을 적용할 수 있는 세장비 λ의 한계를 결정하라.

[풀이] 양단 고정이므로 단말계수 $K=4$이다. 따라서 오일러 공식을 적용할 수 있는 세장비의 한계는 다음과 같이 된다.

$$\lambda = \sqrt{\frac{K\pi^2 E}{\sigma_E}} = \pi\sqrt{\frac{4\times(2.1\times10^6)}{2,000}} \cong 204$$

11.3.2 고든-랭킨의 식에 의한 장주의 응력해석

오일러의 공식은 기둥에 작용하는 압축응력은 고려하지 않고 굽힘응력만을 고려하여 유도한 식이다. 따라서 세장비가 큰 기둥에 있어서는 비교적 정확하지만 세장비가 작은 기둥에서는 정확하지 않게 된다.

실제로 압축하중에 의해 기둥이 구부러지면 기울어지는 쪽의 단면에는 굽힘에 의한 응력에 압축력에 의한 응력이 가하여지기 때문에 응력이 커지게 되고 그 반대쪽에서는 작아지게 된다. 이와 같이 기둥이 구부러질 때 압축응력이 기둥의 응력에 영향을 미치게 되는데 그 영향은 세장비가 작은 기둥일수록 더욱 커지게 된다.

고든-랭킨(Gordon-Rankine)은 이와 같이 세장비가 작은 기둥에 대해서도 적용할 수 있는 다음과 같은 실험식을 제시하였다.

$$\text{좌굴응력 } \sigma_{cr} = \frac{P_{cr}}{A} = \frac{\sigma_c}{1+\dfrac{a}{K}\left(\dfrac{l}{k}\right)^2} = \frac{\sigma_c}{1+\dfrac{a\lambda^2}{K}} \tag{1}$$

식에서 P_{cr}는 좌굴하중, A는 기둥의 단면적, K는 단말계수, l은 기둥의 길이, k는 단면의 회전반지름, λ는 세장비, σ_c는 압축파괴응력, a는 재료의 종류에 따라 결정되는 상수로 $a = \dfrac{\sigma_b}{\pi^2 E}$ 이며, σ_b는 굽힘응력이다.

표 11·3은 각종재료에 대한 σ_c, a 및 고든-랭킨 식에 적용할 수 있는 세장비 λ의 한계치이다.

표 11·3 각종 재료에 대한 고든-랭킨식의 정수 및 고든-랭킨 식에 적용할 수 있는 세장비 λ의 값

재 료	σ_c(MPa)	$1/a$	$\lambda = l/k$
주 철	548.8	1,600	80 이하
연 강	333.2	7,500	90 이하
경 강	480.2	5,000	85 이하
목 재	49	750	60 이하

▶▶ 식 (1)의 유도 및 보충설명

그림 11·7과 같이 일단고정 타단 자유인 기둥에 축방향으로 압축하중 P가 작용하면 자유단에 처짐량 δ가 발생하는 동시에 고정단의 단면 중 굽어 기울어진 쪽의 점 C에서는 압축응력 σ_c와 굽힘응력 σ_b가 동시에 작용하게 된다.

이때 점 C에 발생하는 압축응력

$$\sigma_c = \frac{P}{A} \tag{a}$$

이고, 굽힘응력

$$\sigma_b = \frac{M}{Z} = \frac{P\delta e}{I} \tag{b}$$

이므로, 점 C에서의 응력 σ는 다음과 같이 된다.

그림 11·7 기둥의 좌굴

$$\sigma = \sigma_c + \sigma_b = \frac{P}{A} + \frac{M}{Z} = \frac{P}{A} + \frac{P\delta e}{I} \tag{c}$$

식에서 A는 단면적, I는 단면2차모멘트, e는 단면의 도심으로부터 굽어 기울어진 쪽의 최외단(最外端)까지의 거리이다.

또한 $I = k^2 A$이므로 이것을 식 (c)에 대입하면 다음과 같이 된다.

$$\sigma = \frac{P}{A} + \frac{P\delta e}{Ak^2} = \frac{P}{A}\left(1 + \frac{\delta e}{k^2}\right) \tag{d}$$

여기서 k는 단면의 회전반지름이다.

한편 식 (b)에서 굽힘하중

$$P = \frac{I\sigma_b}{\delta e} \tag{e}$$

이고, 오일러의 공식에서 좌굴하중

$$P = \frac{K\pi^2 EI}{l^2} \tag{f}$$

이었으므로, 굽힘하중과 좌굴하중이 같다고 하면 다음과 같은 식이 성립한다.

$$\frac{I\sigma_b}{\delta e} = \frac{K\pi^2 EI}{l^2} \tag{g}$$

이들 관계로부터 다음 식을 얻을 수 있다.

$$\delta e = \frac{\sigma_b l^2}{K\pi^2 E} \tag{h}$$

식 (h)를 식 (d)에 대입하면 점 C에서의 응력 σ는 다음과 같이 된다.

$$\sigma = \frac{P}{A}\left\{1 + \frac{\sigma_b}{\pi^2 E} \cdot \frac{1}{K}\left(\frac{l}{k}\right)^2\right\} \tag{i}$$

여기서 $\frac{\sigma_b}{\pi^2 E}$는 재료의 종류에 따라 결정되는 상수로, 이것을 a로 표시하면 다음과 같이 된다.

$$\sigma = \frac{P}{A}\left\{1 + \frac{a}{K}\left(\frac{l}{k}\right)^2\right\} \tag{j}$$

이와 같이 하여 얻어진 응력 σ가 재료의 압축파괴응력 σ_c와 같게 되었을 때 파손

이 생긴다고 가정하고, 이때의 하중 P를 좌굴하중 P_{cr}로 하면 식 (j)는 다음과 같이 된다.

$$P_{cr}=\frac{A\sigma_c}{\left\{1+\frac{a}{K}\left(\frac{l}{k}\right)^2\right\}} \tag{k}$$

따라서 좌굴응력 또는 임계응력 σ_{cr}는 다음과 같이 된다.

$$\sigma_{cr}=\frac{P_{cr}}{A}=\frac{\sigma_c}{\left\{1+\frac{a}{K}\left(\frac{l}{k}\right)^2\right\}}=\frac{\sigma_c}{1+\frac{a\lambda^2}{K}} \tag{l}$$

여기서 σ_c는 연성재료에서는 압축시의 항복강도, 취성재료에서는 파단강도를 적용한다.

예제 1

양쪽 끝단이 회전단으로 된 길이 2 m, 단면의 지름 10 cm의 경강제 둥근단면의 기둥에 대한 좌굴응력을 구하라. 단, 재료의 종탄성계수 $E=2\times10^5$ MPa이다.

[풀이] 먼저 세장비를 구하여 어떠한 공식에 적용할지를 결정한다.

단면적 $A=\frac{\pi d^2}{4}$, 단면2차모멘트 $I=\frac{\pi d^4}{64}$ 이므로 단면의 회전반지름

$$k=\sqrt{\frac{I}{A}}=\frac{d}{4}=\frac{10}{4}=2.5\text{ cm}$$

이므로, 기둥의 세장비

$$\lambda=\frac{l}{k}=\frac{200}{2.5}=80$$

가 된다.

따라서 표 11·3에서 경강의 경우 세장비의 적용가능 한계가 85 이하이므로 고든-랭킨식에 적용할 수 있다. 표 11·3에서 $\sigma_c=480.2$ MPa, $\frac{1}{a}=5{,}000$이고, 양단 회전이므로 단말계수 $K=1$이 된다.

따라서 좌굴응력

$$\sigma_{cr}=\frac{\sigma_c}{1+\frac{a\lambda^2}{K}}=\frac{480.2}{1+\frac{80^2}{1\times5{,}000}}=210.6\text{ MPa}$$

11.3.3 테트마이어식에 의한 장주의 응력해석

테트마이어(Tetmajor)는 양단 회전의 조건으로 지지된 기둥에 대한 실험을 통하여 오일러식을 적용할 수 있는 한계 이하의 세장비에도 사용할 수 있는 다음과 같은 식을 만들었다.

$$\sigma_{cr} = \frac{P_{cr}}{A} = \sigma_b\left[1 - a\left(\frac{l}{k}\right) + b\left(\frac{l}{k}\right)^2\right](\mathrm{MPa}) \qquad (1)$$

이 식을 테트마이어의 식이라 하며 σ_b, a 및 b는 실험상수이다.

표 11・4는 여러 가지 재료에 대한 실험상수값이다.

표 11・4 각종 재료에 대한 테트마이어식의 상수와 테트마이어식에 적용할 수 있는 세장비 λ의 값(양단회전 지지기둥)

재 료	σ_b(MPa)	a	b	$\lambda = l/k$
주 철	760.5	0.01546	0.00007	5~88
연 강	303.8	0.00368	0	10~105
경 강	328.3	0.00185	0	90 이하
목 재	28.7	0.00625	0	1.8~100

그림 11・8은 오일러 곡선과, 고든-랭킨, 테트마이어의 실험곡선을 비교하여 그린 것이다. 여기서 ABC는 오일러 곡선, DEC는 테트마이어 곡선을 나타내는데, 세장비

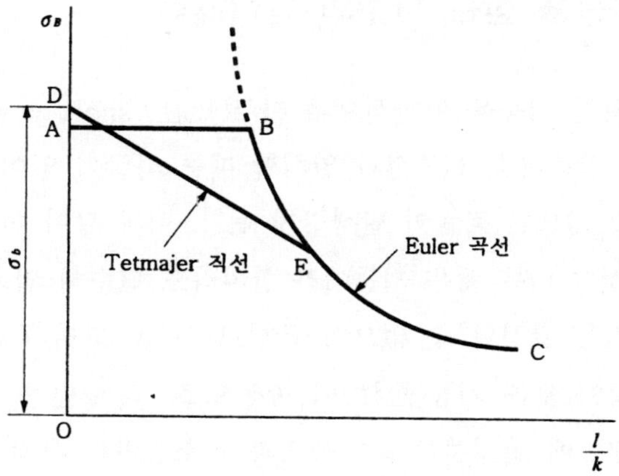

그림 11・8 오일러 곡선과 테트마이어 곡선

λ가 큰 곳에서는 오일러 곡선과 테트마이어 곡선이 일치하는 것을 볼 수 있다.

예제 1

길이 2 m, 지름이 10 cm가 되는 연강재료로 된 기둥이 있다. 이 기둥의 좌굴응력을 구하라.

[풀이] 먼저 기둥의 세장비를 구하여 어느 공식에 적용할지를 결정한다.

기둥의 회전반지름

$$k=\sqrt{\frac{I}{A}}=\frac{d}{4}=\frac{10}{4}=2.5\text{ cm}$$

이므로 세장비

$$\lambda=\frac{l}{k}=\frac{200}{2.5}=80$$

이 된다. 따라서 표 11·4에서 테트마이어식에 적용할 수 있음을 알 수 있다.

또한 표 11·4에서 연강재의 실험상수 $\sigma_b=303.8$ MPa, $a=0.00368$, $b=0$이므로 이를 테트마이어의 식에 대입하면, 좌굴응력은 다음과 같이 된다.

$$\sigma_{cr}=\sigma_b\left[1-a\left(\frac{l}{k}\right)+b\left(\frac{l}{k}\right)^2\right]$$
$$=303.8\times[1-0.00368\times(80)+0\times(80)^2]=214.4\text{ MPa}$$

11.4 편심하중을 받는 단주의 응력해석

세장비가 30 이하인 기둥을 일반적으로 단주(短柱, short post or strut)라 한다.

단주의 경우에는 압축하중이 축선과 일치할 때는 좌굴이 일어나지 않으나 압축하중이 축선과 일치되지 않으면 좌굴이 발생하게 된다. 이와 같이 하중이 축선과 일치되지 않는 경우에는, 그것이 비록 짧은 기둥이라 할지라도 단순히 압축하중 P를 단면적 A로 나누어 압축응력을 결정할 수 없으며 굽힘모멘트를 고려하여야 한다.

그림 11·9와 같이 짧은 기둥(短柱)이 축선으로부터 e만큼 벗어난 위치에서 하중 P가 작용할 때, 단면에 발생하는 최대응력과 최소응력은 각각 다음과 같이 된다.

$$\sigma_{\max}=-\frac{P}{A}\left(1+\frac{ec_1}{k^2}\right) \tag{1}$$

$$\sigma_{\min} = -\frac{P}{A}\left(1 - \frac{ec_2}{k^2}\right) \tag{2}$$

식에서 A는 기둥의 단면적, k는 단면의 회전반지름이고 c_1, c_2는 축선으로부터 최외단까지의 거리이다.

또한 이와 같이 편심하중을 받을 때 단면에서는 압축응력을 받는 부분과 인장응력을 받는 부분으로 나뉘어지는데 하중이 어느 위치에 있으면 단면 내의 어느 곳에서도 인장응력을 발생시키지 않게 되는 수가 있다. 이와 같이 단면에 인장응력을 발생시키지 않는 하중의 편심거리 e를 단면의 핵심(core of section)이라 하고 다음 식으로 된다.

$$e = \pm\frac{k^2}{c} \tag{3}$$

즉 편심거리 e의 범위 내에서 압축하중이 작용하면 단면 내의 어느 위치에서도 인장응력이 발생하지 않게 된다.

식에서 c는 축선으로부터 최외단까지의 거리이다.

▶▶ 식 (1), (2), (3)의 유도 및 보충설명

축선으로부터 e만큼 벗어난 위치에서 작용하는 압축하중 P에 의하여 발생하는 응력은 그림 11 · 9 (a)와 같이 압축하중이 작용하는 쪽에 보다 큰 응력이 작용하게 된다. 이는 그림 11 · 9 (b)와 같이 단면에 균일하게 작용하는 압축응력 $\sigma_c = \dfrac{P}{A}$와 그림 11 · 9 (c)와 같이 굽힘모멘트 $M = Pe$에 의하여 생기는 굽힘응력 $\sigma_b = \dfrac{M}{Z}$에 의한 것으로 중립축선으로부터 임의의 거리 y의 위치에 작용하는 압축응력 σ는 다음과 같다.

$$\text{응력 } \sigma = \sigma_c + \sigma_b = -\left(\frac{P}{A} + \frac{M}{Z}\right) = -\left(\frac{P}{A} + \frac{Pey}{I}\right) \tag{a}$$

식에서 A는 기둥의 단면적이고, I는 단면2차모멘트, e는 축선으로부터 하중이 작용하는 위치까지의 거리이다.

여기서 편심거리 e를 크게 하면 굽힘모멘트가 증가하게 되고, 편심하중이 작용하는 곳과 반대쪽 어느 곳에서는 인장응력과 압축응력이 같게 되는 부분이 생기는데 이것을 0 응력선(line of zero stress)이라 한다.

이때 단면에는 영응력선을 경계로 하여 인장응력과 압축응력으로 나뉘어 작용하게

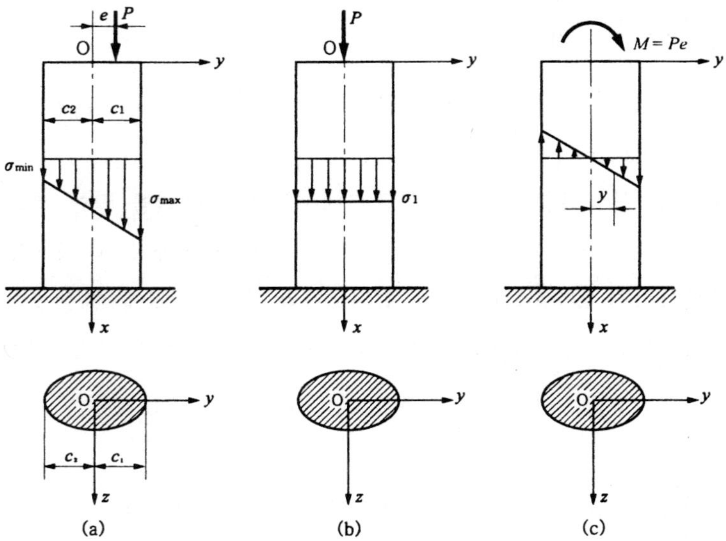

그림 11·9 짧은 기둥에 작용하는 편심하중에 의한 응력의 발생

된다.

한편 단면에 작용하는 최대응력 σ_{max}은 편심하중이 작용하는 쪽의 최외단에서 발생하므로 식 (a)의 y 대신에 c_1을 대입하고, 단면2차모멘트 $I=k^2A$의 관계를 대입하면 다음과 같이 된다.

$$\sigma_{max} = -\frac{P}{A}\left(1+\frac{ec_1}{k^2}\right) \tag{b}$$

이와 같은 방법으로 식 (a)의 y 대신에 최외단까지의 거리 $-c_2$를 대입하면 다음과 같이 하중이 작용하는 쪽과 반대쪽의 최소응력 σ_{min}을 구할 수 있다.

$$\sigma_{min} = -\frac{P}{A}\left(1-\frac{ec_2}{k^2}\right) \tag{c}$$

식 (c)에서 $\dfrac{ec_2}{k^2}$의 값이 1보다 커지는 경우에는, 식 (c)의 결과는 양(+)의 값을 갖게 되어 인장응력이 된다.

이와 같이 기둥의 단면에 인장응력이 발생되지 않도록 하기 위한 한계는 식 (b)에서 $\dfrac{ec_1}{k^2}=-1$이고, 식 (c)에서 $\dfrac{ec_2}{k^2}=1$이므로 인장응력을 발생시키지 않는 하중의 편심거리 e를 일반적인 식의 형태로 표시하면 다음과 같이 된다.

$$e = \pm \frac{k^2}{c} \tag{d}$$

예를 들면 기둥의 단면이 폭 b와 높이 h인 직사각형 단면이라면 $c = \frac{h}{2}$, $k^2 = \frac{I}{A} = \frac{h^2}{12}$가 되므로, 단면의 어느 곳에서도 인장응력이 발생하지 않게 되는 편심거리 e는 다음과 같이 된다.

$$e = \pm \frac{k^2}{c} = \pm \frac{h^2}{12} \Big/ \frac{h}{2} = \pm \frac{h}{6} \tag{e}$$

$$e = \pm \frac{k^2}{c} = \pm \frac{b^2}{12} \Big/ \frac{b}{2} = \pm \frac{b}{6} \tag{f}$$

따라서 편심거리 e의 범위는 다음과 같다.

$$-\frac{h}{6} < e < \frac{h}{6} \quad \text{또는} \quad -\frac{b}{6} < e < \frac{b}{6} \tag{g}$$

또한 지름이 d인 원형단면의 경우 편심거리는 식 (d)로부터

$$e = \pm \frac{k^2}{c} = \pm \frac{d^2}{16} / \frac{d}{2} = \pm \frac{d}{8} \tag{h}$$

이므로 편심거리 e의 범위는 다음과 같다.

$$-\frac{d}{8} < e < \frac{d}{8} \tag{i}$$

이와 같은 편심거리 e의 범위 내에서 압축하중이 작용하면 단면 내의 어느 곳에서도 인장응력이 발생하지 않게 되는데 편심거리 e를 단면의 **핵심**(core of section)이라 한다.

직사각형 단면의 경우 모서리점에서 인장응력이 일어날 수 있으므로 이와 같이 모서리에서 인장응력이 발생하지 않도록 하기 위하여 핵심을 그림 11·10(a)와 같이 마름모꼴로 한다.

원형단면의 경우에는 모든 방향에 대하여 대칭이므로 핵심은 그림 11·10(b)와 같이 지름 $\frac{d}{8}$인 원이 된다.

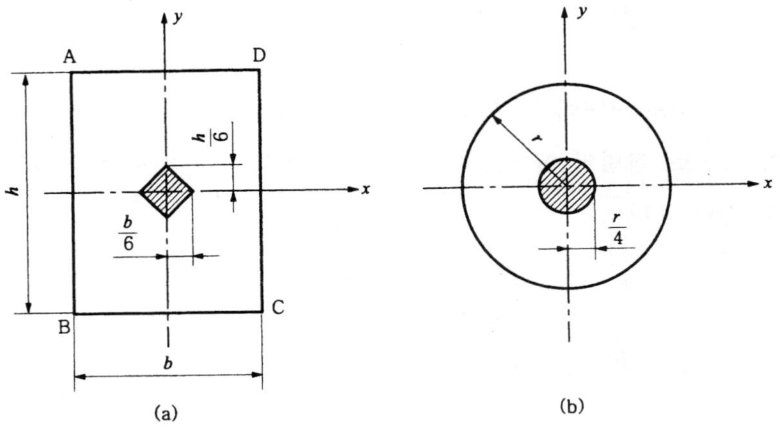

그림 11 · 10 직사각형과 단면의 핵심

예제 1

다음 그림 11 · 11과 같이 지름 8 cm의 단주에 축선으로부터 2 cm 떨어진 곳에서 편심하중 1,000 N이 작용할 때 점 A 및 점 B에 발생하는 응력을 구하라.

[풀이] 단면적

$$A=\frac{\pi d^2}{4}=\frac{\pi\times 0.08^2}{4}=0.005\ \mathrm{m}^2$$

단면의 회전반지름

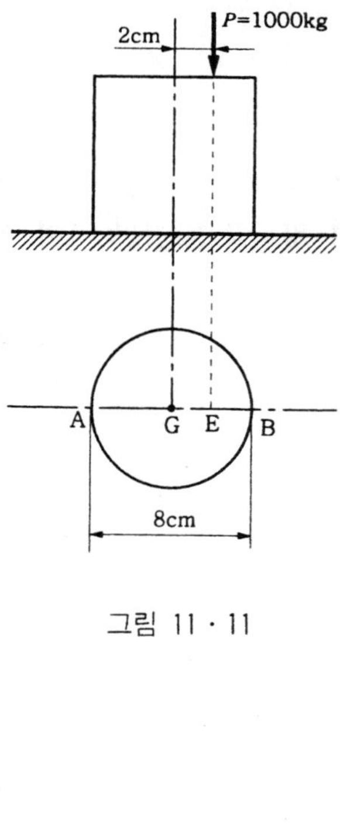

그림 11 · 11

$$k=\sqrt{\frac{I}{A}}=\left(\frac{\frac{\pi d^4}{64}}{\frac{\pi d^2}{4}}\right)^{\frac{1}{2}}=\frac{d}{4}=\frac{0.08}{4}=0.02\text{ m}$$

따라서 점 A에 발생하는 응력은 최소응력으로 다음과 같다.

$$\sigma_A=\sigma_{\min}=-\frac{P}{A}\left(1-\frac{ec_2}{k^2}\right)=-\frac{1,000}{0.005}\times\left\{1-\frac{0.02\times(0.04)}{0.02^2}\right\}$$

$$=+200,000\text{ N/m}^2=200,000\text{Pa}=0.2\text{MPa (인장)}$$

점 B에 발생하는 응력은 최대응력으로 다음과 같다.

$$\sigma_B=\sigma_{\max}=-\frac{P}{A}\left(1+\frac{ec_1}{k^2}\right)=-\frac{1,000}{0.005}\times\left\{1+\frac{0.02\times(0.04)}{0.02^2}\right\}$$

$$=-600,000\text{ N/m}^2=-600,000\text{Pa}=-0.6\text{MPa (압축)}$$

• 연습문제 •

1. 길이 5 m, 지름 20 cm인 원형단면 기둥의 세장비를 구하라.

2. 양단이 고정된 길이 $l=4$ m, 지름 $d=5$ cm인 긴 기둥이 축방향으로 압축하중을 받고 있다. 이 재료의 탄성계수 $E=200$ GPa이라고 할 때, 이 기둥의 좌굴하중과 좌굴응력을 오일러의 공식을 사용하여 구하라.

3. 탄성한도 $\sigma_E=25$ kgf/mm^{2}이고, 종탄성계수 $E=2.1\times10^6$ kgf/cm^{2}인 양단이 고정된 연강재의 기둥에서 오일러 공식을 적용할 수 있는 세장비 λ의 한계를 결정하라.

4. 양쪽 끝단이 회전단으로 된 길이 2 m, 단면의 지름 40 cm의 경강제 둥근 단면을 가진 기둥에 대한 좌굴응력을 구하라. 단, 재료의 종탄성계수 $E=200$ GPa이다.

5. 일단고정 타단 자유의 단말조건을 가진 길이 2 m, 단면의 지름 40 cm의 경강제 둥근 단면의 기둥에 대한 좌굴응력을 구하라. 단, 재료의 종탄성계수 $E=200$ GPa이다.

6. 단면의 치수 $b\times h=5\times10$ cm, 길이 3 m의 기둥이 축방향의 압축하중을 받을 경우 세장비를 구하라.

7. 지름 $d=50$ cm인 원형단면을 가진 단주에서 단면의 중심으로부터 $e=10$ cm만큼 편심되어 압축하중 $P=400$ kN이 작용하면 단면에 발생하는 최대응력은 얼마인가?

8. 변의 길이 50 cm인 정사각형 단면을 가진 단주에서 단면의 중심으로부터 한 변과 나란한 방향으로 $e=10$ cm만큼 편심되어 압축하중 $P=400$ kN이 작용하면 단면에 발생하는 최대응력은 얼마인가?

9. 지름 $d=50$ cm인 원형단면을 가진 단주에서 핵심을 구하라.

10. 안지름 d_1, 바깥지름 d_2인 중공원형단면을 가진 단주의 핵심을 구하라.

참고문헌

재료역학, 형설출판사, 정해일 외 3인 공저, 1998. 2.
재료역학, 원창출판사, 이창희 외 2인 공저, 1998. 1.
재료역학 총정리, 청문각, 오양균 외 1인 공저, 1989. 1.
재료역학, 청호, 유승원 외 4인 공저, 2000. 2.
재료역학, 형설출판사, 김희송 외 1인 공저, 1998. 2.
재료역학, 동명사, 오세욱 저, 1992.1.
종합 재료역학, 문운당, 조영현 외 2인 공저, 1992. 1.
신편 재료역학, 세경서원, 심규석 외 3인 공저.
재료역학, 원창출판사, 김정기 외 3인 공저.
strength of materials, McGRAW-HILL book company, WILLIAM A. NASH.
Mechanics of materials, Brooks/cole, James M. Gere.

부 록

부록 I

1. 단위
2. 그리스 문자
3. 각종 단면의 단면2차모멘트 및 회전반경
4. 보의 각종 공식
5. 형강의 규격
6. 각종 재료의 기계적 성질

부록 II

1. 연습문제 해답

1. 단 위

표 I.1 물리량의 단위와 차원

양	공학단위	SI단위	MLT계	FLT계
길이, 변위	m	m	〔L〕	〔L〕
질량	$kgf\cdot s^2/m$	kg	〔M〕	〔$FL^{-1}T^{-2}$〕
시간	s	s	〔T〕	〔T〕
면적	m^2	m^2	〔L^2〕	〔L^2〕
체적	m^3	m^3	〔L^3〕	〔L^3〕
속도	m/s	m/s	〔LT^{-1}〕	〔LT^{-1}〕
가속도	m/s^2	m/s^2	〔LT^{-2}〕	〔LT^{-2}〕
각속도	rad/s	rad/s	〔T^{-1}〕	〔T^{-1}〕
진동수, 주파수	Hz	cycle/s	〔T^{-1}〕	〔T^{-1}〕
비중량	kgf/m^3	$kg/m^2\cdot s^2$	〔$ML^{-2}T^{-2}$〕	〔FL^{-3}〕
밀도	$kgf\cdot s^2/m^4$	kg/m^3	〔ML^{-3}〕	〔$FL^{-4}T^2$〕
운동량	$kgf\cdot s$	$kg\cdot m/s$	〔MLT^{-1}〕	〔FT〕
힘, 무게	kgf	N, $kg\cdot m/s^2$	〔MLT^{-2}〕	〔F〕
토크	$kgf\cdot m$	$kg\cdot m/s^2$	〔ML^2T^{-2}〕	〔FL〕
압력, 응력	kgf/cm^2	N/m^2(Pa), bar	〔$ML^{-1}T^{-2}$〕	〔FL^{-2}〕
에너지, 일	$kgf\cdot m$	J, $N\cdot m$, $kg\cdot m^2/s^2$	〔ML^2T^{-2}〕	〔FL〕
동력	$kgf\cdot m/s$	W, $kg\cdot m^2/s^2$	〔ML^2T^{-3}〕	〔FLT^{-1}〕
점성계수	$kgf\cdot s/m^2$	$N\cdot s/m^2$	〔$ML^{-1}T^{-1}$〕	〔$FL^{-2}T$〕
동점성계수	m^2/s	m^2/s	〔L^2T^{-1}〕	〔L^2T^{-1}〕
온도	℃, K	℃, K	〔T〕	〔T〕

표 I.2 SI 기본단위와 보조단위

	양	SI기본단위의 명칭	기 호	정 의
기본단위	길이	미터(meter)	m	1 미터는 진공에서 빛이 1/299, 792, 458초 동안 진행한 거리이다.
	질량	킬로그램(killogram)	kg	1 킬로그램(중량도, 힘도 아니다)은 질량의 단위로서, 그것은 국제 킬로그램 원기의 질량과 같다.
	시간	초(second)	s	1 초는 세슘 133의 원자바닥 상태의 두 개의 초미세준위간의 전이에 대응하는 복사의 9, 192, 631, 770주기의 지속시간이다.
	전류	암페어(Ampare)	A	1 암페어는 진공 중에 1미터의 간격으로 평행하게 놓여진, 무한하게 작은 원형 단면적을 가지는 무한하게 긴 두 개의 직선 모양 도체의 각각에 전류가 흐를 때, 이들 도체의 길이 1미터마다 2×10^{-7}N의 힘을 미치는 불변의 전류이다.
	열역학온도	켈빈(Kelvin)	K	1켈빈은 물의 3중점의 열역학적 온도의 1/273.16이다.
	물질의 양	몰(mole)	mol	① 1 몰은 탄소 12의 0.012 킬로그램에 있는 원자의 개수와 같은 수의 구성 요소를 포함한 어떤 계의 물질량이다. ② 몰을 사용할 때에는 구성요소를 반드시 명시해야 하며, 이 구성요소는 원자, 분자, 이온, 전자, 기타 입자 또는 이 입자들의 특정한 집합체가 될 수 있다.
	광도	칸델라(candela)	cd	1 칸델라는 주파수 540×10^{12}헤르츠인 단색광을 방출하는 광원의 복사도가 어떤 주어진 방향으로 매 스테라디안당 1/683 와트일 때, 이 방향에 대한 광도이다.
조립단위	평면각	라디안(radian)	rad	1 라디안은 원의 둘레 위에서의 반지름의 길이와 같은 길이의 호(弧)를 절취한 두 개의 반지름 사이에 포함되는 평면각이다.
	입체각	스테라디안 (steradian)	sr	1 스테라디안은 구(球)의 중심을 정점으로 하고, 그 구의 반지름을 1 변으로 하는 정사각형의 면적과 같은 면적을 구의 표면상에서 절취하는 입체각이다.

표 I.3 SI 접두어

단위에 곱해지는 배수	접두어		단위에 곱해지는 배수	접두어	
	명칭	기호		명칭	기호
10^{12}	테라(Tera)	T	10^{-2}	센티(centi)	c
10^{9}	기가(Giga)	G	10^{-3}	밀리(milli)	m
10^{6}	메가(Mega)	M	10^{-6}	마이크로(micro)	μ
10^{3}	킬로(kilo)	k	10^{-9}	나노(nano)	n
10^{2}	헥토(hecto)	h	10^{-12}	피코(pico)	p
10	데카(deca)	da	10^{-15}	펨토(femto)	f
10^{-1}	데시(deci)	d	10^{-18}	아토(atto)	a

표 I.4 고유명칭을 가진 SI 조립단위

양	SI 조립단위의 명칭	기 호	SI 기본단위 또는 SI 보조단위에 의한 표시법, 또는 다른 SI 조립단위에 의한 표시법
주파수	헤르츠(Hertz)	Hz	1〔Hz〕=1〔s^{-1}〕
힘	뉴턴(Newton)	N	1〔N〕=1〔$kg \cdot m/s^2$〕
압력, 응력	파스칼(Pascal)	Pa	1〔Pa〕=1〔N/m^2〕
에너지, 일, 열량	줄(Joule)	J	1〔J〕=1〔$N \cdot m$〕
공률	와트(Watt)	W	1〔W〕=1〔J/s〕

2. 그리스 문자

명 칭		그리스 문자		대응되는 로마자
		대문자	소문자	
alpha	알파	A	α	A
béta	베타, 비타	B	β	B
gamma	감마	Γ	γ	C
delta	델타	Δ	δ	D
epsilon	엡실론, 입실론	E	ε	short E
zêta	제타, 지타	Z	ζ	Z(DZ)
êta	에타, 이타	H	η	long E, Y
thêta	세타, 시타	Θ	θ, ϑ	TH
iota	요타	I	ι	I
kappa	카파	K	ς	K
lambda	람다	Λ	λ	L
mu	뮤	M	μ	M
nu	누	N	ν	N
xi	그자이	Ξ	ξ	X
omicron	오미크론	O	o	short O
pi	파이	Π	π, ω	P
rhô	로	P	ρ	R
sigma	시그마	Σ	σ	S
tau	타우	T	τ	T
upsilon	웁실론	Υ	υ	U
phi	피, 파이	Φ	φ, ϕ	PH
chi	키	X	χ	CH
psi	프사이	Ψ	ψ, Ψ	PS
oméga	오메가	Ω	ω	long O

3. 각종 단면의 단면2차모멘트 및 회전반경

각종 단면의 면적 A, 단면2차모멘트 I, 단면계수 Z 및 회전반경 k

번호	단면의 모양	면적 A	단면2차모멘트 I	단면계수 Z	회전반경(k^2)
1	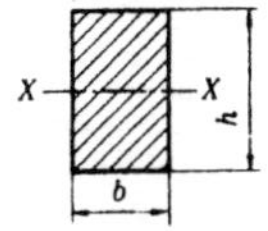	bh	$\frac{1}{12}bh^3$	$\frac{1}{6}bh^2$	$\frac{1}{12}h^2$
2	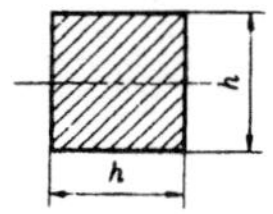	h^2	$\frac{1}{12}h^4$	$\frac{1}{6}h^3$	$\frac{1}{12}h^2$
3	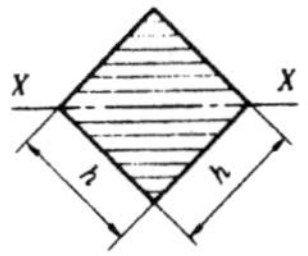	h^2	$\frac{1}{12}h^4$	$\frac{\sqrt{2}}{12}h^3$	$\frac{1}{12}h^2$
4	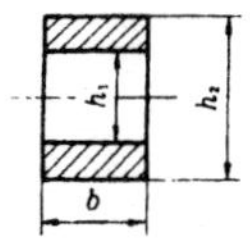	$b(h_2-h_1)$	$\frac{b}{12}(h_2^3-h_1^3)$	$\frac{b(h_2^3-h_1^3)}{6h_2}$	$\frac{h_2^3-h_1^3}{12(h_2-h_1)}$
5	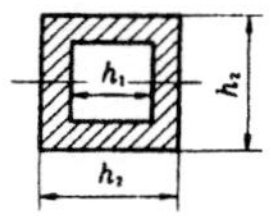	$h_2^2-h_1^2$	$\frac{1}{12}(h_2^4-h_1^4)$	$\frac{h_2^4-h_1^4}{6h_2}$	$\frac{1}{12}(h_2^2+h_1^2)$

각종 단면의 면적 A, 단면2차모멘트 I, 단면계수 Z 및 회전반경 k(계속)

번호	단면의 모양	면적 A	단면2차모멘트 I	단면계수 Z	회전반경(k^2)
6	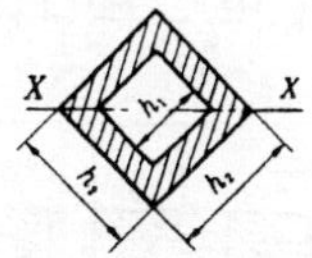	$h_2^2-h_1^2$	$\frac{1}{12}(h_2^4-h_1^4)$	$\frac{\sqrt{2}(h_2^4-h_1^4)}{12h_2}$	$\frac{1}{12}(h_2^2+h_1^2)$
7	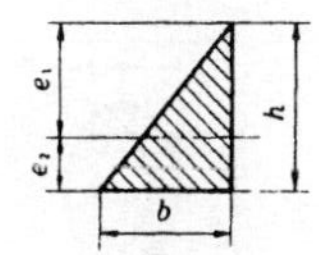	$\frac{1}{2}bh$	$\frac{1}{36}bh^3$	$Z_1=\frac{1}{24}bh^2$ $Z_2=\frac{1}{12}bh^2$ $e_1=\frac{2}{3}h$ $e_2=\frac{1}{3}h$	$\frac{1}{18}h^2$
8	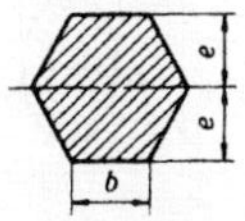	$\frac{3\sqrt{3}}{2}b^2$	$\frac{5\sqrt{3}}{16}b^4$	$Z=\frac{5}{8}b^3$ $e=\frac{\sqrt{3}}{2}b$	$\frac{5}{24}b^2$
9	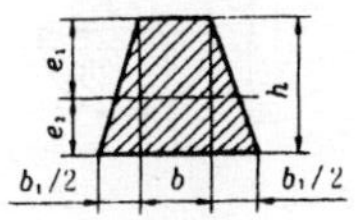	$h\left(b+\frac{b_1}{2}\right)$	$\frac{6b+6bb_1+b_1^2}{36(2b+b_1)}h^3$	$Z_1=\frac{6b^2+6bb_1+b_1^2}{12(3b+2b_1)}h^2$ $e_1=\frac{1}{3}\times\frac{3b+2b_1}{2b+b_1}h$	$\frac{6b^2+6bb_1+b_1^2}{18(2b+b_1)}h^2$
10	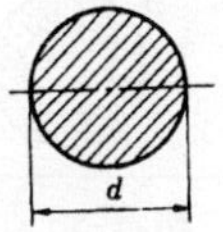	$\frac{\pi}{4}d^2$	$\frac{\pi}{64}d^4$	$\frac{\pi}{32}d^3$	$\frac{1}{16}d^2$

각종 단면의 면적 A, 단면2차모멘트 I, 단면계수 Z 및 회전반경 k(계속)

번호	단면의 모양	면적 A	단면2차모멘트 I	단면계수 Z	회전반경(k^2)
11	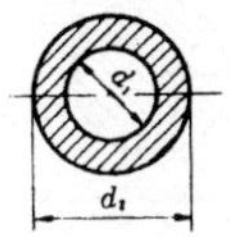	$\frac{\pi}{4}(d_2^2-d_1^2)$	$\frac{\pi}{64}\times(d_2^4-d_1^4)$	$\frac{\pi}{32}\times\frac{(d_2^4-d_1^4)}{d_2}$	$\frac{1}{16}(d_2^2-d_1^2)$
12	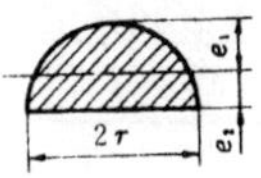	$\frac{\pi}{2}r^2$	$\left(\frac{\pi}{8}-\frac{8}{9\pi}\right)r^4$	$Z_1=0.1908r^3$ $Z_2=0.2587r^3$ $e_1=0.5756r$ $e_2=0.4244r$	$\frac{9\pi^2-64}{36\pi^2}r^2$
13	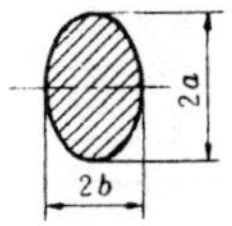	πab	$\frac{\pi}{4}a^3b$	$\frac{\pi}{4}a^2b$	$\frac{1}{4}a^2$
14	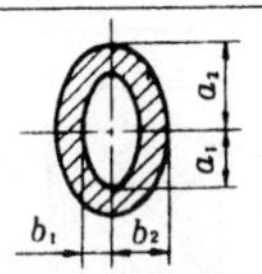	$\pi(a_2b_2-a_1b_1)$	$\frac{\pi}{4}(a_2^3b_2-a_1^3b_1)$	$\frac{\pi}{4a_2}(a_2^3b_2-a_1^3b_1)$	$\frac{1}{4}\times\frac{a_2^3b_2-a_1^3b_1}{a_2b_2-a_1b_1}$
15	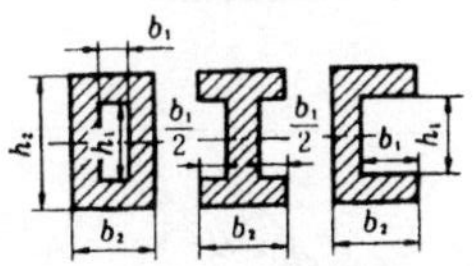	$b_2h_2-b_1h_1$	$\frac{1}{12}(b_2h_2^3-b_1h_1^3)$	$\frac{1}{6}\times\frac{b_2h_2^3-b_1h_1^3}{h_2}$	$\frac{1}{12}\times\frac{b_2h_2^3-b_1h_1^3}{b_2h_2-b_1h_1}$
16	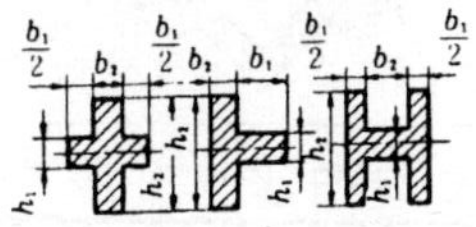	$b_1h_1+b_2h_2$	$\frac{1}{12}(b_1h_1^3+b_2h_2^3)$	$\frac{1}{6}\times\frac{b_1h_1^3+b_2h_2^3}{h_2}$	$\frac{1}{12}\times\frac{b_1h_1^3+b_2h_2^3}{b_1h_1+b_2h_2}$

4. 보의 각종 공식

번호	처짐곡선 SFD, BMD	반력 R, 전단력 F	굽힘모멘트 M	처짐량 y	처짐각 $\theta=\frac{dy}{dx}$
1	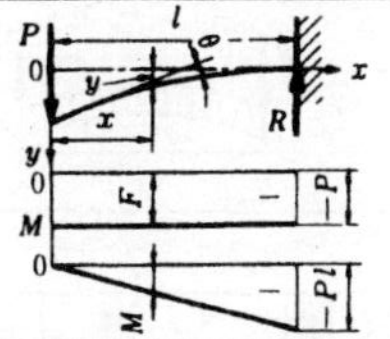	$R=P$ $F=-P$ $F_{max}=-P$	$M=-Px$ $x=l;$ $M_{max}=-Pl$	$y=\frac{Pl^3}{3EI}\cdot\left(1-\frac{3x}{2l}+\frac{x^3}{2l^3}\right)$ $x=0;$ $y_{max}=\frac{Pl^3}{3EI}$	$\theta=-\frac{Pl^2}{2EI}\left(1-\frac{x^2}{l^2}\right)$ $x=0;$ $\theta_{max}=-\frac{Pl^2}{2EI}$
2	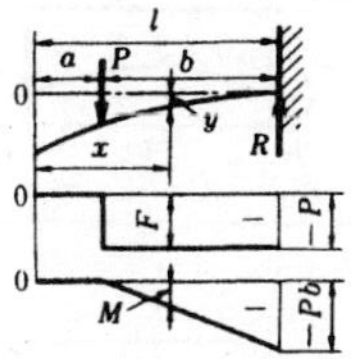	$R=P$ $0\leqq x<a;$ $F=0$ $a<x<l;$ $F=-P$ $F_{max}=-P$	$0\leqq x\leqq a;$ $M=0$ $a\leqq x\leqq l;$ $M=-P(x-a)$ $x=l$ $M_{max}=-Pb$	$a\leqq x\leqq l;$ $y=\frac{Pb^3}{3EI}\left\{1-3\frac{(x-a)}{2b}+\frac{(x-a)^3}{2b^3}\right\}$ $x=0;$ $y_{max}=\frac{Pb^3}{3EI}\left(1+\frac{3a}{2b}\right)$ $y_{x=a}=\frac{Pb^3}{3EI}$	$a\leqq x\leqq l;$ $\theta=-\frac{Pb^2}{2EI}\cdot\left\{1-\frac{(x-a)^2}{b^2}\right\}$ $0\leqq x\leqq a;$ $\theta_{max}=-\frac{Pb^2}{2EI}$
3	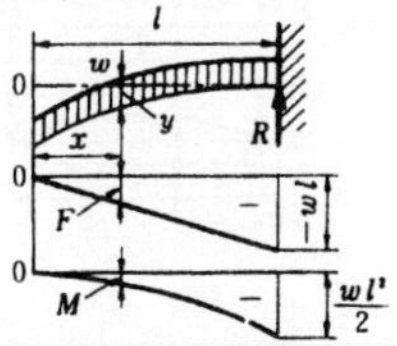	$R=wl$ $F=-wx$ $x=l;$ $F_{max}=-wl$	$M=-\frac{wx^2}{2}$ $x=l;$ $M_{max}=-\frac{wl^2}{2}$	$y=\frac{w}{24EI}(x^4-4l^3x+3l^4)$ $x=0;$ $y_{max}=\frac{wl^4}{8EI}$	$\theta=-\frac{wl^3}{6EI}\left(1-\frac{x^3}{l^3}\right)$ $x=0;$ $\theta_{max}=-\frac{wl^3}{6EI}$
4	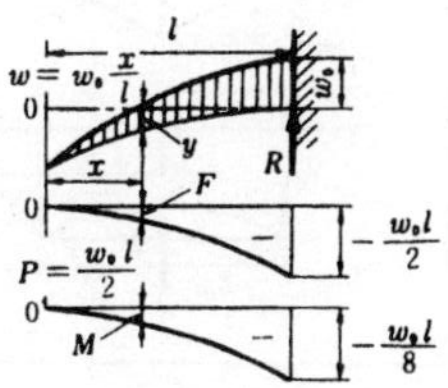	$R=\frac{w_0l}{2}=P$ $F=-\frac{w_0x^2}{2l}$ $=-\frac{Px^2}{l^2}$ $x=l;$ $F_{max}=-\frac{w_0l}{2}=-P$	$M=-\frac{w_0x^3}{6l}$ $=-\frac{Px^3}{3l^2}$ $x=l;$ $M_{max}=-\frac{w_0l^2}{6}$ $=-\frac{Pl}{3}$	$y=\frac{Pl^3}{15EI}\left(1-\frac{5x}{4l}+\frac{x^5}{45l^5}\right)$ $x=0;$ $y_{max}=\frac{Pl^3}{15EI}$	$\theta=-\frac{Pl^2}{12EI}\left(1-\frac{x^4}{l^4}\right)$ $x=0;$ $\theta_{max}=-\frac{Pl^2}{12EI}$

번호	처짐곡선 SFD, BMD	반력 R, 전단력 F	굽힘모멘트 M	처짐량 y	처짐각 $\theta=\frac{dy}{dx}$
5	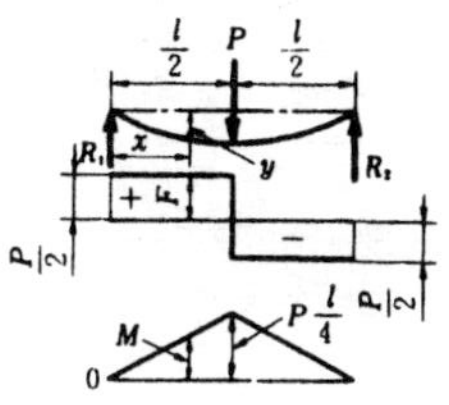	$R_1=R_2=\frac{P}{2}$ $0<x<\frac{l}{2}$; $F=\frac{P}{2}$ $\frac{l}{2}<x<l$; $F=-\frac{P}{2}$	$0\leqq x\leqq\frac{l}{2}$; $M=\frac{P}{2}x$ $\frac{l}{2}\leqq x\leqq l$; $M=\frac{P(l-x)}{2}$ $x=\frac{l}{2}$; $M_{\max}=\frac{Pl}{4}$	$0\leqq x\leqq\frac{l}{2}$; $y=\frac{Pl^3}{48EI}\left(\frac{3x}{l}-\frac{4x^3}{l^3}\right)$ $x=\frac{l}{2}$; $y_{\max}=\frac{Pl^3}{48EI}$	$0\leqq x\leqq\frac{l}{2}$; $\theta=\frac{Pl^2}{16EI}\left(1-\frac{4x^2}{l^2}\right)$ $\left.\begin{matrix}x=0\\x=l\end{matrix}\right\}$; $\theta_{\max}=\pm\frac{Pl^2}{16EI}$
6	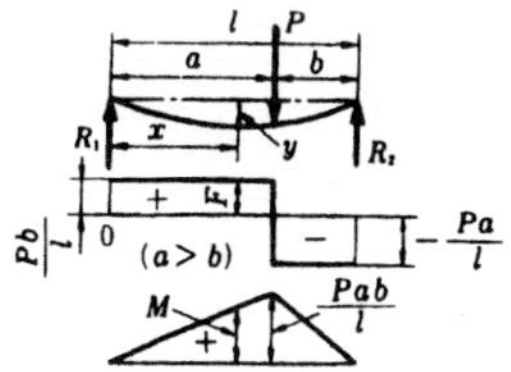	$R_1=\frac{Pb}{l}$ $R_2=\frac{Pa}{l}$ $0<x<a$; $F=\frac{Pb}{l}$ $a<x<l$; $F=-\frac{Pa}{l}$	$0\leqq x\leqq a$; $M=\frac{Pbx}{l}$ $a\leqq x\leqq l$; $M=\frac{Pa(l-x)}{l}$ $x=a$; $M_{\max}=\frac{Pab}{l}$	$0\leqq x\leqq a$; $y=\frac{Pbx}{6lEI}(l^2-b^2-x^2)$ $x=\frac{\sqrt{l^2-b^2}}{\sqrt{3}}$: (단 $a>b$) $y_{\max}=\frac{Pb}{9\sqrt{3}\,lEI}\sqrt{(l^2-b^2)^3}$ $y_{x=l/2}=\frac{Pb}{48EI}(3l^2-4b^2)$ $y_{x=a}=\frac{Pa^2b^2}{3lEI}$	$0\leqq x\leqq a$; $\theta=\frac{Pb}{6lEI}(l^2-b^2-3x^2)$ $\theta_1=\frac{Pb(l^2-b^2)}{6lEI}$ $\theta_2=\frac{-Pa(l^2-a^2)}{6lEI}$ $\theta_{x=a}=\frac{-Pab(a-b)}{3lEI}$
7	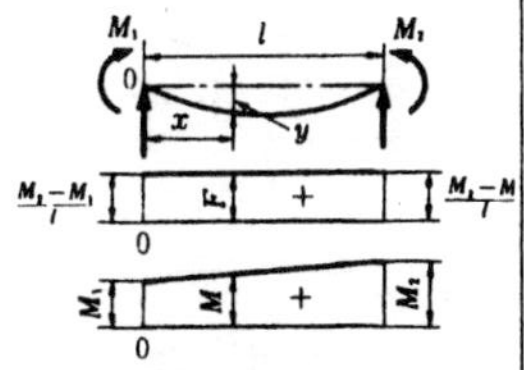	$R_1=\frac{M_2-M_1}{l}$ $R_2=\frac{M_2-M_1}{l}$ $F=\frac{M_2-M_1}{l}$	$M=\frac{M_2}{l}x$ $+\frac{M_1}{l}(l-x)$	$y=\frac{M_1l^2}{6EI}\frac{x}{l}$ $\left\{\left(2+\frac{M_2}{M_1}\right)-\frac{3x}{l}\right.$ $\left.-\left(\frac{M_2}{M_1}-1\right)\frac{x^2}{l^2}\right\}$	$\theta=\frac{M_1l}{6EI}\left\{2+\frac{M_2}{M_1}-\frac{6x}{l}\right.$ $\left.-3\left(\frac{M_2}{M_1}-1\right)\frac{x^2}{l^2}\right\}$ $\theta_1=\frac{(2M_1+M_2)l}{6EI}$ $\theta_2=-\frac{(M_2+2M_2)l}{6EI}$
8	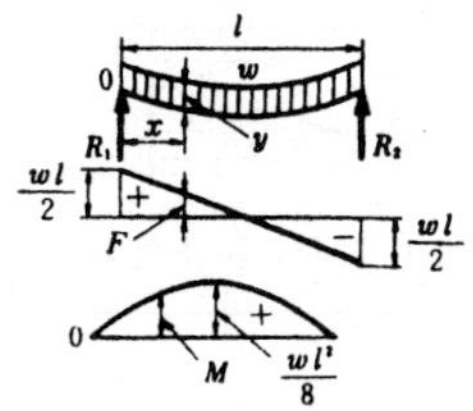	$R_1=R_2=\frac{wl}{2}$ $F=\frac{wl}{2}-wx$ $F_{\max}=\pm\frac{wl}{2}$	$M=\frac{wl}{2}x-\frac{w}{2}x^2$ $x=\frac{l}{2}$; $M_{\max}=\frac{wl^2}{8}$	$y=\frac{wx}{24EI}(l^3-2lx^2+x^3)$ $x=\frac{l}{2}$; $y_{\max}=\frac{5wl^4}{384EI}$	$\theta=\frac{wl^3}{24EI}\left(1-\frac{6x^2}{l^2}+\frac{4x^3}{l^3}\right)$ $\left.\begin{matrix}x=0\\x=l\end{matrix}\right\}$; $\theta_{\max}=\pm\frac{wl^3}{24EI}$ $=\pm\frac{16}{5l}y_{\max}$

번호	처짐곡선 SFD, BMD	반력 R, 전단력 F	굽힘모멘트 M	처짐량 y	처짐각 $\theta=\frac{dy}{dx}$
9	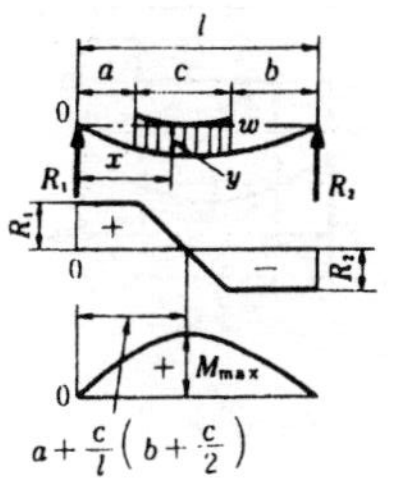	$R_1=\frac{wc}{l}\left(b+\frac{c}{2}\right)$ $R_2=\frac{wc}{l}\left(a+\frac{c}{2}\right)$ $0<x<a$; $F=\frac{wc}{l}\left(b+\frac{c}{2}\right)$ $a<x<a+c$; $F=\frac{wc}{l}\left(b+\frac{c}{2}\right)$ $-w(x-a)$ $a+c<x<l$; $F=-\frac{wc}{l}\left(a+\frac{c}{2}\right)$	$0\leqq x\leqq a$; $M=\frac{wc}{l}\left(b+\frac{c}{2}\right)x$ $a\leqq x\leqq(a+c)$; $M=w\left\{\frac{c}{l}\left(b+\frac{c}{2}\right)x\right.$ $\left.-\frac{(x-a)^2}{2}\right\}$ $x=a+\frac{c}{l}\left(b+\frac{c}{2}\right)$; $M_{\max}=\frac{wc}{l}\left(b+\frac{c}{2}\right)$ $\times\left(a+\frac{2bc+c^2}{4l}\right)$	$0\leqq x\leqq a$; $y=\frac{w}{24EI}[2\{b^2-(l-a)^2\}$ $\frac{x^3}{l}+\{(l-a)^2(l^2+2al-a^2)$ $-b^2(2l^2-b^2)\}\frac{x}{l}]$ $a\leqq x\leqq(a+c)$; $y=\frac{w}{6EI}\left[\frac{cx}{l}\left(b+\frac{c}{2}\right)\right.$ $\times\left\{\left(a+\frac{c}{2}\right)\left(l+b+\frac{c}{2}\right)\right.$ $\left.\left.-\frac{c^2}{4}-x^2\right\}+\frac{(x-a)^4}{4}\right]$	$0\leqq x\leqq a$; $\theta=\frac{w}{24lEI}$ $[6\{b^2-(l-a)^2\}x^2$ $+\{(l-a)^2(l^2+2al-a)^2$ $-b^2(2l^2-b^2)\}]$ $a\leqq x\leqq(a+c)$; $\theta=\frac{w}{6EI}\left[\frac{c}{l}\left(b+\frac{c}{2}\right)\right.$ $\times\left\{\left(a+\frac{c}{2}\right)\left(l+b+\frac{c}{2}\right)\right.$ $\left.\left.-\frac{c^2}{4}-3x^2\right\}+(x-a)^3\right]$
10	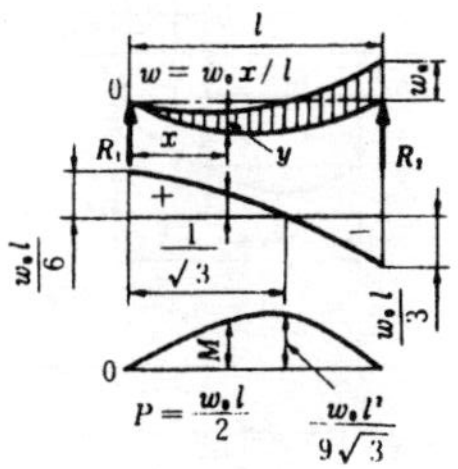	$R_1=\frac{w_0l}{6}=\frac{P}{3}$ $R_2=\frac{w_0l}{3}=\frac{2P}{3}$ $F=\frac{w_0}{6l}(l^2-3x^2)$ $=\frac{P}{3}\left(1-\frac{3x^2}{l^2}\right)$ $x=l$; $F_{\max}=\frac{2}{3}P$	$M=\frac{w_0}{6l}(l^2-x^2)x$ $=\frac{Px}{3}\left(1-\frac{x^2}{l^2}\right)$ $x=\frac{l}{\sqrt{3}}$; $M_{\max}=\frac{w_0l^2}{9\sqrt{3}}$ $=0.1283Pl$	$y=\frac{Pl^3}{180EI}\frac{x}{l}$ $\left(7-10\frac{x^2}{l^2}+3\frac{x^4}{l^4}\right)$ $x=l\sqrt{1-\sqrt{8/15}}$ $=0.51931l$; $y_{\max}=0.01305\frac{Pl^3}{EI}$ $y_{x=l/2}=0.01302\frac{Pl^3}{EI}$	$\theta=\frac{Pl^2}{180EI}$ $\left(7-30\frac{x^2}{l^2}+15\frac{x^4}{l^4}\right)$ $\theta_1=0.0389\frac{Pl^2}{EI}$ $\theta_2=-0.0445\frac{Pl^2}{EI}$
11	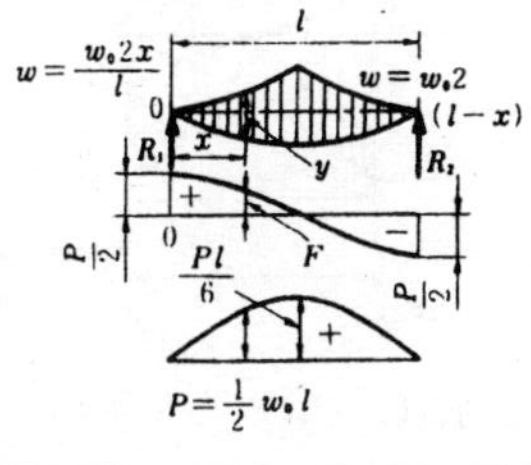	$R_1=R_2=\frac{w_0l}{4}=\frac{P}{2}$ $0<x\leqq\frac{l}{2}$; $F=\frac{P}{2}\left(1-\frac{4x^2}{l^2}\right)$ $\frac{1}{2}\leqq x<l$; $F=\frac{P}{2}\left\{\frac{4(l-x)^2}{l^2}-1\right\}$	$0\leqq x\leqq\frac{l}{2}$; $M=\frac{Px}{2}\left(1-\frac{4x^2}{3l^2}\right)$ $x=\frac{l}{2}$; $M_{\max}=\frac{Pl}{6}$	$0\leqq x\leqq\frac{l}{2}$ $y=\frac{Pl^3}{12EI}$ $\left(\frac{5x}{8l}-\frac{x^3}{l^3}+\frac{2x^5}{5l^5}\right)$ $x=\frac{l}{2}$; $y_{\max}=\frac{Pl^3}{60EI}$	$0\leqq x\leqq\frac{l}{2}$; $\theta=\frac{Pl^2}{12EI}$ $\left(\frac{5}{8}-\frac{3x^2}{l^2}+\frac{2x^4}{l^4}\right)$ $\left.\begin{matrix}x=0\\x=l\end{matrix}\right\}$; $\theta_{\max}=\pm\frac{5Pl^2}{96EI}$

번호	처짐곡선 SFD, BMD	반력 R, 전단력 F	굽힘모멘트 M	처짐량 y	처짐각 $\theta=\frac{dy}{dx}$
12	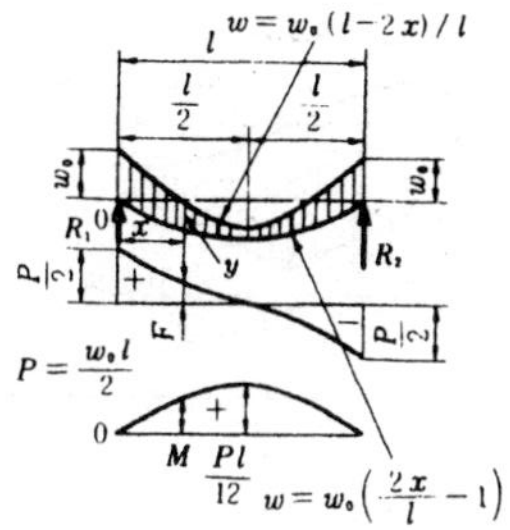	$R_1=R_2=\frac{w_0 l}{4}=\frac{P}{2}$ $0\leqq x\leqq\frac{l}{2}$; $F=\frac{P}{2}\left(1-\frac{2x}{l}\right)^2$ $\frac{1}{2}\leqq x\leqq l$; $F=-\frac{P}{2}\left(\frac{2x}{l}-1\right)^2$	$0\leqq x\leqq\frac{l}{2}$; $M=\frac{Px}{2}\left(1-\frac{2x}{l}+\frac{4x^2}{3l^2}\right)$ $\frac{l}{2}\leqq x\leqq l$; $M=\frac{Pl}{12}$ $\left\{1-\frac{8}{l^3}\left(\frac{l}{2}-x\right)^3\right\}$ $x=\frac{l}{2}$; $M_{\max}=\frac{Pl}{12}$	$0\leqq x\leqq\frac{l}{2}$; $y=\frac{Pl^3}{12EI}$ $\left(\frac{3x}{8l}-\frac{x^3}{l^3}+\frac{x^4}{l^4}-\frac{2x^5}{5l^5}\right)$ $x=\frac{l}{2}$; $y_{\max}=\frac{3Pl^3}{320EI}$	$0\leqq x\leqq\frac{l}{2}$; $\theta=\frac{Pl^2}{12EI}$ $\left(\frac{3}{8}-\frac{3x^2}{l^2}+\frac{4x^3}{l^3}-\frac{2x^4}{l^4}\right)$ $\left.\begin{matrix}x=0\\x=l\end{matrix}\right\}$; $\theta_{\max}=\pm\frac{Pl^2}{32EI}$
13	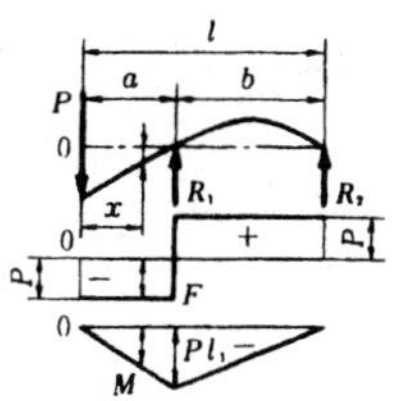	$R_1=\frac{l}{b}P$ $R_2=-\frac{a}{b}P$ $0<x<a$; $F=-P$ $a<x<l$; $F=\frac{a}{b}P$	$0\leqq x\leqq a$; $M=-Px$ $a\leqq x\leqq l$; $M=-\frac{Pa(l-x)}{l}$ $x=a$; $M_{\max}=-Pa$	$0\leqq x\leqq a$; $y=\frac{Pa^3}{3EI}\left\{\frac{l}{a}-\left(\frac{3}{2}+\frac{b}{a}\right)\right.$ $\left.\cdot\frac{x}{a}+\frac{x^3}{2a^3}\right\}$ $x=0$; $y_{\max}=\frac{Pa^2 l}{3EI}$ $y_{x=a}=0$, $y_{x=l-\frac{b}{2}}=-\frac{Pab^2}{16EI}$	$0\leqq x\leqq a$; $\theta=-\frac{Pa^2}{2EI}\left(1+\frac{2}{3}\frac{b}{a}-\frac{x^2}{a^2}\right)$ $x=0$; $\theta_{\max}=-\frac{Pa^2}{2EI}\left(1+\frac{2}{3}\frac{b}{a}\right)$ $\theta_{x=a}=-\frac{Pab}{3EI}$
14	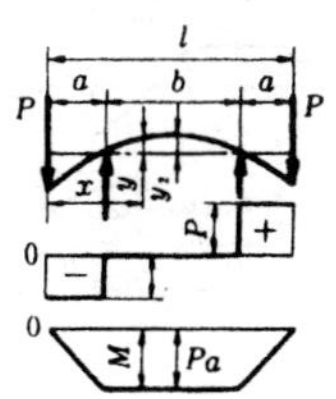	$R_1=R_2=P$ $0<x<a$; $F=-P$ $a<x<(a+b)$ $F=0$ $(a+b)<x<l$; $F=P$	$0\leqq x\leqq a$; $M=-Px$ $a\leqq x\leqq(a+b)$; $M=-Pa$ $(a+b)\leqq x\leqq l$; $M=-P(l-x)$ $x=a-(a+b)$; $M_{\max}=-Pa$	$0\leqq x\leqq a$; $y=\frac{Pa^3}{6EI}\left\{2+\frac{3b}{a}\right.$ $\left.-\frac{3(a+b)}{a^2}x+\frac{x^3}{a^3}\right\}$ $a\leqq x\leqq(a+b)$; $y=\frac{Pa^3}{6EI}\left\{2+\frac{3b}{a}-\frac{3(a+b)}{a^2}x\right.$ $\left.+\frac{x^3}{a^3}\right\}-\frac{P(x-a)^3}{6EI}$ $y_1=\frac{Pa^3}{3EI}\left(1+\frac{3}{2}+\frac{b}{a}\right)$ $y_2=-\frac{Pab^2}{8EI}$	$0\leqq x\leqq a$; $\theta=-\frac{Pa^2}{2EI}\left(1+\frac{b}{a}-\frac{x^2}{a^2}\right)$ $a\leqq x\leqq(a+b)$ $\theta=-\frac{Pa^2}{2EI}\left(1+\frac{b}{a}\right.$ $\left.-\frac{x^2}{a^2}\right)-\frac{P(x-a)^2}{2EI}$ $\theta_{x=0}=\frac{Pa(a+b)}{2EI}$ $\theta_{x=a}=\frac{Pab}{2EI}$

번호	처짐곡선 SFD, BMD	반력 R, 전단력 F	굽힘모멘트 M	처짐량 y	처짐각 $\theta=\frac{dy}{dx}$
15	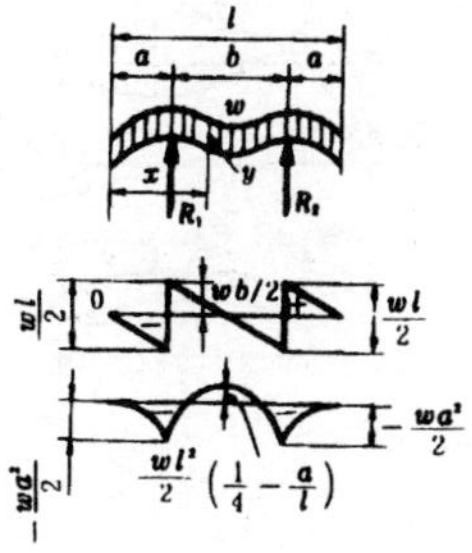	$R_1=R_2=\frac{wl}{2}$ $0<x<a$; $F=-wx$ $a<x<(a+b)$; $F=w\left(\frac{l}{2}-x\right)$	$0\leqq x\leqq a$; $M=-\frac{wx^2}{2}$ $a\leqq x\leqq(a+b)$; $M=-\frac{w}{2}\{x(x-l)+la\}$ $M_1=M_{x=a}=\frac{wa^2}{2}$ $M_2=M_{x=l/2}=\frac{wl^2}{2}$ $\left(\frac{1}{4}-\frac{a}{l}\right)$ $a>\left(\frac{1}{\sqrt{2}}-\frac{1}{2}\right)l$; M_1이 최대 $a<\left(\frac{1}{\sqrt{2}}-\frac{1}{2}\right)l$; M_2가 최대	$0\leqq x\leqq a$; $y=\frac{wl^4}{24EI}\left\{\frac{x^4}{l^4}+\left(\frac{6a^2}{l^3}-\frac{6a}{l^2}+\frac{1}{l}\right)x-\left(\frac{a^4}{l^4}+\frac{6a^3}{l^3}-\frac{6a^2}{l^2}+\frac{a}{l}\right)\right\}$ $a\leqq x\leqq(a+b)$; $y=\frac{wl^4}{24EI}\left\{\frac{x^4}{l^4}-\frac{2x^3}{l^3}+\frac{6ax^2}{l^3}+\left(1-\frac{6a}{l}\right)\frac{x}{l}-\left(\frac{a^4}{l^4}+\frac{4a^3}{l^3}-\frac{6a^2}{l^2}+\frac{a}{l}\right)\right\}$ $x=0$; $y_1=\frac{wa}{24EI}(3a^2+6a^2b-b^3)$ $x=\frac{l}{2}$; $y_2=\frac{wb^2}{384EI}(5b^2-24a^2)$	$0\leqq x\leqq a$; $\theta=\frac{wl^3}{4EI}\left\{\frac{2x^3}{3l^3}+\left(\frac{a^2}{l^2}-\frac{a}{l}+\frac{1}{6}\right)\right\}$ $a\leqq x\leqq(a+b)$; $\theta=\frac{wl^3}{4EI}\left\{\frac{2}{3}\frac{x^3}{l^3}-\frac{x^2}{l^2}+\frac{2ax}{l^2}+\left(\frac{1}{6}-\frac{a}{l}\right)\right\}$ $\theta_{x=0}=\frac{wl^3}{4EI}\left(\frac{a^2}{b}-\frac{a}{l}+\frac{1}{6}\right)$ $\theta_{x=a}=\frac{wl^3}{4EI}\frac{2}{3}\frac{a^3}{l^3}+\frac{a^2}{l^2}-\frac{a}{l}+\frac{1}{6}\Big)$
16	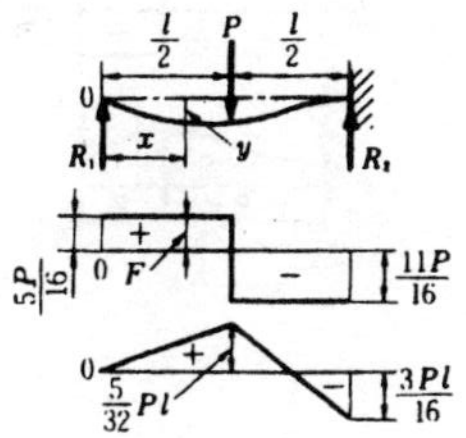	$R_1=\frac{5}{16}P$ $R_2=\frac{11}{16}P$ $0<x<\frac{l}{2}$; $F=\frac{5}{16}P$ $\frac{l}{2}<x<l$; $F=\frac{11}{16}P$	$0\leqq x\leqq\frac{l}{2}$; $M=\frac{5}{16}Px$ $\frac{l}{2}\leqq x\leqq l$; $M=Pl\left(\frac{1}{2}-\frac{11}{16}\frac{x}{l}\right)$ $M_{x=l/2}=\frac{5}{32}Pl$ $x=l$; $M_{\max}=-\frac{3}{16}Pl$	$0\leqq x\leqq\frac{l}{2}$; $y=\frac{Pl^3}{32EI}\left(\frac{x}{l}-\frac{5x^3}{3l^3}\right)$ $\frac{l}{2}\leqq x\leqq l$; $y=\frac{Pl^3}{32EI}\left(-\frac{2}{3}+\frac{5x}{l}-\frac{8x^2}{l^2}+\frac{11x^3}{3l^3}\right)$ $y_{x=l/2}=\frac{7Pl^3}{768EI}$ $x=l/\sqrt{5}=0.4475l$; $y_{\max}=\frac{Pl^3}{48\sqrt{5}EI}$	$0\leqq x\leqq\frac{l}{2}$; $\theta=\frac{Pl^2}{32EI}\left(1-\frac{5x^2}{l^2}\right)$ $\frac{l}{2}\leqq x\leqq l$; $\theta=\frac{Pl^2}{32EI}\left(5-\frac{16x}{l}+\frac{11x^2}{l^2}\right)$ $x=0$; $\theta_{\max}=\frac{Pl^2}{32EI}$

번호	처짐곡선 SFD, BMD	반력 R, 전단력 F	굽힘모멘트 M	처짐량 y	처짐각 $\theta=\frac{dy}{dx}$
17	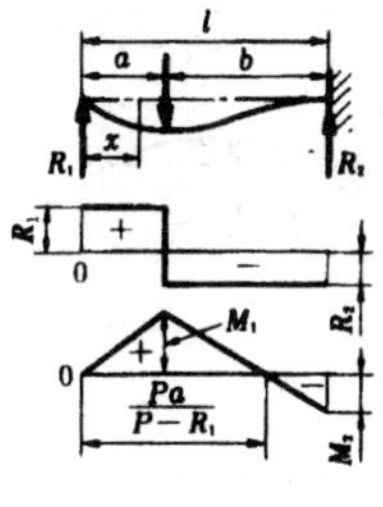	$R_1=\frac{Pb^2(3l-b)}{2l^3}$ $R_2=\frac{Pa(3l^2-a^2)}{2l^3}$ $0<x<a$; $F=R_1$ $a<x<l$; $F=-R_2$	$0\leqq x\leqq a$; $M=\frac{Pb^2(2l+a)}{2l^3}x$ $a\leqq x\leqq l$; $M=\frac{Pb^2(2l+a)}{2l^3}x$ $-P(x-a)$ $M_2=-\frac{Pa(l^2-a^2)}{2l^2}$ $M_1=\frac{Pal^2(2l+a)}{2l^3}$	$0\leqq x\leqq a$; $y=\frac{Pb^2}{12EI}\left\{\frac{3ax}{l}\right.$ $\left.-\frac{(2l+a)x^3}{l^3}\right\}$ $a\leqq x\leqq l$; $y=\frac{Pb^2}{12EI}\left\{\frac{3ax}{l}\right.$ $\left.-\frac{(2l+a)x^3}{l^3}\right\}$ $+\frac{P(x-a)^3}{6EI}$ $y_{x=a}=\frac{Pa^2b^3(3l+a)}{12EIl^3}$	$0\leqq x\leqq a$; $\theta=\frac{Pb^2}{4EI}\left\{\frac{a}{l}\right.$ $\left.-\frac{(2l+a)}{l^3}x^2\right\}$ $a\leqq x\leqq l$; $\theta=\frac{Pb^2}{4EI}\left\{\frac{a}{l}\right.$ $\left.-\frac{(2l+a)x^2}{l^3}\right\}$ $+\frac{P(x-a)^2}{2EI}$ $x=0$; $\theta_{max}=\frac{Pab^2}{4lEI}$
18	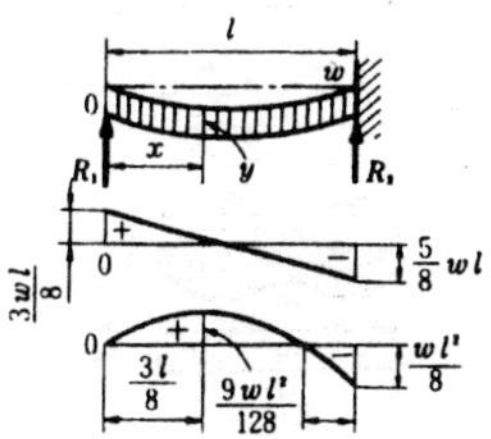	$R_1=\frac{3}{8}wl$ $R_2=\frac{5}{8}wl$ $F=w\left(\frac{3}{8}l-x\right)$ $x=l$; $F_{max}=-\frac{5}{8}wl$	$M=\frac{wlx}{2}\cdot\left(\frac{3}{4}-\frac{x}{l}\right)$ $x=l$; $M_{max}=-\frac{wl^2}{8}$ $M_{x=\frac{3}{8}l}=\frac{9}{128}wl^2$	$y=\frac{wl^4}{48EI}$ $\left(\frac{x}{l}-\frac{3x^3}{l^3}+\frac{2x^4}{l^4}\right)$ $y_{x=l/2}=\frac{wl^4}{192EI}$ $y_{x=\frac{3}{8}l}=\frac{wl^4}{187.2EI}$ $x=\frac{1+\sqrt{33}}{16}l$ $=0.4215l$; $y_{max}=\frac{wl^4}{184.6EI}$	$\theta=\frac{wl^3}{48EI}\cdot$ $\left(1-\frac{9x^2}{l^2}+\frac{8x^3}{l^3}\right)$ $x=0$; $\theta_{max}=\frac{wl^3}{48EI}$

번호	처짐곡선 SFD, BMD	반력 R, 전단력 F	굽힘모멘트 M	처짐량 y	처짐각 $\theta=\frac{dy}{dx}$
19	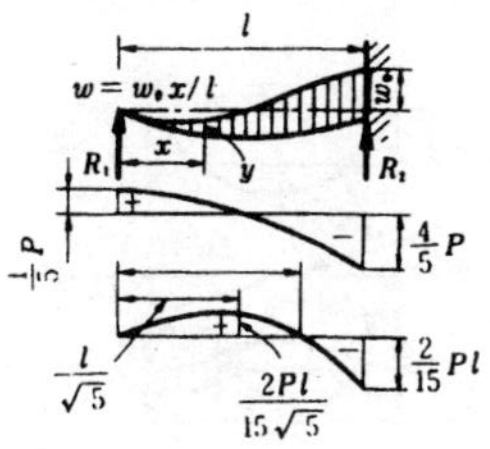	$R_1=\frac{w_0 l}{10}=\frac{1}{5}P$ $R_2=\frac{2w_0 l}{5}=\frac{4}{5}P$ $F=P\left(\frac{1}{5}-\frac{x^2}{l^2}\right)$ $x=l$; $F_{max}=-\frac{4}{5}P$	$M=Px\left(\frac{1}{5}-\frac{x^2}{3l^2}\right)$ $x=l$; $M_{max}=-\frac{2}{15}Pl$ $M_{x=\frac{l}{\sqrt{5}}}=\frac{2Pl}{15\sqrt{5}}$	$y=\frac{Pl^3}{60EI}\left(\frac{x}{l}-\frac{2x^3}{l^3}+\frac{x^3}{l^5}\right)$ $x=\frac{l}{\sqrt{5}}$; $y_{max}=\frac{4Pl^3}{375\sqrt{5}EI}$ $=\frac{Pl^3}{209.6EI}$	$\theta=\frac{Pl^2}{60EI}\cdot\left(1-\frac{6x^2}{l^2}+\frac{5x^4}{l^4}\right)$ $x=0$; $\theta_{max}=\frac{Pl^2}{60EI}$
20	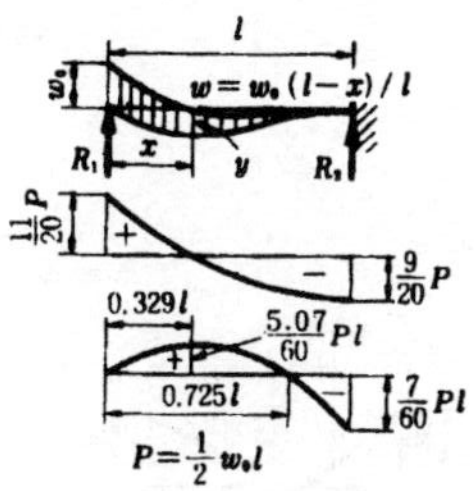	$R_1=\frac{11w_0 l}{40}=\frac{11}{20}P$ $R_2=\frac{9w_0 l}{40}=\frac{9}{20}P$ $F=\frac{P}{20}\left(11-\frac{40}{l}x+\frac{20x^2}{l^2}\right)$ $x=0$; $F_{max}=\frac{11}{20}P$	$M=\frac{Px}{60}\left(33-\frac{60}{l}x+\frac{20x^2}{l^2}\right)$ $x=l$; $M_{max}=-\frac{7Pl}{60}$ $M_{x=0.329l}=\frac{5.07}{60}Pl$	$y=\frac{Pl^2x}{120EI}\left(-3+\frac{11x^2}{l^2}-\frac{10x^3}{l^3}+\frac{2x^4}{l^4}\right)$ $x=0.403l$; $y_{max}=\frac{Pl^3}{164.4EI}$	$\theta=\frac{Pl^2}{120EI}\left(-3+\frac{33x^2}{l^2}-\frac{40x^3}{l^3}+\frac{10x^4}{l^4}\right)$ $x=0$; $\theta_{max}=\frac{Pl^2}{40EI}$
21	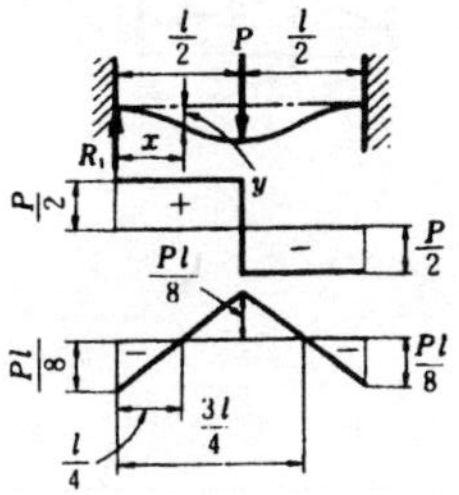	$R_1=R_2=\frac{P}{2}$ $0<x<\frac{l}{2}$; $F=-\frac{P}{2}$ $\frac{l}{2}<x<l$; $F=\frac{P}{2}$	$0\leqq x\leqq\frac{l}{2}$; $M=\frac{Pl}{3}\left(\frac{x}{l}-\frac{1}{4}\right)$ $\frac{l}{2}\leqq x\leqq l$; $M=\frac{Pl}{2}\left(\frac{3}{4}-\frac{x}{l}\right)$ $\left.\begin{matrix}x=0\\x=\frac{1}{2}\end{matrix}\right\}$; $M_{max}=\pm\frac{Pl}{8}$	$0\leqq x\leqq\frac{l}{2}$; $y=\frac{Pl^3}{16EI}\left(\frac{x^2}{l^2}-\frac{4x^3}{3l^3}\right)$ $x=\frac{l}{2}$; $y_{max}=\frac{Pl^3}{192EI}$	$0\leqq x\leqq\frac{l}{2}$; $\theta=\frac{Pl^2}{8EI}\left(\frac{x}{l}-\frac{2x^2}{l^2}\right)$ $x=\frac{l}{4}$; $\theta_{max}=\frac{Pl^2}{64EI}$

번호	처짐곡선 SFD, BMD	반력 R, 전단력 F	굽힘모멘트 M	처짐량 y	처짐각 $\theta=\frac{dy}{dx}$
22	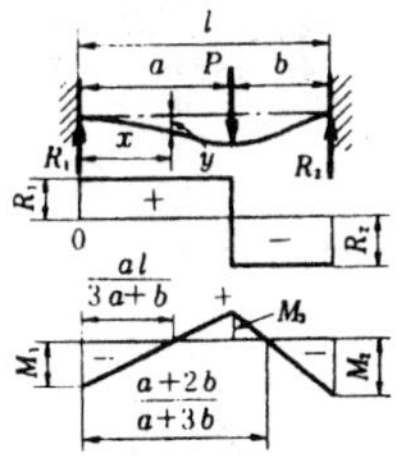	$R_1=\frac{Pb^2(3a+b)}{l^3}$ $R_2=\frac{Pa^2(a+3b)}{l^3}$ $0<x<a$; $F=\frac{Pb^2(3a+b)}{l^3}$ $a<x<l$; $F=\frac{-Pa^2(a+3b)}{l^3}$	$0\leqq x\leqq a$; $M=\frac{Pb^2}{l^2}\cdot\left\{\frac{(3a+b)x}{l}-a\right\}$ $a\leqq x\leqq l$; $M=\frac{Pa^2}{l^2}\left\{(a+2b)-\frac{(a+3b)}{l}x\right\}$ $x=0$; $M_1=-\frac{Pab^2}{l^2}$ $x=l$; $M_2=-\frac{Pa^2b}{l^2}$ $x=a$; $M_3=\frac{2Pa^2b^2}{l^3}$	$0\leqq x\leqq a$; $y=\frac{Pb^2x^2}{6lEI}\cdot\left\{\frac{3a}{l}-\frac{(3a+b)}{l^2}x\right\}$ $a\leqq x\leqq l$; $y=\frac{Pb^2x^2}{6lEI}\left\{\frac{3a}{l}-\frac{(3a+b)}{l^2}x\right\}+\frac{P(x-a)^3}{6EI}$ $x=a$; $y_1=\frac{Pa^3b^3}{3l^3EI}$, $a>b$일 때 $x=\frac{2al}{3a+b}$; $y_{\max}=\frac{2Pa^3b^2}{3EI(3a+b)^2}$ $y_{x=l/2}=\frac{Pb^2(3a-b)}{48EI}$	$0\leqq x\leqq a$; $\theta=\frac{Pb^2x}{2lEI}\left\{\frac{2a}{l}-\frac{(3a+b)}{l^2}x\right\}$ $a\leqq x\leqq l$; $\theta=\frac{Pb^2x}{2lEI}\left\{\frac{2a}{l}-\frac{(3a+b)}{l^2}x\right\}+\frac{P(x-a)^2}{2EI}$ $\theta_{x=a}=-\frac{Pa^2b^2(a-b)}{2l^3EI}$
23	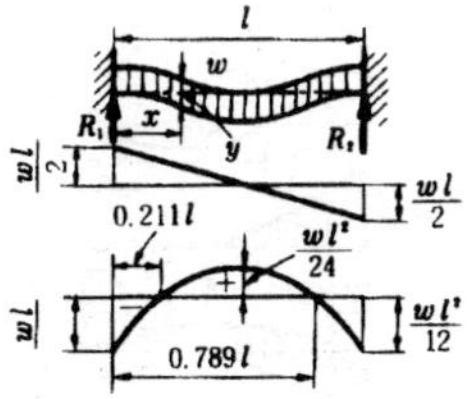	$R_1=R_2=\frac{wl}{2}$ $F=w\left(\frac{l}{2}-x\right)$ $\left.\begin{matrix}x=0\\x=l\end{matrix}\right\}$; $F_{\max}=\pm\frac{wl}{2}$	$M=-\frac{wl^2}{12}\cdot\left(1-6\frac{x}{l}+6\frac{x^2}{l^2}\right)$ $\left.\begin{matrix}x=0\\x=1\end{matrix}\right\}$; $M_{\max}=-\frac{wl^2}{12}$ $M_{x=l/2}=\frac{wl^2}{24}$	$y=\frac{wl^2x^2}{24EI}\left(1-\frac{x}{l}\right)^2$ $x=\frac{l}{2}$; $y_{\max}=\frac{wl^4}{384EI}$	$\theta=\frac{wl^2x}{12EI}\left(1-\frac{x}{l}\right)\cdot\left(1-\frac{2x}{l}\right)$

5. 형강의 규격

표 5·1 한국표준 I 단면의 치수

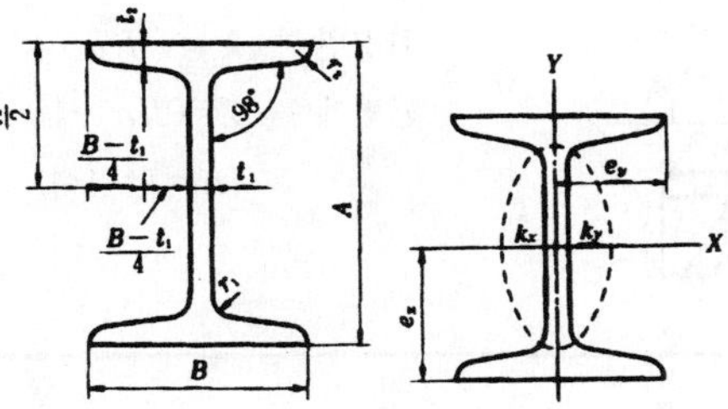

단면2차모멘트 $I = ak^2$
회전반경 $k = \sqrt{I/a}$
단면계수 $Z = I/e$
(a=단면적)

표준단면치수 (mm)					단면적 a (cm^2)	단위중량 (kgf/m)	참고							
							도심위치 (cm)		단면2차 모멘트(cm^4)		회전반경 (cm)		단면계수 (cm^2)	
$A \times B$	t_1	t_2	r_1	r_2			C_x	C_y	I_x	I_y	k_x	k_y	Z_x	Z_y
100×75	5	8	7	3.5	16.43	12.9	0	0	283	48.3	4.15	1.72	56.5	12.9
125×75	5.5	9.5	9	4.5	20.45	16.1	0	0	540	59.0	5.14	1.70	86.4	15.7
150×75	5.5	9.5	9	4.5	21.83	17.1	0	0	820	59.1	6.13	1.65	109	15.8
150×125	8.5	14	13	6.5	46.15	36.2	0	0	1,760	395	6.21	2.92	237	63.1
180×100	6	10	10	5	30.06	23.6	0	0	1,670	141	7.46	2.17	186	28.2
200×100	7	10	10	5	33.06	26.0	0	0	2,180	142	8.11	2.07	218	28.4
200×150	9	16	15	7.5	64.16	50.4	0	0	4,490	771	8.37	3.47	449	103
250×125	7.5	12.5	12	6	48.79	38.3	0	0	5,190	345	10.3	2.66	415	55.2
270×125	10	19	21	10.5	70.73	55.5	0	0	7,340	560	10.2	2.81	587	89.6
300×150	8	13	12	6	61.58	48.3	0	0	9,500	600	12.4	3.12	633	80.0
〃	10	18.5	19	9.5	83.47	65.5	0	0	12,700	886	12.4	3.26	849	118
〃	11.5	22	23	11.5	97.88	76.8	0	0	14,700	1,120	12.3	3.38	981	149
350×150	9	15	13	6.5	74.58	58.5	0	0	15,200	715	14.3	3.10	871	95.4
〃	12	24	25	12.5	111.1	87.2	0	0	22,500	1,230	14.2	3.33	1,280	164
400×150	10	18	17	8.5	91.73	72.0	0	0	24,000	887	16.2	3.11	1,200	118
〃	12.5	25	27	13.5	122.1	95.8	0	0	31,700	1,290	16.1	3.25	1,580	172
450×175	11	20	19	9.5	116.8	91.7	0	0	39,200	1,550	18.3	3.64	1,740	177
〃	13	26	27	13.5	146.1	115	0	0	48,800	2,100	18.3	3.79	2,170	240
600×190	13	25	25	12.5	169.4	133	0	0	98,200	2,540	24.1	3.67	3,270	267
〃	16	35	19	10	224.5	176	0	0	130,000	3,700	24.0	4.06	4,330	390

표 5·2 한국표준 부등변 L-단면의 치수

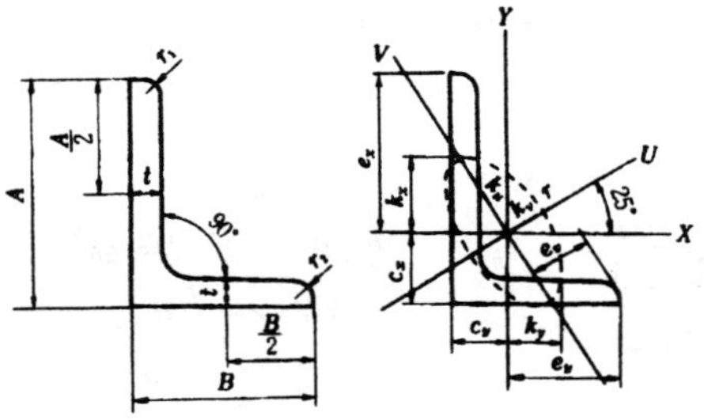

단면2차모멘트 $I=ak^2$
회전반경 $k=\sqrt{I/a}$
단면계수 $Z=I/a$
(a=단면적)

표준단면치수 (mm)				단면적 a (cm^2)	단위 중량 (kgf/m)	참고													
						도심위치 (cm)		단면2차모멘트 (cm^4)				회전반경 (cm)					단면계수 (cm^2)	
$A \times B$	t_1	r_1	r_2			C_x	C_y	I_x	I_y	I_u	I_v	k_x	k_y	k_u	k_v	$\tan\alpha$	Z_x	Z_y
90×75	9	8.5	6	14.04	11.0	2.75	2.01	109	68.1	143	34.1	2.78	2.20	3.19	1.56	0.676	17.4	12.4
100×75	7	10	5	11.87	9.32	3.06	1.84	118	57.0	144	30.7	3.15	2.19	3.49	1.61	0.548	17.0	10.0
100×75	10	10	7	16.50	13.0	3.18	1.94	159	76.1	194	41.3	3.11	2.15	3.43	1.58	0.543	23.3	13.7
125×75	7	10	5	13.62	10.7	4.10	1.64	219	60.4	243	36.4	4.01	2.11	4.23	1.63	0.362	26.1	10.3
〃	10	10	7	19.00	14.9	4.23	1.75	290	80.9	330	49.0	3.96	2.06	4.17	1.61	0.357	36.1	14.1
〃	13	10	7	24.31	19.1	4.35	1.87	376	101	414	61.9	3.93	2.04	4.13	1.60	0.352	46.1	17.9
125×90	10	10	7	20.50	16.1	3.95	2.22	318	138	380	76.1	3.94	2.59	4.30	1.93	0.506	37.2	20.4
〃	13	10	7	26.26	20.6	4.07	2.34	401	173	477	96.3	3.91	2.57	4.26	1.91	0.501	47.5	25.9
150×90	9	12	6	20.94	16.4	4.96	2.00	484	133	537	80.2	4.81	2.52	5.06	1.96	0.362	48.2	19.0
〃	12	12	8.5	27.36	21.5	5.07	2.10	619	163	684	102	4.75	2.47	5.00	1.93	0.357	62.3	24.3
150×100	9	12	6	21.84	17.1	4.77	2.32	502	179	580	101	4.79	2.86	5.15	2.15	0.441	49.0	23.3
〃	12	12	8.5	28.56	22.4	4.88	2.41	642	229	738	133	4.74	2.83	5.08	2.15	0.435	63.4	30.2
〃	15	12	8.5	35.25	27.7	5.01	2.53	781	276	897	161	4.71	2.80	5.04	2.14	0.432	78.2	37.0

표 5·3 한국표준 등변 L-단면의 치수

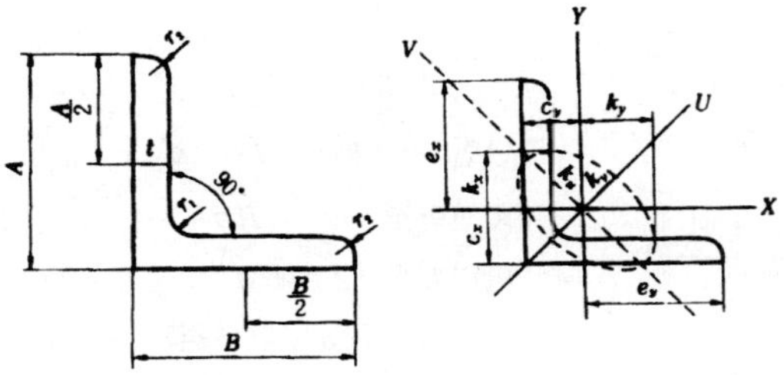

단면2차모멘트 $I = ak^2$

회전반경 $k = \sqrt{I/a}$

단면계수 $Z = I/a$

(a=단면적)

표준단면치수				단면적 a (cm^2)	단위중량 (kgf/m)	참고 도심위치 (cm)		단면2차모멘트 (cm^4)				회전반경 (cm)				단면계수 (cm^2)	
$A \times B$	t_1	r_1	r_2			C_x	C_y	I_x	I_y	I_u	I_v	k_x	k_y	k_u	k_v	Z_x	Z_y
40×40	3	4.5	2	2.336	1.83	1.09	1.09	3.53	3.53	5.60	1.45	1.23	1.23	1.55	0.79	1.21	1.21
40×40	5	4.5	3	3.755	2.95	1.17	1.17	5.42	5.42	8.59	2.25	1.20	1.20	1.51	0.77	1.91	1.91
45×45	4	6.5	3	3.492	2.74	1.24	1.24	6.50	6.50	10.3	2.69	1.36	1.36	1.72	0.88	2.00	2.00
50×50	4	6.5	3	3.892	3.06	1.37	1.37	9.05	9.05	14.4	3.74	1.53	1.53	1.92	0.98	2.49	2.49
〃	6	6.5	4.5	5.644	4.43	1.44	1.44	12.6	12.6	20.0	5.24	1.50	1.50	1.88	0.96	3.55	3.55
60×60	4	6.5	3	4.692	3.68	1.61	1.61	16.0	16.0	25.4	6.62	1.85	1.85	2.33	1.19	3.66	3.66
〃	5	6.5	3	5.802	4.55	1.66	1.66	19.6	19.6	31.2	8.66	1.84	1.84	2.32	1.18	4.52	4.52
65×65	6	8.5	4	7.527	5.91	1.81	1.81	29.4	29.4	46.6	12.1	1.98	1.98	2.49	1.27	6.27	6.27
〃	8	8.5	6	9.761	7.66	1.88	1.88	36.8	36.8	58.3	15.3	1.94	1.94	2.44	1.25	7.97	7.97
70×70	6	8.5	4	8.127	6.38	1.94	1.94	37.1	37.1	58.9	15.3	2.14	2.14	2.69	1.37	7.33	7.33
75×75	6	8.5	4	8.727	6.85	2.06	2.06	46.1	46.1	73.2	19.0	2.30	2.30	2.90	1.47	8.47	8.47
〃	9	8.5	6	12.69	9.96	2.17	2.17	64.4	64.4	102	26.7	2.25	2.25	2.84	1.45	12.1	12.1
〃	12	8.5	6	16.56	13.0	2.29	2.29	81.9	81.9	129	34.5	2.22	2.22	2.79	1.44	15.7	15.7
80×80	6	8.5	4	9.327	7.32	2.19	2.19	56.4	56.4	89.6	23.2	2.46	2.46	3.10	1.58	9.70	9.70
90×90	6	10	5	10.55	8.28	2.42	2.42	80.7	80.7	129	32.3	2.77	2.77	3.50	1.75	12.3	12.3
〃	7	10	5	12.22	9.59	2.46	2.46	93.0	93.0	148	38.3	2.76	2.76	3.48	1.77	14.2	14.2
〃	10	10	7	17.00	13.3	2.58	2.58	125	125	199	51.6	2.71	2.71	3.42	1.74	19.5	19.5
〃	13	10	7	21.71	17.0	2.69	2.69	156	156	248	65.3	2.68	2.68	3.38	1.73	24.8	24.8
100×100	7	10	5	13.62	10.7	2.71	2.71	129	129	205	53.1	3.08	3.08	3.88	1.97	17.7	17.7
〃	10	10	7	19.00	14.9	2.83	2.83	175	175	278	71.9	3.03	3.03	3.83	1.95	24.4	24.4
〃	13	10	7	24.31	19.1	2.94	2.94	220	220	348	91.0	3.00	3.00	3.78	1.93	31.1	31.1
120×120	8	12	5	18.76	14.7	3.24	3.24	258	258	410	106	3.71	3.71	4.68	2.38	29.5	29.5
130×130	9	12	6	22.74	17.9	3.53	3.53	366	366	583	150	4.01	4.01	5.06	2.57	38.7	38.7
〃	12	12	8.5	29.76	23.4	3.64	3.64	467	467	743	192	3.96	3.96	5.00	2.54	49.9	49.9
〃	15	12	8.5	36.75	28.8	3.76	3.76	568	568	902	234	3.93	3.93	4.95	2.53	61.5	61.5
150×150	12	14	7	34.77	27.3	4.14	4.14	740	740	1180	304	4.61	4.61	5.82	2.96	68.1	68.1
〃	15	14	10	42.74	33.6	4.24	4.24	888	888	1410	365	4.56	4.56	5.75	2.92	82.6	82.6
〃	19	14	10	53.38	41.9	4.40	4.40	1090	1090	1730	451	4.52	4.52	5.69	2.91	103	103
175×175	12	15	11	40.52	31.8	4.73	4.73	1170	1170	1860	479	5.37	5.37	6.78	3.44	91.6	91.6
〃	15	15	11	50.21	39.4	4.85	4.85	1440	1440	2290	588	5.35	5.35	6.75	3.42	114	114

표 5·4 한국표준 U단면의 치수

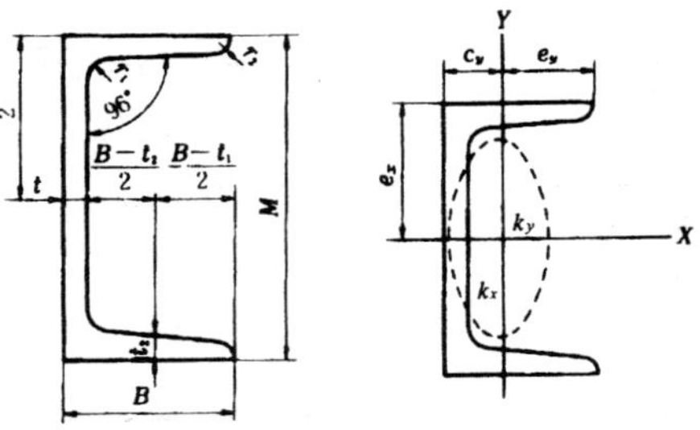

단면2차모멘트 $I=ak^2$

회전반경 $k=\sqrt{I/a}$

단면계수 $Z=I/a$

(a=단면적)

표준단면치수 (mm)					단면적 a (cm^2)	단위 중량 (kgf/m)	참 고							
							도심위치 (cm)		단면2차 모멘트(cm^4)		회전반경 (cm)		단면계수 (cm^2)	
$A\times B$	t_1	t_2	r_1	r_2			C_x	C_y	I_x	I_y	k_x	k_y	Z_x	Z_y
75×40	5	7	8	4	8.818	6.92	0	1.27	75.9	12.4	2.93	1.19	20.2	4.54
100×50	5	7.5	8	4	11.92	9.36	0	1.55	189	26.9	3.98	1.50	37.8	7.82
125×65	6	8	8	4	17.11	13.4	0	1.94	425	65.5	4.99	1.96	68.0	14.4
150×75	6.5	10	10	5	23.71	18.6	0	2.31	864	122	6.04	2.27	115	23.6
〃	9	12.5	15	7.5	30.59	24.0	0	2.31	1,050	147	5.86	2.19	140	28.3
180×75	7	10.5	11	5.5	27.20	21.4	0	2.15	1,380	137	7.13	2.24	154	25.5
200×70	7	10	11	5.5	26.92	21.1	0	1.85	1,620	113	7.77	2.04	162	21.8
200×80	7.5	11	12	6	31.33	24.6	0	2.24	1,950	177	7.89	2.38	195	30.8
200×90	8	13.5	14	7	38.65	30.3	0	2.77	2,490	286	8.03	2.72	249	45.9
250×90	9	13	14	7	44.07	34.6	0	2.42	4,180	306	9.74	2.64	335	46.5
〃	11	14.5	17	8.5	51.17	40.2	0	2.39	4,690	342	9.57	2.58	375	51.7
300×90	9	13	14	7	48.57	38.1	0	2.23	6,440	325	11.5	2.59	429	48.0
〃	10	15.5	19	9.5	55.74	43.8	0	2.33	7,400	373	11.5	2.59	494	56.0
〃	12	16	19	9.5	61.90	48.6	0	2.25	7,870	391	11.5	2.51	525	57.9
380×100	10.5	16	18	9	69.39	54.5	0	2.41	14,500	557	14.5	2.83	762	73.3
〃	13	16.5	18	9	78.96	62.0	0	2.29	15,900	584	14.1	2.72	822	75.8
〃	13	20	24	12	85.71	67.3	0	2.50	17,600	671	14.3	2.80	924	89.5

6. 각종 재료의 기계적 성질

재 료	비중량		종탄성계수		횡탄성계수		프와송비	인장강도(하단참조)		열팽창계수	
	kN/m^3	lb/in^3	GPa	10^6psi	GPa	10^6psi		MPa	kis	$10^{-6}/K$	$10^{-6}/°F$
알루미늄 합금	27	0.1	70	10	26	3.8	0.33	140~500	21~73	23	13
황동	83	0.3	100	15	37	5.6	0.35	340~480	50~70	50	11
구리	88	0.32	120	17	44	6.3	0.35	280~350	40~50	17	9.3
마그네슘 합금	18	0.065	45	6.5	17	2.4	0.35	150~300	22~43	27	15
티타늄 합금	44	0.16	110	16	41	6.0	0.34	960~1200	140~170	8.8	4.9
텅스텐카바이드	160	0.59	690	100			0.24	4500(CU)	650(CU)	4.0	2.2
철, 회주철	70	0.26	90	13	38	5.4	0.2	170(U)	25(U)	12	6.7
탄소강	77	0.28	200	29	79	11	0.27	210~530	30~77	12	6.7
스테인리스 강	77	0.28	200	29	77	11	0.3	210~1100	30~160	17	9.6
폴리카보네이트	12	0.044	2.0~2.2	0.29~0.32				55~69	8~10	66	37
폴리에틸렌	9	0.033	0.1~1.1	0.014~0.16			0.45	7.6~34	1.1~5	100~160	56~89
폴리스틸렌	11	0.041	2.8~4.1	0.4~0.6				34~69(U)	5~10(U)	60~80	33~34
PVC	14	0.052	1.4~4.1	0.2~0.6				34~62(U)	5.9(U)	50~180	28~100
천연고무	12	0.042					0.5	30(U)	4.3(U)	130~200	70~110
전나무	5.3	0.02	12	1.8				8.3(A)	1.2(A)		
노송나무	3.6	0.013	5.5	0.8				4.7(A)	0.58(A)		
콘크리트	24	0.087	21	3			0.15	34(CU)	5(CU)	11	6
유리(96%실리카)	21	0.078	69	10			0.19	≃14	≃2	0.8	0.44
화강암	27	0.098	17~76	2.5~11				170~240(CU)	25~35(CU)		
흑연(중입자)	27	0.098	12	1.7				39(CU)	5.6(CU)	1.3	0.7
얼음	9	0.033	8.9~9.9	1.3~1.4			0.31~0.36			50	28
수정	22	0.081	72	10	31	4.5	0.16	>1100(CU)	>160(CU)	0.55	0.31

· 인장강도 : 특별한 언급이 없는 한 인장강도는 0.2% 항복강도이다(U; 극한인장강도, CU; 극한압축강도, A; 섬유방향의 허용응력).

7. 연습문제 해답

▶ 1장

1. 35.65 N/mm^2
2. 0.0132 MN
3. $150\left(\frac{d}{d'}\right)^2$
4. 9,947,192 kPa, 99.5 mm
5. 2,500 N/cm^2
6. 17.7 GPa
7. 0.059 mm
8. 5.2 MN
9. 71.4 kPa
10. 700 MPa
11. $\nu=0.25$, $K=133$ GPa
12. 1.53 GPa

▶ 2장

1. 187.5 MPa
2. 234.4 kPa
3. 1.2×10^{-5}/℃
4. 92 MPa
5. 98.17 N · m
6. 7.5 mm
7. $\sigma=79.8$ MPa, $\delta=0.4$ mm
8. 1.57 GPa
9. 80 MPa
10. 10 N · m

▶ 3장

1. $\sigma_1=191$ MPa, $\sigma_2=29$ MPa,
   $\tau_{max}=\pm81$ MPa
2. $\sigma_1=200$ MPa, $\sigma_2=0$ MPa,
   $\tau_{max}=\pm100$ MPa
3. $\sigma_n=112.5$ MPa, $\tau=-13$ MPa
4. 0
5. $\sigma_n=16$ kPa, $\tau=-59.75$ kPa
6. $\sigma_n=299$ kPa, $\tau=-173$ kPa
7. 375 kPa
8. 그림의 모어원으로부터 $\sigma_1=215$ MPa,
   $\sigma_2=-215$MPa, $\tau_{max}=\pm215$ MPa

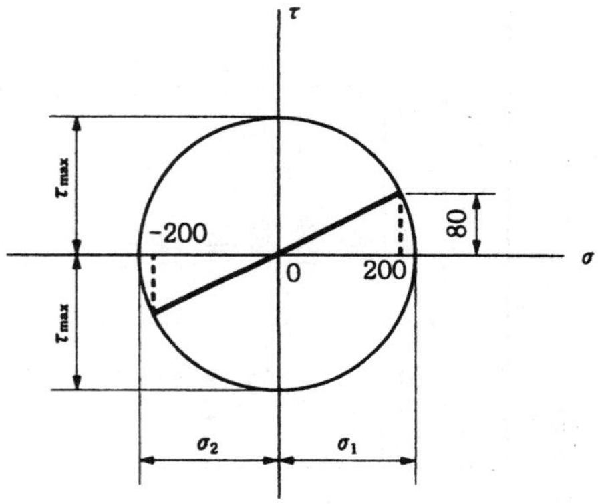

9. 그림의 모어원으로부터 $\sigma_1=228$ MPa,
   $\sigma_2=28$MPa, $\tau_{max}=\pm128$MPa

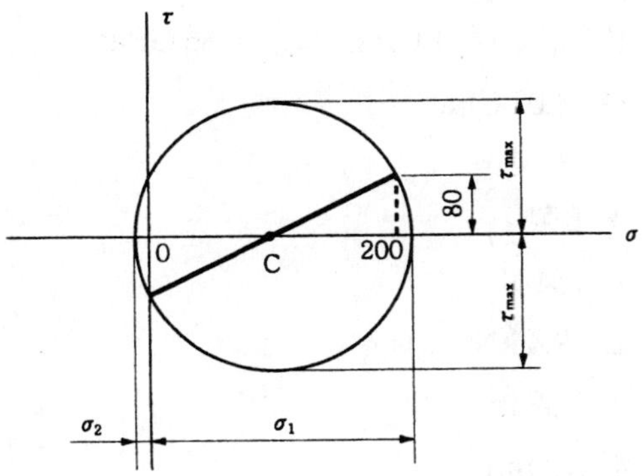

10. 그림의 모어원으로부터 $\sigma_n = 97.5$ MPa, $\tau = 13$ MPa

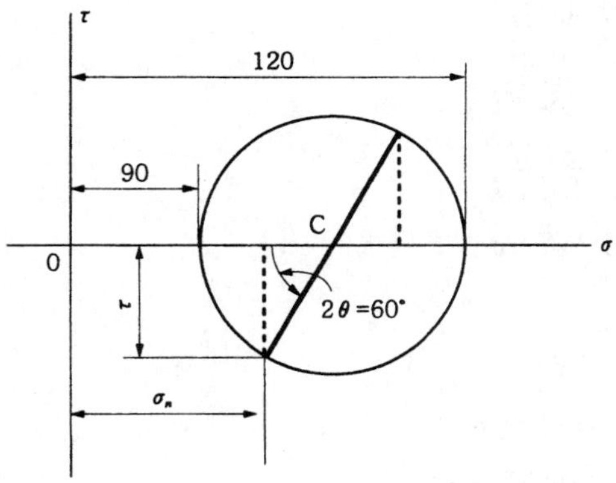

11. 그림의 모어원으로부터 $\sigma_n = 100$ MPa, $\tau = 173$ MPa

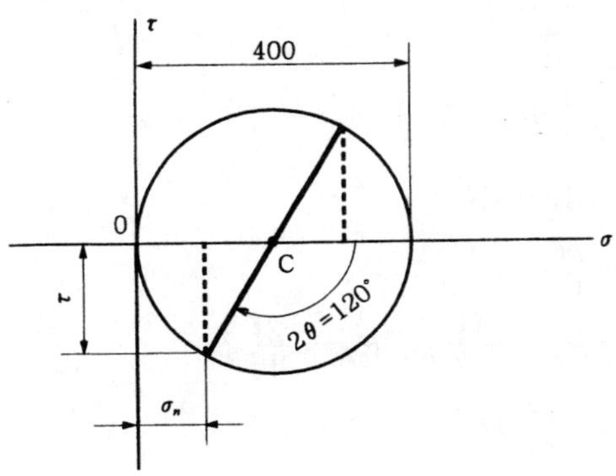

12. 그림의 모어원으로부터 $\sigma_1 = 80$ MPa, $\sigma_2 = -80$ MPa, $\tau_{\max} = \pm 80$ MPa

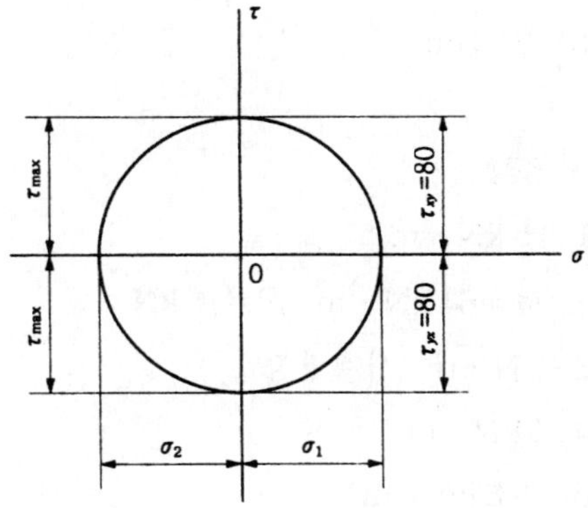

▶ 4장

1. 8
2. 17.3 cm
3. 373,667 cm^4
4. 628,319 cm^4
5. 11,958 cm^3
6. $\frac{h}{b} = \sqrt{2}$
7. 14.43 cm^2
8. $I_P = 613{,}592$ cm^4, $Z_P = 24{,}544$ cm^3
9. 90,000 cm^4
10. $-22.5°$

▶ 5장

1. $\theta = 10$ rad, $\tau = 48.9$ GPa
2. 8배
3. 1,272,344 N · m
4. 5 MN · m
5. 413 kg_f/cm^2
6. 0.495 m
7. 0.0096 ps

8. 0.052 J
9. 864 kg_f/cm^2
10. 9.84 cm

▶ 6장

1. 25 kN · m
2. M=64 kN · m, F=16 kN
3. 2 N · m, 시계방향
4. 1 kN · m
5. 28.8 kN · m
6. 1.509 kN · m
7. 115 N · m
8. 333 N · m
9. 4 kN · m
10. 1.8 kN · m
11. 1 kN
12. 200 N · m
13. 1.25 kN · m
14. 15 kN
15. M_{max} =50 kN · m, F_{max} = 600 kN
16. M_{max} =1.5 kN · m, F_{max} = 5 kN

▶ 7장

1. σ_b=408 MPa, M=6 N · m
2. 469 kPa
3. 98 mm
4. 1.2 MN
5. d_1=10.2 cm, d_2=20.4 cm
6. 60 MPa
7. 10 MPa
8. 9.4 MPa
9. 661 kN · m
10. σ_{max} =1.1 GPa, τ_{max} =0.6 GPa
11. 4.07 GPa

▶ 8장

1. 754 N
2. 29.4 kN
3. 1.39 m
4. 2.3 mm
5. 0.5 mm
6. $\frac{5}{8}pl$
7. $\frac{5Pl^3}{48EI}$
8. $\frac{7pl^4}{384EI}$
9. $\frac{3P^2l^3}{512EI}$
10. 4.7 mm

▶ 9장

1. 0.11 mm
2. 703 kN · m
3. 2.5 kN
4. $\frac{3M_0}{2l}$
5. $\frac{3pl}{32}$
6. $\frac{2}{3}Pa$
7. 412.5 kN
8. $\frac{pl}{6}$
9. $R_A=\frac{11}{32}pl$, $R_B=\frac{21}{16}pl$
10. $\frac{17}{18}pl$

▸ 10장

1. 15.5 cm
2. 53 cm
3. 25 cm
4. 5 mm
5. 11 cm
6. 4.8 cm
7. 31 cm
8. 3.2 mm
9. 4 cm
10. 56 kN

▸ 11장

1. 100
2. $P_{cr}=151.2$ kN, $\sigma_{cr}=77$ MPa
3. 182
4. 445 MPa
5. 364 MPa
6. 104
7. 5.3 MPa
8. 3.5 MPa
9. ± 6.25 cm
10. 핵심의 지름 $= \dfrac{d_2^2 + d_1^2}{8d_2}$

찾아보기